Stochastische Signale

Eine Einführung in Modelle, Systemtheorie und Statistik

Von Dr.-Ing. Johann F. Böhme
o. Professor an der Ruhr-Universität Bochum

Mit 29 Bildern

Springer Fachmedien Wiesbaden GmbH 1993

Prof. Dr.-Ing. Johann F. Böhme

Geboren 1940 in Senftenberg/Niederlausitz. Nach dem Abitur Maurerlehre sowie bis 1966 Mathematikstudium in Dresden und Hannover. 1970 Promotion in Erlangen. Als Forschungsgruppenleiter tätig bei Krupp Atlas-Elektronik, Bremen, und später an der Universität Bonn. Ebendort 1977 Habilitation in Informatik. 1978 bis 1980 wiss. Angestellter im Forschungsinstitut für Hochfrequenzphysik der FGAN, Wachtberg-Werthhoven. 1979 Lehrstuhlvertretung „Ingenieur-Statistik", Abteilung Statistik, Universität Dortmund. Seit 1980 o. Professor für Elektrotechnik, Lehrstuhl für Signaltheorie, Ruhr-Universität Bochum. 1983 Dekan der Fakultät für Elektrotechnik. 1990 Ernennung zum IEEE Fellow.

Die Deutsche Bibliothek – CIP-Einheitsaufnahme

Böhme, Johann Friedrich:
Stochastische Signale : eine Einführung in Modelle, Systemtheorie und Statistik / von Johann F. Böhme.
(Teubner-Studienbücher : Elektrotechnik)
ISBN 978-3-519-06160-1 ISBN 978-3-663-12472-6 (eBook)
DOI 10.1007/978-3-663-12472-6

Ursprünglich erschienen bei B.G. Teubner Stuttgart 1993

Umschlaggestaltung: P.P.K,S-Konzepte Tabea Koch, Ostfildern/Stuttgart

Vorwort

Meine Entscheidung, einen vorlesungsbegleitenden, ausführlicheren Text zum Thema „Stochastische Signale“ zu schreiben, gründet auf Erfahrungen aus Vorlesungen über Signaltheorie und stochastische Prozesse, die ich seit 1980 an der Ruhr-Universität Bochum für Studenten der Fachrichtung Elektrotechnik im Hauptstudium halte. Dabei möchte ich folgendes erreichen: Die wichtigsten Grundlagen der Stochastik sollen den Studierenden einer einführenden Pflichtvorlesung so vermittelt werden, daß das Verhalten einfacher Schaltungen und Systeme, in denen Rauschsignale gemessen werden, korrekt berechnet und die Signale auch ausgewertet werden können. Denen, die ihr Studium in der Theorie stochastischer Signale und ihrer Anwendung vertiefen möchten, liefert das nun vorliegende Buch neben weiteren stochastischen Werkzeugen zum Modellieren und statistischen Schließen ausführlich behandelte Beispiele, die gründlichere Studien wie der Signalerkennung, der Spektralanalyse und Systemidentifikation motivieren. Anhänge über Matrixalgebra, schnelle Algorithmen und Tabellen, sowie eine größere Zahl von Übungsaufgaben mit Lösungsskizzen erleichtern das Selbststudium und die Anwendung in der Praxis.

Die inhaltlichen Schwerpunkte und die Stoffauswahl sind zu einem guten Teil durch den Bochumer Studienplan beeinflußt. Die einführende Pflichtvorlesung findet im fünften Semester statt und setzt wie das vorliegende Buch Kenntnisse aus einem erfolgreich absolvierten Grundstudium der Elektrotechnik und insbesondere über deterministische Signale und Systeme voraus. Der zu behandelnde Stoff wurde jedoch so aufbereitet, daß ein paralleles Studium der Grundlagen nachrichtentechnischer Systeme möglich ist. Systemtheoretische Begriffe werden im Kurs über stochastische Signale erst benutzt, wenn sie im anderen im Zusammenhang mit deterministischen Signalen schon aufgearbeitet worden sind. Dies gelingt, wenn wegen mangelnder Vorkenntnisse zunächst Begriffe der Wahrscheinlichkeitstheorie, statistische Schlußweisen und stochastische Prozesse in angemessener Weise zu untersuchen sind, bevor man Systemtheorie und Statistik mit stochastischen Signalen betreiben kann. Beispielsweise hat sich folgende Stoffauswahl für die zweistündige Pflichtvorlesung mit einstündiger Übung im Wintersemester mit der Numerierung aus dem Inhaltsverzeichnis bewährt: Kap. 1, aus Kap. 2: 2.1, 2.2.1 1) bis 2), 2.2.2 1) und aus Kap. 3: 3.1, 3.2, 3.3.1, 3.3.2 1), 3.3.3 1) bis 3). Das verbleibende Material des Buches kann in den ersten Kapiteln von Vertiefungsvorlesungen, wie sie weiter oben angedeutet worden sind, behandelt werden.

Trotz möglicher Unzulänglichkeiten einer ersten Auflage hoffe ich, daß dieses Buch mit seinen in der Elektrotechnik zum Teil unüblichen Ansätzen Interesse bei Studierenden und vielleicht auch Fachleuten oder Kollegen finden wird.

Die endgültige Form des Manuskripts wäre ohne die Unterstützung der Mitarbeiter des Lehrstuhls für Signaltheorie kaum möglich gewesen. Namentlich möchte ich den Damen D. Achenbach und C. Eichelmann sowie den Herren G. Hermanns, D. König, D. Kraus, D. Maiwald, D. Sidorowitsch, U. Wolff und B. Yang, die beim Durchrechnen von Beispielen und Übungsaufgaben, Erzeugen von Grafiken und Tabellen mittels MATLAB oder MATHEMATICA, Korrigieren und Schreiben mit LATEX halfen, herzlich danken. Die Herren W. Mecklenbräuker, Wien und U. Nickel, Wachtberg-Werthhoven lasen das Manuskript kritisch; ihnen verdanke ich zahlreiche Verbesserungsvorschläge. Auch die konstruktive Zusammenarbeit mit Herrn Schlembach vom Teubner Verlag sei lobend erwähnt. Schließlich möchte ich mich besonders bei meiner Familie bedanken, die sich während der Arbeiten am Manuskript in Geduld üben mußte.

Johann F. Böhme
Bochum, im Oktober 1992

Inhaltsverzeichnis

1 Einleitung

Gemessene Ausgaben eines physikalischen Systems, die in Abhängigkeit von der Zeit registriert werden, zeigen häufig einen gewissen, nicht vorhersagbaren oder zufälligen Verlauf. Gemeint sind hier Spannungen, Temperaturen, Drücke und ähnliche Größen. Mit Kenntnissen über die Vorgänge im Innern des Systems oder über sein Verhalten und mit Methoden der Wahrscheinlichkeitstheorie ist es möglich, zweckmäßige Modelle für solche gemessenen Signale aufzubauen, die stochastische Prozesse heißen und die wir auch stochastische Signale nennen wollen (vom griechischen „$o \quad \sigma\tau o\chi o\sigma$“, etwa „das Vermutete“, abgeleitet). Aus den über einen Zeitraum hinweg registrierten Signalen möchte man zum Beispiel Aussagen über die Vorgänge gewinnen, die sich in dem beobachteten System abspielen, oder einen zukünftigen Wert des Ausgabesignales bestimmen. Die Statistik kann in vielen Fällen Hilfsmittel liefern, geeignete Verfahren zu entwerfen und die Leistungsfähigkeit dieser Verfahren vorherzusagen.

Ziel dieses kleinen Buches ist es, einige Grundbegriffe über stochastische Prozesse als Modelle für gemessene Signale und insbesondere über Rauschsignale, wie sie beispielsweise in der Nachrichten-, Meß- und Regelungstechnik beobachtet werden, vorzustellen und in einige statistische Methoden der Signalverarbeitung einzuführen. Die Begriffsbildungen werden wie in der Statistik vorgenommen und für die Anwendungen in der Elektrotechnik interpretiert. Dies ist zweckmäßig, da im Schrifttum der Elektrotechnik eine sehr uneinheitliche Nomenklatur benutzt wird, wenn es um die hier interessierenden Probleme geht.

In einer einführenden Darstellung können nur exemplarisch einige Probleme aus der Praxis in vereinfachter Form behandelt werden. Im folgenden soll die Art dieser Probleme etwas verdeutlicht werden. Dazu betrachten wir zunächst Abb.1.1. Das Sy-

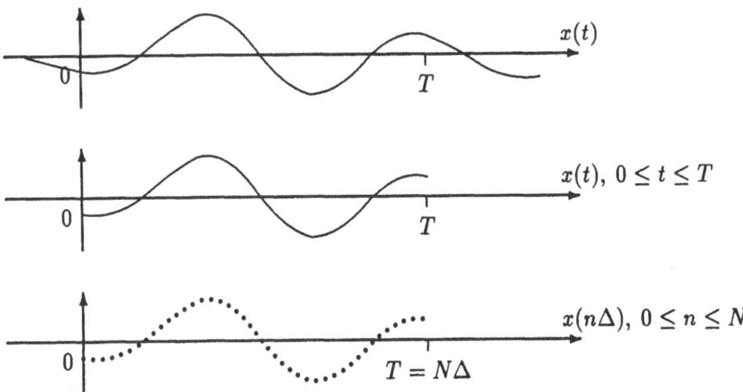

Abbildung 1.1: Ausgabesignal eines Systems. Im Zeitintervall $0 \le t \le T$ beobachtetes und analog bzw. abgetastet registriertes Meßsignal

stem möge durch ein elektrisches Netzwerk beschrieben sein. Die an einem bestimmten

Punkt des Netzwerkes meßbare Spannung in Abhängigkeit von der Zeit sei das Ausgabesignal $x(t)$ des Systems. Dieses werde in einem Zeitintervall wie $0 \leq t \leq T$ beobachtet und gemessen. Wir können den Verlauf des Signals zum Beispiel mit einem Magnetband analog aufzeichnen oder das Signal erst mit der Periode Δ abtasten und dann die Abtastwerte $x(n\Delta)$ $(n = 0, 1, \ldots, N)$ registrieren. Wir nehmen an dieser Stelle an, daß der Signalverlauf im Beobachtungsintervall durch die Abtastwerte hinreichend genau beschrieben wird. Die Aufgabe sei nun, ein zweites System (analoge Schaltung bzw. digitale Schaltung oder Algorithmus, wenn die Abtastwerte noch digitalisiert werden) zu entwerfen, das den zukünftigen Wert $x(T+\tau)$ $(\tau > 0)$ des Ausgabesignals allein aus dem registrierten Signal (kurz, der Beobachtung) bestimmt. Hierzu werden Kenntnisse über das erste System benötigt, um das Ausgabesignal $x(t)$ als Zeitfunktion beschreiben zu können. Hat man zum Beispiel herausgefunden, daß $x(t)$ ein Polynom in t höchstens vom Grad M ist, so kann man $x(T + \tau)$ durch Extrapolation beschreiben. Wenn man einmal vom Problem der Realisierung des Systems absieht, ist $x(t)$ für alle t durch die Beobachtung determiniert. Deterministische Signale dieser Art sind keine angemessenen Modelle für Signale, wenn Effekte wie thermisches Rauschen in einer Schaltung mitberücksichtigt werden. Solche Signalanteile zeigen einen eher zufälligen Verlauf, und zukünftige Werte können nicht ohne einem Fehler vorhergesagt werden. Hat man die Möglichkeit, das Experiment unter gleichen Betriebsbedingungen zu wiederholen, oder stehen mehrere baugleiche Systeme zur Verfügung, die unter gleichen Betriebsbedingungen unabhängig voneinander arbeiten, so wird man im allgemeinen unterschiedliche Verläufe der Ausgabesignale messen können, die durch Zufälle wie beim thermischen Rauschen verursacht werden. Jedoch haben die Ausgangssignale auch Gemeinsamkeiten, die indirekt durch die gleichen Baugruppen und Betriebsbedingungen bestimmt sind. Statt ein einzelnes Ausgabesignal vollständig kennzeichnen zu wollen, werden wir Modelle für die Klasse der möglichen Ausgabesignale untersuchen, in die dann die Baugruppeneigenschaften etc. eingehen können. Diese Modelle sind stochastische Prozesse und erlauben im Prinzip die Konstruktion von Systemen im Sinne der obigen Aufgabe, um also einen zukünftigen Wert des Ausgabesignals mit einem geeignet definierten kleinen Fehler vorherzusagen. Ein solches System wird auch ein Prädiktor genannt.

Wir werden unsere Untersuchungen auf eine Klasse von Signalen beschränken, die man sich als Summe zweier Anteile vorstellen kann, eines deterministischen Anteils (deterministisches Signal, Trend oder Offset) und eines stationären stochastischen Anteils (Rauschen, Störung oder Meßfehler), der keinen Gleichspannungsanteil oder ähnliches mehr enthält. Stationär bedeutet anschaulich, daß sich die Eigenschaften des den stochastischen Anteil erzeugenden Systems nicht mit der Zeit ändern, und alle Vorgänge eingeschwungen sind. Als Beispiel denken wir an ein Übertragungssystem mit einem Empfänger, der als Spannung ein Signal der folgenden Art ausgibt:

$$x(t) = a \sin \omega_o t + v(t). \tag{1–1}$$

Der deterministische Anteil ist das gewünschte Signal $a \sin \omega_0 t$, dessen Amplitude $a \geq 0$ nicht bekannt ist. Wenn $a = 0$ ist, wird davon ausgegangen, daß kein Signal übertragen worden ist, das Empfangssignal also nur Empfängerrauschen ist. Das Empfängerrauschen sei $v(t)$, das wie ein stationärer stochastischer Anteil behandelt wird und von dem weder der Verlauf noch der Effektivwert bekannt sind. Das Problem bestehe nun darin, ein System zu entwerfen, das anhand einer Beobachtung wie in Abb.1.2 zunächst

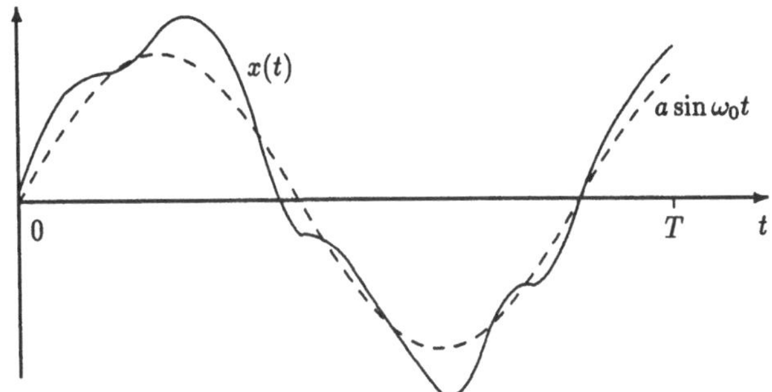

Abbildung 1.2: Empfangssignal als Überlagerung eines Sinussignals und Rauschens beobachtet in $0 \leq t \leq T$

entscheidet, ob $a = 0$ anzunehmen ist, d.h. kein Signal übertragen worden ist, oder nicht. Im zweiten Fall ist ein Signal entdeckt (detektiert) worden, und es interessiere der Wert von a als auch der Effektivwert des Rauschens, um weitere Schlüsse ziehen zu können. Das System soll diese Werte möglichst gut bestimmen. Aus der Sicht der Statistik ist die Entscheidungsaufgabe ein Hypothesentestproblem und die zweite Aufgabe ein Parameterschätzproblem.

Als nächstes wollen wir den Inhalt des Buches beschreiben. Im Kapitel 2 sollen die Grundlagen aus der Stochastik bereitgestellt werden. Unter Stochastik versteht man die mathematische Behandlung von Zufallsexperimenten. Hierzu müssen zunächst eine Reihe von Begriffen aus der Wahrscheinlichkeitstheorie erklärt werden, insbesondere Wahrscheinlichkeiten, Zufallsvariable und Erwartungswerte. So gelingt es, das Verhalten von zufälligen Größen sowie der sie bestimmenden Zufallsmechanismen zu beschreiben. Im Anschluß daran werden wir uns mit einigen statistischen Schlußweisen vertraut machen, nämlich mit Parameterschätzverfahren, der Bestimmung von Konfidenzintervallen von Parametern und dem Testen von Hypothesen. Dies wird an einigen Anwendungsbeispielen erläutert. Das Kapitel 2 soll nur die in späteren Kapiteln benötigten Begriffe vorstellen und kann nicht einen Kurs über die Prinzipien der Stochastik ersetzen, der jedem Leser empfohlen wird. Das dritte Kapitel behandelt die Modelle für gemessene Signale. Dazu werden zunächst stochastische Prozesse definiert und ihre Eigenschaften wie Kovarianzfunktion und Spektrum untersucht. Die sogenannte Konvergenz im quadratischen Mittel von Folgen von Zufallsvariablen erlaubt es, auf einfache Art die Grenzübergänge bei der Integration stochastischer Prozesse zu behandeln. Damit sind wir in der Lage, eine Systemtheorie für stochastische Signale zu betreiben und aus den Eigenschaften eines stochastischen Prozesses, der die Eingabesignale eines Systems modelliert, und denjenigen des Systems Eigenschaften des Prozesses zu berechnen, der die Ausgabesignale charakterisiert. Beispiele sind lineare Systeme, Abtastsysteme und Gleichrichter. Jetzt können wir auch Prädiktoren untersuchen. Der letzte Abschnitt ist der Analyse beobachteter, abgetasteter Signale gewidmet. Durch Anwendung statistischer Schlußweisen gelangt man zu Signalverarbeitungsverfahren bzw. Algorithmen, um Signal- oder Systemparameter zu schätzen, Spektren zu schätzen, die Übertragungsfunktion eines linearen Systems zu bestimmen und Signale im Rauschen zu erkennen.

Passende Literatur zur Theorie stochastischer Signale findet man in verschiedensten Wissenschaften, was hier nicht im einzelnen belegt werden soll. Die methodischen Grundlagen sind systematisch in der Statistik erforscht worden, z.B. in Hannan (1970) und Brillinger (1981), unter dem Thema „Time Series Analysis“, was mit „Zeitreihenanalyse“ übersetzt wird. Ein deutschsprachiges, auch für Anfänger geeignetes Buch ist z.B. Schlittgen und Streitberg (1989). Die Autoren benutzen jedoch gelegentlich Begriffe, die in der Ökonometrie gebräuchlich sind und von Elektrotechnikern erst geeignet interpretiert werden müssen. Die Grundlagen der Wahrscheinlichkeitsrechnung und der Statistik haben viele Ingenieure aus den Büchern von Hainhold und Gaede (1979) oder Fisz (1989) gelernt. Eine modernere Einführung in die Stochastik bieten z.B. Behnen und Neuhaus (1984). Begriffe der Stochastik werden in Müller (1983) kurz und bündig erklärt. Als Lehr- und Handbuch der angewandten Statistik kann Hartung (1982) empfohlen werden. Gründliche Einführungen in die Systemtheorie mit deterministischen Signalen sind Fettweis (1990), Unbehauen (1990) und Schüßler (1984). Das bekannteste Buch über digitale Signalverarbeitung stammt von Oppenheim und Schafer (1975). Direkt zum Thema dieser Vorlesung gab es zunächst nur englischsprachige Bücher. Einige der bekanntesten sind Davenport and Root (1958), Blackman and Tukey (1958), dann Papoulis (1965) und Jenkins and Watts (1968), van Trees (1968), Thomas (1969) und Bendat and Piersol (1971). In den letzten Jahren erschienen Shanmugan and Breipohl (1988), Scharf (1990) und Therrien (1992). An deutschsprachigen Büchern seien Schneeweiß (1974) und Fahrmeir u.a. (1981) als allgemeinere Einführungen sowie mehr der Elektrotechnik zugewandt Winkler (1977), Kroschel (1986) und schließlich Hänsler (1991) genannt. Hänsler verfolgt in seinem Werk ähnliche Ziele wie dieses Buch; er geht jedoch gründlicher auf Prädiktoren und andere Optimalfilter ein und verzichtet auf die Behandlung der Analyse beobachteter Signale mit statistischen Schlußweisen. Zum Thema der rekursiven und adaptiven Schätzverfahren verweisen wir nur auf Ljung and Söderström (1983), Unbehauen (1985) und Haykin (1991).

Abschließend sei noch der Hoffnung Ausdruck verliehen, daß der eine oder andere Leser zum Ende der Lektüre Spaß an der Theorie stochastischer Signale und den vielfältigen Anwendungsmöglichkeiten gefunden haben wird und sich intensiver in solche Probleme der Signaltheorie einarbeiten möchte. Ein vertieftes Studium in dieser Richtung verlangt eine gründlichere Beschäftigung mit stochastischer Modellbildung elektrotechnischer Probleme und mit statistischen Techniken zum Modellidentifizieren und -verifizieren. Auf der anderen Seite müssen schnelle und numerisch stabile Algorithmen studiert werden, um mit Rechnern die resultierenden statistischen Signalverarbeitungsmethoden simulieren zu können. Aber auch Erkenntnisse über parallele Algorithmen und Prozessorstrukturen sind wichtig, wenn aus der Beobachtung breitbandiger Signale Schlüsse in Echtzeit gezogen werden sollen. Schließlich wird man zum Beispiel in einer Examensarbeit ein Problem aus der Praxis vom Messen bis zum Schließen und Bewerten der gewonnenen Aussagen zu lösen haben.

2 Einführung in die Stochastik

2.1 Begriffe der Wahrscheinlichkeitstheorie

2.1.1 Wahrscheinlichkeiten und Zufallsvariable

1) Zufallsexperimente und relative Häufigkeiten

Jedermann hat bestimmte Vorstellungen davon, was Zufall ist. Wir müssen mit dem Zufall leben, auch in dem Sinne, daß stets eine Unsicherheit verbleibt, wenn wir uns entscheiden, etwa einen Weg in einer uns wenig bekannten Gegend auszuwählen. Wir sind in der Lage, einen wahrscheinlich günstigen unter den möglichen Wegen zu nehmen. Uns helfen dabei die Erfahrungen, die wir uns selbst angeeignet und die wir von anderen gelernt haben. So wird das Verhalten von Menschen mit vergleichbaren Erfahrungen, häufig zu gleichen oder ähnlichen Entscheidungen führen. Auf der anderen Seite wird eine Entscheidung eines Menschen mit geringerer Erfahrung als unsicher angesehen. In einem mathematischen Modell zur Beschreibung entsprechender Gesetzmäßigkeiten müssen zunächst die Begriffe aus der Umgangssprache präzisiert werden. Dies muß in der Art geschehen, daß Reaktionen oder Vorhersagen mit Hilfe des Modells zu Ergebnissen führen, die unseren Erfahrungen nicht zuwider laufen.

Zunächst wollen wir Behnen und Neuhaus (1985) folgend von einer Situation als einem ZUFALLSEXPERIMENT sprechen, wenn ein „vom Zufall beeinflußtes" VERSUCHSERGEBNIS oder ELEMENTAREREIGNIS hervorgebracht wird. Die Menge der möglichen Versuchsergebnisse im Zufallsexperiment wird durch eine vorgegebene nichtleere Menge Ω beschrieben, die STICHPROBENRAUM oder MENGE DER ELEMENTAREREIGNISSE genannt wird. Als Variable für ein Versuchsergebnis benutzen wir $\xi \in \Omega$.

Beispiele für Zufallsexperimente in diesem Sinne sind die folgenden:

B2.1–1 Das Werfen eines Würfels liefert als Versuchsergebnis ein Augenbild, dem wir in natürlicher Weise die Augenzahlen $\xi = i$ zuordnen. Entsprechend ist der Stichprobenraum $\Omega = \{1,2,3,4,5,6\}$.

B2.1–2 Wird mit zwei Würfeln gespielt, so ist ein Versuchsergebnis ein Paar $\xi = (i,k) \in \Omega = \{1,\ldots,6\}\times\{1,\ldots,6\}$, wobei das Kreuz ein kartesisches Produkt bezeichnet.

B2.1–3 Der Widerstand eines elektrischen Bauteiles wird mit einem empfindlichen Zeigermeßinstrument bestimmt. Das Ergebnis der Messung wird als zufällig angesehen. Eine natürliche Darstellung des Versuchsergebnisses auf der Ohm-Skala ist eine reelle Zahl, also $\xi \in \mathbf{R}$. Obwohl keine negativen Widerstände und beliebig genaue Werte als Meßergebnisse zu erwarten sind, wählen wir aus Bequemlichkeitsgründen $\Omega = \mathbf{R}$.

Wie in Beispiel B2.1–2 kann die Beobachtung mehrerer Dinge das Versuchsergebnis liefern. Beim Würfeln mit n Würfeln würde z.B. $\xi = (i_1,\ldots,i_n)$ geschrieben werden mit $i_j \in \{1,\ldots,6\}$ $(j=1,\ldots,n)$. Die Zahl der beobachteten Dinge, hier der Würfel, wird als BEOBACHTUNGSTIEFE bezeichnet. Häufig interessiert man sich gar nicht für solche Eigenschaften, wie die Augenzahlen der Einzelwürfel bei einem Versuchsergebnis ausgefallen sind, sondern zum Beispiel nur für die Augensumme. Wenn wir sie mit $X = X(\xi)$ bezeichnen, erhalten wir eine Abbildung

$$\xi \in \Omega, \quad \xi \to X(\xi) \in \mathbf{R}. \tag{2.1–1}$$

Beim Werfen von n Würfeln können als Bilder jedoch nur $X(\xi) \in \{n, n+1, \ldots, 6n\}$ vorkommen. Eine solche Abbildung X heißt ZUFALLSVARIABLE (ZV). Man kann mit ihr die Beobachtungstiefe reduzieren und die Versuchsergebnisse in einem einfacher handhabbaren Raum darstellen. Von Interesse sind die URBILDER von Teilmengen B von $\mathbf{R}$ vermöge X, für die wir schreiben

$$X^{-1}(B) = \{\xi : \xi \in \Omega, X(\xi) \in B\}. \tag{2.1–2}$$

Wird beispielsweise mit zwei Würfeln gespielt und stellt X die Augensumme dar, so ist $X^{-1}(\{1\}) = \emptyset$, also die leere Menge, und $X^{-1}(\{2,3\}) = \{(1,1),(1,2),(2,1)\}$. Wir werden später diese Mengen kurz mit $\{X \leq 1\}$ und $\{X \leq 3\}$ bezeichnen, da z.B. $\{\xi : X(\xi) \leq 1\} = \emptyset$ gilt.

Auch bei anderen Fragestellungen können bestimmte Teilmengen des Stichprobenraums Ω mehr interessieren als die Versuchsergebnisse selbst. Man nennt Teilmengen von Ω EREIGNISSE. In Beispiel B2.1–3 könnten wir fragen, ob die Messung im Intervall $10,0 \pm 0,1$ Ohm liegt und meinen das Ereignis $\{\xi : 9,9 \leq \xi \leq 10,1\}$. Mit der Identität als Zufallsvariable, $X(\xi) = \xi$, wäre dieses Ereignis auch als Urbild des entsprechenden Intervalls anzusehen.

Im Sinne der Aussagenlogik kann man ein Ereignis $A \subset \Omega$ als eine Aussage auffassen, die für alle $\xi \in \Omega$ erklärt ist und für alle $\xi \in \Omega$ entweder wahr oder falsch ist.

$$A = \{\xi : \xi \in \Omega, \quad \text{„Aussage } A\text{“ ist wahr für } \xi\}. \tag{2.1–3}$$

So können aussagenlogische Verknüpfungen und mengentheoretische Beziehungen ineinander überführt werden, wie es in Tab. 2.1.1 gezeigt wird.

Eine weitere äquivalente Möglichkeit besteht darin, mit der Indikatorfunktion eines Ereignisses A zu rechnen: $1_A(\xi) = 1$, wenn $\xi \in A$ und $= 0$ sonst, was man als Übung zeigen sollte.

In unserem Einführungsbeispiel half die gesammelte Erfahrung, Ereignisse zu bewerten und anhand der Bewertung einen Weg auszuwählen. Eine Bewertungsvorschrift muß also Eigenschaften des Sammelns von Erfahrung berücksichtigen. Dies wird im einfachsten Fall durch Zählen erreicht. Kann ein Zufallsexperiment wiederholt werden, ohne daß frühere Versuchsergebnisse den Ausgang eines späteren Experiments beeinflussen, so zählt man, wie oft ein Ereignis A bei einer Zahl n von Wiederholungen des Zufallsexperiments eingetreten ist, z.B. $h_n(A)$-mal. Die RELATIVE HÄUFIGKEIT

$$H_n(A) = \frac{h_n(A)}{n} \tag{2.1–4}$$

Mengenbeziehung		Aussagenlogische Entsprechung
$\overline{A} = \Omega - A$	Komplement von A in Ω	nicht A
$A \cap B$	Durchschnitt von A und B	A und B (kurz A, B)
$A \cup B$	Vereinigung von A und B	A oder B
$A - B = A \cap \overline{B}$	rel. Komplement von B in A	A, aber nicht B
$A = B$	A gleich B	A gleichbedeutend mit B
$A \subset B,\ A = A \cap B$	A Teilmenge von B	A impliziert B
$A \cap B = 0$	A und B disjunkt	A unverträglich mit B
Ω	Stichprobenraum	stets wahre Aussage
$\emptyset$	leere Menge	stets falsche Aussage

Tabelle 2.1.1: Mengentheoretische Beziehungen und aussagenlogische Entsprechungen

wird als Bewertung des Ereignisses A angesehen. Offensichtlich gilt stets

$$0 \leq H_n(A) \leq 1, \quad H_n(\Omega) = 1, \quad H_n(\emptyset) = 0 \tag{2.1–5}$$

und, wenn zwei Ereignisse A und B disjunkt sind,

$$H_n(A \cup B) = H_n(A) + H_n(B). \tag{2.1–6}$$

Ein Beispiel ist

B2.1–4 das Werfen einer Münze. Versuchsergebnisse eines Wurfes können Kopf oder Zahl sein, die wir durch die Zahlen 1 und 0 kennzeichnen, d.h. $\Omega = \{0, 1\}$. Das Ereignis A sei, daß der Kopf zu sehen ist, also $A = \{1\}$. Beim n-maligen Werfen der Münze und eine faire Münze voraussetzend erwarten wir, daß die relative Häufigkeit des Ereignisses A, $H_n(A)$, eine Zahl in der Nähe des Wertes $0,5$ ist. Weiterhin lehrt die Erfahrung, daß für wachsende n größere Abweichungen der relativen Häufigkeit von $0,5$ immer „unwahrscheinlicher" werden.

Ähnliche Resultate erwartet man bei anderen wiederholten Experimenten, z.B. wenn das Würfeln wiederholt wird. Man stellt sich sogar vor, daß relative Häufigkeiten konvergieren, also

$$H_n(A) \to P(A) \quad \text{für} \quad n \to \infty, \tag{2.1–7}$$

und $P(A)$ für fast alle Folgen von Versuchsergebnissen der gleiche Wert ist. Eine entsprechende Ausnahme wäre z.B. die Folge $(0, 0, 0, \ldots)$, von der wir annehmen, daß sie beim beliebig langen Münzenwerfen so gut wie nie vorkommt. Die Grenzwertvermutung nennt man auch EMPIRISCHES GESETZ DER GROSSEN ZAHLEN. R. von Mises benutzte um 1930 diese Eigenschaft, um die Wahrscheinlichkeit eines Ereignisses A zu definieren und damit eine entsprechende Theorie aufzubauen. Die Schwierigkeit, zu definieren, was vorkommende Folgen von Versuchsergebnissen sein sollen, führten dazu, daß sich die axiomatische Vorgehensweise bei der Definition von Wahrscheinlichkeit, wie sie von Kolmogorow wenig später vorgeführt wurde, immer mehr durchgesetzt hat. Hierbei muß das aufzubauende Modell Eigenschaften besitzen, die dem empirischen Gesetz der großen Zahlen nicht widersprechen.

2) Axiomatische Vorgehensweise

Die Bewertung eines Ereignisses soll insbesondere durch eine Mengenfunktion geschehen, die Eigenschaften wie die relative Häufigkeit besitzt. Diese Funktion heißt WAHRSCHEINLICHKEIT (genauer WAHRSCHEINLICHKEITSMASS). Wir fordern als Erstes die *Existenz* einer solchen Funktion, die also jedem Ereignis A eine Wahrscheinlichkeit $P(A)$ zuordnet (P von engl. probability). Dieser Wert soll zahlenmäßig ausdrücken, was intuitiv mit der Wahrscheinlichkeit für das Eintreten von A gemeint ist, auch wenn das Zufallsexperiment nur einmal durchgeführt werden kann (z.B. Platzen eines Luftballons). Die Wahrscheinlichkeit soll einem Ereignis anhaften wie eine physikalische Größe einem Körper, beispielsweise die Temperatur. Den Eigenschaften (2.1–5) einer relativen Häufigkeit entsprechend soll eine Wahrscheinlichkeit den Bedingungen $0 \leq P(A) \leq 1$, $P(\Omega) = 1$ und $P(\emptyset) = 0$ genügen. Wir wollen weiterhin sagen können, daß Ereignisse, die eine nahe bei 1 liegende Wahrscheinlichkeit besitzen, bei einem tatsächlich durchzuführendem Zufallsexperiment mit großer Sicherheit eintreten werden. Diese Forderung garantiert uns eine gewisse *Rückinterpretationsmöglichkeit* theoretischer Ergebnisse, wenn hierbei mögliche subjektive Komponenten außer acht gelassen werden.

Wir wollen zunächst Wahrscheinlichkeiten über *endlichen* Stichprobenräumen Ω definieren. Als Ereignisse werden alle Teilmengen von Ω zugelassen. Man nennt bekanntlich die Menge aller Teilmengen von Ω die Potenzmenge $\mathcal{P}(\Omega)$. Eine Abbildung $P : \mathcal{P}(\Omega) \to \mathbf{R}$ heißt WAHRSCHEINLICHKEITSMASS ÜBER EINEM ENDLICHEN STICHPROBENRAUM Ω, wenn P NICHT NEGATIV, NORMIERT und ADDITIV ist, d.h. gilt

$$P(A) \geq 0, \quad \text{für alle } A \subset \Omega, \tag{2.1–8}$$

$$P(\Omega) = 1, \tag{2.1–9}$$

$$P(A \cup B) = P(A) + P(B), \text{ für alle } A, B \subset \Omega \text{ mit } A \cap B = \emptyset. \tag{2.1–10}$$

Zwei einfache Folgerungen ergeben sich aus dieser Definition: Zunächst schließt man aus $\Omega \cup \emptyset = \Omega$ und $\Omega \cap \emptyset = \emptyset$, daß $P(\emptyset) = 0$ sein muß. Da Ω endlich ist, können wir schreiben $\Omega = \{\xi_1, \xi_2, \ldots, \xi_l\}$ mit paarweise verschiedenen ξ_k. Dann gibt es Zahlen $p_k = P(\{\xi_k\})$, so daß für jedes $A \subset \Omega$ gilt

$$P(A) = \sum_{k:\xi_k \in A} p_k. \tag{2.1–11}$$

Hierbei hat man A nur in Einermengen zu zerlegen und wiederholt (2.1–10) anzuwenden. Da mit (2.1–10) oder (2.1–11) Wahrscheinlichkeiten „verteilt“ werden, nennt man P auch eine WAHRSCHEINLICHKEITSVERTEILUNG. Vereinfachend schreiben wir $P(\{\xi_k\}) = P\{\xi_k\}$, wenn Mißverständnisse nicht möglich sind.

Als Beispiel führen wir zunächst an

B2.1–5 die BERNOULLI-VERTEILUNG. Ähnlich wie beim Münzenwerfen gehen wir von zwei möglichen Versuchsergebnissen aus, die wir mit 1 und 0 kodieren. Eine Urne enthalte z.B. rote und schwarze Kugeln wohl durchmischt, und wir nehmen zufällig eine Kugel heraus. Das Versuchsergebnis, daß die Kugel rot ist, werde durch die 1 gekennzeichnet. Wenn man die Wahrscheinlichkeit von $\{1\}$ mit $P\{1\} = p$ bezeichnet, wobei $0 < p < 1$ gelte, so folgt aus (2.1–9) und (2.1–10) sofort $P\{0\} = 1 - p$, so daß die Wahrscheinlichkeitsverteilung vollständig festgelegt ist.

B2.1–6 Wie in Beispiel B2.1–1 untersuchen wir das Würfeln und gehen von $\Omega = \{1,\ldots,6\}$ aus. Wir nennen den Würfel fair oder symmetrisch, wenn man $P\{1\} = \ldots = P\{6\}$ annehmen kann. Damit ergibt sich aus (2.1–9) und (2.1–11), daß $P\{i\} = 1/6$ für $i = 1,\ldots,6$ sein muß. Bei einem unfairen Würfel würde man von $P\{i\} = p_i, \quad p_i \geq 0$ und $p_1 + \cdots + p_6 = 1$ ausgehen und durch (2.1–11) die Wahrscheinlichkeitsverteilung festlegen.

Wenn man in einem Zufallsexperiment mit endlichem Stichprobenraum $\Omega = \{\xi_1,\ldots,\xi_l\}$ ähnlich wie beim Werfen eines fairen Würfels $P\{\xi_1\} = \ldots = P\{\xi_l\}$ voraussetzt, so spricht man von einer GLEICH- oder LAPLACE-VERTEILUNG. Wegen (2.1–11) kann dann die Wahrscheinlichkeit eines beliebigen Ereignisses A, dessen Mächtigkeit $|A|$ (Anzahl der Elementarereignisse in A) ist, durch

$$P(A) = \frac{|A|}{|\Omega|} \tag{2.1–12}$$

bestimmt werden. Man interpretiert diese Formel so, daß die Wahrscheinlichkeit von A durch den Quotienten der ZAHL DER FÜR A GÜNSTIGEN FÄLLE und der ZAHL DER MÖGLICHEN FÄLLE gegeben ist.

B2.1–7 Betrachten wir noch einmal das Urnenmodell in Beispiel B2.1–5, um die Wahrscheinlichkeit p dafür, daß eine rote Kugel herausgegriffen wird, zu bestimmen. Ω sei nun die Menge der Kugeln. Davon seien K_r Kugeln rot und der Rest der K Kugeln schwarz. A sei die Menge der roten Kugeln in Ω, so daß bei Annahme einer Gleichverteilung nach (2.1–12) $p = P(A) = K_r/K$ gilt. Die zufällige Entnahme einer Kugel haben wir dabei so interpretiert, daß die Chance, herausgegriffen zu werden, für alle Kugeln in der Urne gleich ist.

3) Allgemeine Definition von Wahrscheinlichkeiten

Im vorangegangenen Abschnitt sind endliche Stichprobenräume betrachtet worden. Wenn wir versuchten, die bisher angegebenen Eigenschaften von Wahrscheinlichkeiten direkt auf abzählbare oder überabzählbare Stichprobenräume zu übertragen, so würden wir auf Schwierigkeiten wie die folgenden stoßen. Für ein Zufallsexperiment mit einem abzählbaren Stichprobenraum Ω, dessen Potenzmenge $\mathcal{P}(\Omega)$ die Menge der Ereignisse beschreibt, müßte eine Formel wie (2.1–11) gelten. Dies bedeutet, daß die Summe für alle abzählbaren Mengen A konvergierte und die Summe über alle $p_k = P\{\xi_k\}$ eins ergäbe. Resultate dieser Art kann man jedoch nicht aus (2.1–8) bis (2.1–10) folgern. In Beispiel B2.1–3 haben wir den überabzählbaren Stichprobenraum $\Omega = \mathbf{R}$ gewählt (obwohl beim Ablesen des Meßinstruments nur endlich viele Meßwerte möglich sind). In diesem Fall ist nicht mehr klar, was (2.1–11) bedeuten soll, da wir wissen, daß z.B. die Länge eines Intervalls nicht die Summe der Längen von Einpunktintervallen ist, aus denen sich das Intervall zusammensetzt. Schließlich braucht nicht jede Teilmenge von Ω ein Ereignis von Interesse in einem Zufallsexperiment zu sein. Auf der anderen Seite kann gezeigt werden, daß eine befriedigende Definition einer Wahrscheinlichkeit über der Potenzmenge von $\mathbf{R}$ nicht möglich ist.

Wir wollen daher zunächst Systeme von Teilmengen von Ω definieren, deren Elemente als Ereignisse zugelassen werden, und denen Wahrscheinlichkeiten zugeordnet werden können. Ein System $\mathcal{A}$ von Teilmengen von Ω heißt EREIGNISALGEBRA (genauer EREIGNIS-σ-ALGEBRA) über Ω, wenn die Elemente aus $\mathcal{A}$ folgende Bedingungen erfüllen:

$$\Omega \in \mathcal{A}, \tag{2.1–13}$$

$$\text{wenn} \quad A \in \mathcal{A}, \quad \text{so auch} \quad \overline{A} = \Omega - A \in \mathcal{A}, \tag{2.1–14}$$

$$\text{wenn} \quad A_i \in \mathcal{A}\,(i = 1, 2, \ldots), \quad \text{so auch} \quad \bigcup_{i=1}^{\infty} A_i \in \mathcal{A}. \tag{2.1–15}$$

Diese Bedingungen zusammen mit den wohlbekannten Rechenregeln für Mengen erlauben, sofort einige weitere Eigenschaften von Ereignisalgebren aufzuschreiben:

$$\emptyset \in \Omega, \tag{2.1–16}$$

$$\text{wenn} \quad A, B \in \mathcal{A}, \quad \text{so} \quad A \cap B \quad \text{und} \quad A - B \in \mathcal{A}, \tag{2.1–17}$$

$$\text{wenn} \quad A_i \in \mathcal{A}\,(i = 1, 2, \ldots), \quad \text{so} \quad \bigcap_{i=1}^{\infty} A_i \in \mathcal{A}. \tag{2.1–18}$$

Außerdem gelten (2.1–15) und (2.1–18) auch für endlich viele Ereignisse.

Beispiele für Ereignisalgebren über Ω sind $\{\emptyset, \Omega\}$, $\{\emptyset, A, \overline{A}, \Omega\}$ für ein $A \subset \Omega$ mit $\emptyset \neq A \neq \Omega$ und die Potenzmenge $\mathcal{P}(\Omega)$.

Wahrscheinlichkeiten werden auf Ereignisalgebren definiert. Genauer sei eine Ereignisalgebra $\mathcal{A}$ über Ω gegeben. Dann heißt eine Abbildung $P : \mathcal{A} \to \mathbf{R}$ ein WAHRSCHEINLICHKEITSMASS AUF $\mathcal{A}$, wenn P den folgenden Bedingungen genügt:

$$\text{Wenn} \quad A \in \mathcal{A}, \quad \text{so} \quad P(A) \geq 0, \tag{2.1–19}$$

$$P(\Omega) = 1, \tag{2.1–20}$$

$$\text{wenn} \quad A_i \in \mathcal{A}\,(i = 1, 2, \ldots) \;\text{ und }\; A_i \cap A_j = \emptyset\;(i \neq j), \;\text{so}\; P(\bigcup_{i=1}^{\infty} A_i) = \sum_{i=1}^{\infty} P(A_i). \tag{2.1–21}$$

Elementare Folgerungen aus dieser Definition sind $P(\emptyset) = 0$ und daß (2.1–21) auch für endlich viele Ereignisse in entsprechender Form gelten muß. Wir brauchen in (2.1–21) etwa nur $A_i = \emptyset$ für $i = n+1, n+2, \ldots$ zu setzen. Damit stimmt diese Definition von P mit der in (2.1–8) bis (2.1–10) für endliche Stichprobenräume überein. Schließlich kann man für beliebige $A, B \in \mathcal{A}$ aufschreiben

$$P(A \cup B) = P(A) + P(B) - P(A \cap B). \qquad (2.1\text{–}22)$$

Wenn weiter $A \subset B$, so muß $P(A) \le P(B)$ und $P(B - A) = P(B) - P(A)$ gelten. Die Gleichung (2.1–22) läßt sich zur SIEBFORMEL VON SYLVESTER UND POINCARE für Ereignisse $A_1, \ldots, A_n$ verallgemeinern, deren Beweis als Übung empfohlen wird:

$$P(\bigcup_{i=1}^{n} A_i) = \sum_{I} (-1)^{|I|-1} P(\bigcap_{i \in I} A_i), \qquad (2.1\text{–}23)$$

wobei über alle nichtleeren Teilmengen I von $\{1, 2, \ldots, n\}$ summiert wird.

Falls Ω abzählbar (endlich oder unendlich) ist und $\mathcal{P}(\Omega)$ die Ereignisalgebra ist, wird von DISKRETEN WAHRSCHEINLICHKEITSVERTEILUNGEN über Ω gesprochen. Für ein abzählbar unendliches $\Omega = \{\xi_1, \xi_2, \ldots\}$ gibt es wieder Zahlen $p_k = P\{\xi_k\}$, so daß (2.1–11) für alle $A \subset \Omega$ gilt. Man spricht auch von einer diskreten Wahrscheinlichkeitsverteilung für beliebige Ω und $\mathcal{P}(\Omega)$ als Ereignisalgebra, wenn eine abzählbare Menge $A \subset \Omega$ mit $P(A) = 1$ existiert.

Beispiele:

B2.1–8 Eine Gleichverteilung über einem abzählbar unendlichen $\Omega = \{\xi_1, \xi_2, \ldots\}$ kann es nicht geben, denn aus $P\{\xi_1\} = P\{\xi_2\} = \ldots$ folgte $P\{\xi_i\} = 0$ für $i = 1, 2, \ldots$. Eine Gleichverteilung auf einer endlichen Teilmenge $A \subset \Omega$ mit $P(A) = 1$ ist durch $P\{\xi\} = 1/|A|$ für $\xi \in A$ und $P\{\xi\} = 0$ für $\xi \in \Omega - A$ gegeben.

B2.1–9 Die POISSON-VERTEILUNG ist über dem Stichprobenraum $\Omega = \{0, 1, 2, \ldots\}$ durch die Zahlen

$$p_k = \mathrm{e}^{-\alpha} \frac{\alpha^k}{k!} \qquad (k = 0, 1, 2, \ldots) \qquad (2.1\text{–}24)$$

definiert, wobei $\alpha > 0$ ein Parameter ist. Da die $\alpha^k/k!$ die Summanden der Potenzreihenentwicklung von e^{α} sind, ist die Summe über alle p_k gleich 1. Die Größe (2.1–24) beschreibt etwa, wie wir später sehen werden, für $\alpha = \lambda T$ die Wahrscheinlichkeit dafür, daß die Zahl der innerhalb eines Zeitintervalls der Länge T von einer Elektrode abgegebenen Ladungsträger gleich k ist.

4) Koppelung und bedingte Wahrscheinlichkeiten

Zwei Zufallsexperimente können voneinander abhängen so, daß das Versuchsergebnis des einen das des anderen beeinflußt. Solche Experimente kann man zu einen Gesamtexperiment verkoppeln. Umgekehrt ist es auch möglich, ein Zufallsexperiment in gekoppelte Einzelexperimente zu zerlegen. Wir werden den ersten Sachverhalt an einer diskreten Verteilung und den zweiten mit Hilfe elementarer bedingter Wahrscheinlichkeiten erläutern.

B2.1–10 Wir setzen Beispiel B2.1–7 fort und fragen nach der Wahrscheinlichkeit, eine rote Kugel aus der Urne zu nehmen, wenn das zweite Mal in die Urne gegriffen wird und die erste herausgenommene Kugel nicht in die Urne zurückgelegt worden ist. Offensichtlich hängt diese Wahrscheinlichkeit davon ab, welche Farbe die erste herausgenommene Kugel besitzt. War diese rot, so enthält die Urne nur noch $K-1$ Kugeln, von denen K_r-1 rot sind. Wird das Ereignis, eine rote Kugel zu ziehen, wieder mit 1 gekennzeichnet, so ist die Wahrscheinlichkeit, beim zweiten Versuch eine rote Kugel herauszunehmen,

$$P_{2,1}\{1\} = \frac{K_r - 1}{K - 1}. \tag{2.1–25}$$

War hingegen die erste Kugel schwarz, so ist die entsprechende Wahrscheinlichkeit

$$P_{2,0}\{1\} = \frac{K_r}{K - 1}, \tag{2.1–26}$$

da weiterhin K_r rote Kugeln in der Urne angenommen werden. $P_{2,1}$ und $P_{2,0}$ beschreiben unterschiedliche Verteilungen über $\Omega_2 = \{0,1\}$ und werden ÜBERGANGSWAHRSCHEINLICHKEITEN genannt. Wenn wir mit P_1 die in Beispiel B2.1–7 beschriebene Verteilung über $\Omega_1 = \{0,1\}$ für das erste Herausgreifen einer Kugel bezeichnen, so konstruieren wir ein Gesamtexperiment zum Herausgreifen von zwei Kugeln und die entsprechende Verteilung wie folgt: Der Stichprobenraum ist $\Omega = \Omega_1 \times \Omega_2 = \{0,1\}^2$. Die Wahrscheinlichkeit eines Elementarereignisses $\xi = (\xi_1, \xi_2) \in \Omega$ ist

$$P\{(\xi_1, \xi_2)\} = P_1\{\xi_1\} P_{2,\xi_1}\{\xi_2\}, \tag{2.1–27}$$

wobei wir annehmen, daß beide Faktoren ungleich Null sind, wenn das Ereignis $\{(\xi_1, \xi_2)\}$ realisierbar sein soll. In unserem Beispiel wäre die Wahrscheinlichkeit, daß zwei rote Kugeln herausgenommen werden, gleich $[(K_r/K)][(K_r-1)/(K-1)]$, zunächst eine schwarze und dann eine rote, gleich $[(K-K_r)/K][K_r/(K-1)]$ usw. Man prüft leicht nach, daß P ein diskretes Wahrscheinlichkeitsmaß ist, das durch KOPPELUNG aus P_1 und den Übergangswahrscheinlichkeiten P_{2,ξ_1} entstanden ist.

Ähnlich wie in diesem Beispiel kann man im allgemeinen Fall diskreter Verteilungen vorgehen und Koppelungen auch von mehreren Experimenten vornehmen. Ein Spezialfall ist vom besonderen Interesse, nämlich Zufallsexperimente mit UNABHÄNGIGEN KOPPELUNGEN. Dies bedeutet z.B., daß der Ausgang des ersten Experimentes nicht den des zweiten beeinflußt, also daß die Übergangswahrscheinlichkeiten P_{2,ξ_1} nicht von ξ_1 abhängen und durch eine einzige Verteilung gekennzeichnet werden. Wir schreiben dann für (2.1–27)

$$P\{(\xi_1, \xi_2)\} = P_1\{\xi_1\} P_2\{\xi_2\}. \tag{2.1–28}$$

Wirft man beispielsweise einen Würfel zweimal hintereinander, so geht man davon aus, daß der zweite Wurf nicht vom Ergebnis des ersten Wurfes abhängt. Das Gesamtexperiment der zwei Würfe entsteht dann durch unabhängige Koppelung. Änderte man Beispiel B2.1–10 so ab, daß die als erste herausgenommene Kugel vor dem zweiten Herausnehmen einer Kugel wieder in die Urne zurückgelegt würde, erhielte man ebenfalls eine unabhängige Koppelung der Kugelentnahmen. Man sagt auch, daß es sich bei einem durch unabhängige Koppelung entstandenen Gesamtexperiment um ein PRODUKTEXPERIMENT MIT STOCHASTISCH UNABHÄNGIGEN KOMPONENTEN handelt. Im folgenden Beispiel wird als Zwischenschritt ein Produktexperiment mit n unabhängigen Komponenten konstruiert und anschließend mit einer Zufallsvariablen die Beobachtungstiefe reduziert.

B2.1–11 Für die Bernoulli-Verteilung, vgl. Beispiel B2.1–5, gehen wir von einem Zufallsexperiment mit zwei möglichen Versuchsergebnissen, $\Omega_1 = \{0,1\}$ aus, etwa der Frage, ob ein aus einer Kiste mit gleichartigen Bauteilen entnommenes Bauteil funktionsfähig ist ($\xi_1 = 1$) oder nicht. Kann das Experiment n-mal wiederholt werden wie mit n Kisten der gleichen Mischung von Bauteilen, so interessiert die Frage, wie groß die Wahrscheinlichkeit dafür ist, daß genau k der n herausgenommenen Bauteile funktionsfähig sind. Das Produktexperiment besitzt den Stichprobenraum $\Omega = \Omega_1 \times \ldots \times \Omega_n = \{0,1\}^n$. Die Wahrscheinlichkeit, daß das aus der i-ten Kiste herausgenommene Bauteil funktionsfähig sei, ist $P_i\{\xi_i = 1\} = p$. Dann muß $P_i(\xi_i = 0) = 1 - p$ sein. Die Zufallsvariable $X(\xi_1, \ldots, \xi_n) = \xi_1 + \cdots + \xi_n$ zählt die funktionsfähigen Bauteile unter den n herausgegriffenen. Das Urbild $X^{-1}(\{k\})$ von $\{k\}$ in Ω vermöge X, das wir kurz mit $\{X = k\}$ bezeichnen, ist gerade die Menge aller $(\xi_1, \ldots, \xi_n)' \in \Omega$, die genau k Einsen und $n - k$ Nullen als Komponenten ξ_i enthalten. Es gibt bekanntlich $\binom{n}{k} = n!/[k!(n-k)!]$ Möglichkeiten, solche Vektoren in $\{0,1\}^n$ zu finden. Die Wahrscheinlichkeit eines Versuchsergebnisses dieser Art ergibt sich in Verallgemeinerung von (2.1–28) zu $p^k(1-p)^{n-k}$. Also finden wir

$$P\{X = k\} = \binom{n}{k} p^k (1-p)^{n-k} = b(k,n,p). \qquad (2.1\text{–}29)$$

Die $b(k,n,p)$ heißen BINOMIALWAHRSCHEINLICHKEITEN, da ihre Summe für $k = 0,1,\ldots,n$ nach dem „binomischen“ Lehrsatz gerade $[p + (1-p)]^n = 1$ ergibt, und definieren die BINOMIALVERTEILUNG.

Zufallsexperimente können in gekoppelte Einzelexperimente zerlegt werden. Wir werden diesen Sachverhalt anhand elementarer bedingter Wahrscheinlichkeiten erläutern. Auf allgemeinere Konzepte für bedingte Wahrscheinlichkeiten soll hier nicht eingegangen werden. Die Darstellung von Wahrscheinlichkeiten durch bedingte Wahrscheinlichkeiten erleichtert häufig die Berechnung oder die Festsetzung von Wahrscheinlichkeiten.

Ausgegangen wird von einem Zufallsexperiment beschrieben durch den Stichprobenraum Ω, die Ereignisalgebra $\mathcal{A}$ und die Wahrscheinlichkeitsverteilung P. Wir wollen annehmen, daß bei einem Experiment nur solche Ereignisse $A \in \mathcal{A}$ interessieren, die gleichzeitig mit einem anderen Ereignis $B \in \mathcal{A}$ auftreten können, d.h. nur Versuchsergebnisse $\xi \in B$ werden betrachtet als würde der Stichprobenraum Ω auf B reduziert.

B2.1–12 Als Beispiel soll aus einem Skatspiel mit 32 Karten eine Herz- oder Karo-Karte gezogen werden. Hat man eine solche rote Karte gezogen, kann man unter der Annahme einer Gleichverteilung fragen, wie groß die Wahrscheinlichkeit ist, daß die gezogene Karte das Herz-As ist. Unter den 16 möglichen roten Karten gibt es nur ein Herz-As, also ist die Wahrscheinlichkeit, ein Herz-As gezogen zu haben, unter der Bedingung, daß die gezogene Karte rot ist, gleich 1/16. Diese Zahl ergibt sich aber auch, wenn man die Wahrscheinlichkeit, das Herz-As aus dem Skatspiel zu ziehen, ohne die schwarzen Karten zu ignorieren, nämlich 1/32, durch die Wahrscheinlichkeit, eine rote Karte zu ziehen, d.h. 1/2, dividiert.

Wir definieren entsprechend die BEDINGTE WAHRSCHEINLICHKEIT VON A UNTER DER BEDINGUNG B durch

$$P(A|B) = \frac{P(A\cap B)}{P(B)}, \quad \text{falls} \quad P(B) > 0, \tag{2.1–30}$$

für $A, B \in \mathcal{A}$. Für $B = \Omega$ ergibt sich sofort $P(A|\Omega) = P(A)$, so daß P selbst als bedingte Wahrscheinlichkeit aufgefaßt werden kann. Zur Klärung, ob die bedingte Wahrscheinlichkeit auch ein Wahrscheinlichkeitsmaß auf $\mathcal{A}$ definiert, müssen wir (2.1–19) bis (2.1–21) nachprüfen. Zunächst ist mit $P(B) > 0$, $P(A|B) = P(A\cap B)/P(B) \geq 0$ und $P(\Omega|B) = P(\Omega\cap B)/P(B) = 1$. Um (2.1–21) nachzuweisen, nehmen wir paarweise disjunkte Ereignisse A_i an. Aus $A_i \cap A_j = \emptyset$ folgt $(A_i\cap B)\cap(A_j\cap B) = \emptyset$, so daß die Mengen $(A_i \cap B)$ paarweise disjunkt sind. Weiterhin gilt $(\bigcup_i A_i)\cap B = \bigcup_i (A_i\cap B)$, woraus sich das gewünschte Resultat ergibt:

$$P(\bigcup_i A_i|B) = \frac{P((\bigcup_i A_i)\cap B)}{P(B)} = \frac{P(\bigcup_i (A_i\cap B))}{P(B)} = \frac{\sum_i P(A_i\cap B)}{P(B)} = \sum_i P(A_i|B). \tag{2.1–31}$$

Unmittelbare Folgerungen sind die PRODUKTFORMEL,

$$P(A\cap B) = P(A|B)P(B) = P(B|A)P(A), \tag{2.1–32}$$

die Formel von der TOTALEN WAHRSCHEINLICHKEIT für paarweise disjunkte A_i und $B \subset \bigcup_i A_i$,

$$P(B) = \sum_i P(A_i)P(B|A_i), \tag{2.1–33}$$

wobei wir $P(A_i)P(B|A_i) = 0$ für $P(A_i) = 0$ setzen, und die BAYES-FORMEL, wenn zusätzlich $P(B) > 0$ gilt,

$$P(A_k|B) = \frac{P(A_k)P(B|A_k)}{\sum_i P(A_i)P(B|A_i)}. \tag{2.1–34}$$

Schließlich kann man die Produktformel verallgemeinern:

$$P(A\cap B\cap C) = P(A)P(B|A)P(C|A\cap B) \tag{2.1–35}$$

Zwei Ereignisse A und B, mit $P(B) > 0$ nennt man STOCHASTISCH UNABHÄNGIG, wenn $P(A|B) = P(A)$, die bedingte Wahrscheinlichkeit also nicht von B abhängt. Für stochastisch unabhängige Ereignisse A und B muß demnach gelten

$$P(A\cap B) = P(A)P(B). \tag{2.1–36}$$

Das folgende Beispiel zeigt, wie man mit der Bayes-Formel Wahrscheinlichkeiten einfach bestimmen kann.

B2.1–13 N Maschinen produzieren Dioden der gleichen Art, doch mit unterschiedlicher Präzisionen und Geschwindigkeiten. Maschine i produziere n_i mit i gekennzeichnete Dioden pro Zeiteinheit mit $p_i \cdot 100\%$ Ausschuß ($i = 1, \dots, N$). Entnimmt man der Menge aller in einem gewissen Zeitraum produzierten Dioden eine, so kann man nach der Wahrscheinlichkeit dafür fragen, daß eine herausgenommene und als Ausschuß erkannte Diode von Maschine i produziert wurde. Ist A_i das Ereignis, daß die Diode von Maschine i produziert wurde, und B das Ereignis, daß die Diode fehlerhaft ist, so interpretieren wir „$p_i \cdot 100\%$ Ausschuß der Maschine i" als $P(B|A_i) = p_i$. Außerdem können wir bei Annahme einer Gleichverteilung $P(A_k) = n_k / \sum_{i=1}^{N} n_i$ setzen. Dann liefert Formel (2.1–34) gerade die gewünschten Wahrscheinlichkeiten.

Schließlich wollen wir den Zusammenhang von bedingten Wahrscheinlichkeiten und verkoppelten Experimenten etwa in Beispiel B2.1–10 erläutern. Das Gesamtexperiment sei durch Koppelung diskreter Wahrscheinlichkeitsverteilungen entstanden mit $\Omega = \Omega_1 \times \Omega_2$ und $P\{(\xi_1, \xi_2)\} = P_1\{\xi_1\} P_{2,\xi_1}\{\xi_2\}$. Betrachten wir die Ereignisse $B = \{\xi_1\} \times \Omega_2 \subset \Omega$ und $A = \Omega_1 \times \{\xi_2\}$, so finden wir mit (2.1–11) zunächst

$$P(B) = \sum_{\xi \in \Omega_2} P\{(\xi_1, \xi)\} = \sum_{\xi \in \Omega_2} P_1(\xi_1) P_{2,\xi_1}(\xi) = P_1(\xi_1). \tag{2.1–37}$$

Da $P(A \cap B) = P\{(\xi_1, \xi_2)\} = P_1\{\xi_1\} P_{2,\xi_1}\{\xi_2\}$, folgt $P(A|B) = P_{2,\xi_1}(\xi_2)$. (2.1–38)

Liegt unabhängige Koppelung vor, so ist

$$P_{2,\xi_1}(\xi_2) = P_2(\xi_2) = \sum_{\xi \in \Omega_1} P\{(\xi, \xi_2)\}, \tag{2.1–39}$$

also $P(A|B) = P(A)$, und A und B sind stochastisch unabhängige Ereignisse.

5) Zufallsvariable und Verteilungsfunktionen

Wir hatten in Abschnitt 1) Zufallsvariable als reelle Funktionen $X : \Omega \to \mathbf{R}$ definiert, um zum Beispiel die Beobachtungstiefe eines Würfelexperiments mit drei Würfeln durch Berechnung der Augensumme zu verkleinern. Wir nehmen zunächst an, daß Ω abzählbar und eine diskrete Wahrscheinlichkeitsverteilung P über Ω gegeben, also die Ereignisalgebra $\mathcal{A} = \mathcal{P}(\Omega)$ ist. Entsprechend wird X eine DISKRETE ZUFALLSVARIABLE genannt. Die Bildmenge $X(\Omega) \subset \mathbf{R}$ ist ebenfalls abzählbar. Jede Teilmenge $B \subset \mathbf{R}$ enthält abzählbar viele Punkte von $X(\Omega)$, so daß das Urbild $X^{-1}(B)$ eine wohlbestimmte Teilmenge von Ω ist. Wir können demnach jedem $B \in \mathcal{P}(\mathbf{R})$ die nichtnegative Zahl

$$P^X(B) = P(X^{-1}(B)) = P\{\xi : X(\xi) \in B\} \tag{2.1–40}$$

zuordnen. Da offensichtlich $P^X(\mathbf{R}) = 1$ und für paarweise disjunkte $A_i \subset \mathbf{R}$ ($i = 1, 2, \dots$) auch

$$P^X(\bigcup_i A_i) = P(X^{-1}(\bigcup_i A_i)) = P(\bigcup_i X^{-1}(A_i)) = \sum_i P(X^{-1}(A_i)) = \sum_i P^X(A_i) \tag{2.1–41}$$

gilt, haben wir wegen (2.1–19) bis (2.1–21) ein Wahrscheinlichkeitsmaß auf der Ereignisalgebra $\mathcal{P}(\mathbf{R})$ und dem Stichprobenraum $\mathbf{R}$ definiert. P^X heißt das DURCH X INDUZIERTE WAHRSCHEINLICHKEITSMASS oder die VERTEILUNG VON X UNTER P.

Für jede reelle Zahl x haben wir mit $\{X \leq x\}$ die Menge $\{\xi : X(\xi) \leq x\}$, also das Urbild $X^{-1}((-\infty, x])$ bezeichnet. Da für eine diskrete Zufallsvariable X $P\{X \leq x\}$ existiert, kann man die reelle Abbildung

$$x \rightarrow F_X(x) = P\{X \leq x\}, \tag{2.1–42}$$

definieren, die VERTEILUNGSFUNKTION VON X heißt. Sie kann genauso gut durch $F_X(x) = P^X((-\infty, x])$ bestimmt werden.

Unmittelbar ergeben sich die folgenden Eigenschaften der Verteilungsfunktion von X aus der Definition (2.1–42):

$$F_X(x) \text{ ist mit wachsendem } x \text{ monoton nicht fallend,} \tag{2.1–43}$$

$$\lim_{x \to -\infty} F_X(x) = F_X(-\infty) = 0, \quad \lim_{x \to \infty} F_X(x) = F_X(\infty) = 1, \tag{2.1–44}$$

$$F_X(x) \quad \text{ist stetig von rechts.} \tag{2.1–45}$$

Um die Stetigkeitseigenschaft zu beweisen, gehen wir von einer monoton fallenden Zahlenfolge $x_n \underset{n\to\infty}{\longrightarrow} x$ aus und schreiben

$$\begin{aligned} 0 \leq F_X(x_n) - F_X(x) &= P\{x < X \leq x_n\} = P(\bigcup_{i=n}^{\infty}\{x_{i+1} < X \leq x_i\}) \\ &= \sum_{i=n}^{\infty} P\{x_{i+1} < X \leq x_i\} \leq 1. \end{aligned} \tag{2.1–46}$$

Die Reihe besitzt nichtnegative Summanden, ist beschränkt und muß daher konvergieren auch für $n = 1$. Da wir die Summe $\sum_{i=n}^{\infty} \ldots$ als Reihenrest interpretieren können, muß dieser beliebig klein für hinreichend großes n werden.

Mit den Wahrscheinlichkeiten $p_i^X = P\{X = x_i\}$ für die diskrete Zufallsvariable X, deren Bildmenge $X(\Omega)$ die Elemente x_i enthält, und der Einheitssprungfunktion $u(x) = 1_{[0,\infty)}(x)$ ist

$$F_X(x) = \sum_{x_i \leq x} p_i^X u(x - x_i). \tag{2.1–47}$$

Als ein Beispiel betrachten wir die Verteilungsfunktion einer binomial verteilten Zufallsvariablen X, wie sie in Beispiel B2.1–11 eingeführt wurde und deren Verteilung durch die Binomialwahrscheinlichkeiten (2.1–29) gegeben ist, $P^X\{k\} = P\{X = k\} = b(k, n, p)$. In Abb. 2.1.1 werden die Binomialwahrscheinlichkeiten und die Verteilungsfunktion für $n = 10$ und $p = 1/3$ dargestellt.

6) Wahrscheinlichkeitsmaß auf R und Dichten

Wir haben bisher angenommen, daß der Stichprobenraum Ω abzählbar sowie Wahrscheinlichkeitsverteilungen und Zufallsvariable diskret seien. Den Stichprobenraum $\mathbf{R}$

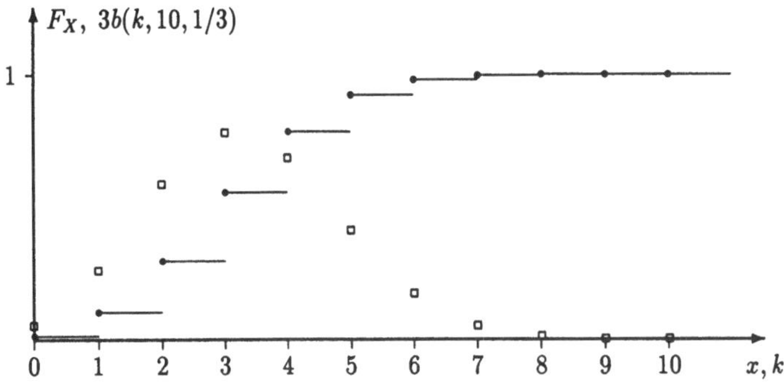

Abbildung 2.1.1: Binomialwahrscheinlichkeiten und Verteilungsfunktion einer binomial verteilten Zufallsvariablen für $n = 10$ und $p = 1/3$.

als Modell für Versuchsergebnisse, die kontinuierliche Meßgrößen, etwa einer Spannung entsprechen, konnten wir noch nicht behandeln. Es fehlte eine geeignete Ereignisalgebra, um darauf brauchbare Wahrscheinlichkeitsmaße zu definieren. Anhand eines Beispiels werden der Übergang von einem diskreten zu einem kontinuierlichen Experiment und Forderungen an die Ereignisalgebren und die Wahrscheinlichkeitsmaße erläutert. Auf der Menge $\Omega = \mathbf{R}$ wird eine diskrete Gleichverteilung mit einer Trägermenge $A_n = \{1/n, 2/n, \ldots, n/n\}$ und $P_n\{i/n\} = 1/n$ $(i = 1, \ldots, n)$ angenommen. Die Zufallsvariable $X(\xi) = \xi \in \mathbf{R}$ besitzt die Verteilungsfunktion

$$F_{X,n}(x) = \sum_{i=1}^{n} \frac{1}{n}\, u(x - \frac{i}{n}). \tag{2.1-48}$$

Für Zahlen $0 \leq a < b \leq 1$ ist mit $P^X = P_n$

$$P_n((a,b]) = F_{X,n}(b) - F_{X,n}(a) = b - a + \varepsilon_n \tag{2.1-49}$$

mit $|\varepsilon_n| \leq 1/n$. Für $n \to \infty$ wird diese Wahrscheinlichkeit gleich der Intervallänge $b - a$. Wenn wir annehmen, daß solch ein Grenzexperiment und das entsprechende Wahrscheinlichkeitsmaß P existiert, so wird mit

$$F(x) = \lim_{n\to\infty} F_{X,n}(x) = x \cdot u(x) + (1 - x) \cdot u(x - 1) \tag{2.1-50}$$

$$P((a,b]) = F(b) - F(a) \tag{2.1-51}$$

gelten. Die Ereignisalgebra, auf der P definiert ist, muß demnach alle halboffenen Intervalle $(a, b]$ enthalten. Die Eigenschaft (2.1–51) bedeutet, daß P mit einem geeigneten Maßstab die Länge eines Intervalles mißt.

Gesucht ist nun eine Ereignisalgebra $\mathcal{A}$ über $\mathbf{R}$, die alle halboffenen Intervalle enthält. Die Potenzmenge $\mathcal{P}(\mathbf{R})$ ist sicherlich eine solche; doch ist sie zu umfangreich, um die Längenmeßeigenschaft verwirklichen zu können, was hier nicht bewiesen wird.

Wir suchen nun die kleinste Ereignisalgebra dieser Art, die man sich als den Durchschnitt aller Ereignisalgebren vorstellen kann, die die halboffenen Intervalle enthalten. Man kann deren Existenz zeigen und nennt sie BOREL-ALGEBRA $\mathcal{B}$ ÜBER $\mathbf{R}$. Als Übungsaufgabe sollte man zeigen, daß $\mathcal{B}$ auch folgende Mengen enthält: alle abzählbaren Teilmengen von $\mathbf{R}$, alle — auch unendlich nach links oder rechts ausgedehnten — Intervalle, alle offenen und alle abgeschlossenen Mengen. $\mathcal{B}$ enthält jedoch auch Mengen, die man nicht mit abzählbarer Vereinigungs-, Durchschnitt- und Komplementbildung aus halboffenen Intervallen konstruieren kann.

Über $\mathcal{B}$ können Wahrscheinlichkeitsmaße definiert werden. Sei P ein solches Wahrscheinlichkeitsmaß und $x \to F(x)$ eine reelle Funktion mit der Eigenschaft (2.1–51) für beliebige reelle Zahlen $a < b$ und dem Grenzwert $F(-\infty) = 0$. Letzteres bedeutet

$$F(b) = P((-\infty, b]). \qquad (2.1\text{–}52)$$

Ähnlich wie im Zusammenhang mit (2.1–43) bis (2.1–45) kann man zeigen, daß F monoton nicht fallend, $F(\infty) = 1$ und F rechtsseitig stetig ist. Jede Funktion F mit diesen Eigenschaften soll VERTEILUNGSFUNKTION heißen. Umgekehrt kann man ausgehen von einer beliebigen Verteilungsfunktion F und beweisen, daß ein eindeutig bestimmtes Wahrscheinlichkeitsmaß P über $\mathcal{B}$ existiert, das (2.1–52) für alle reellen b erfüllt. Zum Beweis werden maßtheoretische Sätze benötigt, die uns hier nicht zur Verfügung stehen, vgl. Behnen und Neuhaus (1985). So lassen sich alle Eigenschaften von Wahrscheinlichkeiten P durch die zugehörige Verteilungsfunktion F ausdrücken. Als Beispiele bestimmen wir für ein reelles x

$$P((-\infty, x)) = \lim_{n\to\infty} P((-\infty, x - \frac{1}{n}]) = \lim_{n\to\infty} F(x - \frac{1}{n}) = F(x - 0), \qquad (2.1\text{–}53)$$

$$P\{x\} = P((-\infty, x]) - P((-\infty, x)) = F(x) - F(x - 0) \qquad (2.1\text{–}54)$$

und wie in (2.1–40) die Verteilungsfunktion der Zufallsvariablen $X(\xi) = \xi$:

$$F_X(x) = P\{X \le x\} = F(x). \qquad (2.1\text{–}55)$$

Nach diesen allgemeinen Ergebnissen stellen wir fest, daß das im Zusammenhang mit (2.1–49) und (2.1–50) angenommene Grenzexperiment existiert und die Verteilungsfunktion (2.1–50) eindeutig das Wahrscheinlichkeitsmaß P festlegt, das jedem Intervall $(a, b]$ mit $0 \le a < b \le 1$ seine Länge $b - a$ zuordnet.

Mit der Borel-Algebra $\mathcal{B}$ steht uns eine Ereignisalgebra über $\mathbf{R}$ zur Verfügung, mit der ZUFALLSVARIABLE $X : \Omega \to \mathbf{R}$ für beliebige Stichprobenräume Ω, Ereignisalgebren $\mathcal{A}$ und Wahrscheinlichkeitsmaße P über $\mathcal{A}$ behandelt werden können. Wir fordern jetzt von X in Analogie zu Unterabschnitt 5), daß das Urbild $X^{-1}(B)$ eines Ereignisses B aus $\mathcal{B}$ ein Ereignis aus $\mathcal{A}$ ist. Dies erlaubt, mit (2.1–40) das durch X induzierte Wahrscheinlichkeitsmaß über $\mathcal{B}$ zu definieren. Insbesondere ist für jede reelle Zahl x das Ereignis $\{X \le x\} = \{\xi : X(\xi) \le x\} = X^{-1}((-\infty, x])$ aus $\mathcal{A}$, und wir können durch (2.1–42) die Verteilungsfunktion $F_X(x)$ von X festlegen.

Jede reelle Funktion $f(x) \ge 0$ mit

$$\int_{-\infty}^{\infty} f(x)dx = 1 \qquad (2.1\text{–}56)$$

heißt DICHTE und definiert eine Verteilungsfunktion

$$F(x) = \int_{-\infty}^{x} f(y)dy. \tag{2.1–57}$$

$F(x)$ ist also eine stetige Funktion. Wenn $F(x)$ im Punkt x differenzierbar ist, so ist $f(x) = dF(x)/dx$. Jede Dichte $f_X(x)$, die (2.1–57) für die Verteilungsfunktion $F_X(x)$ einer Zufallsvariablen X erfüllt, wird DICHTE VON X genannt. In diesem Fall ergibt sich für reelle Zahlen $x_1 < x_2$

$$P\{x_1 < X \leq x_2\} = F_X(x_2) - F_X(x_1) = \int_{x_1}^{x_2} f_X(x)dx. \tag{2.1–58}$$

Den gleichen Wert erhalten wir auch für $P\{x_1 \leq X \leq x_2\}$, da $P\{x_1\}$ nach (2.1–54) gleich 0 sein muß. Auch mit Hilfe einer Dichte lassen sich alle Eigenschaften des zugehörigen Wahrscheinlichkeitsmaßes über $\mathcal{B}$ festlegen.

Für die im weiteren interessierenden Anwendungsbereiche ist es ausreichend, allgemein anzunehmen, daß die Verteilungsfunktion F_X einer Zufallsvariablen X bis auf höchstens abzählbar viele Punkte differenzierbar ist und F_X für ein λ mit $0 \leq \lambda \leq 1$ die Darstellung

$$F_X(x) = \lambda F_{X,d}(x) + (1 - \lambda)F_{X,s}(x) \tag{2.1–59}$$

besitzt. Hierbei ist $F_{X,d}$ die Verteilungsfunktion einer diskreten Verteilung und besitzt $F_{X,s}$ eine bis auf höchstens abzählbar viele Punkte stetige Dichte $f_{X,s}$. Allgemeinere Fälle sollen hier nicht betrachtet werden.

Wenn X eine Zufallsvariable ist, die eine unbekannte stetige Dichte f_X besitzt, so kann man eine grobe Approximation (Schätzung) vom Graphen dieser Dichte wie folgt erhalten: Man nimmt an, das Zufallsexperiment n-fach wiederholen zu können. Die Versuchsergebnisse seien $\xi_1, \ldots, \xi_n$, die vermöge X in die Zahlen $x_i = X(\xi_i)$ ($i = 1, \ldots, n$) abgebildet werden. Für ein kleines Intervall der Länge Δ liefert (2.1–58) und der Mittelwertsatz der Integralrechnung

$$P\{x - \frac{\Delta}{2} < X \leq x + \frac{\Delta}{2}\} \approx f_X(x)\Delta. \tag{2.1–60}$$

Teilt man den Bereich der auftretenden x_i in K benachbarte Intervalle der Breite Δ mit den Mittelpunkten m_k ($k = 1, \ldots, K$) auf und trägt darüber als Streifendiagramm die relativen Häufigkeiten (2.1–4) $H_n\{m_k - \Delta/2 < X \leq m_k + \Delta/2\}$ auf, so erhält man ein HISTOGRAMM. In Abb. 2.1.2 sind qualitativ ein Histogramm und die zu approximierende Dichte dargestellt. Man kann sich leicht vorstellen, daß diese Approximation sehr ungenau sein kann, wenn z.B. die Dichte f_X nicht stetig ist. In jedem Fall ist es günstiger, die relativen Häufigkeiten $H_n\{X \leq x\}$ aufzutragen, um damit die Verteilungsfunktion $F_X(x)$ zu approximieren. Die Zufallsvariable $nH_n\{X \leq x\}$ ist nämlich bei einer geeigneten Definition des wiederholten Experimentes binomial verteilt mit den Parametern n und $p = F_X(x)$, so daß $H_n\{X \leq x\}$ gegen $p = F_X(x)$ für $n \to \infty$ konvergiert in einem geeigneten Sinne, wie wir später sehen werden.

In den folgenden Beispielen werden typische Dichten und ihre Verteilungsfunktionen angegeben. Zufallsvariable mit diesen Verteilungen tragen entsprechende Namen.

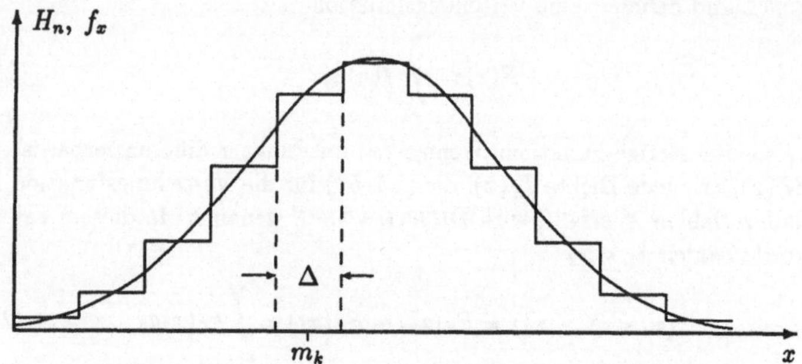

Abbildung 2.1.2: Histogramm und Dichte einer Zufallsvariable

B2.1–14 GLEICHVERTEILUNG oder RECHTECKVERTEILUNG AUF DEM INTERVALL $[a,b]$:

$$f(x) = \frac{1}{b-a}(u(x-a)-u(x-b)), \quad a<b, \tag{2.1–61}$$

$$F(x) = \frac{1}{b-a}[(x-a)u(x-a)-(x-b)u(x-b)]. \tag{2.1–62}$$

B2.1–15 CAUCHY-VERTEILUNG:

$$f(x) = \frac{1}{\pi}\frac{a}{1+a^2x^2}, \quad a>0, \tag{2.1–63}$$

$$F(x) = \frac{1}{2}+\frac{1}{\pi}\arctan(ax). \tag{2.1–64}$$

Die Dichte der Cauchy-Verteilung fällt besonders langsam mit wachsendem $|x|$ gegen Null. Dies bedeutet, daß eine entsprechend verteilte Zufallsvariable in einem Zufallsexperiment mit einer gewissen Sicherheit auch betragsmäßig große Meßergebnisse erwarten läßt.

B2.1–16 EXPONENTIALVERTEILUNG:

$$f(x) = \alpha e^{-\alpha x}u(x), \quad \alpha>0, \tag{2.1–65}$$

$$F(x) = (1-e^{-\alpha x})u(x). \tag{2.1–66}$$

Mit der Exponentialverteilung kann man z.B. die LEBENSDAUER X eines Transistors beschreiben, wenn Alterungsprozesse vernachlässigt werden. Als Übungsaufgabe zeige man, daß die durch

$$\lim_{\Delta\to+0}\frac{1}{\Delta}\cdot\frac{P\{x<X\le x+\Delta\}}{P\{x<X\}} \tag{2.1–67}$$

definierte AUSFALLRATE gleich

$$\frac{f_X(x)}{1-F_X(x)} = \alpha, \tag{2.1–68}$$

also konstant ist. Wir können hierbei $P\{x < X \leq x + \Delta\}/P\{x < X\}$ im Sinne von (2.1–30) als bedingte Wahrscheinlichkeit von $\{X \leq x + \Delta\}$ unter der Bedingung $\{x < X\}$ auffassen.

B2.1–17 NORMALVERTEILUNG mit der Kurzbezeichnung $N(\mu, \sigma^2)$:

$$f(x) = \frac{1}{\sqrt{2\pi}\sigma} \exp(-\frac{1}{2\sigma^2}(x-\mu)^2), \qquad -\infty < \mu < \infty,\ \sigma^2 > 0\,. \quad (2.1\text{–}69)$$

Ein geschlossener Ausdruck für die Verteilungsfunktion existiert nicht. Die Normalverteilung $N(0,1)$ heißt STANDARDNORMALVERTEILUNG. Wenn deren Verteilungsfunktion $\Phi(x)$ genannt wird[1], so ist die Verteilungsfunktion von $N(\mu, \sigma^2)$

$$F(x) = \Phi(\frac{x-\mu}{\sigma}). \quad (2.1\text{–}70)$$

Daß (2.1–69) eine Dichte ist, erkennt man wie folgt: Zunächst gilt offensichtlich $f(x) > 0$ für $x \in \mathbf{R}$. Das Integral über $f(x)$ muß sodann 1 ergeben:

$$\int_{-\infty}^{\infty} \frac{1}{\sqrt{2\pi}\sigma} \exp(-\frac{1}{2\sigma^2}(x-\mu)^2)dx = \int_{-\infty}^{\infty} \frac{1}{\sqrt{2\pi}} \exp(-\frac{1}{2}s^2)ds, \quad (2.1\text{–}71)$$

wobei $s = (x-\mu)/\sigma$ substituiert wurde. Wegen $f(x) > 0$ berechnen wir

$$\begin{aligned}
(\int_{-\infty}^{\infty} f(x)dx)^2 &= (\int_{-\infty}^{\infty} \frac{1}{\sqrt{2\pi}} \exp(-\frac{1}{2}x^2)dx)^2 \\
&= \int_{-\infty}^{\infty}\int_{-\infty}^{\infty} \frac{1}{2\pi} \exp(-\frac{1}{2}(x^2+y^2))dx\,dy \\
&= \int_{0}^{2\pi}\int_{0}^{\infty} \frac{1}{2\pi} \exp(-\frac{1}{2}r^2)r\,dr\,d\varphi \\
&= \int_{0}^{\infty} \exp(-\frac{1}{2}r^2)r\,dr \\
&= \int_{0}^{\infty} \exp(-s)ds \;=\; 1\,. \qquad (2.1\text{–}72)
\end{aligned}$$

Hierbei wurde das Quadrat eines Integrals als Doppelintegral interpretiert, dann zu Polarkoordinaten übergegangen und $s = r^2/2$ substituiert.

Die Normalverteilung ist das übliche Modell, um die Verteilung des Mittelwertes $X = (X_1 + \cdots + X_n)/n$ n-fach wiederholter Messungen X_i einer reellen Größe wie z.B. des elektrischen Widerstandes eines Bauteiles zu approximieren, wenn systematische Meßfehler ausgeschlossen werden und bei den zufälligen Meßfehlern kleine überwiegen. In Abb. 2.1.3 sind die

[1] Im Anhang A3.1 findet man eine Tabelle für $\Phi(x)$.

Graphen der Dichte (2.1–69) und der zugehörigen Verteilungsfunktion dargestellt worden. Eine „Kurvendiskussion“ ergibt, daß μ der Scheitelpunkt und $\mu - \sigma$ sowie $\mu + \sigma$ Wendepunkte der Dichte sind. Entsprechend muß μ Wendepunkt der Verteilungsfunktion sein. Numerisch bestimmt man, daß für eine normalverteilte Zufallsvariable X $P\{\mu - k\sigma < X \leq \mu + k\sigma\} = 0.683,\ 0.954,\ 0.997$ für $k = 1, 2, 3$ gilt.

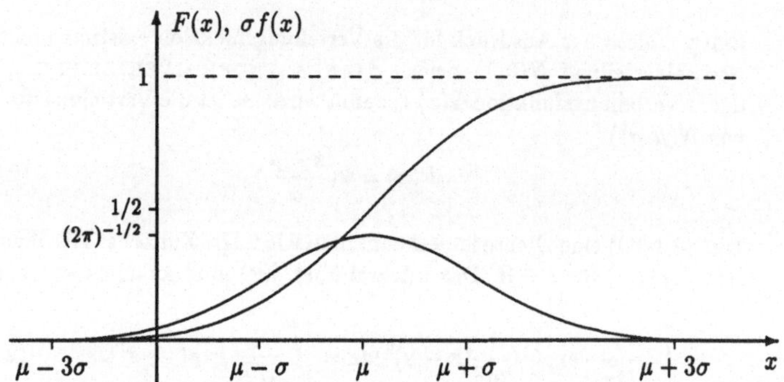

Abbildung 2.1.3: Dichte und Verteilungsfunktion der Normalverteilung

Schließlich bemerken wir noch, daß die Verteilungsfunktion einer binomialverteilten Zufallsvariablen, vgl. Abb. 2.1.1, für große n wie eine treppenförmige Approximation der Verteilungsfunktion einer Normalverteilung aussieht. Der Grund liegt darin, daß mit der in Beispiel B2.1–11 definierten binomialverteilten Zufallsvariablen $X = X_n$, die durch die Parameter n und p gekennzeichnet ist, die folgende Eigenschaft bewiesen werden kann:

$$\lim_{n\to\infty} P\left\{\frac{(X_n - np)}{\sqrt{np(1-p)}} \leq x\right\} = \Phi(x) \qquad (2.1\text{–}73)$$

(Zentraler Grenzwertsatz von Moivre-Laplace).

7) Wahrscheinlichkeiten auf R^n und Zufallsvektoren

Eine geeignete Ereignisalgebra muß zunächst festgelegt werden, um sinnvolle Wahrscheinlichkeitsmaße auf R^n definieren zu können. Statt der Länge eines Intervalles soll nun das „Volumen“ eines halboffenen Quaders $(\underline{a}, \underline{b}] = (a_1, b_1] \times \cdots \times (a_n, b_n]$ mit $\underline{a} = (a_1, \ldots, a_n)'$, $\underline{b} = (b_1, \ldots, b_n)'$ und $a_i < b_i$ $(i = 1, \ldots, n)$ gemessen werden. Die Ereignisalgebra muß also alle diese Quader enthalten. Der Durchschnitt aller dieser Algebren ist die kleinste Ereignisalgebra und heißt BOREL-ALGEBRA $\mathcal{B}^n$. Sie besitzt ähnliche Eigenschaften wie $\mathcal{B}$ und enthält zum Beispiel alle auch unendlich ausgedehnten Quader, alle offenen und alle abgeschlossenen Mengen.

Sei P ein Wahrscheinlichkeitsmaß über $\mathcal{B}^n$ und F definiert für alle $\underline{x} = (x_1, \ldots, x_n)' \in \mathbf{R}^n$ durch

$$\underline{x} \to F(\underline{x}) = P((-\underline{\infty}, \underline{x}]). \tag{2.1–74}$$

Diese Funktion besitzt folgende Eigenschaften, wie sich leicht zeigen läßt.

1) $$\lim_{x_1 \to \infty, \ldots, x_n \to \infty} F(x_1, \ldots, x_n) = F(\infty, \ldots, \infty) = 1, \tag{2.1–75}$$
$$\lim_{x_i \to -\infty} F(x_1, \ldots, x_{i-1}, x_i, x_{i+1}, \ldots, x_n) = F(x_1, \ldots, x_{i-1}, -\infty, x_{i+1}, \ldots, x_n) = 0. \tag{2.1–76}$$

2) F ist rechtsseitig stetig in jeder Komponente x_i von $\underline{x}$, wenn die anderen Komponenten festgehalten werden. (2.1–77)

3) F ist monoton nicht fallend in jeder Komponente x_i von $\underline{x}$, wenn die anderen Komponenten festgehalten werden. (2.1–78)

4) Für die n-te Differenz gilt
$$\Delta_{\underline{a}}^{\underline{b}} F = \sum_{\underline{k} \in \{0,1\}^n} (-1)^{[n - \sum_{i=1}^n k_i]} F(b_1^{k_1} a_1^{1-k_1}, \ldots, b_n^{k_n} a_n^{1-k_n}) \geq 0. \tag{2.1–79}$$

Mit $\Delta_{\underline{a}}^{\underline{b}} F$ bestimmt man unter Anwendung von (2.1–23) die Wahrscheinlichkeit $P((\underline{a}, \underline{b}])$ aus F. Als Beispiel ergibt sich für $n = 1$ $\Delta_a^b F = F(b) - F(a)$ und für $n = 2$

$$\Delta_{\underline{a}}^{\underline{b}} F = F(b_1, b_2) - F(b_1, a_2) - F(a_1, b_2) + F(a_1, a_2), \tag{2.1–80}$$

wie man auch sofort aus Abb. 2.1.4 ablesen kann.

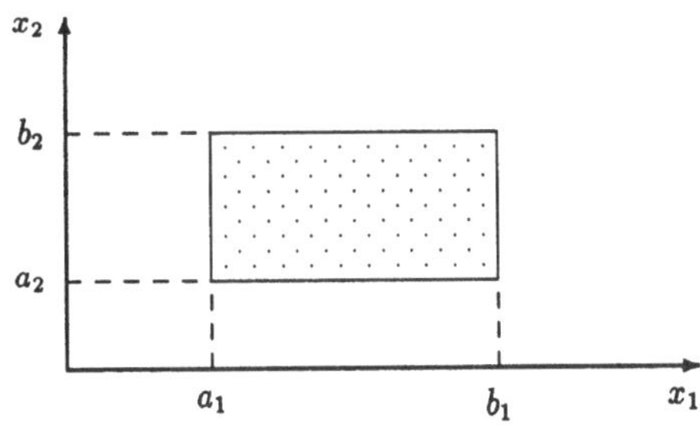

Abbildung 2.1.4: Zur Berechnung von $P((a_1, b_1] \times (a_2, b_2])$ mit Hilfe der zweiten Differenz aus F

Wir nennen jede Funktion F, die die Bedingungen 1) bis 4) erfüllt, eine Verteilungsfunktion auf $\mathbf{R}^n$. Es kann auch in diesem Fall gezeigt werden, daß jeder Verteilungsfunktion genau ein Wahrscheinlichkeitsmaß zugeordnet werden kann, daß (2.1–74) erfüllt.

Daß die Bedingungen 1) bis 3) für ein F nicht hinreichend sind, ein Wahrscheinlichkeitsmaß zu definieren, erkennt man aus der als Übung empfohlenen Diskussion der folgenden Funktion:

$$F(x_1, x_2) = \begin{cases} 0 & \text{für } x_1 + x_2 < 0 \\ 1 & \text{sonst.} \end{cases} \tag{2.1–81}$$

Einen wichtigen Sonderfall stellen Produktwahrscheinlichkeitsmaße über $\mathcal{B}^n$ dar. Sind $F_1, F_2, \ldots, F_n$ Verteilungsfunktionen auf $\mathbf{R}$, so muß

$$F(x_1, \ldots, x_n) = \prod_{i=1}^{n} F_i(x_i) \tag{2.1-82}$$

eine Verteilungsfunktion auf $\mathbf{R}^n$ sein, da offensichtlich die Bedingungen 1) bis 3) und auch 4) wegen

$$\Delta_{\underline{a}}^{\underline{b}} F = \prod_{i=1}^{n} (F_i(b_i) - F_i(a_i)) \tag{2.1-83}$$

erfüllt sind. Das entsprechende P heißt PRODUKTWAHRSCHEINLICHKEITSMASS oder PRODUKTVERTEILUNG.

RANDVERTEILUNGEN oder MARGINALVERTEILUNGEN werden durch Grenzübergänge der folgenden Art definiert

$$\begin{aligned} F_i(x_i) &= \lim_{x_k \to \infty, \text{ alle } k \neq i} F(x_1, \ldots, x_{i-1}, x_i, x_{i+1}, \ldots, x_n) \\ &= F(\infty, \ldots, \infty, x_i, \infty, \ldots, \infty) \quad (i = 1, \ldots, n) \end{aligned} \tag{2.1-84}$$

Die F_i sind zweifellos Verteilungsfunktionen auf $\mathbf{R}$ und bestimmen die entsprechenden Randverteilungen P_i. Eine Produktverteilung ergibt sich somit aus dem Produkt der Randverteilungen. Andere Randverteilungen ergeben sich, wenn der Grenzübergang nur für eine Variable durchgeführt wird, zum Beispiel

$$\lim_{x_n \to \infty} F(x_1, \ldots, x_{n-1}, x_n) = F(x_1, \ldots, x_{n-1}, \infty) = \tilde{F}(x_1, \ldots, x_{n-1}). \tag{2.1-85}$$

Hiermit ist offensichtlich eine Verteilungsfunktion auf $\mathbf{R}^{n-1}$ definiert worden.

Eine DICHTE auf $\mathbf{R}^n$ ist eine Funktion $f : \mathbf{R}^n \to \mathbf{R}$, die nichtnegativ ist und die Normierung

$$\int_{-\infty}^{\infty} \cdots \int_{-\infty}^{\infty} f(x_1, \ldots, x_n) dx_1 \cdots dx_n = \int_{\mathbf{R}^n} f(\underline{x}) d\underline{x} = 1 \tag{2.1-86}$$

besitzt. Hierbei soll das zweite Integral als Kurzschreibweise für das n-fache Integral verwendet werden. Eine Dichte f bestimmt dann eine totalstetige Verteilungsfunktion

$$F(\underline{x}) = \int_{(-\underline{\infty}, \underline{x}]} f(\underline{y}) d\underline{y}. \tag{2.1-87}$$

Ist F nach allen x_i partiell differenzierbar, so ist

$$f(\underline{x}) = \left. \frac{\partial^n F}{\partial x_1 \cdots \partial x_n} \right|_{\underline{x}} \tag{2.1-88}$$

eine Dichte der Verteilung. Wenn $f_1, \ldots, f_n$ Dichten auf $\mathbf{R}$ sind, so definiert

$$f(\underline{x}) = \prod_{i=1}^{n} f_i(x_i) \tag{2.1-89}$$

eine Dichte auf $\mathbf{R}^n$. Dichten von Randverteilungen heißen RANDDICHTEN. Diese bestimmen für die Produktverteilung über (2.1–89) eine Dichte auf $\mathbf{R}^n$. Schließlich läßt sich $\Delta_{\underline{a}}^{\underline{b}}F$ nach (2.1–79) einfach bestimmen, wenn eine Dichte f bekannt ist.

$$\Delta_{\underline{a}}^{\underline{b}}F = P((\underline{a},\underline{b}]) = \int_{(\underline{a},\underline{b}]} f(\underline{x})d\underline{x} = \int_{a_1}^{b_1} \cdots \int_{a_n}^{b_n} f(x_1,\ldots,x_n)dx_1 \cdots dx_n. \tag{2.1–90}$$

Wir wollen an dieser Stelle anmerken, daß man die Wahrscheinlichkeit $P(B)$ einer Menge B auf entsprechende Art und Weise berechnen kann, vorausgesetzt man ersetzt den Integrationsbereich $(\underline{a},\underline{b}]$ durch B und kann die Existenz des entsprechenden Riemann-Integrals über $f(\underline{x})$ garantieren.

Eine KOPPELUNG von n Zufallsexperimenten mit dem Stichprobenraum $\mathbf{R}$ zu einem n-stufigen Gesamtexperiment über $\mathbf{R}^n$ und $\mathcal{B}^n$ ist einfach zu beschreiben, wenn die Existenz von Dichten vorausgesetzt wird. Hängt beispielsweise der Ausgang des i-ten Experiments von den Ergebnissen $x_1,\ldots,x_{i-1}$ der vorangegangenen Experimente ab, so kann die i-te Verteilung mit einer ÜBERGANGSDICHTE $f_i(x_i|x_1,\ldots,x_{i-1})$ beschrieben werden, wobei wir annehmen, daß diese Funktion bezüglich x_i eine Dichte auf $\mathbf{R}$ ist. Mit der Dichte $f_1(x_1)$ für das erste Experiment konstruiert man eine Dichte für das Gesamtexperiment:

$$f(\underline{x}) = f_1(x_1)\prod_{i=2}^{n} f_i(x_i|x_1,\ldots,x_{i-1}). \tag{2.1–91}$$

Daß $f(\underline{x}) \geq 0$ ist und $\int f(\underline{x})d\underline{x} = 1$, folgt sofort, wenn die $f_i(x_i|x_1,\ldots,x_{i-1})$ bezüglich $x_1,\ldots,x_{i-1}$ geeignete Integrierbarkeitsbedingungen erfüllen und sukzessive über x_n, x_{n-1} bis x_1 integriert wird. Einen Sonderfall stellt die UNABHÄNGIGE KOPPELUNG dar, wenn wir für alle $i = 2,\ldots,n$ annehmen können, daß

$$f_i(x_i|x_1,\ldots,x_{i-1}) = f_i(x_i) \tag{2.1–92}$$

gilt, wobei $f_i(x_i)$ die Dichte der i-ten Randverteilung von $f(\underline{x})$ ist. Entsprechend geht (2.1–91) in (2.1–89) über.

Umgekehrt können wir ein Experiment über $\mathbf{R}^n$ und $\mathcal{B}^n$ in verkoppelte Experimente zerlegen, indem wir elementare bedingte Wahrscheinlichkeiten wie in (2.1–30) benutzen. Als Beispiel setzen wir für $n = 2$ die Existenz einer Dichte $f(x_1,x_2)$ voraus und bestimmen für $\Delta_1,\Delta_2 > 0$ die bedingte Wahrscheinlichkeit von $A = \mathbf{R} \times [x_2, x_2+\Delta_2]$ unter der Bedingung, daß das Ereignis $B = [x_1, x_1+\Delta_1] \times \mathbf{R}$ eingetreten ist. Es gilt

$$P(B) = \int_{x_1}^{x_1+\Delta_1} \int_{-\infty}^{\infty} f(y_1,y_2)dy_1dy_2 = \int_{x_1}^{x_1+\Delta_1} f_1(y_1)dy_1 \tag{2.1–93}$$

Wir nehmen $P(B) > 0$ an und schreiben

$$P(A|B) = \frac{P(A\cap B)}{P(B)} = \frac{\int_{x_1}^{x_1+\Delta_1}\int_{x_2}^{x_2+\Delta_2} f(y_1,y_2)dy_1dy_2}{\int_{x_1}^{x_1+\Delta_1} f_1(y_1)dy_1} \tag{2.1–94}$$

Ein Grenzübergang liefert unter der Annahme $f_1(x_1) > 0$

$$\lim_{\Delta_2,\Delta_1\to 0} \frac{1}{\Delta_2} P(A|B) = \frac{f(x_1,x_2)}{f_1(x_1)} = f_2(x_2|x_1), \tag{2.1–95}$$

was wir als BEDINGTE DICHTE für das zweite Experiment ansehen können, wenn das Ergebnis des ersten Experimentes x_1 war. Von verkoppelten Experimenten wie in (2.1–91) ausgehend ist diese Dichte gerade die Übergangsdichte. Wir müssen an dieser Stelle bemerken, daß eine allgemeinere Definition von Koppelungen und bedingten Wahrscheinlichkeiten weitergehender maßtheoretischer Betrachtungen bedarf, auf die hier nicht eingegangen wird, vgl. Behnen und Neuhaus (1985).

Als nächstes wollen wir an eine Menge $X_1, X_2, \ldots, X_n$ von Zufallsvariablen denken, die also den Stichprobenraum Ω nach $\mathbf{R}$ abbilden. Da jede dieser Zufallsvariablen die Eigenschaft $\{X_i \le x_i\} \in \mathcal{A}$ für alle $x_i \in \mathbf{R}$ besitzt, so ist auch

$$\{X_1 \le x_1, \ldots, X_n \le x_n\} = \{X_1 \le x_1\} \cap \cdots \cap \{X_n \le x_n\} \in \mathcal{A}. \tag{2.1–96}$$

Bezeichnen wir den Vektor dieser Zufallsvariablen $\underline{X} = (X_1, \ldots, X_n)'$ als einen ZUFALLSVEKTOR, so können wir diesem die Verteilungsfunktion

$$F_{\underline{X}}(\underline{x}) = F_{X_1,\ldots,X_n}(x_1, \ldots, x_n) = P\{X_1 \le x_1, \ldots, X_n \le x_n\} \tag{2.1–97}$$

zuordnen, wobei wieder $\underline{x} = (x_1, \ldots, x_n)'$. Diese Verteilungsfunktion bestimmt eindeutig ein Wahrscheinlichkeitsmaß $P^{\underline{X}}$ über $\mathcal{B}^n$ vermöge $P^{\underline{X}}(B) = P\{\underline{X} \in B\}$ für alle $B \in \mathcal{B}^n$. Somit transformiert ein Zufallsvektor ein Zufallsexperiment beschrieben durch Ω, $\mathcal{A}$ und P in ein solches beschrieben durch $\mathbf{R}^n$, $\mathcal{B}^n$ und $P^{\underline{X}}$. Wenn $F_{\underline{X}}(\underline{x})$ eine Dichte besitzt, so bezeichnen wir diese mit $f_{\underline{X}}(\underline{x}) = f_{X_1,\ldots,X_n}(x_1, \ldots, x_n)$. $F_{\underline{X}}(\underline{x})$ und $f_{\underline{X}}(\underline{x})$ werden VERTEILUNGSFUNKTION bzw. DICHTE VON $\underline{X}$ genannt. Die Randverteilungen sind offensichtlich durch die Verteilungsfunktionen F_{X_i} der Komponenten X_i bzw. deren Dichten gegeben. Beispielsweise erhält man mit (2.1–84)

$$f_{X_1}(x_1) = \int_{-\infty}^{\infty} \cdots \int_{-\infty}^{\infty} f_{X_1,\ldots,X_n}(x_1, x_2, \ldots, x_n) dx_2 \cdots dx_n. \tag{2.1–98}$$

Aus (2.1–85) folgt, daß man die Dichte des $(n-1)$-dimensionalen Zufallsvektors $(X_1, \ldots, X_{n-1})'$ aus $f_{\underline{X}}(\underline{x})$ erhält, wenn man über x_n von $-\infty$ bis ∞ integriert.

Denken wir wieder an die Koppelung von n Zufallsexperimenten und Zufallsvariablen $X_1, \ldots, X_n$, die Versuchsergebnisse in die reellen Zahlen abbilden, so können wir die Übergangsdichte von X_i mit $f_{X_i}(x_i|x_1, \ldots, x_{i-1})$ bezeichnen und meinen, daß die vorangegangenen Versuchsergebnisse $X_1 = x_1, \ldots, X_{i-1} = x_{i-1}$ gewesen sind. Entsprechend der Interpretation von (2.1–95) nennen wir diese Dichte auch die BEDINGTE DICHTE von X_i, wenn $X_1 = x_1, \ldots, X_{i-1} = x_{i-1}$. Die Dichte $f_{\underline{X}}(\underline{x})$ ist dann die durch (2.1–91) gegebene Dichte des Gesamtexperimentes. Unabhängige Koppelung hat dann die Konsequenzen, daß für alle $\underline{x} = (x_1, \ldots, x_n)'$ (2.1–89) gilt, wenn $f(\underline{x})$ als $f_{\underline{X}}(\underline{x})$ und $f_i(x_i)$ als $f_{X_i}(x_i)$ interpretiert werden, und für die Verteilungsfunktion

$$F_{\underline{X}}(\underline{x}) = \prod_{i=1}^{n} F_{X_i}(x_i). \tag{2.1–99}$$

Diese Formel können wir nun so interpretieren, daß die Ereignisse $\{X_1 \leq x_1\}$, $\ldots, \{X_n \leq x_n\}$ stochastisch unabhängig im Sinne von (2.1–36) für alle $(x_1, \ldots, x_n)$ sind. So werden die Bezeichnungen motiviert, daß die Zufallsvariablen $X_1, \ldots, X_n$ STOCHASTISCH UNABHÄNGIG heißen und $\underline{X}$ STOCHASTISCH UNABHÄNGIGE KOMPONENTEN besitzt, wenn nur (2.1–99) für alle $\underline{x} = (x_1, \ldots, x_n)'$ gilt. Schließlich interessiert der Sonderfall, daß zusätzlich alle Randverteilungen gleich sind, also $F_{X_i}(x_i) = F(x_i)$ $(i = 1, \ldots, n)$ gilt. Die schon mehrfach angesprochenen wiederholten Experimente liefern unter unveränderten Bedingungen eine STICHPROBE, die wir als Realisierungen $X(\xi_i)$ $(i = 1, \ldots, n)$ einer Zufallsvariablen angesehen haben. Als MODELL FÜR EINE STICHPROBE wollen wir im folgenden einen Zufallsvektor $\underline{X} = (X_1, \ldots, X_n)'$ mit stochastisch unabhängigen und identisch verteilten Komponenten X_i verstehen, die alle die gleiche Verteilung wie X besitzen.

Die folgenden Beispiele betreffen normalverteilte Zufallsvariablen.

B2.1–18 Wir gehen von Beispiel B2.1–17 aus und betrachten eine Stichprobe $N(\mu, \sigma^2)$-verteilter Zufallsvariablen. Die Dichte des Zufallsvektors $\underline{X}$ ist dann

$$\begin{aligned} f_{\underline{X}}(\underline{x}) &= \prod_{i=1}^{n} f_{X_i}(x_i) = \prod_{i=1}^{n} \frac{1}{\sqrt{2\pi}\sigma} \exp(-\frac{1}{2\sigma^2}(x_i - \mu)^2) \\ &= \frac{1}{(2\pi\sigma^2)^{n/2}} \exp(-\frac{1}{2\sigma^2} \sum_{i=1}^{n}(x_i - \mu)^2). \qquad (2.1\text{–}100) \end{aligned}$$

Fragt man nach der Menge aller Punkte $\underline{x}$, für die $f_{\underline{X}}(\underline{x}) = c$ mit $0 < c < (2\pi\sigma^2)^{-n/2}$, so ist dies die Sphäre einer n-dimensionalen Kugel um den Punkt $(\mu, \ldots, \mu)'$ mit dem Radius $[-2\sigma^2 \ln((2\pi\sigma^2)^{n/2}c)]^{1/2}$.

B2.1–19 Die BIVARIATE NORMALVERTEILUNG eines Zufallsvektors $\underline{X} = (X_1, X_2)'$ besitzt die Dichte

$$\begin{aligned} f_{X_1,X_2}(x_1, x_2) &= \frac{1}{2\pi\sigma_1\sigma_2\sqrt{1-\varrho^2}} \exp[-\frac{1}{2(1-\varrho^2)}[(\frac{x_1-\mu_1}{\sigma_1})^2 \\ &\quad - 2\varrho\frac{(x_1-\mu_1)(x_2-\mu_2)}{\sigma_1\sigma_2} + (\frac{x_2-\mu_2}{\sigma_2})^2]], \qquad (2.1\text{–}101) \end{aligned}$$

wobei $\mu_1, \mu_2, \sigma_1 > 0, \sigma_2 > 0$ und $-1 < \varrho < 1$ Parameter sind. Die Randverteilungsdichten f_{X_i} ergeben sich als die der Normalverteilungen $N(\mu_i, \sigma_i^2)$ $(i = 1, 2)$. Die bedingte Dichte $f_{X_2}(x_2|x_1)$ von X_2, wenn $X_1 = x_1$ ist wegen (2.1–95) die Dichte der Normalverteilung $N(\mu_2 + \varrho\frac{\sigma_2}{\sigma_1}(x_1 - \mu_1), \sigma_2^2(1 - \varrho^2))$.

Als Übung sollte man beide Behauptungen zeigen. Offensichtlich sind X_1 und X_2 genau dann stochastisch unabhängig, wenn $\varrho = 0$ gilt. In Abb. 2.1.5 sind die Höhenlinien einer bivariaten Normalverteilungsdichte gezeichnet worden. Die Menge aller Punkte $(x_1, x_2)'$, für die $f_{X_1X_2}(x_1, x_2) = c$, ist also eine Ellipse.

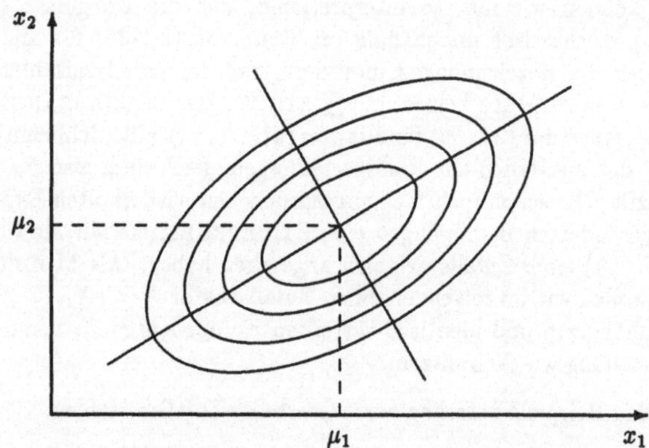

Abbildung 2.1.5: Höhenlinien der Dichte einer bivariaten Normalverteilung

8) Funktionen von Zufallsvariablen

Eine Zufallsvariable X bildet ein Zufallsexperiment beschrieben durch den Stichprobenraum Ω, die Ereignisalgebra $\mathcal{A}$ und das Wahrscheinlichkeitsmaß P in ein solches beschrieben durch $\mathbf{R}$, $\mathcal{B}$ und P^X ab. Als Beispiel möge X das Modell für die zu einer bestimmten Zeit gemessene Spannung am Eingang eines quadratischen Zweiwegegleichrichters sein. Für eine tatsächlich gemessene Spannung x am Eingang ist klar, daß die am Ausgang gemessene Spannung unter idealen Bedingungen $y = x^2$ sein muß. Heuristisch würden wir als Modell für die Ausgangsspannung $Y = X^2$ schreiben und meinen, daß jedem $\xi \in \Omega$ durch Y der Wert $Y(\xi) = X(\xi)^2 \in \mathbf{R}$ zugeordnet wird. Wenn Y eine Zufallsvariable sein soll, müssen für alle $y \in \mathbf{R}$ die Mengen $\{Y \leq y\} = \{\xi : Y(\xi) = X(\xi)^2 \leq y\}$ Ereignisse aus $\mathcal{A}$ sein. Dies ist offensichtlich der Fall, denn für $y < 0$ gilt $\{Y \leq y\} = \emptyset$ und sonst $\{Y \leq y\} = \{-\sqrt{y} \leq X \leq \sqrt{y}\}$, die beide, wie wir wissen, Ereignisse sind.

Mit Hilfe einer reellen Funktion $g : \mathbf{R} \to \mathbf{R}$, die die sogenannte MESSBARKEITSBEDINGUNG erfüllt, nämlich daß für alle $y \in \mathbf{R}$ das Urbild der Menge $(-\infty, y]$

$$g^{-1}((-\infty, y]) = \{x : g(x) \leq y\} \in \mathcal{B}, \tag{2.1-102}$$

kann eine Zufallsvariable $Y : \Omega \to \mathbf{R}$ durch

$$\xi \to Y(\xi) = g(X(\xi)) \tag{2.1-103}$$

definiert werden. Y bildet $\Omega, \mathcal{A}$ und P in $\mathbf{R}, \mathcal{B}$ und P^Y ab, wobei P^Y durch die Verteilungsfunktion von Y festgelegt wird:

$$F_Y(y) = P\{Y \leq y\} = P\{\xi : g(X(\xi)) \leq y\} = P(X^{-1}(g^{-1}((-\infty, y]))). \tag{2.1-104}$$

Einfache Sonderfälle ergeben sich, wenn wir annehmen, daß X eine Dichte $f_X(x)$ besitzt und $g(x)$ eine streng monoton wachsende, stetig differenzierbare Funktion ist, für die $a = g(-\infty)$, $b = g(\infty)$ und die inverse Funktion $g^{-1}(x)$ definiert werden. Wir unterscheiden $y < a, y > b$ und $a \leq y \leq b$. In den ersten beiden Fällen gilt entsprechend $F_Y(y) = 0$ und $F_Y(y) = 1$. Im dritten Fall ergibt sich mit den bekannten Regeln der Integralrechnung

$$\begin{aligned} F_Y(y) &= P\{g(X) \leq y\} = P\{a \leq g(X) \leq y\} = P(g^{-1}(a) \leq X \leq g^{-1}(y)) \\ &= \int_{-\infty}^{g^{-1}(y)} f_X(x)dx \end{aligned} \tag{2.1–105}$$

und damit eine Dichte von Y,

$$f_Y(y) = f_X(g^{-1}(y))\frac{d(g^{-1}(y))}{dy} = \frac{f_X(g^{-1}(y))}{dg(g^{-1}(y))/dx} \tag{2.1–106}$$

für $a \leq y \leq b$, die wir sonst $f_Y(y) = 0$ setzen. Hierbei sei $\mathrm{d}g\left(g^{-1}(y)\right)/\mathrm{d}x = \left.\frac{\mathrm{d}g}{\mathrm{d}x}\right|_{x=g^{-1}(y)}$. Würden auch streng monoton fallende Funktionen $g(x)$ zugelassen, müßten in (2.1–106) Beträge der Ableitungen verwendet werden, wie man sich leicht überlegt.

Zwei Beispiele veranschaulichen diesen Sachverhalt:

B2.1–20 Für die lineare Transformation $Y = aX + b$ unterscheiden wir drei Fälle. Zunächst sei $a = 0$, dann ist Y konstant gleich b und besitzt eine degenerierte Verteilung:

$$F_Y(y) = P\{Y \leq y\} = u(y - b). \tag{2.1–107}$$

Für $a > 0$ ergibt sich

$$F_Y(y) = P\{aX + b \leq y\} = P\{X \leq \frac{y-b}{a}\} = F_X(\frac{y-b}{a}) \tag{2.1–108}$$

Es bleibt $a < 0$ mit

$$\begin{aligned} F_Y(y) &= P\{aX + b \leq y\} = P\{X \geq \frac{y-b}{a}\} \\ &= 1 - P\{X < \frac{y-b}{a}\} = 1 - F_X(\frac{y-b}{a} - 0). \end{aligned} \tag{2.1–109}$$

Wenn X die Dichte $f_X(x)$ besitzt und $a \neq 0$, finden wir

$$f_Y(y) = \frac{1}{|a|} f_X\left(\frac{y-b}{a}\right). \tag{2.1–110}$$

Falls $X \sim N(\mu, \sigma^2)$-verteilt ist, muß für $\sigma > 0$ $Y = (X - \mu)/\sigma$ $N(0,1)$-verteilt, also standardnormalverteilt sein.

B2.1–21 Für den einleitend erwähnten Zweiwegegleichrichter gilt $Y = X^2$ und

$$F_Y(y) = P\{X^2 \leq y\} = \begin{cases} 0 & , \; y < 0 \\ P\{-\sqrt{y} \leq X \leq \sqrt{y}\} & , \; y \geq 0. \end{cases} \tag{2.1–111}$$

Für $y \geq 0$ schreiben wir weiter

$$F_Y(y) = F_X(\sqrt{y}) - F_X(-\sqrt{y} - 0). \tag{2.1–112}$$

Wenn eine Dichte $f_X(x)$ existiert, so besitzt Y eine Dichte, zum Beispiel

$$f_Y(y) = \begin{cases} 0 & , \ y \leq 0 \\ \frac{f_X(\sqrt{y}) + f_X(-\sqrt{y})}{2\sqrt{y}} & , \ y > 0. \end{cases} \tag{2.1–113}$$

Hierbei haben wir $f_Y(0) = 0$ gesetzt, da F_Y bei $y = 0$ nicht differenzierbar ist. Wenn X $N(0,1)$-verteilt ist, so gilt

$$f_Y(y) = \begin{cases} 0 & , \ y \leq 0 \\ (2\pi y)^{-1/2} e^{-y/2} & , \ y > 0. \end{cases} \tag{2.1–114}$$

In entsprechender Weise wollen wir die Transformation von Zufallsvektoren $\underline{X} = (X_1, \ldots, X_n)'$ behandeln. Seien $g_i : \mathbf{R}^n \to \mathbf{R}$ $(i = 1, \ldots, k)$ Funktionen, die die folgenden MESSBARKEITSBEDINGUNGEN erfüllen: Für alle $i = 1, \ldots, k$ und alle $y_i \in \mathbf{R}$ sei $g_i^{-1}((-\infty, y_i]) = \{(x_1, \ldots, x_n) : g_i(x_1, \ldots, x_n) \leq y_i\} \in \mathcal{B}^n$. Dann ist auch $g_1^{-1}((-\infty, y_1]) \cap \cdots \cap g_k^{-1}((-\infty, y_k]) \in \mathcal{B}^n$. So können wir einen k-dimensionalen Zufallsvektor $\underline{Y} = (Y_1, \ldots, Y_k)'$ definieren mit $Y_i = g_i(X_1, \ldots, X_n)$ $(i = 1, \ldots, k)$, dessen Verteilungsfunktion bestimmt ist durch

$$\begin{aligned} F_{Y_1,\ldots,Y_k}(y_1, \ldots, y_k) &= P\{Y_1 \leq y_1, \ldots, Y_k \leq y_k\} \\ &= P\{g_1(X_1, \ldots, X_n) \leq y_1, \ldots, g_k(X_1, \ldots, X_n) \leq y_k\}. \end{aligned} \tag{2.1–115}$$

Wenn $\underline{X}$ eine Dichte $f_{\underline{X}}(\underline{x})$ besitzt, $k = n$ ist, die Transformation in Kurzschreibweise $\underline{y} = \underline{g}(\underline{x})$ eineindeutig ist, die Inverse $\underline{g}^{-1}$ hat und hinreichende Differenzierbarkeitsbedingungen erfüllt, so kann man mit Methoden aus der Integralrechnung wieder zeigen, daß $\underline{Y}$ eine Dichte $f_{\underline{Y}}(\underline{y})$ besitzt, die man mit der „Substitutionsregel" bestimmen kann:

$$f_{\underline{Y}}(\underline{y}) = \frac{f_{\underline{X}}(\underline{g}^{-1}(\underline{y}))}{|\det(\partial \underline{g}(\underline{g}^{-1}(\underline{y}))/\partial \underline{x})|}. \tag{2.1–116}$$

Hierbei wird mit dem Symbol $\partial \underline{g}/\partial \underline{x}$ die Jacobi-Matrix bezeichnet, deren Elemente die partiellen Ableitungen $\partial g_i/\partial x_m$ $(i, m = 1, \ldots, n)$ sind, und bezeichnet det die Determinante einer quadratischen Matrix. Die Randdichte, zum Beispiel $f_{Y_1}(y_1)$, erhält man aus $f_{\underline{Y}}(\underline{y}) = f_{Y_1 \cdots Y_n}(y_1, \ldots, y_n)$, indem über alle Variablen $y_2, \ldots, y_n$ integriert wird.

Drei Beispiele helfen wieder zum Verständnis.

B2.1–22 Die Dichte der Linearkombination $Y = \sum_{i=1}^n a_i X_i$ mit $a_1 \neq 0$ soll aus $f_{\underline{X}}(\underline{x})$ bestimmt werden. Mit dem Trick, zunächst eine eineindeutige Transformation $\underline{y} = g(\underline{x})$ zu definieren, um anschließend eine Randdichte von $f_{\underline{Y}}(\underline{y})$ zu berechnen, gelangen wir zum Ziel. Seien $y_1 = y = \sum_{i=1}^n a_i x_i$ und $y_i = x_i$ $(i = 2, \ldots, n)$. Wegen $a_1 \neq 0$ ist die Transformation eineindeutig, und wir können (2.1–116) anwenden. Die Jacobi-Matrix besitzt die erste Zeile $(a_1, a_2, \ldots, a_n)$ und stimmt sonst mit der Einheitsmatrix überein. Also ist $|\det(\partial \underline{g}/\partial \underline{x})| = |a_1|$ eine Konstante. Die Inverse $\underline{g}^{-1}$ ist definiert durch $x_1 = (y_1 - \sum_{i=2}^n a_i y_i)/a_1$ und $x_i = y_i$ $(i = 2, \ldots, n)$. Dann liefert (2.1–116)

$$f_{Y_1,\ldots,Y_n}(y_1, \ldots, y_n) = f_{X_1,\ldots,X_n}\left(\frac{1}{a_1}(y_1 - \sum_{i=2}^{n} a_i y_i), y_2, \ldots, y_n\right) / |a_1|. \tag{2.1–117}$$

Wenn über $y_2, \ldots, y_n$ integriert wird, erhält man die Randdichte $f_{Y_1}(y_1)$, die mit der von $Y = \sum_{i=1}^n a_i X_i$ übereinstimmen muß. Ein Spezialfall ist die Dichte der Summe $Y = X_1 + X_2$

$$f_Y(y) = \int_{-\infty}^{\infty} f_{X_1,X_2}(y - x, x)dx. \tag{2.1–118}$$

Wenn X_1 und X_2 zusätzlich stochastisch unabhängig sind, ergibt sich

$$f_Y(y) = \int_{-\infty}^{\infty} f_{X_1}(y - x) f_{X_2}(x)dx = [f_{X_1} * f_{X_2}](y), \tag{2.1–119}$$

also die Faltung von f_{X_1} und f_{X_2}.

B2.1–23 Wir betrachten eine Stichprobe $\underline{X} = (X_1, \ldots, X_n)'$ $N(0,1)$-verteilter Zufallsvariablen. $\underline{X}$ besitzt also stochastisch unabhängige Komponenten und die Dichte (2.1–100) für $\mu = 0$ und $\sigma^2 = 1$. Es interessiert nun die Verteilung der Summe der Quadrate,

$$Y = X_1^2 + \cdots + X_n^2. \tag{2.1–120}$$

Offensichtlich ist stets $Y \geq 0$, so daß $F_Y(y) = 0$ für alle $y < 0$. Wir nehmen im folgenden $y \geq 0$ an und wollen mit einer bekannten heuristischen Methode eine Dichte von Y bestimmen voraussetzend, daß eine solche existiert. Wir gehen von (2.1–58) aus und schreiben

$$P\{y \leq Y \leq y + dy\} = f_Y(y)dy \tag{2.1–121}$$

als könne man mit dy wie mit einer endlichen Größe rechnen. Die Menge aller Punkte $(x_1, \ldots, x_n)$, für die $y \leq \sum_{i=1}^n x_i^2 \leq y + dy$, ist eine Kugelschale K_y mit dem Innenradius $\sqrt{y}$ und der Dicke $d\sqrt{y}$. Gefragt ist also die Wahrscheinlichkeit $P(K_y)$, die wir mit einem Integral der Art (2.1–90) bestimmen.

$$\begin{aligned} f_Y(y)dy &= P(K_y) = \int_{K_y} f_{\underline{X}}(\underline{x})d\underline{x} \\ &= \int_{K_y} \frac{1}{(2\pi)^{n/2}} \exp(-\frac{1}{2}\sum_{i=1}^{n} x_i^2)dx_1 \cdots dx_n. \end{aligned} \tag{2.1–122}$$

Der Integrand kann als konstant in K_y mit dem Wert $(2\pi)^{-n/2}e^{-y/2}$ angesehen werden, so daß sich der Wert des Integrals als Produkt aus dieser

Konstanten und dem Volumen von K_y ergibt. Dieses Volumen ist das Produkt aus der Oberfläche der Innenkugel und der Dicke $d\sqrt{y} = dy/(2\sqrt{y})$. Die Oberfläche ist eine Zahl $c(n)(\sqrt{y})^{n-1}$, wobei die Konstante $c(n)$ noch bestimmt werden muß. Also ergibt sich

$$f_Y(y)dy = (2\pi)^{-n/2}\frac{c(n)}{2}\mathrm{e}^{-y/2}y^{n/2-1}dy, \quad y > 0. \tag{2.1–123}$$

Da das Integral über eine Dichte den Wert 1 ergeben muß, kann so $c(n)$ bestimmt werden.

$$\begin{aligned} \int_0^\infty f_Y(y)dy &= \frac{c(n)}{2}(2\pi)^{-n/2}\int_0^\infty y^{n/2-1}\mathrm{e}^{-y/2}dy \\ &= \frac{c(n)}{2}(2\pi)^{-n/2}2^{n/2}\int_0^\infty t^{n/2-1}\mathrm{e}^{-t}dt \\ &= \frac{c(n)}{2}(2\pi)^{-n/2}2^{n/2}\Gamma(n/2) = 1, \end{aligned} \tag{2.1–124}$$

wobei $t = y/2$ substituiert und die folgende Formel für die GAMMA-FUNKTION benutzt wurde:

$$\Gamma(k) = \int_0^\infty t^{k-1}\mathrm{e}^{-t}dt. \tag{2.1–125}$$

Wir fassen zusammen: Die Dichte der Summe Y der Quadrate n stochastisch unabhängige standardnormalverteilte Zufallsvariablen ist

$$f_Y(y) = \begin{cases} 0 & , \ y \leq 0 \\ 2^{-n/2}\Gamma(n/2)^{-1}y^{n/2-1}\mathrm{e}^{-y/2} & , \ y > 0. \end{cases} \tag{2.1–126}$$

Die entsprechende Verteilung wird CHI-QUADRAT-VERTEILUNG MIT n FREIHEITSGRADEN, kurz χ_n^2 genannt. In Beispiel B2.1–21 hatten wir demnach die Dichte der χ_1^2-Verteilung bestimmt, da $\Gamma(1/2) = \sqrt{\pi}$. Die Chi-Quadrat-Verteilung wird sich später als ein geeignetes Modell herausstellen, um Leistungsmessungen bei Rauschsignalen behandeln zu können.

B2.1–24 Die bivariate Dichte zweier Zufallsvariablen X_1 und X_2 sei $f_{X_1,X_2}(x_1,x_2)$. Da $X_2 \neq 0$ mit Wahrscheinlichkeit 1 gilt, ist es sinnvoll, den Quotienten $Y = X_1/X_2$ zu definieren. Dessen Verteilungsfunktion bestimmen wir wie folgt:

$$\begin{aligned} F_Y(y) &= P\{Y \leq y\} = P\{\frac{X_1}{X_2} \leq y\} \\ &= P\{X_1 \leq yX_2,\ X_2 > 0\} + P\{X_1 \geq yX_2,\ X_2 < 0\} \\ &= \int_0^\infty \left(\int_{-\infty}^{yx_2} f_{X_1,X_2}(x_1,x_2)dx_1\right)dx_2 + \int_{-\infty}^0 \left(\int_{yx_2}^\infty f_{X_1,X_2}(x_1,x_2)dx_1\right)dx_2. \end{aligned} \tag{2.1–127}$$

Substituieren wir $y_1 = x_1/x_2$ für x_1, so ist $dx_1 = x_2 dy_1$ und wird y_1 von $-\infty$ bis y bzw. von y bis ∞ integriert. Damit können wir die Integrationsreihenfolge vertauschen und zusammenfassen:

$$F_Y(y) = \int_{-\infty}^{y} \left(\int_{-\infty}^{\infty} |x_2| f_{X_1,X_2}(x_2 y_1, x_2) dx_2 \right) dy_1. \qquad (2.1\text{–}128)$$

Die Ableitung nach y liefert die gesuchte Dichte:

$$f_Y(y) = \int_{-\infty}^{\infty} |x_2| f_{X_1,X_2}(x_2 y, x_2) dx_2. \qquad (2.1\text{–}129)$$

Sind X_1 und X_2 stochastisch unabhängig, so kann noch $f_{X_1,X_2}(x_2 y, x_2)$ durch $f_{X_1}(x_2 y) \cdot f_{X_2}(x_2)$ ersetzt werden. Als wichtige Anwendung betrachten wir zwei stochastisch unabhängige Zufallsvariablen X_1 und X_2, wobei X_1 $\chi^2_{n_1}$-verteilt und X_2 $\chi^2_{n_2}$-verteilt sind. Die Verteilung des skalierten Quotienten

$$V = \frac{X_1/n_1}{X_2/n_2} \qquad (2.1\text{–}130)$$

heißt F-VERTEILUNG MIT n_1 UND n_2 FREIHEITSGRADEN, kurz F_{n_1,n_2}. Ihre Dichte ergibt sich folgendermaßen: Da X_i/n_i wegen (2.1–110) und (2.1–126) die Dichte

$$f_{X_i/n_i}(x) = \left(\frac{n_i}{2}\right)^{n_i/2} \Gamma\left(\frac{n_i}{2}\right)^{-1} x^{n_i/2-1} e^{-n_i x/2}, \; x > 0, \qquad (2.1\text{–}131)$$

besitzen muß, berechnet man mit (2.1–129)

$$\begin{aligned} f_V(v) &= \int_0^{\infty} x f_{X_1/n_1}(v\,x) f_{X_2/n_2}(x)\, dx \\ &= c_{n_1,n_2} v^{n_1/2-1} \left(1 + \frac{n_1}{n_2} v\right)^{-n_1/2-n_2/2}, \; v > 0. \end{aligned} \qquad (2.1\text{–}132)$$

und $f_V(v) = 0$ für $v \leq 0$. Hierbei ist die Konstante

$$c_{n_1 n_2} = \left(\frac{n_1}{n_2}\right)^{n_1/2} \Gamma\left(\frac{n_1}{2} + \frac{n_2}{2}\right) \Gamma\left(\frac{n_1}{2}\right)^{-1} \Gamma\left(\frac{n_2}{2}\right)^{-1}. \qquad (2.1\text{–}133)$$

Die Zwischenschritte dieser Berechnung werden als Übung empfohlen. Die F-Verteilung benutzt man, wie wir später sehen werden, zum Beispiel zur Behandlung von Signal-zu-Störabständen.

2.1.2 Erwartungswerte

1) Erwartungswert einer Zufallsvariablen

Beim Glücksspiel mit einem Würfel möge ein Spieler von seinem Partner die erzielte Augenzahl als Gewinn X in DM ausgezahlt bekommen. Nach n Würfen zählt er seinen

Gesamtgewinn M_n, den er mit den absoluten und den relativen Häufigkeiten $h_n\{i\}$ und $H_n\{i\}$ aus (2.1–4) und den möglichen Augenzahlen i durch

$$M_n = \sum_{i=1}^{6} i h_n\{X = i\} = n \sum_{i=1}^{6} i H_n\{X = i\} \tag{2.1–134}$$

ausdrücken kann. Das empirische Gesetz der großen Zahlen läßt den Spieler annehmen, daß die zweite Summe in (2.1–134) gegen $\sum_{i=1}^{6} iP\{X = i\}$ konvergiert, wobei er bei einem fairen Würfel $P\{X = i\} = 1/6$ voraussetzt. Den Grenzwert des mittleren Gewinns M_n/n betrachtet er demnach als erwarteten Gewinn eines Wurfes,

$$\mu_X = \sum_{i=1}^{6} iP\{X = i\} = \sum_{i=1}^{6} i \, \frac{1}{6} = 3,5\,. \tag{2.1–135}$$

In einem zweiten Beispiel stellen wir uns einen masselosen Balken wie in Abb. 2.1.6 vor, auf dem an den Stellen x_i Punktmassen m_i verteilt sind. Der Schwerpunkt dieser

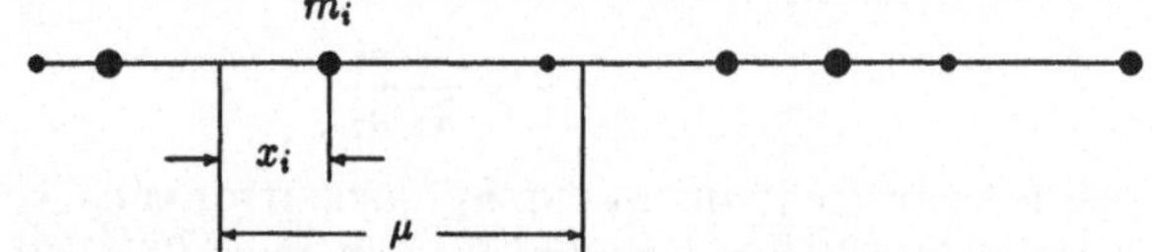

Abbildung 2.1.6: Massenverteilung auf einem Balken und Schwerpunkt

Massenverteilung ist der Ort $x = \mu$, für den

$$\sum_i m_i(x_i - \mu) = 0, \text{ d.h. } \mu = \sum_i x_i(m_i / \sum_k m_k). \tag{2.1–136}$$

Also bezeichnet μ die Stelle, an der der Balken unterstützt werden müßte, um im Gleichgewicht zu sein. Die relativen Massen $m_i/(\sum_k m_k) = p_i$ können offensichtlich wie eine Wahrscheinlichkeitsverteilung und die x_i wie die entsprechenden Werte einer Zufallsvariablen X betrachtet werden. Der Schwerpunkt wäre dann der erwartete Wert der Zufallsvariablen, an dem man sich die gesamte Masse in einem Punkt konzentriert denken könnte.

Den ERWARTUNGSWERT EINER DISKRETEN ZUFALLSVARIABLEN X, die die Werte x_i annehmen kann, definiert man durch

$$\mu_X = \mathrm{E}X = \sum_i x_i p_i^X = \sum_i x_i P\{X = x_i\}, \tag{2.1–137}$$

wobei über eine endliche oder eine abzählbar unendliche Indexmenge summiert wird und absolute Konvergenz von $\sum_i |x_i| p_i^X$ vorausgesetzt wird. Das Symbol E bezeichnet den ERWARTUNGSOPERATOR, der einer Zufallsvariablen, also einer reellen Funktion, eine reelle Zahl zuordnet. Ist X eine Zufallsvariable, die eine Dichte f_X besitzt, so definiert man — ähnlich wie den Schwerpunkt für eine kontinuierliche Massenverteilung — den ERWARTUNGSWERT EINER ZUFALLSVARIABLEN X MIT STETIGER VERTEILUNG durch

$$\mu_X = \mathrm{E}X = \int_{-\infty}^{\infty} x f_X(x) dx, \tag{2.1–138}$$

wobei entsprechend absolute Konvergenz des Integrals vorausgesetzt wird. Beide Fälle kann man zusammenfassen, wenn man ein STIELTJES–INTEGRAL der Verteilungsfunktion F_X von X benutzt:

$$\mathrm{E}X = \int_{-\infty}^{\infty} x dF_X(x). \tag{2.1–139}$$

Ein solches Integral ist definiert durch den Grenzwert

$$\lim \sum_{m=-N}^{M} x_m[F_X(x_m) - F_X(x_{m-1})], \tag{2.1–140}$$

wobei angenommen wird, daß $x_{-N} < x_{-N+1} < \cdots < x_M$ beliebige Punkte auf der x-Achse sind, für die mit $N, M \to \infty$ $x_{-N} \to -\infty$, $x_M \to \infty$ und $|x_m - x_{m-1}| \to 0$ gilt. Mit dieser Definition läßt sich auch allgemeiner der Erwartungswert von X für eine Verteilungsfunktion F_X der Form (2.1–59) definieren.

Den Erwartungswert können wir somit für beliebige Zufallsvariablen definieren, soweit die Integrale im Riemannschen Sinne bzw. die Summen absolut konvergieren. Ist beispielsweise B ein Ereignis aus $\mathcal{B}$, so ist die Indikatorfunktion $1_B(x) = 1$ für $x \in B$ und $1_B(x) = 0$ für $x \in \overline{B}$ eine Zufallsvariable über $\mathbf{R}$ und $\mathcal{B}$. Ihren Erwartungswert bestimmen wir durch

$$\mathrm{E}1_B = P(B) = \int 1_B(x)f(x)dx = \int_B f(x)dx, \tag{2.1–141}$$

wobei die zweite und dritte Gleichung gilt, wenn zu P eine Dichte existiert. Hier wird sofort eine Schwierigkeit offensichtlich: Obwohl die Wahrscheinlichkeit $P(B)$ für alle $B \in \mathcal{B}$ definiert ist, braucht das letzte Integral im Riemann-Sinne nicht zu existieren, wenn die Menge B hinreichend kompliziert ist. Ein allgemeinerer Integralbegriff kann hier nur helfen, das sogenannte LEBESGUE-INTEGRAL. Ausgehend von der Definition $\mathrm{E}1_B = P(B)$, werden zunächst sogenannte PRIMITIVE FUNKTIONEN definiert.

$$g = \sum_{i=1}^{m} a_i 1_{B_i}, \tag{2.1–142}$$

wobei $a_i \geq 0$, die $B_i \in \mathcal{B}$ paarweise disjunkt sind und $\mathbf{R} = B_1 \cup \cdots \cup B_m$. Der Erwartungswert dieser Funktion sei

$$\mathrm{E}g = \sum_{i=1}^{m} a_i P(B_i). \tag{2.1–143}$$

Eine beliebige nichtnegative Zufallsvariable $X : \mathbf{R} \to \mathbf{R}$ wird von unten durch primitive Funktionen approximiert und ihr Erwartungswert durch das Supremum der Erwartungswerte aller primitiver Funktionen, die $g \leq X$ erfüllen, festgelegt. Die Zerlegung einer beliebigen Zufallsvariable in einen nichtnegativen und einen negativen Teil führt dann zur Definition des Erwartungswertes im allgemeinen Fall. Einzelheiten einer solchen Theorie können hier nicht dargestellt werden, vgl. Behnen und Neuhaus (1985). Wir wollen nur noch anmerken, daß für diskrete Zufallsvariablen die Definitionen der Erwartungswerte das gleiche liefern, wie man sich leicht im endlichen Fall klar machen könnte. Wenn eine Dichte existiert und das Riemann-Integral (2.1–138) absolut konvergiert, so stimmt der so berechnete Erwartungswert mit dem allgemeinen Erwartungswert überein.

Drei Beispiele folgen:

B2.1–25 X sei Poisson-verteilt, d.h. wie in Beispiel B2.1–8, daß $P\{X = k\} = e^{-\alpha}\alpha^k/k!$ $(k = 0, 1, \ldots)$, vgl. (2.1–24). Wir berechnen den Erwartungswert nach (2.1–137):

$$\begin{aligned} EX &= \sum_{k=0}^{\infty} kP\{X = k\} = \sum_{k=0}^{\infty} k e^{-\alpha}\frac{\alpha^k}{k!} \\ &= \alpha e^{-\alpha}\sum_{k=1}^{\infty}\frac{\alpha^{k-1}}{(k-1)!} = \alpha e^{-\alpha}\sum_{l=0}^{\infty}\frac{\alpha^l}{l!} \\ &= \alpha e^{-\alpha}e^{\alpha} = \alpha. \end{aligned} \tag{2.1–144}$$

B2.1–26 X sei $N(\mu, \sigma^2)$-verteilt. Mit (2.1–138) und (2.1–69) ergibt sich, daß der Parameter μ der Erwartungswert von X ist:

$$\begin{aligned} EX &= \int_{-\infty}^{\infty} x\frac{1}{\sqrt{2\pi}\sigma}\exp[-\frac{1}{2\sigma^2}(x-\mu)^2]dx \\ &= \int_{-\infty}^{\infty}(\sigma y + \mu)(2\pi)^{-1/2}e^{-y^2/2}dy \\ &= \sigma\int_{-\infty}^{\infty} y(2\pi)^{-1/2}e^{-y^2/2}dy + \mu\int_{-\infty}^{\infty}(2\pi)^{-1/2}e^{-y^2/2}dy = \mu, \end{aligned} \tag{2.1–145}$$

wobei zunächst $y = (x - \mu)/\sigma$ substituiert wurde, das vorletzte Integral verschwindet, da über eine ungerade Funktion integriert wird, und das letzte Integral 1 ergibt, da über die Dichte der Standardnormalverteilung integriert wird.

B2.1–27 X sei Cauchy-verteilt mit der Dichte (2.1–63). Das Integral

$$\int_{-\infty}^{\infty}|x|f_X(x)dx = \int_{-\infty}^{\infty}|x|\frac{1}{\pi}\frac{a}{1+a^2x^2}dx \tag{2.1–146}$$

konvergiert nicht. Also besitzt X keinen Erwartungswert (auch nicht im allgemeinen Sinne). Dies unterstreicht, daß X mit einer gewissen Sicherheit auch relativ große Werte annehmen kann.

2) Erwartungswert einer Funktion von Zufallsvariablen

Wir definieren den Erwartungswert einer Funktion $g(\underline{X})$ eines Zufallsvektors $\underline{X} = (X_1, \ldots, X_n)'$ wie folgt. Ist $\underline{X}$ ein diskreter Zufallsvektor, d.h. gibt es in irgendeiner

Abzählung Punkte $\underline{x}_i \in \mathbf{R}^n$, die die möglichen Werte von $\underline{X}$ sind, so sei

$$\mathrm{E}g(\underline{X}) = \sum_i g(\underline{x}_i) P\{\underline{X} = \underline{x}_i\}, \tag{2.1-147}$$

falls $\sum_i |g(\underline{x}_i)| P\{\underline{X} = \underline{x}_i\} < \infty$. Besitzt $\underline{X}$ eine Dichte $f_{\underline{X}}(\underline{x})$, so definieren wir

$$\mathrm{E}g(\underline{X}) = \int_{\mathbf{R}^n} g(\underline{x}) f_{\underline{X}}(\underline{x}) d\underline{x} = \int_{-\infty}^{\infty} \cdots \int_{-\infty}^{\infty} g(x_1, \ldots, x_n) f_{X_1, \ldots, X_n}(x_1, \ldots, x_n) dx_1 \cdots dx_n, \tag{2.1-148}$$

wenn das Integral absolut konvergiert. Auch hier wäre es möglich, eine gemeinsame Form als n-dimensionales Stieltjes-Integral (2.1–139) zu definieren, wenn wir von den n-ten Differenzen (2.1–79) ausgehen würden.

Diese Definitionen des Erwartungswertes sind sicherlich nur dann sinnvoll, wenn sie mit dem Erwarungswert der transformierten Zufallsvariablen $Y = g(\underline{X})$ übereinstimmt, also

$$\mathrm{E}Y = \mathrm{E}g(\underline{X}). \tag{2.1-149}$$

Dies wollen wir nur im diskreten Fall zeigen: $\underline{X}$ möge wie oben nur die Werte $\underline{x}_i \in \mathbf{R}^n$ $(i \in I)$ annehmen können. Die Menge der Bildpunkte von g ist $\{g(\underline{x}_i) : i \in I\} = \{y_l : l \in L\}$, die wir willkürlich abzählen. Mit (2.1–147) ist

$$\begin{aligned} \mathrm{E}g(\underline{X}) &= \sum_i g(\underline{x}_i) P\{\underline{X} = \underline{x}_i\} = \sum_l y_l \sum_{i: g(\underline{x}_i) = y_l} P\{\underline{X} = \underline{x}_i\} \\ &= \sum_l y_l P\{Y = y_l\} = \mathrm{E}Y, \end{aligned} \tag{2.1-150}$$

wobei wir $\sum_{i: g(\underline{x}_i) = y_l} P\{\underline{X} = \underline{x}_i\}$ mit $P\{Y = y_l\}$ identifiziert und Definition (2.1–137) für Y angewendet haben.

Für bedingte Dichten bzw. Übergangsdichten einer Zufallsvariablen X_i kann man genauso den Erwartungswert definieren, den man BEDINGTEN ERWARTUNGSWERT VON X_i, wenn $X_1 = x_1, \ldots, X_{i-1} = x_{i-1}$ festliegen, nennt und wie folgt bezeichnet

$$\mathrm{E}(X_i | X_1 = x_1, \ldots, X_{i-1} = x_{i-1}) = \int_{-\infty}^{\infty} x f_{X_i}(x | x_1, \ldots, x_{i-1}) dx. \tag{2.1-151}$$

In Beispiel B2.1–19 wurde die bivariate Normalverteilung untersucht und die bedingte Dichte $f_{X_2}(x_2 | x_1)$ als die Dichte der Normalverteilung $N(\mu_2 + \varrho(\sigma_2/\sigma_1)(x_1 - \mu_1), \sigma_2^2(1 - \varrho^2))$ erkannt. Somit ist in diesem Fall

$$\mathrm{E}(X_2 | X_1 = x_1) = \mu_2 + \varrho \frac{\sigma_2}{\sigma_1}(x_1 - \mu_1). \tag{2.1-152}$$

Als nächstes wollen wir einige Eigenschaften des Erwartungswertes zusammentragen. Die Resultate gelten allgemein, obwohl wir nur mit Dichten rechnen. Der Erwartungswert einer Konstanten $g(\underline{X}) = a$ ist

$$\mathrm{E}a = \int_{\mathbf{R}^n} a f_{\underline{X}}(\underline{x}) d\underline{x} = a \int_{\mathbf{R}^n} f_{\underline{X}}(\underline{x}) d\underline{x} = a. \tag{2.1-153}$$

Der Erwartungswert einer Linearkombination ist die Linearkombination der Erwartungswerte:

$$\begin{aligned}\mathrm{E}(\sum_{i=1}^{m} a_i g_i(\underline{X})) &= \int_{\mathbf{R}^n} \sum_i a_i g_i(\underline{x}) f_{\underline{X}}(\underline{x}) d\underline{x} \\ &= \sum_i a_i \int_{\mathbf{R}^n} g_i(\underline{x}) f_{\underline{X}}(\underline{x}) d\underline{x} = \sum_{i=1}^{m} a_i \mathrm{E} g_i(\underline{X}). \qquad (2.1\text{–}154)\end{aligned}$$

Der Erwartungsoperator E ist also linear. Ist $B \in \mathcal{B}^n$, so gilt

$$\mathrm{E}g(\underline{X}) 1_B(\underline{X}) = \int_{\mathbf{R}^n} g(\underline{x}) 1_B(\underline{x}) f_{\underline{X}}(\underline{x}) d\underline{x} = \int_B g(\underline{x}) f_{\underline{X}}(\underline{x}) d\underline{x}. \qquad (2.1\text{–}155)$$

Für $g(\underline{x})$ konstant gleich 1 berechnet man also

$$\mathrm{E}1_B(\underline{X}) = P\{\underline{X} \in B\} = \int_B f_{\underline{X}}(\underline{x}) d\underline{x}, \qquad (2.1\text{–}156)$$

womit wir gefunden haben, wie man Wahrscheinlichkeiten beliebiger Ereignisse bestimmt.

Neben dem Erwartungswert einer Zufallsvariablen X interessieren häufig andere Momente von Zufallsvariablen. Wir bestimmen sie hier nur, wenn Dichten existieren; im diskreten Fall geht man entsprechend vor.

$$\mathrm{E}X^k = \int_{-\infty}^{\infty} x^k f_X(x) dx \qquad (2.1\text{–}157)$$

heißt k-tes MOMENT für $k > 0$. Für $k = 1$ erhält man den Erwartungswert $\mu_X = \mathrm{E}X$. ZENTRIERT nennt man die Momente

$$\mathrm{E}(X - \mu_X)^k = \mathrm{E}\sum_{l=0}^{k} \binom{k}{l} (-\mu_X)^l X^{k-l} = \sum_{l=0}^{k} \binom{k}{l} (-\mu_X)^l \mathrm{E}X^{k-l}, \qquad (2.1\text{–}158)$$

wobei die binomische Formel für natürliche Zahlen k und (2.1–154) angewendet wurden. Für $k = 2$ erhält man die VARIANZ:

$$\sigma_X^2 = \mathrm{Var}X = \mathrm{E}(X - \mu_X)^2 = \mathrm{E}X^2 - \mu_X^2. \qquad (2.1\text{–}159)$$

Ein ABSOLUTES MOMENT ist $\mathrm{E}|X|^k$. Wegen $|X|^{k-1} \le 1 + |X|^k$ für $k = 1, 2, \ldots$ folgt offensichtlich aus der Existenz des k-ten absoluten Momentes diejenige des $(k-1)$- ten Momentes. Als Übungsaufgabe sollte man beweisen, daß

$$(\mathrm{E}|X|^k)^{k+1} \le (\mathrm{E}|X|^{k+1})^k \quad (k = 0, 1, 2, \ldots). \qquad (2.1\text{–}160)$$

Eine andere Ungleichung im Zusammenhang mit absoluten Momenten ist die TSCHEBYSCHEW-UNGLEICHUNG. Wenn $k \ge 1$ und $\varepsilon > 0$, gilt

$$P\{|X| \ge \varepsilon\} \le \frac{\mathrm{E}|X|^k}{\varepsilon^k}. \qquad (2.1\text{–}161)$$

Der Beweis ist nicht schwierig: Wenn $Z = |X|$ die Dichte $f_Z(z)$ besitzt, rechnet man

$$P\{Z \geq \varepsilon\} = \int_\varepsilon^\infty f_Z(z)dz \leq \int_\varepsilon^\infty \left(\frac{z}{\varepsilon}\right)^k f_Z(z)dz \leq \frac{1}{\varepsilon^k}\int_0^\infty z^k f_Z(z)dz = \frac{\mathrm{E}Z^k}{\varepsilon^k}, \qquad (2.1\text{–}162)$$

was zu zeigen war. Als Anwendung schließen wir, daß aus $\sigma_X^2 = \mathrm{E}(X-\mu_X)^2 = 0$ die Bedingung $P\{|X-\mu_X| \geq \varepsilon\} = 0$ für alle $\varepsilon > 0$ folgt, also $P\{X = \mu_X\} = 1$ sein muß.

Für zwei Zufallsvariablen X_1 und X_2 kann man gemischte Momente definieren, z.B. die KOVARIANZ:

$$\mathrm{Cov}(X_1, X_2) = \mathrm{E}(X_1-\mu_1)(X_2-\mu_2) = \mathrm{E}X_1X_2 - \mu_1\mu_2, \qquad (2.1\text{–}163)$$

wenn $\mathrm{E}X_i = \mu_i$ $(i = 1, 2)$ gesetzt wird. Für total stetige Verteilungen gilt

$$\mathrm{Cov}(X_1, X_2) = \int_{-\infty}^\infty\int_{-\infty}^\infty (x_1-\mu_1)(x_2-\mu_2) f_{X_1,X_2}(x_1, x_2)dx_1dx_2. \qquad (2.1\text{–}164)$$

Für diskrete Zufallsvariable, die die Werte $X_1 = x_{1i}$ und $X_2 = x_{2m}$ annehmen können, schreiben wir entsprechend

$$\mathrm{Cov}(X_1, X_2) = \sum_i\sum_m (x_{1i}-\mu_1)(x_{2m}-\mu_2)P\{X_1 = x_{1i}, X_2 = x_{2m}\}. \qquad (2.1\text{–}165)$$

Offensichtlich ist $\mathrm{Cov}(X, X) = \mathrm{Var}X$.

Eine wichtige Eigenschaft stochastisch unabhängiger Zufallsvariable X_1 und X_2 ist, daß für die Zufallsvariablen $Y_1 = g_1(X_1)$ und $Y_2 = g_2(X_2)$ gelten muß

$$\mathrm{E}Y_1Y_2 = \mathrm{E}g_1(X_1)g_2(X_2) = \mathrm{E}g_1(X_1)\cdot\mathrm{E}g_2(X_2), \qquad (2.1\text{–}166)$$

soweit die Erwartungswerte existieren, und insbesondere

$$\mathrm{Cov}(X_1, X_2) = 0. \qquad (2.1\text{–}167)$$

Der Beweis ist leicht geführt, wenn z.B. Dichten existieren. Dann gilt nämlich $f_{X_1X_2}(x_1, x_2) = f_{X_1}(x_1)f_{X_2}(x_2)$, so daß

$$\int_{-\infty}^\infty\int_{-\infty}^\infty g_1(x_1)g_2(x_2)f_{X_1X_2}(x_1, x_2)dx_1dx_2 = \int_{-\infty}^\infty g_1(x_1)f_{X_1}(x_1)dx_1 \int_{-\infty}^\infty g_2(x_2)f_{X_2}(x_2)dx_2. \qquad (2.1\text{–}168)$$

Normiert man die Kovarianz, so erhält man, falls $\mathrm{Var}X_1 > 0$ und $\mathrm{Var}X_2 > 0$, die KORRELATION zwischen X_1 und X_2

$$\varrho(X_1, X_2) = \frac{\mathrm{Cov}(X_1, X_2)}{\sqrt{\mathrm{Var}X_1\cdot\mathrm{Var}X_2}}, \qquad (2.1\text{–}169)$$

die auch KORRELATIONSKOEFFIZIENT genannt wird. Ist $\varrho(X_1, X_2) = 0$, so heißen X_1 und X_2 UNKORRELIERT. Sind X_1 und X_2 also unkorreliert, so ist $\mathrm{Cov}(X_1, X_2) = 0$, d.h. mit (2.1–163)

$$\mathrm{E}X_1X_2 = \mathrm{E}X_1\mathrm{E}X_2. \qquad (2.1\text{–}170)$$

Stochastisch unabhängige Zufallsvariablen sind also demnach unkorreliert. Die Umkehrung gilt jedoch nicht, wie man sich anhand des folgenden Beispiels klarmachen kann: U sei eine auf $[-\pi, \pi)$ gleichverteilte Zufallsvariable; $X_1 = \cos U$ und $X_2 = \sin U$ sind zwei Zufallsvariablen mit den Eigenschaften $\mathrm{E}X_1 = \int_{-\pi}^{\pi} \cos u du/(2\pi) = 0$ und entsprechend $\mathrm{E}X_1 = \mathrm{E}X_2 = \mathrm{E}X_1X_2 = 0$. Demnach sind X_1 und X_2 unkorreliert. Da jedoch $X_2^2 = 1 - X_1^2$, $\mathrm{E}X_1^2 = \mathrm{E}X_2^2 = 1/2$ aber $\mathrm{E}X_1^2X_2^2 = \mathrm{E}X_1^2 - \mathrm{E}X_1^4 = 1/8 \neq 1/2 \cdot 1/2$, können X_1 und X_2 nicht stochastisch unabhängig sein.

Die CAUCHY-SCHWARZ-UNGLEICHUNG

$$(\mathrm{E}X_1X_2)^2 \leq \mathrm{E}X_1^2\mathrm{E}X_2^2 \tag{2.1–171}$$

kann man folgendermaßen beweisen: Das zweite Moment von $X_1 - aX_2$ ist nicht negativ:

$$0 \leq \mathrm{E}(X_1 - aX_2)^2 = \mathrm{E}X_1^2 - 2a\mathrm{E}X_1X_2 + a^2\mathrm{E}X_2^2 = h(a) \tag{2.1–172}$$

für alle $a \in \mathbf{R}$. Die Funktion $h(a)$ erreicht ihr Minimum für $a = \mathrm{E}X_1X_2/\mathrm{E}X_2^2$ mit dem Wert

$$h\left(\frac{\mathrm{E}X_1X_2}{\mathrm{E}X_2^2}\right) = \mathrm{E}X_1^2 - \frac{(\mathrm{E}X_1X_2)^2}{\mathrm{E}X_2^2} \geq 0, \tag{2.1–173}$$

woraus (2.1–171) folgt. Wenn $X_1 = cX_2$ mit Wahrscheinlichkeit 1, so gilt offensichtlich das Gleichheitszeichen in (2.1–171). Gilt umgekehrt das Gleichheitszeichen in (2.1–171), so gilt es auch in (2.1–173) und in (2.1–172) für $a = \mathrm{E}X_1X_2/\mathrm{E}X_2^2$. Dann muß $X_1 = (\mathrm{E}X_1X_2/\mathrm{E}X_2^2)X_2$ mit Wahrscheinlichkeit 1 gelten.

Wenden wir die Cauchy-Schwarz-Ungleichung auf die Zufallsvariablen $(X_1 - \mu_1)$ und $(X_2 - \mu_2)$ an, so gilt für die Korrelation (2.1–169)

$$\varrho(X_1, X_2)^2 \leq 1, \tag{2.1–174}$$

und das Gleichheitszeichen gilt genau dann, wenn es Zahlen a und b gibt, für die $X_1 = aX_2 + b$ mit Wahrscheinlichkeit 1.

Schließlich wollen wir noch die Kovarianz zweier Zufallsvariablen bestimmen, die beide Linearkombinationen von Zufallsvariablen $X_1, \ldots, X_n$ sind. Seien $X = \sum_{i=1}^n a_iX_i$ und $Y = \sum_{m=1}^n b_mX_m$, so berechnen wir mit (2.1–154)

$$\begin{aligned} \mathrm{Cov}(X, Y) &= \mathrm{E}(X - \mathrm{E}X)(Y - \mathrm{E}Y) \\ &= \mathrm{E}(\sum_i a_iX_i - \sum_i a_i\mathrm{E}X_i)(\sum_m b_mX_m - \sum_m b_m\mathrm{E}X_m) \\ &= \mathrm{E}[\sum_i a_i(X_i - \mathrm{E}X_i)][\sum_m b_m(X_m - \mathrm{E}X_m)] \\ &= \sum_{i=1}^n \sum_{m=1}^n a_ib_m\mathrm{Cov}(X_i, X_m). \end{aligned} \tag{2.1–175}$$

Die Varianz von X erhält man mit der gleichen Formel, falls $b_m = a_m$ $(m = 1, \ldots, n)$ gesetzt wird. Ein Sonderfall ergibt sich, wenn die X_i paarweise unkorreliert sind:

$$\mathrm{Var}X = \sum_{i=1}^n a_i^2\mathrm{Var}X_i. \tag{2.1–176}$$

Beispiele:

B2.1–28 Die bivariate Normalverteilung in Beispiel B2.1–19 ist gekennzeichnet durch die Parameter $\mu_1, \mu_2, \sigma_1, \sigma_2$ und ϱ, vgl. (2.1–101). Wir wissen, daß X_i $N(\mu_i, \sigma_i^2)$-verteilt ist und wegen B2.1–26 $\mu_i = \mathrm{E}X_i$. Die Varianz von X_i ist σ_i^2:

$$\begin{aligned}
\mathrm{Var}X_i &= \mathrm{E}(X_i-\mu_i)^2 = \int_{-\infty}^{\infty}(x-\mu_i)^2\frac{1}{\sqrt{2\pi}\sigma_i}\exp[-\frac{1}{2}\left(\frac{x-\mu_i}{\sigma_i}\right)^2]dx \\
&= \frac{\sigma_i}{\sqrt{2\pi}}\int_{-\infty}^{\infty}(x-\mu_i)\left[\frac{x-\mu_i}{\sigma_i^2}\exp(-\frac{1}{2}\left(\frac{x-\mu_i}{\sigma_i}\right)^2)\right]dx \\
&= \frac{\sigma_i}{\sqrt{2\pi}}\left[(x-\mu_i)(-\exp(-\frac{1}{2}\left(\frac{x-\mu_i}{\sigma_i}\right)^2)\right]_{-\infty}^{\infty} \\
&\quad +\frac{\sigma_i}{\sqrt{2\pi}}\int_{-\infty}^{\infty}\exp(-\frac{1}{2}\left(\frac{x-\mu_i}{\sigma_i}\right)^2)dx \\
&= 0+\sigma_i^2\frac{1}{\sqrt{2\pi}\sigma_i}\int_{-\infty}^{\infty}\exp(-\frac{1}{2}\left(\frac{x-\mu_i}{\sigma_i}\right)^2)dx = \sigma_i^2, \qquad (2.1\text{–}177)
\end{aligned}$$

wobei partielle Integration und die Tatsache, daß das Integral über die Dichte von $N(\mu_i, \sigma_i^2)$ gleich 1 ist, ausgenutzt wurden. Als Übungsaufgabe sollte man ausrechnen, daß der Parameter ϱ gerade die Korrelation $\varrho(X_1, X_2)$ von X_1 und X_2 ist.

B2.1–29 Den Erwartungswert einer χ_n^2-verteilten Zufallsvariablen Y wie in Beispiel B2.1–23 berechnen wir mit (2.1–126) zu

$$\begin{aligned}
\mathrm{E}Y &= \int_0^{\infty} y f_Y(y)dy = \int_0^{\infty} y\; 2^{-n/2}\Gamma(n/2)^{-1}y^{n/2-1}\mathrm{e}^{-y/2}dy \\
&= 2^{-n/2}\Gamma(n/2)^{-1}2^{n/2}2\int_0^{\infty} t^{n/2}\mathrm{e}^{-t}dt \\
&= \Gamma(n/2)^{-1}2\Gamma(n/2+1) = n. \qquad (2.1\text{–}178)
\end{aligned}$$

Dabei wurde $y/2 = t$ substituiert, die Definition (2.1–125) der Gamma-Funktion und ihre Eigenschaft

$$\Gamma(k+1) = k\Gamma(k), \qquad (2.1\text{–}179)$$

die man durch partielle Integration von (2.1–125) beweisen kann, ausgenutzt. Entsprechend geht man vor, um zu zeigen, daß

$$\mathrm{Var}Y = 2n. \qquad (2.1\text{–}180)$$

B2.1–30 Der MITTELWERT

$$\overline{X} = \frac{1}{n}\sum_{i=1}^{n} X_i \qquad (2.1\text{–}181)$$

einer Stichprobe $(X_1, \ldots, X_n)$ insbesondere $N(\mu, \sigma^2)$-verteilter Zufallsvariablen wie in Beispiel B2.1–18 ist eine normalverteilte Zufallsvariable, wie wir mit der Methode aus Beispiel B2.1–22 beweisen könnten. Einen einfacheren Weg werden wir im Abschnitt 3) kennenlernen. Der Erwartungswert des Mittelwertes ist mit (2.1–154)

$$\mathrm{E}\overline{X} = \frac{1}{n}\sum_{i=1}^{n} \mathrm{E}X_i = \mu \tag{2.1–182}$$

und seine Varianz wegen Formel (2.1–176)

$$\mathrm{Var}\overline{X} = \sum_{i=1}^{n} \frac{1}{n^2}\mathrm{Var}X_i = \frac{\sigma^2}{n}. \tag{2.1–183}$$

Die Summe der normierten Quadrate einer Stichprobe normalverteilter Zufallsvariablen,

$$Y = \sum_{i=1}^{n} \left(\frac{X_i - \mu}{\sigma}\right)^2 = \frac{1}{\sigma^2}\sum_{i=1}^{n}(X_i - \mu)^2 \tag{2.1–184}$$

ist nach Beispiel B2.1–23 χ^2_n-verteilt. Man kann zeigen, was wir an dieser Stelle nicht tun, daß die Zufallsvariable

$$Z = \frac{1}{\sigma^2}\sum_{i=1}^{n}(X_i - \overline{X})^2 \tag{2.1–185}$$

χ^2_{n-1}- verteilt und stochastisch unabhängig von $\overline{X}$ ist. Dann besitzt die STREUUNG

$$S^2 = \frac{1}{n-1}\sum_{i=1}^{n}(X_i - \overline{X})^2 \tag{2.1–186}$$

die folgenden Eigenschaften:

$$S^2 \text{ ist stochastisch unabhängig von } \overline{X}$$
$$\text{und } (n-1)S^2/\sigma^2 \text{ ist } \chi^2_{n-1}\text{-verteilt,} \tag{2.1–187}$$
$$\mathrm{E}S^2 = \sigma^2 \text{ und } \mathrm{Var}S^2 = 2\sigma^4/(n-1). \tag{2.1–188}$$

Mittelwert und Streuung einer Stichprobe normalverteilter Zufallsvariablen besitzen also Erwartungswerte, die gerade die Parameter μ und σ^2 der Normalverteilung sind, und Varianzen, die wie $1/n$ mit $n \to \infty$ gegen Null konvergieren. Für $\mu = 0$ folgt aus Beispiel B2.1–24, daß

$$V = \frac{n\overline{X}^2}{S^2} \quad F_{1,n-1}\text{-verteilt,} \tag{2.1–189}$$

also unabhängig von σ^2 verteilt ist.

3) Charakteristische Funktionen

Bisher betrachteten wir nur reellwertige Funktionen von Zufallsvariablen. Komplexwertige Funktionen von Zufallsvariablen definieren wir durch zwei reellwertige, nämlich Real- und Imaginärteil. Entsprechend behandeln wir den Erwartungswert einer komplexwertigen Funktion $g(\underline{X})$ eines Zufallsvektors $\underline{X}$:

$$\mathrm{E}g(\underline{X}) = \mathrm{E}\ \mathrm{Re}\ g(\underline{X}) + j\mathrm{E}\ \mathrm{Im}\ g(\underline{X}). \qquad (2.1\text{–}190)$$

Einen wichtigen Sonderfall liefert $g(X) = \exp(jsX)$:

$$\varphi_X(s) = \mathrm{E}\exp(jsX) = \mathrm{E}\cos(sX) + j\mathrm{E}\sin(sX), \qquad (2.1\text{–}191)$$

wobei $s \in \mathbf{R}$. Die Abbildung $s \to \varphi_X(s)$ heißt CHARAKTERISTISCHE FUNKTION VON X. Da $|\exp(jsX)| = 1$, existiert die charakteristische Funktion immer. Für diskrete X erhalten wir

$$\varphi_X(s) = \sum_i e^{jsx_i} p_i^X = \sum_i e^{jsx_i} P\{X = x_i\}. \qquad (2.1\text{–}192)$$

Wenn X eine Dichte besitzt, ergibt sich

$$\varphi_X(s) = \int_{-\infty}^{\infty} e^{jsx} f_X(x) dx. \qquad (2.1\text{–}193)$$

Interpretiert man (2.1–193) für $s = -\omega$, so wird die charakteristische Funktion $\varphi_X(s)$ durch Fourier-Transformation der Dichte $f_X(x)$ bestimmt. Mit der inversen Fourier-Transformation berechnet man umgekehrt die Dichte aus der charakteristischen Funktion:

$$f_X(x) = \frac{1}{2\pi} \int_{-\infty}^{\infty} e^{-jsx} \varphi_X(s) ds, \qquad (2.1\text{–}194)$$

womit auch die Verteilungsfunktion $F_X(x)$ wegen (2.1–57) durch die charakteristische Funktion festgelegt ist. Auch im diskreten und im allgemeinen Fall kann man zeigen, daß die Verteilungsfunktion eineindeutig der charakteristischen Funktion zugeordnet ist, worauf hier nicht weiter eingegangen wird.

Die charakteristische Funktion besitzt die folgenden Eigenschaften: Sei $Y = \sum_{i=1}^{k} a_i \exp(js_iX)$ für beliebige $a_i \in \mathbf{C}$ und $s_i \in \mathbf{R}$, dann ist

$$0 \le \mathrm{E}|Y|^2 = \sum_{i=1}^{k} \sum_{m=1}^{k} a_i a_m^* \mathrm{E}\exp(j(s_i - s_m)X) = \sum_{i=1}^{k} \sum_{m=1}^{k} a_i a_m^* \varphi_X(s_i - s_m), \qquad (2.1\text{–}195)$$

d.h. $\varphi_X(s)$ ist eine NICHTNEGATIV DEFINITE FUNKTION. Außerdem gilt wegen der Cauchy-Schwarz-Ungleichung (2.1–171),

$$|\varphi_X(s)|^2 = |\mathrm{E}\exp(jsX)|^2 \le \mathrm{E}|\exp(jsX)|^2 = 1 = \varphi_X(0), \qquad (2.1\text{–}196)$$

also daß $\varphi_X(s)$ sein absolutes Maximum bei $s = 0$ mit Wert 1 besitzt. Als Übung sollte man zeigen, daß $\varphi_X(s)$ eine stetige Funktion von s ist. Man kann weiterhin die aus der Nachrichtentechnik wohl bekannten Eigenschaften der Fourier-Transformierten auf (2.1–193) anwenden. Statt diese zum Beispiel bei der Transformation von (2.1–110) zu verwenden, kann man die charakteristische Funktion von $Y = aX + b$ für beliebige reelle a und b elementar bestimmen:

$$\varphi_Y(s) = \mathrm{E}e^{js(aX+b)} = e^{jbs}\mathrm{E}e^{jasX} = e^{jbs}\varphi_X(as), \qquad (2.1\text{–}197)$$

was offensichtlich auch im allgemeinen Fall richtig ist. Schließlich werden Momente $\mathrm{E}X^k$ durch Differentiation der charakteristischen Funktion gewonnen: Wir benutzen die Taylorreihe von e^y und (2.1–193)

$$\begin{aligned} \varphi_X(s) &= \int_{-\infty}^{\infty} e^{jsx} f_X(x)dx = \int_{-\infty}^{\infty} \sum_{l=0}^{\infty} \frac{(jsx)^l}{l!} f_X(x)dx \\ &= \sum_{l=0}^{\infty} \frac{(js)^l}{l!} \int_{-\infty}^{\infty} x^l f_X(x)dx = \sum_{l=0}^{\infty} \frac{(js)^l}{l!} \mathrm{E}X^l. \end{aligned} \qquad (2.1\text{–}198)$$

Hierbei nehmen wir an, daß die Momente existieren, die Reihen absolut konvergieren sowie Integrale und Summen vertauscht werden dürfen. Durch k-faches Differenzieren von (2.1–198) nach s und Division durch j^k ergibt sich nun

$$\mathrm{E}X^k = \frac{1}{j^k} \left. \frac{d^k \varphi_X(s)}{ds^k} \right|_{s=0}, \qquad (2.1\text{–}199)$$

das sogenannte MOMENTENTHEOREM. Auch im allgemeinen Fall kann (2.1–199) bewiesen werden, soweit das k-te absolute Moment existiert.

Die CHARAKTERISTISCHE FUNKTION EINES ZUFALLSVEKTORS $\underline{X} = (X_1, \ldots, X_n)'$ ist definiert durch

$$\varphi_{\underline{X}}(\underline{s}) = \varphi_{X_1,\ldots,X_n}(s_1, \ldots, s_n) = \mathrm{E}\exp(j\underline{s}'\underline{X}) = \mathrm{E}\exp(j\sum_{i=1}^{n} s_i X_i), \qquad (2.1\text{–}200)$$

wobei $\underline{s} = (s_1, \ldots, s_n)' \in \mathbf{R}^n$. Sie besitzt ähnliche Eigenschaften wie die charakteristische Funktion einer Zufallsvariablen, die wir im folgenden nur aufzählen wollen. Sie existiert immer und ist eineindeutig der Verteilungsfunktion $F_{\underline{X}}$ zugeordnet. Existiert eine Dichte $f_{\underline{X}}$, so gehen $f_{\underline{X}}$ und $\varphi_{\underline{X}}$ durch n-dimensionale Fourier-Transformation ineinander über. $\varphi_{\underline{X}}(\underline{s})$ ist nichtnegativ definit, stetig in allen Argumenten s_i und besitzt das absolutes Maximum bei $\underline{s} = \underline{0}$ mit dem Wert 1. Eine lineare Transformation $\underline{Y} = \mathbf{D}\,\underline{X} + \underline{a}$, wobei $\underline{Y}$ und $\underline{a}$ Vektoren mit m Komponenten und $\mathbf{D}$ eine $(m \times n)$ Matrix ist, läßt sich wie in (2.1–197) behandeln. Mit $\underline{s} \in \mathbf{R}^m$ ist

$$\begin{aligned} \varphi_{\underline{Y}}(\underline{s}) &= \mathrm{E}\exp(j\underline{s}'\underline{Y}) = \mathrm{E}\exp[j\underline{s}'(\mathbf{D}\,\underline{X} + \underline{a})] \\ &= \exp(j\underline{s}'\underline{a})\mathrm{E}\exp[j(\mathbf{D}'\underline{s})'\underline{X}] = \exp(j\underline{a}'\underline{s})\varphi_{\underline{X}}(\mathbf{D}'\underline{s}). \end{aligned} \qquad (2.1\text{–}201)$$

Ein Sonderfall ist die Summe $Y = X_1 + \cdots + X_n$, für die

$$\varphi_Y(s) = \varphi_{X_1,\ldots,X_n}(s, \ldots, s). \qquad (2.1\text{–}202)$$

Auch können Momente durch partielle Differentiation von $\varphi_{\underline{X}}(\underline{s})$ berechnet werden:

$$\mathrm{E}X_1^{k_1}\cdots X_n^{k_n} = \frac{1}{j^{k_1+\cdots+k_n}} \left.\frac{\partial^{k_1+\cdots+k_n}\varphi_{\underline{X}}(\underline{s})}{\partial s_1^{k_1}\cdots\partial s_n^{k_n}}\right|_{\underline{s}=\underline{0}}. \qquad (2.1\text{–}203)$$

Eine besonders wichtige Eigenschaft ergibt sich für stochastisch unabhängige Zufallsvariablen $X_1,\ldots,X_n$:

$$\varphi_{X_1,\ldots,X_n}(s_1,\ldots,s_n) = \prod_{i=1}^{n}\varphi_{X_i}(s_i). \qquad (2.1\text{–}204)$$

Dies folgt aus einer elementaren Verallgemeinerung von (2.1–166). Besitzen die X_i alle die gleiche charakteristische Funktion $\varphi_X(s)$, so finden wir für die Summe $Y = X_1+\cdots+X_n$ mit (2.1–202)

$$\varphi_Y(s) = \prod_{i=1}^{n}\varphi_X(s) = \varphi_X(s)^n. \qquad (2.1\text{–}205)$$

Die Dichte von Y ergibt sich somit entweder durch inverse Fourier-Transformation von $\varphi_X(s)^n$ oder durch n-fache Faltung von $f_X(x)$ mit sich selbst:

$$f_Y(y) = [f_X * \cdots * f_X](y). \qquad (2.1\text{–}206)$$

Für $n = 2$ haben wir ein entsprechendes Resultat schon in (2.1–119) gefunden. Schließlich können wir (2.1–166) auch in folgender Weise verallgemeinern:

> Sind Zufallsvektoren $\underline{X}_1$ über $\mathbf{R}^{n_1}$ und $\underline{X}_2$ über $\mathbf{R}^{n_2}$ stochastisch unabhängig, so sind es auch die Zufallsvektoren $\underline{Y}_1 = \underline{g}_1(\underline{X}_1)$ über $\mathbf{R}^{m_1}$ und $\underline{Y}_2 = \underline{g}_2(\underline{X}_2)$ über $\mathbf{R}^{m_2}$. (2.1–207)

Beispiele:

B2.1–31 Die charakteristische Funktion einer $N(\mu,\sigma^2)$-verteilten Zufallsvariablen X bestimmen wir, indem zunächst $\varphi_U(s)$ für eine standardnormalverteilte Zufallsvariable U berechnet und dann (2.1–197) angewendet wird: Wir gehen von der Darstellung (2.1–198) für $\varphi_U(s)$ aus und benötigen hierzu die Momente $\mathrm{E}U^l$ der Standardnormalverteilung. Diese sind offensichtlich gleich 0 für ungerade l, da $f_U(x) = (2\pi)^{-1/2}\mathrm{e}^{-x^2/2}$ eine gerade Funktion ist. Für $l = 2k$ und $k = 1,2,\ldots$ finden wir

$$\begin{aligned}\mathrm{E}U^{2k} &= \int_{-\infty}^{\infty} x^{2k}\frac{1}{\sqrt{2\pi}}\mathrm{e}^{-x^2/2}dx = \frac{1}{\sqrt{2\pi}}\int_{-\infty}^{\infty} x^{2k-1}(x\mathrm{e}^{-x^2/2})dx \\ &= (2k-1)\mathrm{E}U^{2k-2} = \prod_{m=1}^{k}(2m-1),\end{aligned} \qquad (2.1\text{–}208)$$

was sich durch partielle Integration ergeben hat. Einsetzen von (2.1–208) in (2.1–198) liefert

$$\varphi_U(s) = \sum_{k=0}^{\infty}\frac{(js)^{2k}}{(2k)!}\prod_{m=1}^{k}(2m-1) = \sum_{k=0}^{\infty}\frac{(-s^2/2)^k}{k!} = \mathrm{e}^{-s^2/2}. \qquad (2.1\text{–}209)$$

Mit (2.1–197) finden wir für die $N(\mu, \sigma^2)$-verteilte Zufallsvariable $X = \sigma U + \mu$:

$$\varphi_X(s) = e^{j\mu s} e^{-(\sigma s)^2/2} = e^{j\mu s - \sigma^2 s^2/2}. \qquad (2.1\text{–}210)$$

Die Berechnung von $\varphi_U(s)$ hätten wir uns auch sparen können, denn aus der Nachrichtentechnik ist uns die Fourier-Transformierte des Gauß-Impulses bekannt, vgl. Fettweis (1989).

B2.1–32 Die charakteristische Funktion einer Stichprobe standardnormalverteilter Zufallsvariablen $\underline{U} = (U_1, \ldots, U_n)$ finden wir mit (2.1–204) und (2.1–209):

$$\varphi_{\underline{U}}(\underline{s}) = \varphi_{U_1,\ldots,U_n}(s_1, \ldots, s_n) = \prod_{i=1}^{n} e^{-s_i^2/2} = e^{-\underline{s}'\underline{s}/2} \qquad (2.1\text{–}211)$$

Ist $\mathbf{D}$ eine reelle $(n \times n)$-Matrix, $\underline{\mu} \in \mathbf{R}^n$, $\underline{X} = \mathbf{D}\,\underline{U} + \underline{\mu}$ und $\mathbf{DD}' = \mathbf{K}$, so liefert (2.1–201) für $\underline{s} \in \mathbf{R}^n$

$$\begin{aligned} \varphi_{\underline{X}}(\underline{s}) &= \exp(j\underline{\mu}'\underline{s})\varphi_{\underline{U}}(\mathbf{D}'\underline{s}) = \exp(j\underline{\mu}'\underline{s})\exp(-\underline{s}'\mathbf{DD}'\underline{s}/2) \\ &= \exp(j\underline{\mu}'\underline{s} - \underline{s}'\mathbf{K}\,\underline{s}/2). \end{aligned} \qquad (2.1\text{–}212)$$

In Verallgemeinerung von (2.1–210) und (2.1–211) nennt man einen Zufallsvektor $\underline{X}$ mit n Komponenten NORMALVERTEILT mit dem Parametervektor $\underline{\mu} \in \mathbf{R}^n$ und der nichtnegativ definiten, symmetrischen $(n \times n)$-Parametermatrix $\mathbf{K}$, kurz $N_n(\underline{\mu}, \mathbf{K})$-verteilt, wenn die charakteristische Funktion von $\underline{X}$ die Form (2.1–212) besitzt. Für $n = 1$ muß sich $N(\mu, \sigma^2)$ ergeben. Ein beliebig linear transformierter normalverteilter Zufallsvektor ist wieder normalverteilt: Ist nämlich $\mathbf{G}$ eine reelle $(m \times n)$ Matrix und $\underline{g} \in \mathbf{R}^m$, so folgt für $\underline{Y} = \mathbf{G}\,\underline{X} + \underline{g}$ und $\underline{s} \in \mathbf{R}^m$ mit (2.1–201)

$$\varphi_{\underline{Y}}(\underline{s}) = \exp(j(\mathbf{G}\,\underline{\mu} + \underline{g})'\underline{s} - \underline{s}'\mathbf{GKG}'\underline{s}/2), \qquad (2.1\text{–}213)$$

also die charakteristische Funktion der Normalverteilung $N_m(\mathbf{G}\,\underline{\mu} + \underline{g}, \mathbf{GKG}')$. Als Anwendung finden wir, daß der Mittelwert $\overline{X} = (X_1 + \cdots + X_n)/n$ der Komponenten eines normalverteilten Vektors normalverteilt ist mit dem Erwartungswert

$$\mathrm{E}\overline{X} = \frac{1}{n}\sum_{i=1}^{n} \mu_i, \qquad (2.1\text{–}214)$$

falls μ_i die i-te Komponente von $\underline{\mu}$ ist, und der Varianz

$$\mathrm{Var}\overline{X} = \frac{1}{n^2}\sum_{i=1}^{n}\sum_{k=1}^{n} K_{ik}, \qquad (2.1\text{–}215)$$

falls $\mathbf{K}$ die Elemente K_{ik} besitzt. Ist $\underline{X}$ eine normalverteilte Stichprobe wie in Beispiel B2.1–30, so sind (2.1–214) und (2.1–215) schon in (2.1–182) und (2.1–183) bestimmt worden. Schließlich wollen wir noch die Parameter $\underline{\mu}$ und $\mathbf{K}$ charakterisieren. Wir bezeichnen mit $\mathrm{E}\underline{X} = (\mathrm{E}X_1, \ldots, \mathrm{E}X_n)'$ den ERWARTUNGSVEKTOR VON $\underline{X}$, also den Vektor der Erwartungswerte der Komponenten X_i von $\underline{X}$. Anstatt Integrale der Form (2.1–138) zu berechnen, differenzieren wir die charakteristische Funktion wie in (2.1–203) simultan mit Hilfe des Gradientenoperators $\underline{\nabla} = (\partial/\partial s_1, \ldots, \partial/\partial s_n)'$:

$$\mathrm{E}\underline{X} = \frac{1}{j}\underline{\nabla}\varphi_{\underline{X}}(\underline{s})\Big|_{\underline{s}=0} = \frac{1}{j}(j\underline{\mu} - \mathbf{K}\,\underline{s})\varphi_{\underline{X}}(\underline{s})\Big|_{\underline{s}=0} = \underline{\mu}; \qquad (2.1\text{–}216)$$

$\underline{\mu}$ ist demnach der Erwartungsvektor von $\underline{X}$. Die KOVARIANZMATRIX VON $\underline{X}$ ist definiert als die Matrix der Kovarianzen $\mathrm{Cov}(X_i, X_k)$ der Komponenten von $\underline{X}$. Man berechnet sie z.B. über die zweiten Ableitungen von $\varphi_{\underline{X}}(\underline{s})$:

$$\mathrm{E}(\underline{X} - \mathrm{E}\underline{X})(\underline{X} - \mathrm{E}\underline{X})' = \mathrm{E}\underline{X}\,\underline{X}' - \underline{\mu}\,\underline{\mu}', \qquad (2.1\text{–}217)$$

$$\begin{aligned} \mathrm{E}\underline{X}\,\underline{X}' &= \frac{1}{j^2}\underline{\nabla}\underline{\nabla}'\varphi_{\underline{X}}(\underline{s})\Big|_{\underline{s}=0} = \frac{1}{j^2}\underline{\nabla}(j\underline{\mu} - \mathbf{K}\,\underline{s})'\varphi_{\underline{X}}(\underline{s})\Big|_{\underline{s}=0} \\ &= \frac{1}{j^2}[-\mathbf{K}\varphi_{\underline{X}}(\underline{s}) + (j\underline{\mu} - \mathbf{K}\,\underline{s})(j\underline{\mu} - \mathbf{K}\,\underline{s})'\varphi_{\underline{X}}(\underline{s})]\Big|_{\underline{s}=0} \\ &= \mathbf{K} + \underline{\mu}\,\underline{\mu}'. \end{aligned} \qquad (2.1\text{–}218)$$

Also ist $\mathbf{K}$ die Kovarianzmatrix von $\underline{X}$. Wenn $\mathbf{K}$ nicht singulär ist, existiert eine Dichte $f_{\underline{X}}(\underline{x})$, die man entweder durch inverse n-dimensionale Fourier-Transformation von (2.1–212) oder ausgehend von einer Stichprobe standardnormalverteilter Zufallsvariable $\underline{U}$ wie am Anfang dieses Beispiels durch Anwendung der Transformationsregel (2.1–116) auf die Dichte (2.1–100) für $\mu = 0$ und $\sigma^2 = 1$ und die Transformation $\underline{g}(\underline{U}) = \mathbf{D}\,\underline{U} + \underline{\mu}$ erhalten kann. Wir geben nur das Ergebnis an:

$$f_{\underline{X}}(\underline{x}) = (2\pi)^{-n/2}(\det\mathbf{K})^{-1/2}\exp[-\frac{1}{2}(\underline{x} - \underline{\mu})'\mathbf{K}^{-1}(\underline{x} - \underline{\mu})]. \qquad (2.1\text{–}219)$$

Im Falle $n = 1$ ergibt sich wie erwartet (2.1–69). Für $n = 2$ erhalten wir die Dichte der bivariaten Normalverteilung (2.1–101), wobei

$$\mathbf{K} = \begin{pmatrix} \sigma_1^2 & \varrho\sigma_1\sigma_2 \\ \varrho\sigma_1\sigma_2 & \sigma_2^2 \end{pmatrix} \text{ und } \mathbf{K}^{-1} = \frac{1}{1-\varrho^2}\begin{pmatrix} \sigma_1^{-2} & -\varrho\sigma_1^{-1}\sigma_2^{-1} \\ -\varrho\sigma_1^{-1}\sigma_2^{-1} & \sigma_2^{-2} \end{pmatrix}. \qquad (2.1\text{–}220)$$

4) Approximation im quadratischen Mittel

Wir stellen uns vor, die möglicherweise gestörte Ausgabe eines Meßgerätes zu einer bestimmten Zeit durch eine Zufallsvariable X_n und entsprechende Eingaben durch die Zufallsvariablen $X_1, X_2, \ldots, X_{n-1}$ zu modellieren. Wir nehmen an, daß eine gemeinsame Dichte $f_{X_1,\ldots,X_n}$ existiert und uns bekannt ist. Wir wollen nun die Aufgabe lösen, eine Funktion $g(x_1, \ldots, x_{n-1})$ so zu finden, daß $g(X_1, \ldots, X_{n-1})$ eine möglichst gute Approximation von X_n ist, eine Funktion also, mit der die Ausgabe des Meßgerätes möglichst gut vorausgesagt werden kann. Das Optimierungskriterium soll hierbei der ERWARTETE QUADRATISCHE FEHLER (MSE, mean squared error) sein:

$$q = \mathrm{E}(X_n - g(X_1, \ldots, X_{n-1}))^2. \tag{2.1–221}$$

Gesucht ist eine Funktion $g = \hat{g}$, die q minimiert. $\hat{X}_n = \hat{g}(X_1, \ldots, X_{n-1})$ ist dann eine IM QUADRATISCHEN MITTEL BESTE APPROXIMATION von X_n.

Zur Konstruktion der Lösung nehmen wir zunächst an, nur konstante Funktionen $g = a$ seien zugelassen. Dann suchen wir dasjenige $a = \hat{a}$, das

$$q(a) = \mathrm{E}(X_n - a)^2 \tag{2.1–222}$$

minimiert. Eine notwendige Bedingung für $\hat{a}$ ist, daß die Ableitung von q nach a für $a = \hat{a}$ verschwindet

$$\begin{aligned} \left.\frac{dq}{da}\right|_{\hat{a}} &= \left.\frac{d}{da}\int_{-\infty}^{\infty}(x_n - a)^2 f_{X_n}(x_n)dx_n\right|_{\hat{a}} \\ &= -2\int_{-\infty}^{\infty}(x_n - \hat{a})f_{X_n}(x_n)dx_n = 0. \end{aligned} \tag{2.1–223}$$

Wir dürfen unter dem Integral differenzieren, da wir von absoluter Konvergenz der Integrale ausgehen können. Folglich ist

$$\hat{a} = \int_{-\infty}^{\infty} x_n f_{X_n}(x_n)dx_n = \mathrm{E}X_n \tag{2.1–224}$$

und der minimale Wert von q

$$q(\hat{a}) = \mathrm{E}(X_n - \mathrm{E}X_n)^2 = \mathrm{Var}X_n. \tag{2.1–225}$$

Im allgemeinen Fall schreiben wir

$$q(g) = \int_{-\infty}^{\infty}\cdots\int_{-\infty}^{\infty}(x_n - g(x_1, \ldots, x_{n-1}))^2 f_{X_1,\ldots,X_n}(x_1, \ldots, x_n)dx_1\cdots dx_n. \tag{2.1–226}$$

Denken wir jetzt an ein verkoppeltes Experiment, so können wir die bedingte Dichte von X_n, wenn $X_1 = x_1, \ldots, X_{n-1} = x_{n-1}$, nämlich

$$f_{X_n}(x_n|x_1, \ldots, x_{n-1}) = \frac{f_{X_1,\ldots,X_n}(x_1, \ldots, x_n)}{f_{X_1,\ldots,X_{n-1}}(x_1, \ldots, x_{n-1})}\quad, \tag{2.1–227}$$

vorausgesetzt der Nenner ist größer als 0, benutzen und schreiben

$$\begin{aligned} q(g) \;=\; & \int_{-\infty}^{\infty}\cdots\int_{-\infty}^{\infty}\left[\int_{-\infty}^{\infty}(x_n - g(x_1, \ldots, x_{n-1}))^2 f_{X_n}(x_n|x_1, \ldots, x_{n-1})dx_n\right] \\ & \cdot f_{X_1,\ldots,X_{n-1}}(x_1, \ldots, x_{n-1})dx_1\cdots dx_{n-1}. \end{aligned} \tag{2.1–228}$$

Dieses Integral minimieren wir, indem die stets nichtnegativen Integranden $[\cdots]$ für alle $x_1, \ldots, x_{n-1}$ minimiert werden. Da für das Integral über x_n die Variablen $x_1, \ldots, x_{n-1}$ konstant sind, wird also in $[\cdots]$ die optimale Konstante gesucht, wenn die Dichte von X_n gerade $f_{X_n}(x_n|x_1, \ldots, x_{n-1})$ ist. Eine Lösung ist nach geeigneter Interpretation von (2.1–224) und mit (2.1–151) der bedingte Erwartungswert:

$$\hat{g}(x_1, \ldots, x_{n-1}) = \int_{-\infty}^{\infty} x_n f_{X_n}(x_n|x_1, \ldots, x_{n-1}) dx_n = \mathrm{E}(X_n|X_1 = x_1, \ldots, X_{n-1} = x_{n-1}). \tag{2.1–229}$$

Ersetzen wir in $\hat{g}$ $x_1, \ldots, x_{n-1}$ durch die Zufallsvariablen $X_1, \ldots, X_{n-1}$, so erhalten wir eine Zufallsvariable, die wohl definiert ist immer dann, wenn $f_{X_1,\ldots,X_{n-1}}(x_1, \ldots, x_{n-1}) > 0$, und die wir sonst zum Beispiel gleich Null setzen können. Wir bezeichnen sie mit

$$\hat{g}(X_1, \ldots, X_{n-1}) = \mathrm{E}(X_n|X_1, \ldots, X_{n-1}) \tag{2.1–230}$$

und nennen sie BEDINGTE ERWARTUNG VON X_n UNTER DER VORAUSSETZUNG $X_1, \ldots, X_{n-1}$. Der minimale MSE, also Wert von q, ist

$$q(\hat{g}) = \mathrm{E}(X_n - \mathrm{E}(X_n|X_1, \ldots, X_{n-1}))^2. \tag{2.1–231}$$

Auf eine allgemeinere Definition der bedingten Erwartung wollen wir nicht eingehen, vgl. Behnen und Neuhaus (1985).

Beispiel:

B2.1–33 Für die bivariate Normalverteilung von X_1 und X_2 fanden wir in (2.1–152) $\mathrm{E}(X_2|X_1 = x_1)$. Wollen wir also für X_2 die im quadratischen Mittel beste Approximation $\hat{g}(X_1) = \mathrm{E}(X_2|X_1)$ bestimmen, so können wir

$$\hat{g}(X_1) = \mu_2 + \varrho\frac{\sigma_2}{\sigma_1}(X_1 - \mu_1) \tag{2.1–232}$$

wählen. Der minimale MSE ist

$$q(\hat{g}) = \mathrm{E}(X_2 - \mathrm{E}(X_2|X_1))^2 = \sigma_2^2(1 - \varrho^2), \tag{2.1–233}$$

da die bedingte Dichte von X_2, wenn $X_1 = x_1$, nach Beispiel B2.1–19 die Dichte von $N(\mu_2 + \varrho(\sigma_2/\sigma_1)(x_1 - \mu_1), \sigma_2^2(1 - \varrho^2))$ ist.

Im allgemeinen ist es schwierig, bedingte Erwartungen zu bestimmen. Deshalb sucht man unter den linearen Funktionen

$$g(X_1, \ldots, X_{n-1}) = \sum_{i=1}^{n-1} h_i X_i \tag{2.1–234}$$

eine optimale, die also

$$q(h_1, \ldots, h_{n-1}) = \mathrm{E}(X_n - \sum_{i=1}^{n-1} h_i X_i)^2 \tag{2.1–235}$$

über $h_1, \ldots, h_{n-1}$ minimiert. $\hat{X}_n = \sum_{i=1}^{n-1} \hat{h}_i X_i$ ist dann eine IM QUADRATISCHEN MITTEL BESTE LINEARE APPROXIMATION VON X_n. Notwendige Bedingungen für die optimalen Parameter $\hat{h}_1, \ldots, \hat{h}_{n-1}$ sind demnach

$$\left.\frac{\partial q}{\partial h_k}\right|_{\hat{h}_1,\ldots,\hat{h}_{n-1}} = -2\mathrm{E}X_k(X_n - \sum_{i=1}^{n-1} \hat{h}_i X_i) = 0 \quad (k = 1, \ldots, n-1), \tag{2.1-236}$$

wobei wir unter dem Integral wie in (2.1–223) differenziert haben. Wir können weiter schreiben

$$\sum_{i=1}^{n-1} \hat{h}_i \mathrm{E}X_k X_i = \mathrm{E}X_k X_n \quad (k = 1, \ldots, n-1). \tag{2.1-237}$$

Die $\hat{h}_1, \ldots, \hat{h}_{n-1}$ sind demnach Lösungen eines linearen Gleichungssystems und eindeutig bestimmt, wenn die Koeffizientenmatrix, deren Elemente $\mathrm{E}X_i X_k$ $(i, k = 1, \ldots, n-1)$ sind, nicht singulär ist. Den minimalen MSE bestimmen wir mit (2.1–237) zu

$$q(\hat{h}_1, \ldots, \hat{h}_{n-1}) = \mathrm{E}(X_n - \sum_{i=1}^{n-1} \hat{h}_i X_i)^2 = \mathrm{E}X_n^2 - \sum_{i=1}^{n-1} \hat{h}_i \mathrm{E}X_i X_n. \tag{2.1-238}$$

Eine nützliche Interpretation der notwendigen Bedingungen (2.1–236) gelingt, wenn wir zwei Zufallsvariablen X und Y ORTHOGONAL nennen, sobald sie $\mathrm{E}XY = 0$ erfüllen: Die optimalen Parameter $\hat{h}_i$ müssen so gewählt sein, daß der RESIDUUM genannte Approximationsfehler $X_n - \sum_{i=1}^{n-1} \hat{h}_i X_i$ orthogonal zu den Zufallsvariablen $X_1, \ldots, X_{n-1}$ ist. Diese Eigenschaft der im quadratischen Mittel besten linearen Approximation wird ORTHOGONALITÄTSPRINZIP genannt. In Abb. 2.1.7 wird der Sachverhalt für $n = 3$ veranschaulicht, wenn man sich X_1, X_2 und X_3 als Vektoren im $\mathbf{R}^3$ vorstellt.

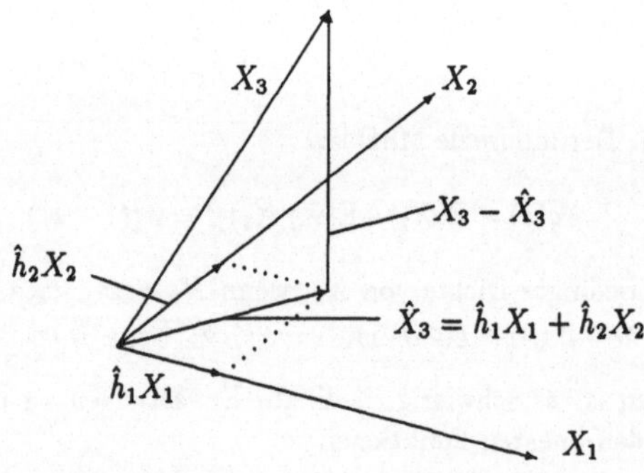

Abbildung 2.1.7: Orthogonalitätsprinzip: $\hat{X}_3$ ist die Projektion von X_3 in den von X_1 und X_2 aufgespannten Raum so, daß $X_3 - \hat{X}_3$ orthogonal zu X_1 und X_2 ist.

Wenn man auf der rechten Seite von (2.1–234) auch noch eine Konstante h_0 berücksichtigen möchte, so können (2.1–237) und (2.1–238) entsprechend benutzt werden, wenn man die konstante Zufallsvariable $X_0 = 1$ einführt und die Indizes i und k von 0 bis $n-1$ laufen läßt.

Eine wichtige Eigenschaft normalverteilter Zufallsvektoren $\underline{X} = (X_1, \ldots, X_n)'$ ist, daß der bedingte Erwartungswert von X_n, wenn $X_1 = x_1, \ldots, X_{n-1} = x_{n-1}$, eine lineare Funktion von $x_1, \ldots, x_{n-1}$ ist, was als Übung bewiesen werden sollte. Also muß für normalverteilte Zufallsvektoren die im quadratischen Mittel beste Approximation mit der besten linearen übereinstimmen.

2.1.3 Folgen von Zufallsvariablen

Im vorangegangenen Abschnitt interessierten Zufallsvektoren, deren Komponenten Zufallsvariablen $X_1, X_2, \ldots, X_n$ sind, die alle über einem Stichprobenraum Ω und einer Ereignisalgebra $\mathcal{A}$ definiert werden. Ein Wahrscheinlichkeitsmaß P über $\mathcal{A}$ wird zum Beispiel durch die Zufallsvariable X_n in ein solches über der Borel-Algebra $\mathcal{B}$ abgebildet. Wenn die Zahl n nicht festgehalten wird, erhalten wir Folgen von Zufallsvariablen $X_1, X_2, X_3, \ldots$, für die gilt:

$$\begin{aligned} &\xi \to X_n(\xi) \in \mathbf{R}, \\ &\{X_n \leq x\} \in \mathcal{A} \text{ für alle } x \in \mathbf{R} \text{ und alle } n = 1, 2, 3, \ldots \end{aligned} \tag{2.1–239}$$

Wenn wir fragen, was Konvergenz von Zufallsvariablen bedeuten soll, so müssen wir bedenken, daß Zufallsvariablen reelle Funktionen sind. Die KONVERGENZ EINER FUNKTIONENFOLGE $X_n \underset{n\to\infty}{\longrightarrow} X$ ist bekanntlich so definiert: Für alle $\xi \in \Omega$ und alle $\varepsilon > 0$ gibt es ein $n_0 = n_0(\varepsilon, \xi)$ derart, daß für alle $n > n_0$ $|X_n(\xi) - X(\xi)| < \varepsilon$ gilt. Es ist unzweckmäßig diesen strengen Konvergenzbegriff für Zufallsvariablen zu verwenden. Wir sollten z.B. auf die Konvergenz der Funktionenfolge auf Mengen A von Elementarereignissen ξ verzichten können, für die $P(A) = 0$ gilt. So definieren wir schwächere Konvergenzbegriffe:

KONVERGENZ MIT WAHRSCHEINLICHKEIT 1 (Wk 1):

$$P\{\lim_{n\to\infty} X_n = X\} = P\{\xi : \lim_{n\to\infty} X_n(\xi) = X(\xi)\} = 1. \tag{2.1–240}$$

KONVERGENZ IM QUADRATISCHEN MITTEL (i.q.M.):

$$\lim_{n\to\infty} \mathrm{E}(X_n - X)^2 = 0, \tag{2.1–241}$$

falls diese Momente existieren.

KONVERGENZ IN WAHRSCHEINLICHKEIT (in Wk): Für alle $\varepsilon > 0$ gilt

$$\lim_{n\to\infty} P\{|X_n - X| \geq \varepsilon\} = 0\,. \tag{2.1–242}$$

KONVERGENZ IN VERTEILUNG: Für die Verteilungsfunktionen $F_{X_n}(x)$ und $F_X(x)$ gilt

$$\lim_{n\to\infty} F_{X_n}(x) = F_X(x), \tag{2.1–243}$$

für alle $x \in \mathbb{R}$, die Stetigkeitspunkte von $F_X(x)$ sind. Wenn man zum Beispiel zeigen kann, daß für $Y_n = (X_n - \mathrm{E}X_n)/\sqrt{\mathrm{Var}X_n}$

$$\lim_{n\to\infty} F_{Y_n}(y) = \Phi(y), \tag{2.1–244}$$

wobei $\Phi(y)$ die Verteilungsfunktion von $N(0,1)$ ist, so konvergiert Y_n in Verteilung und wird X_n ASYMPTOTISCH FÜR $n \to \infty$ NORMALVERTEILT genannt.

Um die Konvergenz nachzuprüfen, kann man stets das Cauchy-Kriterium verwenden. Gilt zum Beispiel für alle $m > 0$ $(X_{n+m} - X_n) \underset{n\to\infty}{\longrightarrow} 0$ mit Wk 1, so gibt es eine Zufallsvariable X, so daß $X_n \underset{n\to\infty}{\longrightarrow} X$ mit Wk 1. Häufig einfach zu überprüfen ist die i.q.M. Konvergenz, denn für ein $m > 0$ ist

$$\mathrm{E}(X_{n+m} - X_n)^2 = \mathrm{E}X_{n+m}^2 - 2\mathrm{E}X_{n+m}X_n + \mathrm{E}X_n^2 \tag{2.1–245}$$

für $n = 1, 2, \ldots$ eine Folge möglicherweise einfach zu berechnender Zahlen, deren Grenzwert Null nachgewiesen werden muß. Die Konvergenz in Verteilung kann man auch anhand der charakteristischen Funktionen zeigen, da diese eineindeutig den Verteilungsfunktionen zugeordnet sind, soweit die Grenzfunktion der charakteristischen Funktionen stetig bei $s = 0$ ist.

Die angegebenen Konvergenzbegriffe sind nicht gleichwertig. Wir zitieren hier nur einige Ergebnisse, mit denen man sich als Übung näher auseinandersetzen sollte : Aus der Konvergenz mit Wahrscheinlichkeit 1 folgt die in Wahrscheinlichkeit. Dies schließt man aus einer häufig anwendbaren, notwendig und hinreichenden Bedingung für die Konvergenz mit Wahrscheinlichkeit 1, nämlich

$$\lim_{N\to\infty} \mathrm{P}\{\sup_{n>N} |X_n - X| \geq \varepsilon\} = 0 \text{ für alle } \varepsilon > 0. \tag{2.1–246}$$

Aus der i.q.M. Konvergenz ergibt sich die Konvergenz in Wahrscheinlichkeit, wie man direkt durch Anwendung der Tschebyschew-Ungleichung (2.1–161) für $k = 2$ erkennen kann. Weiterhin folgt aus der Konvergenz in Wahrscheinlichkeit die in Verteilung. Nützlich ist es noch zu wissen, daß für eine stetige, reelle Funktion g die Konvergenz von X_n diejenige von $g(X_n)$ impliziert, wenn man von der i.q.M–Konvergenz absieht.

Im folgenden sollen ohne Beweis, vgl. z.B. Fisz (1989), einige berühmte Resultate über das Konvergenzverhalten des Mittelwertes $\overline{X}_n = (1/n)\sum_{i=1}^n X_i$ von Zufallsvariablen $X_1, \ldots, X_n$ zitiert werden:

TSCHEBYSCHEWS SCHWACHES GESETZ DER GROSSEN ZAHLEN:
Seien $\mathrm{E}X_i = \mu_i$, $\mathrm{Var}X_i = \sigma_i^2$, $\mathrm{Cov}(X_i, X_k) = 0$ $(i \neq k)$ und $\overline{\mu}_n = (1/n)\sum_{i=1}^n \mu_i$. Dann impliziert

$$\lim_{n\to\infty} \frac{1}{n^2}\sum_{i=1}^n \sigma_i^2 = 0 \text{ , daß } (\overline{X}_n - \overline{\mu}_n) \underset{n\to\infty}{\longrightarrow} 0 \text{ in Wk.} \tag{2.1–247}$$

Der Begriff „schwach“ kennzeichnet hier die Konvergenz in Wahrscheinlichkeit. Setzt man voraus, daß $\overline{\mu}_n \underset{n\to\infty}{\longrightarrow} \mu$, so sollte man als Übung zeigen, daß sogar $\overline{X}_n \underset{n\to\infty}{\longrightarrow} \mu$ i.q.M.

KOLMOGOROWS STARKE GESETZE DER GROSSEN ZAHLEN:
a) Seien $X_1, X_2, \ldots$ eine Folge stochastisch unabhängiger Zufallsvariablen, $\mathrm{E}X_i = \mu_i$, $\mathrm{Var}X_i = \sigma_i^2$ und $\overline{\mu}_n = (1/n)\sum_{i=1}^n \mu_i$. Dann impliziert

$$\sum_{i=1}^{n} \frac{\sigma_i^2}{i^2} < \infty \text{ , daß } (\overline{X}_n - \overline{\mu}_n) \underset{n\to\infty}{\longrightarrow} 0 \text{ mit Wk 1.} \tag{2.1-248}$$

Die Konvergenz mit Wahrscheinlichkeit 1 führt hier zum Attribut „stark".
b) Sind die X_i eine Folge unabhängiger, identisch verteilter Zufallsvariablen, so

$$\text{existiert } \mathrm{E}X_i = \mu \text{ genau dann, wenn } \overline{X}_n \underset{n\to\infty}{\longrightarrow} \mu \text{ mit Wk 1.} \tag{2.1-249}$$

LINDEBERGS UND LEVIS ZENTRALER GRENZWERTSATZ:
Seien $X_1, X_2, \ldots$ eine Folge stochastisch unabhängiger, identisch verteilter Zufallsvariablen, $\mathrm{E}X_i = \mu$, $\mathrm{Var}X_i = \sigma^2 > 0$. Dann ist $\overline{X}_n$ asymptotisch normalverteilt, d.h.

$$Y_n = (\overline{X}_n - \mu)\sqrt{n}/\sigma \text{ ist asymptotisch für } n \to \infty \ N(0,1)\text{-verteilt.} \tag{2.1-250}$$

Diese Aussage bedeutet, daß die Verteilung des Mittelwertes $\overline{X}_n$ für hinreichend großes n beliebig genau durch eine Normalverteilung mit dem Erwartungswert μ und der Varianz σ^2/n approximiert werden kann.

Beispiele:

B2.1–34 SATZ VON BOREL : X_n sei binomialverteilt mit den Parametern n und $0 < p < 1$. X_n ist die Häufigkeit des Eintreffens eines Ereignisses A, dessen Wahrscheinlichkeit $P(A) = p$ ist, bei n-fachem Wiederholen des Zufallsexperiments. Die relative Häufigkeit $H_n(A) = X_n/n$ ist der Mittelwert n stochastisch unabhängiger, identisch Bernoulli-verteilter Zufallsvariablen, deren Erwartungswert p und Varianz $p(1-p)$ ist, so daß die Voraussetzungen von Kolomogorows starken Gesetzen der großen Zahlen erfüllt sind. Demnach gilt

$$H_n(A) = X_n/n \underset{n\to\infty}{\longrightarrow} P(A) = p \text{ mit Wk 1.} \tag{2.1-251}$$

Somit haben wir endlich ein allgemeineres Modell gefunden, für das das in Unterabschnitt 2.1.1 1) ausgesprochene EMPIRISCHE GESETZ DER GROSSEN ZAHLEN in strenger Form gilt.

B2.1–35 SATZ VON MOIVRE-LAPLACE : X_n sei binomialverteilt wie in (B2.1–34). X_n/n ist der Mittelwert n stochastisch unabhängiger, identisch verteilter Zufallsvariablen. Die Voraussetzungen des zentralen Grenzwertsatzes von Lindeberg und Levi sind damit erfüllt. Also ist

$$Y_n = \left(\frac{X_n}{n} - p\right)\sqrt{\frac{n}{p(1-p)}} = \frac{X_n - np}{\sqrt{np(1-p)}}$$
$$\text{asymptotisch für } n \to \infty \quad N(0,1)\text{-verteilt.} \tag{2.1-252}$$

B2.1–36 Die χ_n^2-Verteilung ist das Verteilungsmodell für eine Zufallsvariable $Y_n = \sum_{i=1}^n U_i^2$, wobei $U_1, \ldots, U_n$ stochastisch unabhängige, standardnormalverteilte Zufallsvariablen sind. Da $EU_i^2 = 1$, $\text{Var}U_i^2 = 2$ und die $U_1^2, \ldots, U_n^2$ stochastisch unabhängige, identisch verteilte Zufallsvariablen sind (dies kann man sich leicht überlegen, wenn man die charakteristische Funktion von $X_1 = U_1^2, \ldots, X_n = U_n^2$ aufschreibt), gilt mit dem zentralen Grenzwertsatz, daß

$$Y_n \text{ asymptotisch für } n \to \infty \text{ normalverteilt ist.} \tag{2.1–253}$$

Für große n approximiert man daher aus gutem Grund die χ_n^2–Verteilung durch die Normalverteilung $N(n, 2n)$. Als Übung sollte man zeigen, daß die Streuung S^2 einer Stichprobe normalverteilter Zufallsvariablen asymptotisch normalverteilt ist mit dem Erwartungswert σ^2 und der Varianz $\sigma^4/(n-1)$.

2.2 Statistische Schlußweisen

Die Statistik ist eine Wissenschaft über die Handhabung von Daten, die zum Beispiel in einem Experiment gemessen wurden. Sie zeigt, wie Daten zu analysieren und wie die Ergebnisse zu interpretieren sind, um zuverlässige praktische Empfehlungen geben zu können. Für diesen Zweck werden Modelle benötigt, die die Daten auch erzeugt haben könnten. Dies werden für uns wahrscheinlichkeitstheoretische Modelle sein, wie wir sie in den vorangegangenen Abschnitten entwickelten. Insbesondere die in Abschnitt 2.1.1 2) geforderte Rückinterpretationsmöglichkeit von Wahrscheinlichkeiten und anderen Ergebnissen, die mit Hilfe des Modells berechnet wurden, hilft, etwas über die Daten auszusagen oder Urteile zu fällen. Wir werden nur zwei Analysemethoden einführen, nämlich das Parameterschätzen und das Hypothesentesten.

2.2.1 Parameterschätzen

1) Schätzen von Parametern und Schätzer

Wir verwenden die sogenannte METHODE DER STICHPROBENVERTEILUNG. Ein Versuchsergebnis aus einem Zufallsexperiment mögen Beobachtungen $x_1, \ldots, x_n$ sein, die in der Statistik gelegentlich auch als Stichprobe bezeichnet werden. Wir nehmen an, daß $x_1, \ldots, x_n$ Realisierungen von Zufallsvariablen $X_1, \ldots, X_n$ sind, die durch eine multivariate Verteilung gekennzeichnet werden. Wir setzen weiter voraus, daß diese Verteilung von den Parametern $\vartheta_1, \ldots, \vartheta_k$ abhängt und wir diese Verteilung bis auf die Werte der Parameter kennen. Von den Parametern wissen wir nur, daß sie aus uns bekannten Mengen stammen. Wir wollen hier nicht wie bei der in der Ingenieurliteratur gelegentlich angewandten BAYES–METHODE annehmen, daß auch die Parameter Ergebnis eines Zufallsexperiments sind und uns deren Verteilung a priori bekannt ist. Beispielsweise wissen wir, daß $X_1, \ldots, X_n$ stochastisch unabhängige, identisch normalverteilte Zufallsvariablen sind, uns also im Sinne von Beispiel B2.1–18 eine Stichprobe normalverteilter Zufallsvariablen vorliegt: Mit $\vartheta_1 = \mu \in \mathbf{R}$ und $\vartheta_2 = \sigma^2 > 0$ als Parameter ist die Dichte von $X_1, \ldots, X_n$

$$f_{X_1,\ldots,X_n}(x_1, \ldots, x_n; \vartheta_1, \vartheta_2) = \frac{1}{(2\pi\vartheta_2)^{n/2}} \exp(-\frac{1}{2\vartheta_2} \sum_{i=1}^{n} (x_i - \vartheta_1)^2). \tag{2.2-1}$$

Das Hauptproblem bei einem solchen Ansatz ist die Wahl der Verteilung, die hier auch Stichprobenverteilung genannt wird. Hier müssen uns frühere wiederholte Experimente und Kenntnisse über physikalische Zusammenhänge helfen. Modellaussagen wie zentrale Grenzwertsätze motivieren zum Beispiel Normalverteilungsannahmen, wenn man sich die Beobachtung als Überlagerung einer großen Zahl voneinander unabhängiger, ähnlicher Effekte vorstellen kann. Als Beispiel denke man an den Strom am Ausgang eines Detektors, der durch die Ladungen auftreffender Partikel verursacht wird. Die stochastische Unabhängigkeit kann man häufig durch einen geeigneten Entwurf des Experimentes motivieren, wie wir es im Zusammenhang mit unabhängiger Koppelung von Experimenten kennenlernten.

Die Aufgabe, der wir uns zunächst stellen, besteht darin, aus den Beobachtungen $x_1, \ldots, x_n$ mögliche Werte für die uns unbekannten Parameter $\vartheta_1, \ldots, \vartheta_k$ zu bestimmen. Wir nennen eine Rechenvorschrift oder Funktion $(x_1, \ldots, x_n) \to \hat{\vartheta}_i(x_1, \ldots, x_n)$, mit der ϑ_i bestimmt werden soll, eine SCHÄTZUNG VON ϑ_i oder genauer eine SCHÄTZFUNKTION FÜR ϑ_i $(i = 1, \ldots, k)$. Da $x_1, \ldots, x_n$ als zufällige Werte angesehen werden, sind auch die Schätzungen in diesem Sinne zufällig und werden die richtigen Werte ϑ_i der Parameter nur annähern. Die Genauigkeitseigenschaften von Schätzungen untersuchen wir an entsprechenden Zufallsvariablen. Wir definieren $\hat{\Theta}_i = \hat{\vartheta}_i(X_1, \ldots, X_n)$, indem wir in der Formel für $\hat{\vartheta}_i(x_1, \ldots, x_n)$ die x_l durch Zufallsvariablen X_l ersetzen, und nennen die Zufallsvariable $\hat{\Theta}_i$ einen SCHÄTZER FÜR ϑ_i $(i = 1, \ldots, k)$. Hierbei müssen die $\hat{\vartheta}_i$ im Sinne von (2.1–102) meßbar sein.

Schätzungen $\hat{\vartheta}(x_1, \ldots, x_n)$ und die zugehörigen Schätzer $\hat{\Theta} = \hat{\vartheta}(X_1, \ldots, X_n)$ für einen Parameter ϑ sind willkürlich. Um die Eigenschaften eines Schätzers vollständig zu kennzeichnen, muß man seine Verteilung, zum Beispiel seine Dichte $f_{\hat{\Theta}}(\eta; \vartheta)$ mit den Methoden aus 2.1.1 8) bestimmen, denn $\hat{\vartheta}(X_1, \ldots, X_n)$ ist ja eine Funktion von Zufallsvariablen. Die Dichte von $\hat{\Theta}$ hängt im allgemeinen von ϑ ab, wenn $f_{X_1,\ldots,X_n}(x_1, \ldots, x_n; \vartheta)$ von ϑ abhängt. Sei $\tilde{\Theta}$ ein zweiter Schätzer für ϑ mit der Dichte $f_{\tilde{\Theta}}(\eta; \vartheta)$. Qualitativ könnten beide Dichten den in Abb. 2.2.1 dargestellten Verlauf besitzen. Wir würden offensichtlich den Schätzer $\tilde{\Theta}$ besser als $\hat{\Theta}$ bewerten, da seine Verteilung konzentrierter um den richtigen Parameterwert ϑ liegt.

Die Verteilung eines Schätzers zu bestimmen, kann sehr kompliziert sein. Daher muß man sich häufig mit der Bestimmung von Momenten eines Schätzers $\hat{\Theta} = \hat{\vartheta}(X_1, \ldots, X_n)$ für den Parameter ϑ begnügen. Mit dem Erwartungswert

$$\mathrm{E}\hat{\Theta} = \int_{-\infty}^{\infty} \cdots \int_{-\infty}^{\infty} \hat{\vartheta}(x_1, \ldots, x_n) f_{X_1,\ldots,X_n}(x_1, \ldots, x_n; \vartheta) dx_1 \cdots dx_n, \tag{2.2-2}$$

vorausgesetzt die Dichte existiert, bestimmt man den SYSTEMATISCHEN FEHLER oder wie im Englischen das BIAS:

$$B(\hat{\Theta}) = \mathrm{E}\hat{\Theta} - \vartheta. \tag{2.2-3}$$

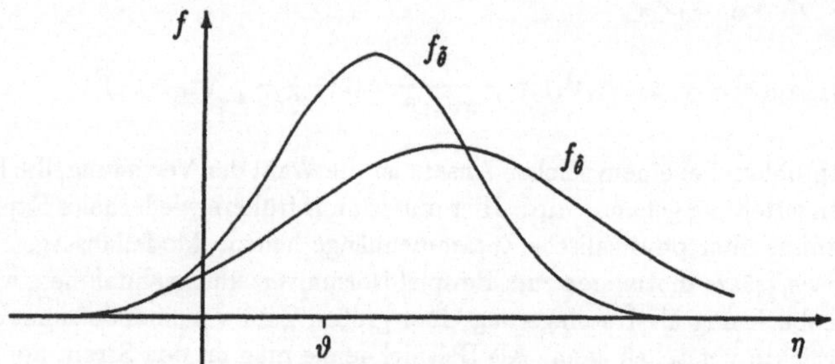

Abbildung 2.2.1: Dichten zweier Schätzer für den Parameter ϑ

Wenn $B(\hat{\Theta}) = 0$, heißt $\hat{\Theta}$ ERWARTUNGSTREU. Die Varianz ist

$$\mathrm{Var}\hat{\Theta} = \mathrm{E}(\hat{\Theta} - \mathrm{E}\hat{\Theta})^2 = \mathrm{E}\hat{\Theta}^2 - (\mathrm{E}\hat{\Theta})^2 \tag{2.2–4}$$

und der erwartete quadratische Fehler (MSE)

$$\mathrm{E}(\hat{\Theta} - \vartheta)^2 = \mathrm{Var}\hat{\Theta} + B(\hat{\Theta})^2. \tag{2.2–5}$$

Häufig interessiert man sich für das Verhalten eines Schätzers, wenn die Zahl n der Beobachtungen wächst. Man nennt $\hat{\Theta}(n) = \hat{\vartheta}(X_1, \ldots, X_n)$ STARK KONSISTENT, wenn $\hat{\Theta}(n) \underset{n\to\infty}{\longrightarrow} \vartheta$ mit Wk 1, I.Q.M.–KONSISTENT, wenn $\hat{\Theta}(n)$ i.q.M gegen ϑ konvergiert oder KONSISTENT, wenn nur Konvergenz in Wk gilt. In gewissen Fällen kann man zeigen, daß ein Schätzer um ϑ ASYMPTOTISCH für $n \to \infty$ NORMALVERTEILT ist und seine Dichte wie folgt approximiert werden kann:

$$f_{\hat{\Theta}(n)}(\eta; \vartheta) \approx \sqrt{\frac{n}{2\pi}} \frac{1}{c} \exp\left(-\frac{n}{2c^2}(\eta - \vartheta)^2\right), \tag{2.2–6}$$

wobei $c > 0$ eine Konstante ist.

Für mehr als einen Parameter können wir den Parametervektor $\underline{\vartheta} = (\vartheta_1, \ldots, \vartheta_k)'$ definieren. Die Schätzungen $\hat{\vartheta}_i(x_1, \ldots, x_n)$ von ϑ_i $(i = 1, \ldots, k)$ fassen wir entsprechend zu einem Vektor $\hat{\underline{\vartheta}}(x_1, \ldots, x_n) = (\hat{\vartheta}_1(x_1, \ldots, x_n), \ldots, \hat{\vartheta}_k(x_1, \ldots, x_n))'$ und die entsprechenden Schätzer zum Zufallsvektor $\hat{\underline{\Theta}} = (\hat{\Theta}_1, \ldots, \hat{\Theta}_k)'$ zusammen. Sein Bias ist $\underline{B}(\hat{\underline{\Theta}}) = \mathrm{E}\hat{\underline{\Theta}} - \underline{\vartheta}$ und seine Kovarianzmatrix

$$\mathbf{K}_{\hat{\Theta}} = \mathrm{E}(\hat{\underline{\Theta}} - \mathrm{E}\hat{\underline{\Theta}})(\hat{\underline{\Theta}} - \mathrm{E}\hat{\underline{\Theta}})'. \tag{2.2–7}$$

Eine Verallgemeinerung des erwarteten quadratischen Fehlers ist $\mathrm{E}(\hat{\underline{\Theta}} - \underline{\vartheta})(\hat{\underline{\Theta}} - \underline{\vartheta})'$. Konsistenz bedeutet, daß Konsistenz für alle Komponenten gilt. Schließlich können wir auch noch von asymptotischer Normalverteilung sprechen, wenn wir $\hat{\underline{\Theta}}$ linear so transformieren können, daß der Erwartungsvektor der Nullvektor, die Kovarianzmatrix die Einheitsmatrix wird und der transformierte Vektor asymptotisch für $n \to \infty$ $N_k(\underline{0}, \mathbf{I})$ verteilt ist.

Beispiele:

B2.2–1 Die Zufallsvariablen $X_1, \ldots, X_n$ seien stochastisch unabhängig und identisch $N(\mu, \sigma^2)$-verteilt. Wie in (2.2–1) seien $\vartheta_1 = \mu$ und $\vartheta_2 = \sigma^2 > 0$ unbekannt. Der Mittelwert $\hat{\Theta}_1 = \overline{X} = (X_1 + \cdots + X_n)/n$ ist ein Schätzer für $\vartheta_1 = \mu$ und die Streuung $\hat{\Theta}_2 = S^2 = ((X_1 - \overline{X})^2 + \cdots + (X_n - \overline{X})^2)/(n-1)$ einer für $\vartheta_2 = \sigma^2$. Der Mittelwert ist $N(\mu, \sigma^2/n)$-verteilt. Die Streuung ist stochastisch unabhängig vom Mittelwert und bis auf den Faktor $\sigma^2/(n-1)$ χ^2_{n-1}-verteilt, vgl. Beispiel B2.1–30. Also sind Mittelwert und Streuung erwartungstreu. Mit Kolmogorows starkem Gesetz der großen Zahlen ist der Mittelwert ein stark konsistenter Schätzer für μ. Die Streuung ist ein i.q.M.-konsistenter Schätzer für σ^2, da $\mathrm{E}(S^2 - \sigma^2)^2 \underset{n\to\infty}{\longrightarrow} 0$. Man kann sogar die starke Konsistenz zeigen. Schließlich ist der Vektor $\underline{\hat{\Theta}} = (\hat{\Theta}_1, \hat{\Theta}_2)'$ asymptotisch für $n \to \infty$ normalverteilt, da die Komponenten stochastisch unabhängig und je asymptotisch normalverteilt sind, vgl. Beispiel B2.1–36. Nach dem starken Gesetz der großen Zahlen brauchen wir die Verteilung der X_i bei stochastisch unabhängigen, identisch verteilten Zufallsvariablen nicht zu kennen. Wenn nur $\mathrm{E}X = \mu$ existiert, ist der Mittelwert ein stark konsistenter Schätzer für μ. Der zentrale Grenzwertsatz besagt, daß der Mittelwert asymptotisch normalverteilt ist, wenn zusätzlich die Varianz von X_i existiert und größer als Null ist.

B2.2–2 Wir wollen uns in diesem Beispiel überlegen, daß man Bias und Varianz für einen Schätzer nicht notwendig simultan minimieren kann. $X_1, \ldots, X_n$ sei wieder eine Stichprobe $N(\mu, \sigma^2)$-verteilter Zufallsvariablen. Ziel ist es, σ^2 zu schätzen. Wir definieren einen Schätzer für σ^2:

$$S_m^2 = \frac{1}{m}\sum_{i=1}^{n}(X_i - \overline{X})^2. \tag{2.2–8}$$

Da S_m^2 bis auf den Faktor σ^2/m χ^2_{n-1}-verteilt ist, gelten

$$B(S_m^2) = \mathrm{E}S_m^2 - \sigma^2 = \frac{n-1-m}{m}\sigma^2, \quad \mathrm{Var}(S_m^2) = \frac{2(n-1)}{m^2}\sigma^4. \tag{2.2–9}$$

Für $m = n-1$ ist S_{n-1}^2 gerade die Streuung S^2. Wir erhalten

$$B(S_{n-1}^2) = 0, \quad \mathrm{Var}S_{n-1}^2 = \frac{2}{n-1}\sigma^4. \tag{2.2–10}$$

Für wachsende m fällt $\mathrm{Var}S_m^2$. Als Grenzwerte finden wir

$$\lim_{m\to\infty} B(S_m^2) = -\sigma^2, \quad \lim_{m\to\infty} \mathrm{Var}S_m^2 = 0. \tag{2.2–11}$$

Der erwartete quadratische Fehler ist

$$\mathrm{E}(S_m^2 - \sigma^2)^2 = \mathrm{Var}S_m^2 + B(S_m^2)^2 = \frac{2(n-1) + (n-1-m)^2}{m^2}\sigma^4 \tag{2.2–12}$$

und nimmt sein Minimum für $m = n+1$ an mit dem Wert

$$\mathrm{E}(S_{n+1}^2 - \sigma^2)^2 = \frac{2}{n+1}\sigma^4. \tag{2.2–13}$$

Wie wir später sehen werden, gibt es solche Probleme für den Mittelwert nicht. Er ist unter den Annahmen dieses Beispiels in vieler Hinsicht ein optimaler Schätzer für μ.

2) Schätzen mit kleinsten Quadraten

Wir wollen in diesem Unterabschnitt eine sehr nützliche Methode zur Konstruktion von Schätzfunktionen und Schätzern untersuchen, die jedem schon mehr oder weniger bekannt ist, wenn man sich zum Beispiel an den Meßfehlerausgleich im Physikpraktikum erinnert. Es ist die schon von Gauß 1821 benutzte METHODE DER KLEINSTEN QUADRATE.

Wir stellen uns eine Meßgröße y, zum Beispiel die Ausgabe eines Systems, als lineare Überlagerung von k uns bekannten Eingaben $x_1, \dots, x_k$ und eines unbekannten Meßfehlers z vor. Für n Messungen schreiben wir

$$y_i = \sum_{l=1}^{k} \vartheta_l x_{il} \; + z_i \qquad (i = 1, \dots, n). \tag{2.2–14}$$

Die Eingaben bei der i-ten Messung sind also $x_{i1}, \dots, x_{ik}$ und erzeugen die Ausgabe y_i. Wir nehmen an, die Parameter $\vartheta_1, \dots, \vartheta_k$ nicht zu kennen. Sie sollen aus der Kenntnis von $(x_{i1}, \dots, x_{ik}; y_i)$ $(i = 1, \dots, n)$ geschätzt werden.

Zuvor betrachten wir jedoch drei Beispiele, die zeigen, daß das Modell (2.2–14) in unterschiedlichsten Anwendungen nützlich ist.

B2.2–3 Die Kennlinie eines nichtlinearen Verstärkers soll durch ein Polynom beschrieben werden. Unterschiedliche Gleichspannungen x_i als Anregungen und entsprechende, mit Meßfehlern behaftete Ausgaben werden beschrieben durch

$$y_i = \vartheta_1 + \sum_{l=2}^{k} \vartheta_l x_i^{l-1} \; + z_i \qquad (i = 1, \dots, n). \tag{2.2–15}$$

Mit $x_{il} = x_i^{l-1}$ $(l = 1, \dots, k)$ ergibt sich das Modell (2.2–14).

B2.2–4 Beobachtet wird ein gestörtes, abgetastetes Sinussignal

$$y_i = \eta \sin(\omega \Delta i + \varphi) + z_i \qquad (i = 1, \dots, n), \tag{2.2–16}$$

wobei uns die Kreisfrequenz $\omega > 0$ und das Abtastintervall $\Delta > 0$ bekannt seien. Unbekannte Parameter sind die Amplitude η und die Phase φ. Der Parameter η ist linear im Modell, jedoch nicht φ. Wir können die aus der Trigonometrie bekannte Formel für $\sin(\alpha + \beta)$ benutzen und formen um:

$$y_i = \eta \sin\varphi \; \cos\omega\Delta i + \eta \cos\varphi \; \sin\omega\Delta i + z_i \qquad (i = 1, \dots, n). \tag{2.2–17}$$

Definieren wir $\vartheta_1 = \eta \sin\varphi$, $x_{i1} = \cos\omega\Delta i$, $\vartheta_2 = \eta\cos\varphi$ und $x_{i2} = \sin\omega\Delta i$, so erhalten wir (2.2–14) mit $k = 2$ und den linearen Parametern ϑ_1 und ϑ_2.

B2.2–5 Wir betrachten ein digitales TRANSVERSALFILTER, das mit einem Abtastsignal $x_i = x(i\Delta)$ angeregt wird und dessen Ausgangssignal nur mit einer additiven Störung gemessen werden kann. Das entsprechende Abtastsignal sei beschrieben durch

$$y_i = \sum_{m=0}^{k-1} h_m x_{i-m} \; + z_i \qquad (i = 1, \dots, n). \tag{2.2–18}$$

Wir definieren die Filterkoeffizienten als unbekannte Parameter $\vartheta_l = h_{l-1}$ sowie $x_{il} = x_{i-l+1}$ $(l = 1, \ldots, k)$ und finden (2.2–14). Vom gestörten Ausgangssignal werden zu den Abtastzeiten $t = i\Delta$ die Abtastwerte $y_1, \ldots, y_n$ beobachtet und vom Eingangssignal die Werte $x_{2-k}, \ldots, x_0, \ldots, x_n$, damit das Modell vollständig genutzt wird.

Um den Parametervektor $\underline{\vartheta} = (\vartheta_1, \ldots, \vartheta_k)'$ zu schätzen, gehen wir von der SUMME DER QUADRATE der MESSFEHLER oder STÖRUNGEN z_i aus:

$$S(\underline{\vartheta}) = S(\vartheta_1, \ldots, \vartheta_k) = \sum_{i=1}^{n} z_i^2 = \sum_{i=1}^{n} (y_i - \sum_{l=1}^{k} \vartheta_l x_{il})^2. \tag{2.2–19}$$

Ein Vektor $\hat{\underline{\vartheta}} = (\hat{\vartheta}_1, \ldots, \hat{\vartheta}_k)'$, der $S(\underline{\vartheta})$ über alle $\underline{\vartheta}$ minimiert, heißt KLEINSTE-QUADRATE-SCHÄTZUNG (LSE, least squares estimate). Notwendige Bedingungen für $\hat{\underline{\vartheta}}$ sind

$$\left.\frac{\partial S}{\partial \vartheta_m}\right|_{\hat{\underline{\vartheta}}} = -2 \sum_{i=1}^{n} x_{im}(y_i - \sum_{l=1}^{k} \hat{\vartheta}_l x_{il}) = 0 \qquad (m = 1, \ldots, k), \tag{2.2–20}$$

wenn wir annehmen, daß S sein Minimum im Inneren der Menge aller zugelassenen Parametervektoren $\underline{\vartheta}$ annimmt. Diese Bedingungen können wir in ein lineares Gleichungssystem für $\hat{\vartheta}_1, \ldots, \hat{\vartheta}_k$ umstellen:

$$\sum_{l=1}^{k} \hat{\vartheta}_l \sum_{i=1}^{n} x_{il} x_{im} = \sum_{i=1}^{n} y_i x_{im} \qquad (m = 1, \ldots, k). \tag{2.2–21}$$

Das System ist eindeutig nach $\hat{\vartheta}_1, \ldots, \hat{\vartheta}_k$ auflösbar, also das Minimum von $S(\underline{\vartheta})$ eindeutig bestimmt, wenn die Koeffizientenmatrix $(\sum_{i=1}^{n} x_{il} x_{im})_{l,m=1,\ldots,k}$ positiv definit ist. Da sie stets symmetrisch und nichtnegativ definit ist, braucht man nur noch, daß sie nicht singulär ist. Dies ist genau dann der Fall, wenn die Vektoren $(x_{1l}, \ldots, x_{nl})'$ $(l = 1, \ldots, k)$ linear unabhängig sind, was man als Übung beweisen sollte.

In Matrix- und Vektorschreibweise fassen wir zusammen:

$$\begin{aligned}
\underline{y} &= (y_1, \ldots, y_n)' \;,\; \mathbf{X} = (x_{il})_{i=1,\ldots,n;l=1,\ldots,k}, \\
S(\underline{\vartheta}) &= (\underline{y} - \mathbf{X}\,\underline{\vartheta})'(\underline{y} - \mathbf{X}\,\underline{\vartheta}), && (2.2\text{–}22) \\
\nabla S(\underline{\vartheta})|_{\hat{\underline{\vartheta}}} &= -2\mathbf{X}'(\underline{y} - \mathbf{X}\,\hat{\underline{\vartheta}}) = \underline{0}, && (2.2\text{–}23) \\
\mathbf{X}'\mathbf{X}\,\hat{\underline{\vartheta}} &= \mathbf{X}'\underline{y}, && (2.2\text{–}24) \\
\hat{\underline{\vartheta}} &= (\mathbf{X}'\mathbf{X})^{-1}\mathbf{X}'\underline{y}, && (2.2\text{–}25)
\end{aligned}$$

falls $\mathbf{X}'\mathbf{X}$ nicht singulär ist, was im folgenden vorausgesetzt wird. Wir merken an, daß auch Lösungen möglich sind, wenn $\mathbf{X}'\mathbf{X}$ singulär ist, indem verallgemeinerte Inverse einer Matrix benutzt werden. Die minimale Summe der Quadrate ist unter Ausnutzung von (2.2–24)

$$\begin{aligned}
S(\hat{\underline{\vartheta}}) &= (\underline{y} - \mathbf{X}\,\hat{\underline{\vartheta}})'(\underline{y} - \mathbf{X}\,\hat{\underline{\vartheta}}) = \underline{y}'\underline{y} - 2\hat{\underline{\vartheta}}'\mathbf{X}'\underline{y} + \hat{\underline{\vartheta}}'\mathbf{X}'\mathbf{X}\,\hat{\underline{\vartheta}} \\
&= \underline{y}'\underline{y} - \hat{\underline{\vartheta}}'\mathbf{X}'\underline{y} = (\underline{y} - \mathbf{X}\hat{\underline{\vartheta}})'\underline{y} \\
&= \underline{y}'\underline{y} - \hat{\underline{\vartheta}}'\mathbf{X}'\mathbf{X}\,\hat{\underline{\vartheta}} = \underline{y}'\underline{y} - \underline{y}'\mathbf{X}(\mathbf{X}'\mathbf{X})^{-1}\mathbf{X}'\underline{y}. && (2.2\text{–}26)
\end{aligned}$$

Wir wollen das Ergebnis (2.2–25) im Falle $k = 1$ mit $\vartheta = \vartheta_1$ und $x_i = x_{i1}$ in Abb. 2.2.2 veranschaulichen. Die Schätzung von ϑ ist

$$\hat{\vartheta} = \frac{\sum_{i=1}^{n} x_i y_i}{\sum_{i=1}^{n} x_i^2}. \tag{2.2–27}$$

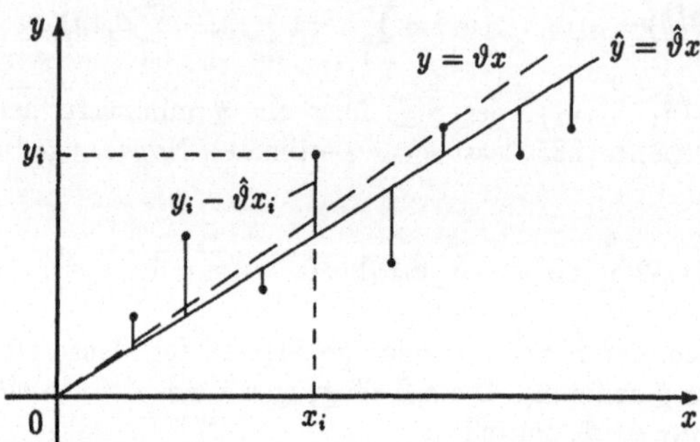

Abbildung 2.2.2: Lineare Regression mit einer Geraden durch Kleinste-Quadrate-Schätzung

Betrachtet man die Beobachtungen (x_i, y_i) $(i = 1, \ldots, n)$ als Punkte in der Ebene, so liefert die Kleinste-Quadrate-Schätzung diejenige Gerade $y = \hat{\vartheta} x$, für die die Summe der Quadrate der Ordinatenabstände der Punkte (x_i, y_i) zur Geraden minimal ist. Da wir mit der Kleinsten-Quadrate-Schätzung ein lineares Modell an die beobachteten Daten anpassen, spricht man auch von LINEARER REGRESSION. Mit der sogenannten REGRESSIONSGERADEN $\hat{y} = \hat{\vartheta} x$ können wir in Abb. 2.2.2 eine Prognose der möglichen y-Werte für beliebige x-Werte vornehmen.

Als Modell für die Meßfehler z_i benutzen wir im folgenden paarweise unkorrelierte Zufallsvariable Z_i mit verschwindenden Erwartungswert und gleichen Varianzen, die also $\mathrm{E}Z_i = 0$, $\mathrm{Var}Z_i = \sigma_Z^2$ und $\mathrm{Cov}(Z_i, Z_k) = 0$ $(k \neq i)$ für $i = 1, \ldots, n$ erfüllen. Mit $\underline{Z} = (Z_1, \ldots, Z_n)'$ und $\underline{Y} = (Y_1, \ldots, Y_n)'$ ist das Modell der Beobachtungen

$$\underline{Y} = \mathbf{X}\,\underline{\vartheta} + \underline{Z}. \tag{2.2–28}$$

Erwartungsvektor und Kovarianzmatrix von $\underline{Y}$ sind mit der Bezeichnung $\mathbf{I}$ für die Einheitsmatrix

$$\mathrm{E}\underline{Y} = \mathbf{X}\,\underline{\vartheta}, \tag{2.2–29}$$

$$\mathbf{K}_{\underline{Y}} = \mathrm{E}(\underline{Y} - \mathrm{E}\underline{Y})(\underline{Y} - \mathrm{E}\underline{Y})' = \sigma_Z^2 \mathbf{I}. \tag{2.2–30}$$

Sei

$$\underline{\hat{\Theta}} = (\mathbf{X}'\mathbf{X})^{-1}\mathbf{X}'\underline{Y} \tag{2.2–31}$$

der zu (2.2–25) gehörige KLEINSTE-QUADRATE-SCHÄTZER. Seinen Erwartungsvektor berechnen wir die Linearität (2.1–154) des Erwartungsoperators beachtend zu

$$\mathrm{E}\underline{\hat{\Theta}} = (\mathbf{X}'\mathbf{X})^{-1}\mathbf{X}'\mathrm{E}\underline{Y} = (\mathbf{X}'\mathbf{X})^{-1}\mathbf{X}'\mathbf{X}\,\underline{\vartheta} = \underline{\vartheta}. \tag{2.2–32}$$

Kleinste-Quadrate-Schätzer sind also erwartungstreu. Die Kovarianzmatrix von $\underline{\hat{\Theta}}$ finden wir entsprechend:

$$\begin{aligned} \mathbf{K}_{\underline{\hat{\Theta}}} &= \mathrm{E}(\underline{\hat{\Theta}} - \mathrm{E}\underline{\hat{\Theta}})(\underline{\hat{\Theta}} - \mathrm{E}\underline{\hat{\Theta}})' = \mathrm{E}(\underline{\hat{\Theta}} - \underline{\vartheta})(\underline{\hat{\Theta}} - \underline{\vartheta})' \\ &= \mathrm{E}[(\mathbf{X}'\mathbf{X})^{-1}\mathbf{X}'\underline{Y} - \underline{\vartheta}][(\mathbf{X}'\mathbf{X})^{-1}\mathbf{X}'\underline{Y} - \underline{\vartheta}]'. \end{aligned} \tag{2.2–33}$$

Nutzen wir $\underline{\vartheta} = (\mathbf{X}'\mathbf{X})^{-1}\mathbf{X}'\mathbf{X}\,\underline{\vartheta}$ und klammern $(\mathbf{X}'\mathbf{X})^{-1}\mathbf{X}'$ aus, so ergibt sich

$$\begin{aligned} \mathbf{K}_{\underline{\hat{\Theta}}} &= \mathrm{E}(\mathbf{X}'\mathbf{X})^{-1}\mathbf{X}'(\underline{Y} - \mathbf{X}\,\underline{\vartheta})(\underline{Y} - \mathbf{X}\,\underline{\vartheta})'\mathbf{X}(\mathbf{X}'\mathbf{X})^{-1} \\ &= (\mathbf{X}'\mathbf{X})^{-1}\mathbf{X}'\mathrm{E}(\underline{Y} - \mathbf{X}\,\underline{\vartheta})(\underline{Y} - \mathbf{X}\,\underline{\vartheta})'\mathbf{X}(\mathbf{X}'\mathbf{X})^{-1} \\ &= (\mathbf{X}'\mathbf{X})^{-1}\mathbf{X}'\sigma_Z^2\mathbf{I}\,\mathbf{X}(\mathbf{X}'\mathbf{X})^{-1} = \sigma_Z^2(\mathbf{X}'\mathbf{X})^{-1}. \end{aligned} \tag{2.2–34}$$

Hierbei haben wir die Linearität des Erwartungsoperators E und (2.2–30) ausgenutzt.

Als Sonderfall schreiben wir die Ergebnisse für $k = 1$ noch einmal auf:

$$\underline{Y} = \underline{X}\vartheta + \underline{Z}, \quad Y_i = \vartheta x_i + Z_i \qquad (i = 1, \ldots, n), \tag{2.2–35}$$

$$\hat{\Theta} = (\underline{X}'\underline{X})^{-1}\underline{X}'\underline{Y} = \frac{\sum_{i=1}^{n} x_i Y_i}{\sum_{i=1}^{n} x_i^2}, \tag{2.2–36}$$

$$\mathrm{E}\hat{\Theta} = \vartheta, \quad \mathrm{Var}\hat{\Theta} = \frac{\sigma_Z^2}{\sum_{i=1}^{n} x_i^2}. \tag{2.2–37}$$

Sind die x_i alle gleich 1, so ist

$$\hat{\Theta} = \frac{\sum_{i=1}^{n} Y_i}{n} = \overline{Y}. \tag{2.2–38}$$

Wir können also den Mittelwert $\overline{Y}$ der Zufallsvariablen $Y_1, \ldots, Y_n$ als Kleinste-Quadrate-Schätzung von $\vartheta = \mathrm{E}Y_i$ auffassen.

Als nächstes wollen wir zeigen, daß die Kleinsten-Quadrate-Schätzer gewisse Optimalitätseigenschaften besitzen. Dies ist die Aussage des

SATZES VON GAUSS:

Gegeben sei das Modell (2.2–28), wobei $\mathrm{E}\underline{Z} = \underline{0}$ (der Nullvektor) und $\mathbf{K}_{\underline{Z}} = \mathrm{E}\underline{Z}\,\underline{Z}' = \sigma_Z^2\mathbf{I}$ gilt. Wenn man den MISCHPARAMETER $\vartheta = \underline{\lambda}'\underline{\vartheta} = \lambda_1\vartheta_1 + \cdots + \lambda_k\vartheta_k$ für beliebige $\underline{\lambda} = (\lambda_1, \ldots, \lambda_k)'$ durch einen LINEAREN SCHÄTZER $\tilde{\Theta} = \underline{c}'\underline{Y} = c_1Y_1 + \cdots + c_nY_n$ schätzen möchte, so ist der im quadratischen Mittel BESTE LINEARE SCHÄTZER durch den Kleinsten-Quadrate-Schätzer (2.2–31) wie folgt gegeben:

$$\hat{\Theta} = \underline{\lambda}'\underline{\hat{\Theta}} = \underline{\lambda}'(\mathbf{X}'\mathbf{X})^{-1}\mathbf{X}'\underline{Y}. \tag{2.2–39}$$

Dies bedeutet insbesondere, daß die Komponenten von $\hat{\underline{\Theta}}$ beste lineare Schätzer für die Komponenten von $\underline{\vartheta}$ sind.

Beweis: Zunächst gilt

$$\mathrm{E}\tilde{\Theta} = \underline{c}'\mathrm{E}\underline{Y} = \underline{c}'\mathbf{X}\,\underline{\vartheta}, \tag{2.2–40}$$

$$\begin{aligned} \mathrm{Var}\tilde{\Theta} &= \mathrm{E}(\tilde{\Theta} - \mathrm{E}\tilde{\Theta})^2 = \mathrm{E}(\underline{c}'\underline{Y} - \underline{c}'\mathbf{X}\,\underline{\vartheta})^2 \\ &= \underline{c}'\mathrm{E}(\underline{Y} - \mathbf{X}\,\underline{\vartheta})(\underline{Y} - \mathbf{X}\,\underline{\vartheta})'\underline{c} = \underline{c}'\sigma_Z^2\mathbf{I}\,\underline{c} = \sigma_Z^2\underline{c}'\underline{c}. \end{aligned} \tag{2.2–41}$$

Der zu minimierende erwartete quadratische Fehler von $\tilde{\Theta}$ ist

$$\begin{aligned} \mathrm{MSE} &= \mathrm{E}(\tilde{\Theta} - \vartheta)^2 = \mathrm{Var}\tilde{\Theta} + (\mathrm{E}\tilde{\Theta} - \vartheta)^2 \\ &= \sigma_Z^2\underline{c}'\underline{c} + (\underline{c}'\mathbf{X}\,\underline{\vartheta} - \underline{\lambda}'\underline{\vartheta})^2. \end{aligned} \tag{2.2–42}$$

Wie $\vartheta = \underline{\lambda}'\underline{\vartheta}$ kann auch der MSE beliebig große Werte annehmen, außer wir setzen $\underline{c}'\mathbf{X} = \underline{\lambda}'$ voraus. In diesem Fall bedeutet die Minimierung des MSE über $\underline{c}$, daß die Nebenbedingung

$$\mathbf{X}'\underline{c} = \underline{\lambda} \tag{2.2–43}$$

eingehalten wird. Bezeichnet $\underline{\nu} = (\nu_1, \ldots, \nu_n)'$ den Vektor der Lagrange-Multiplikatoren, so ist die Funktion

$$L = \sigma_Z^2\underline{c}'\underline{c} - \underline{\nu}'(\mathbf{X}'\underline{c} - \underline{\lambda}) \tag{2.2–44}$$

ohne Nebenbedingung zu minimieren. Der Gradient von L nach $\underline{c}$ und der nach $\underline{\nu}$ liefern

$$2\sigma_Z^2\underline{c} = \mathbf{X}\,\underline{\nu} \tag{2.2–45}$$

und (2.2–43). Wir lösen (2.2–45) nach $\underline{\nu}$ auf, indem zunächst von links mit $\mathbf{X}'$ multipliziert und dann (2.2–43) eingesetzt wird:

$$\underline{\nu} = 2\sigma_Z^2(\mathbf{X}'\mathbf{X})^{-1}\underline{\lambda}. \tag{2.2–46}$$

Dann ist das optimale $\underline{c}$,

$$\underline{c} = \mathbf{X}(\mathbf{X}'\mathbf{X})^{-1}\underline{\lambda} \tag{2.2–47}$$

und der beste lineare Schätzer für $\vartheta = \underline{\lambda}'\underline{\vartheta}$

$$\hat{\Theta} = \underline{c}'\underline{Y} = \underline{\lambda}'(\mathbf{X}'\mathbf{X})^{-1}\mathbf{X}'\underline{Y}, \tag{2.2–48}$$

also (2.2–39), was zu beweisen war.

Nun wollen wir uns überlegen, wie der Parameter σ_Z^2 geschätzt werden kann. Zunächst betrachten wir die minimale Summe der Quadrate (2.2–26), wenn $\underline{y}$ und $\hat{\underline{\vartheta}}$ durch $\underline{Y}$ und $\hat{\underline{\Theta}}$ ersetzt werden:

$$\begin{aligned} S(\hat{\underline{\Theta}}) &= \underline{Y}'\underline{Y} - \hat{\underline{\Theta}}'\,\mathbf{X}'\mathbf{X}\,\hat{\underline{\Theta}} = \underline{Y}'\underline{Y} - \underline{Y}'\mathbf{X}(\mathbf{X}'\mathbf{X})^{-1}\mathbf{X}'\underline{Y} \\ &= \underline{Y}'\mathbf{P}\,\underline{Y} = \mathrm{sp}(\mathbf{P}\,\underline{Y}\,\underline{Y}'). \end{aligned} \tag{2.2–49}$$

Hierbei ist $\mathbf{P} = \mathbf{I} - \mathbf{X}(\mathbf{X}'\mathbf{X})^{-1}\mathbf{X}'$ eine Projektionsmatrix, die einen Vektor $\underline{a} \in \mathbf{R}^n$ durch $\mathbf{P}\underline{a}$ in denjenigen linearen Raum projiziert, der orthogonal zu den k Spalten von

$\mathbf{X}$ ist. Weiterhin bezeichnet $\text{sp}(\mathbf{A}) = \sum_{i=1}^{n} a_{ii}$ die Spur einer $(n \times n)$-Matrix $\mathbf{A}$ mit den Elementen a_{ij} und wurde die Beziehung $\text{sp}(\mathbf{ABC}) = \text{sp}(\mathbf{BCA})$ ausgenutzt. Der Erwartungswert von $S(\underline{\hat{\Theta}})$ ist

$$\begin{aligned} \text{E}S(\underline{\hat{\Theta}}) &= \text{Esp}(\mathbf{P}\,\underline{Y}\,\underline{Y}') = \text{sp}(\mathbf{P}\,\text{E}\underline{Y}\,\underline{Y}') \\ &= \text{sp}\,[\mathbf{P}(\mathbf{X}\,\underline{\vartheta}\,\underline{\vartheta}'\mathbf{X}' + \mathbf{X}\,\underline{\vartheta}\text{E}\underline{Z}' + \text{E}\underline{Z}\,\underline{\vartheta}'\mathbf{X}' + \text{E}\underline{Z}\,\underline{Z}')\mathbf{P}] \\ &= \text{sp}(\mathbf{P}\sigma_Z^2\mathbf{I}\,\mathbf{P}) = (n-k)\sigma_Z^2. \end{aligned} \tag{2.2–50}$$

Hierbei haben wir ausgenutzt, daß $\mathbf{PP} = \mathbf{P} = \mathbf{P}'$, $\mathbf{PX} = \mathbf{0}$ und $\text{sp}(\mathbf{P}) = (n-k)$, was man durch einfaches Nachrechnen wie im Anhang A1 verifizieren kann. Das Resultat (2.2–50) motiviert, die Zufallsvariable

$$S^2 = \frac{S(\underline{\hat{\Theta}})}{n-k} \tag{2.2–51}$$

als einen Schätzer für σ_Z^2 zu verwenden. Nach Konstruktion ist S^2 erwartungstreu. Wir benutzen die Bezeichnung S^2, weil (2.2–51) gerade die Streuung (2.1–186) ist, wenn $k = 1$ und der Sonderfall (2.2–38) vorliegt. Als Merkformel interpretieren wir (2.2–51) folgendermaßen: Die Fehlervarianz σ_Z^2 wird durch den Quotienten aus der minimalen Summe der Quadrate $S(\underline{\hat{\Theta}})$ und der Zahl der Freiheitsgrade $n-k$ geschätzt, wobei n die Zahl der Quadrate und k die Zahl der geschätzten Parameter in $\underline{\vartheta}$ ist.

Wenn der Zufallsvektor $\underline{Z}$ $N_n(\underline{0}, \sigma_Z^2\mathbf{I})$-verteilt ist, ist die Zahl $n-k$ gerade die Zahl der Freiheitsgrade einer χ^2_{n-k}-Verteilung. Man kann in diesem Falle nämlich zeigen:

$\underline{\hat{\Theta}}$ ist $N_k(\underline{\vartheta}, \sigma_Z^2(\mathbf{X}'\mathbf{X})^{-1})$-verteilt. (2.2–52)

S^2 ist stochastisch unabhängig von $\underline{\hat{\Theta}}$ und bis auf den Faktor $\sigma_Z^2/(n-k)$ χ^2_{n-k} -verteilt. (2.2–53)

Die Normalverteilung von $\underline{\hat{\Theta}}$ folgt aus (2.1–213), da eine lineare Transformation von $\underline{Y}$ vorliegt. Den Beweis der Eigenschaften von S^2 werden wir in Unterabschnitt 2.2.2 2) führen. Im Sonderfall des Mittelwertes $\overline{Y}$ kennen wir das entsprechende Resultat schon aus Beispiel B2.1–30.

Beispiele:

B2.2–6 Wir setzen B2.2–4 fort mit (2.2–17) und schreiben

$$y_i = \vartheta_1 x_{i1} + \vartheta_2 x_{i2} + z_i \qquad (i = 1, \ldots, n), \tag{2.2–54}$$

wobei $\vartheta_1 = \eta \sin\varphi$, $x_{i1} = \cos\omega\Delta i$, $\vartheta_2 = \eta\cos\varphi$ und $x_{i2} = \sin\omega\Delta i$. Die Summe der Quadrate ist

$$S(\vartheta_1, \vartheta_2) = \sum_{i=1}^{n}(y_i - \vartheta_1 x_{i1} - \vartheta_2 x_{i2})^2. \tag{2.2–55}$$

Partielle Ableitung von S nach ϑ_m und Nullsetzen würde uns (2.2–21) für $k = 2$ liefern. Das lineare Gleichungssystem in $\hat{\vartheta}_1$ und $\hat{\vartheta}_2$ könnten wir mit der

Cramerschen Regel auflösen. Statt dessen werten wir die Lösung (2.2–25) aus. Es gilt zunächst

$$\mathbf{X}'\mathbf{X} = \begin{pmatrix} \sum_i x_{i1}^2 & \sum_i x_{i1}x_{i2} \\ \sum_i x_{i1}x_{i2} & \sum_i x_{i2}^2 \end{pmatrix} \approx \frac{n}{2}\begin{pmatrix} 1 & 0 \\ 0 & 1 \end{pmatrix}. \qquad (2.2\text{–}56)$$

Hierbei rechnen wir mit bekannten trigonometrischen Formeln, falls $0 < \omega\Delta < \pi$:

$$\frac{1}{n}\sum_i x_{i1}^2 = \frac{1}{n}\sum_{i=1}^n (\cos\omega\Delta i)^2 = \frac{1}{n}\sum_{i=1}^n \frac{1}{2}(1+\cos 2\omega\Delta i) \approx \frac{1}{2}, \qquad (2.2\text{–}57)$$

entsprechend für $\sum_i x_{i2}^2$ und

$$\frac{1}{n}\sum_i x_{i1}x_{i2} = \frac{1}{n}\sum_{i=1}^n \cos\omega\Delta i\ \sin\omega\Delta i = \frac{1}{n}\sum_{i=1}^n \frac{1}{2}\sin 2\omega\Delta i \approx 0. \qquad (2.2\text{–}58)$$

Wir können „$\approx$" durch „$=$" ersetzen, wenn $2\omega\Delta = 2\pi l/n$ für eine natürliche Zahl l mit $0 < l < n$, was man sich als Übungsaufgabe überlegen sollte. Formel (2.2–25) liefert, wenn wir im folgenden „$=$" in (2.2–56) benutzen,

$$\begin{pmatrix} \hat{\vartheta}_1 \\ \hat{\vartheta}_2 \end{pmatrix} = \frac{2}{n}\begin{pmatrix} 1 & 0 \\ 0 & 1 \end{pmatrix}\begin{pmatrix} \sum_i y_i x_{i1} \\ \sum_i y_i x_{i2} \end{pmatrix} = \begin{pmatrix} \frac{2}{n}\sum_{i=1}^n y_i\cos\omega\Delta i \\ \frac{2}{n}\sum_{i=1}^n y_i\sin\omega\Delta i \end{pmatrix}. \qquad (2.2\text{–}59)$$

$\hat{\vartheta}_1$ und $\hat{\vartheta}_2$ sind also bis auf den Faktor $2/n$ Real- und Imaginärteil einer Fourier-Transformierten von $y_1, \ldots, y_n$. Die minimale Summe der Quadrate ist mit (2.2–26)

$$\begin{aligned} S(\hat{\vartheta}_1, \hat{\vartheta}_2) &= \sum_{i=1}^n y_i^2 - \frac{2}{n}[(\sum_{i=1}^n y_i x_{i1})^2 + (\sum_{i=1}^n y_i x_{i2})^2] \\ &= \sum_{i=1}^n y_i^2 - \frac{2}{n}[(\sum_{i=1}^n y_i\cos\omega\Delta i)^2 + (\sum_{i=1}^n y_i\sin\omega\Delta i)^2]. \end{aligned} \qquad (2.2\text{–}60)$$

Der Ausdruck in $[\ldots]$ ist das Betragsquadrat der Fourier-Transformierten von $y_1, \ldots, y_n$. Die Varianz σ_Z^2 des Störungsmodells (2.2–28) schätzen wir wegen (2.2–51) durch

$$s^2 = \frac{S(\hat{\vartheta}_1, \hat{\vartheta}_2)}{n-2}. \qquad (2.2\text{–}61)$$

Schließlich gilt für den zu (2.2–59) gehörigen Schätzer und Störungen $\underline{Z}$, die $N_n(\underline{0}, \sigma_Z^2\mathbf{I})$-verteilt sind, vgl. (2.2–52):

$$\begin{pmatrix} \hat{\Theta}_1 \\ \hat{\Theta}_2 \end{pmatrix} \text{ ist } N_2\left(\begin{pmatrix} \vartheta_1 \\ \vartheta_2 \end{pmatrix}, \sigma_Z^2\frac{2}{n}\begin{pmatrix} 1 & 0 \\ 0 & 1 \end{pmatrix}\right)\text{-verteilt.} \qquad (2.2\text{–}62)$$

$\hat{\Theta}_1$ und $\hat{\Theta}_2$ sind also stochastisch unabhängige Zufallsvariable mit den Erwartungswerten ϑ_1 und ϑ_2 sowie der Varianz $2\sigma_Z^2/n$. Aus (2.2–53) folgt, daß

$$S^2 = S(\hat{\Theta}_1, \hat{\Theta}_2)/(n-2) \quad \text{stochastisch unabhängig von } \hat{\Theta}_1 \text{ und } \hat{\Theta}_2 \text{ ist sowie bis auf den Faktor } \sigma_Z^2/(n-2)\ \chi^2_{n-2}\text{-verteilt ist.} \tag{2.2–63}$$

Die Zufallsvariable $W = n/(2\sigma_Z^2)[(\hat{\Theta}_1 - \vartheta_1)^2 + (\hat{\Theta}_2 - \vartheta_2)^2]$ ist χ_2^2-verteilt und stochastisch unabhängig von S^2. Demnach muß mit (2.1–130)

$$V = \frac{W/2}{[\frac{n-2}{\sigma_Z^2} S^2]/[n-2]} = \frac{n}{4} \frac{(\hat{\Theta}_1 - \vartheta_1)^2 + (\hat{\Theta}_2 - \vartheta_2)^2}{S^2} \tag{2.2–64}$$

$F_{2,n-2}$-verteilt sein. Ein entsprechendes Resultat haben wir schon in (2.1–189) für den Mittelwert kennengelernt.

B2.2–7 In B2.2–5 sollen die Koeffizienten $h_0, h_1, \ldots, h_{k-1}$ des digitalen Transversalfilters und die Varianz σ_Z^2 des Störungsmodells geschätzt werden. Damit wäre das digitale System vollständig charakterisiert. Diese Aufgabe nennt man daher SYSTEMIDENTIFIZIERUNG, da wir davon ausgehen, daß die Zahl k der Koeffizienten bekannt ist. Ohne auf das Standardmodell (2.2–14) zurückzugreifen, wollen wir direkt Bedingungen für die Filterkoeffizienten ableiten. Von (2.2–18) ausgehend ist die Summe der Quadrate

$$S(h_0, \ldots, h_{k-1}) = \sum_{i=1}^{n} (y_i - \sum_{m=0}^{k-1} h_m x_{i-m})^2. \tag{2.2–65}$$

Notwendig für die Kleinste-Quadrate-Schätzungen $\hat{h}_l$ ist

$$\left.\frac{\partial S}{\partial h_l}\right|_{\hat{h}_0, \ldots, \hat{h}_{k-1}} = -2 \sum_{i=1}^{n} x_{i-l} (y_i - \sum_{m=0}^{k-1} \hat{h}_m x_{i-m}) = 0 \quad (l = 0, \ldots, k-1) \tag{2.2–66}$$

oder umgestellt

$$\sum_{m=0}^{k-1} \hat{h}_m \sum_{i=1}^{n} x_{i-l} x_{i-m} = \sum_{i=1}^{n} y_i x_{i-l} \qquad (l = 0, \ldots, k-1). \tag{2.2–67}$$

Dieses lineare Gleichungssystem könnte nach $\hat{h}_0, \ldots, \hat{h}_{k-1}$ aufgelöst werden, falls die Koeffizientenmatrix nicht singulär ist. Dies ist sicherlich nicht der Fall, wenn das Anregungssignal x_i konstant ist. Die minimale Summe der Quadrate erhält man durch Einsetzen von (2.2–67) in (2.2–65):

$$S(\hat{h}_0, \ldots, \hat{h}_{k-1}) = \sum_{i=1}^{n} y_i^2 - \sum_{m=0}^{k-1} \hat{h}_m \sum_{i=1}^{n} x_{i-m} y_i. \tag{2.2–68}$$

Damit ist

$$s^2 = \frac{S(\hat{h}_0, \ldots, \hat{h}_{k-1})}{n-k} \tag{2.2–69}$$

eine Schätzung für σ_Z^2.

3) Konfidenzbereiche

Wie zu Anfang des Unterabschnitts 2.2.1 gehen wir von einem Zufallsexperiment und den Beobachtungen $x_1, \ldots, x_n$ des Versuchsergebnisses aus. Es wird angenommen, daß die zu einem Vektor $\underline{x} = (x_1, \ldots, x_n)'$ zusammengefaßten Beobachtungen Realisierungen von Zufallsvariablen seien, die die Komponenten des Zufallsvektors $\underline{X} = (X_1, \ldots, X_n)'$ sind. Dieser möge eine Dichte $f_{\underline{X}}(\underline{x}; \underline{\vartheta})$ besitzen, die uns bis auf einen Parametervektor $\underline{\vartheta} = (\vartheta_1, \ldots, \vartheta_k)'$ bekannt ist. Über $\underline{\vartheta}$ wissen wir nur, daß er Element einer uns bekannten Teilmenge des $\mathbf{R}^k$ ist. Schätzfunktionen $\hat{\underline{\vartheta}} : \mathbf{R}^n \to \mathbf{R}^k$ helfen uns, für gegebene Beobachtungen $\underline{x}$ eine Schätzung $\hat{\underline{\vartheta}}(\underline{x})$ des Parametervektors zu erhalten. Der zugehörige Schätzer $\hat{\underline{\Theta}} = \hat{\underline{\vartheta}}(\underline{X})$ wird benutzt, um die Eigenschaften des Schätzverfahrens beschreiben zu können. Mit den in 2.1.1 8) beschriebenen Methoden kann man zum Beispiel versuchen, die Dichte $f_{\hat{\underline{\Theta}}}(\underline{\eta}; \underline{\vartheta})$ des Schätzers $\hat{\underline{\Theta}}$ aus $f_{\underline{X}}(\underline{x}; \underline{\vartheta})$ und $\hat{\underline{\Theta}} = \hat{\underline{\vartheta}}(\underline{X})$ zu bestimmen.

Wir wollen uns im folgenden dem Problem widmen, die Abweichung der für eine Beobachtung $\underline{x}$ berechneten Schätzung $\hat{\underline{\vartheta}}(\underline{x})$ vom unbekannten Parametervektor $\underline{\vartheta}$ abzuschätzen. Da $\underline{x}$ als zufällig angesehen wird, können wir dies nur in Form von Wahrscheinlichkeitsaussagen, zum Beispiel für den Schätzer $\hat{\underline{\Theta}} = \hat{\underline{\vartheta}}(\underline{X})$ tun. Wir konstruieren dazu gewisse von $\underline{x}$ abhängige Teilmengen $K(\underline{x})$ des $\mathbf{R}^k$, die KONFIDENZBEREICHE heißen. Wünschenswert wäre hierbei, daß $K(\underline{x})$ von $\underline{x}$ nur über $\hat{\underline{\vartheta}} = \hat{\underline{\vartheta}}(\underline{x})$ abhängt und wir $K(\hat{\underline{\vartheta}})$ schreiben können. Wir wollen die Wahrscheinlichkeit, daß die zufällige Menge $K(\underline{X})$ den Parametervektor $\underline{\vartheta}$ überdeckt, bestimmen. Dies bedeutet, daß wir mit

$$A(\underline{\vartheta}) = \{\underline{x} : \underline{\vartheta} \in K(\underline{x})\} \tag{2.2-70}$$

die Wahrscheinlichkeit des Ereignisses

$$\{\underline{X} \in A(\underline{\vartheta})\} = \{\underline{\vartheta} \in K(\underline{X})\} \tag{2.2-71}$$

zu berechnen haben. Wenn α eine Zahl mit $0 < \alpha < 1$, z.B. $\alpha = 0,05$, ist, so nennt man $K(\underline{x})$ einen KONFIDENZBEREICH für $\underline{\vartheta}$ zum NIVEAU $1-\alpha$ oder VERTRAUENSBEREICH zum VERTRAUENSKOEFFIZIENTEN $1-\alpha$, wenn die Wahrscheinlichkeit, daß $K(\underline{X})$ den Parametervektor $\underline{\vartheta}$ überdeckt, nicht kleiner als $1-\alpha$ ist. Es muß also für alle $\underline{\vartheta}$

$$P_{\underline{\vartheta}}\{\underline{\vartheta} \in K(\underline{X})\} = P_{\underline{\vartheta}}\{\underline{X} \in A(\underline{\vartheta})\} = \int\limits_{A(\underline{\vartheta})} f_{\underline{X}}(\underline{x}; \underline{\vartheta}) d\underline{x} \geq 1 - \alpha \tag{2.2-72}$$

gelten. Hierbei bedeutet der Index, daß die Wahrscheinlichkeit von dem Parametervektor $\underline{\vartheta}$ abhängt. Konfidenzbereiche sollten möglichst wenig ausgedehnte und einfache Mengen wie Kugeln oder Intervalle, die dann KONFIDENZINTERVALLE genannt werden, sein, um scharfe Abschätzungen für den unbekannten Parametervektor zu erzielen.

Konfidenzbereiche kann man konstruieren, wenn es eine reelle Funktion $q(\underline{x}; \underline{\vartheta})$ derart gibt, daß die Zufallsvariable $Q = q(\underline{X}; \underline{\vartheta})$ eine uns bekannte Verteilung besitzt, die nicht von $\underline{\vartheta}$ abhängt. Häufig kann man eine solche Funktion finden, die von $\underline{x}$ nur über die Schätzung $\hat{\underline{\vartheta}} = \hat{\underline{\vartheta}}(\underline{x})$ abhängt, so daß wir $q(\hat{\underline{\vartheta}}; \underline{\vartheta})$ schreiben. Sei nun B eine Teilmenge aus $\mathbf{R}$, z.B. ein Intervall so, daß das Ereignis $\{Q \in B\}$ die Wahrscheinlichkeit

$$P\{Q \in B\} \geq 1 - \alpha \tag{2.2-73}$$

besitzt. Diese Wahrscheinlichkeit hängt nicht von $\underline{\vartheta}$ ab. Definieren wir

$$K(\underline{x}) = \{\underline{\vartheta} : q(\underline{x};\underline{\vartheta}) \epsilon B\}, \tag{2.2–74}$$

so ist mit (2.2–70)

$$A(\underline{\vartheta}) = \{\underline{x} : q(\underline{x};\underline{\vartheta}) \epsilon B\}. \tag{2.2–75}$$

Da $\{\underline{\vartheta} \epsilon K(\underline{X})\}, \{\underline{X} \epsilon A(\underline{\vartheta})\}, \{q(\underline{X};\underline{\vartheta}) \epsilon B\}$ und $\{Q \epsilon B\}$ das gleiche Ereignis darstellen, ist wegen (2.2–73)

$$P_{\underline{\vartheta}}\{\underline{\vartheta} \epsilon K(\underline{X})\} = P\{Q \epsilon B\} \geq 1 - \alpha. \tag{2.2–76}$$

Weil $P\{Q \epsilon B\}$ nicht von $\underline{\vartheta}$ abhängt, ist (2.2–72) für alle $\underline{\vartheta}$ erfüllt und $K(\underline{x})$ ein Konfidenzbereich für $\underline{\vartheta}$ zum Niveau $1 - \alpha$.

Beispiele:

B2.2–8 Ähnlich zu B2.2-1 betrachten wir einen Vektor $\underline{X} = (X_1, \ldots, X_n)'$ stochastisch unabhängiger, identisch $N(\mu, \sigma^2)$-verteilter Zufallsvariablen. Bei bekannter Varianz σ^2 ist der Erwartungswert μ zu schätzen. Der Mittelwert $\overline{X} = \frac{1}{n}(X_1 + \cdots + X_n)$ ist, wie wir wissen, hierfür geeignet. Er ist $N(\mu, \frac{\sigma^2}{n})$-verteilt. Ein Konfidenzintervall für μ konstruieren wir wie folgt: Die Zufallsvariable

$$Q = q(\overline{X};\mu) = \sqrt{\frac{n}{\sigma^2}}(\overline{X} - \mu) \tag{2.2–77}$$

ist $N(0,1)$-verteilt. Ihre Verteilung hängt also nicht von μ ab. Um die Menge B festzulegen, bezeichnen wir diejenige Zahl, die von einer standardnormalverteilten Zufallsvariablen U mit der Wahrscheinlichkeit $\frac{\alpha}{2}$ überschritten wird, mit $N_{\frac{\alpha}{2}}$. Also ist

$$P\{U > N_{\frac{\alpha}{2}}\} = 1 - \Phi(N_{\frac{\alpha}{2}}) = \frac{\alpha}{2}, \tag{2.2–78}$$

wobei $\Phi = F_U$ die Verteilungsfunktion der Standardnormalverteilung ist, die im Anhang A3.1 tabelliert ist. Da die Dichte der Standardnormalverteilung symmetrisch um Null ist, muß $N_{1-\frac{\alpha}{2}} = -N_{\frac{\alpha}{2}}$ sein. Es folgt für die standardnormalverteilte Zufallsvariable Q

$$P\{-N_{\frac{\alpha}{2}} < Q \leq N_{\frac{\alpha}{2}}\} = 1 - \frac{\alpha}{2} - \frac{\alpha}{2} = 1 - \alpha. \tag{2.2–79}$$

Wenn B das Intervall $(-N_{\frac{\alpha}{2}}, N_{\frac{\alpha}{2}}]$ ist, gilt (2.2–73). Dann muß wegen (2.2–74)

$$K(\overline{x}) = \{\mu : -N_{\frac{\alpha}{2}} < q(\overline{x},\mu) \leq N_{\frac{\alpha}{2}}\} \tag{2.2–80}$$

der nur von $\overline{x}$ abhängende Konfidenzbereich für μ zum Niveau $1 - \alpha$ sein. Nach (2.2–77) ist $q(\overline{x};\mu) = \frac{\sqrt{n}}{\sigma}(\overline{x} - \mu)$, so daß wir die Bedingung in (2.2–80) äquivalent umformen können:

$$\begin{aligned}
-N_{\frac{\alpha}{2}} &< \frac{\sqrt{n}}{\sigma}(\overline{x} - \mu) \leq N_{\frac{\alpha}{2}}, \\
-\frac{1}{\sqrt{n}}\sigma N_{\frac{\alpha}{2}} - \overline{x} &< -\mu \leq \frac{1}{\sqrt{n}}\sigma N_{\frac{\alpha}{2}} - \overline{x}, \\
\overline{x} - \frac{1}{\sqrt{n}}\sigma N_{\frac{\alpha}{2}} &\leq \mu < \overline{x} + \frac{1}{\sqrt{n}}\sigma N_{\frac{\alpha}{2}}.
\end{aligned} \tag{2.2–81}$$

$K(\overline{x})$ ist also ein Konfidenzintervall für μ zum Niveau $1-\alpha$. Entsprechend können wir (2.2–79) wie folgt schreiben:

$$P\{\overline{X} - \frac{1}{\sqrt{n}}\sigma N_{\frac{\alpha}{2}} \leq \mu \leq \overline{X} + \frac{1}{\sqrt{n}}\sigma N_{\frac{\alpha}{2}}\} = 1-\alpha, \qquad (2.2\text{–}82)$$

wobei wir noch ausgenutzt haben, daß in (2.2–79) "$<$"durch "$\leq$"ersetzt werden darf, ohne die Wahrscheinlichkeit zu ändern. Der Parameter μ wird also mit der Wahrscheinlichkeit $1-\alpha$ von einem Intervall der Länge $\frac{1}{\sqrt{n}}2\sigma N_{\frac{\alpha}{2}}$, in dessen Zentrum sich der Mittelwert befindet, überdeckt.

B2.2–9 Wir betrachten noch einmal Beispiel B2.2-6 unter der Annahme, daß die Störungen normalverteilt sind. Der Kleinste-Quadrate-Schätzer $\underline{\hat{\Theta}} = (\hat{\Theta}_1, \hat{\Theta}_2)'$ für $\underline{\vartheta} = (\vartheta_1, \vartheta_2)'$ ist dann wie in (2.2–62) normalverteilt. Der Schätzer S^2 ist wegen (2.2–63) unabhängig von $\underline{\hat{\Theta}}$ und bis auf den Faktor $\frac{\sigma_Z^2}{n-2}$ χ^2_{n-2}-verteilt. Ziel ist es, einen Konfidenzbereich für $\underline{\vartheta}$ zu konstruieren. Als Zufallsvariable Q können wir

$$V = \frac{n}{4}\frac{(\hat{\Theta}_1-\vartheta_1)^2 + (\hat{\Theta}_2-\vartheta_2)^2}{S^2} \qquad (2.2\text{–}83)$$

benutzen, die nach (2.2–64) $F_{2,n-2}$-verteilt ist. Diese Verteilung hängt weder von $\underline{\vartheta}$ noch von σ_Z^2 ab. Wenn man mit $F_{2,n-2,\alpha}$ diejenige Zahl bezeichnet, die von einer $F_{2,n-2}$-verteilten Zufallsvariablen mit der Wahrscheinlichkeit α überschritten wird, so ist

$$P\{V \leq F_{2,n-2,\alpha}\} = 1-\alpha \qquad (2.2\text{–}84)$$

und mit $B = [0, F_{2,n-2,\alpha}]$ (2.2–73) erfüllt. Formel (2.2–74) liefert den Konfidenzbereich für $\underline{\vartheta}$ zum Niveau $1-\alpha$

$$K(\underline{\hat{\vartheta}}) = \{(\vartheta_1,\vartheta_2) : \frac{n}{4}\frac{(\vartheta_1-\hat{\vartheta}_1)^2 + (\vartheta_2-\hat{\vartheta}_2)^2}{s^2} \leq F_{2,n-2,\alpha}\}, \qquad (2.2\text{–}85)$$

wobei (2.2–59) und (2.2–61) zu verwenden sind. Der Konfidenzbereich ist demnach ein Kreis mit dem Radius $\sqrt{\frac{4}{n}s^2F_{2,n-2,\alpha}}$ um den Punkt $(\hat{\vartheta}_1, \hat{\vartheta}_2)$. Wir interpretieren, daß der Modellparameterpunkt $(\vartheta_1, \vartheta_2)$ mit einer Wahrscheinlichkeit $1-\alpha$ von diesem Kreis überdeckt wird.

4) Cramér-Rao-Schranke und Maximum-Likelihood-Schätzer

In diesem Unterabschnitt interessiert uns weiter die Aufgabe, die Abweichung des durch eine Schätzfunktion $\underline{\hat{\vartheta}}$ gegebenen Zufallsvektors $\underline{\hat{\Theta}} = \underline{\hat{\vartheta}}(\underline{X})$ vom Parametervektor $\underline{\vartheta}$ abzuschätzen. Da es häufig schwierig ist, brauchbare Konfidenzbereiche zu konstruieren, wollen wir versuchen, untere Schranken für die Varianzen der Komponenten des Schätzers $\underline{\hat{\Theta}}$ zu finden.

Der Zufallsvektor $\underline{X} = (X_1, \ldots, X_n)'$ möge die Dichte $f_{\underline{X}}(\underline{x};\underline{\vartheta}) = f(\underline{x};\underline{\vartheta})$ besitzen, die bis auf den Parametervektor $\underline{\vartheta}$ bekannt ist. Zur Vereinfachung der Notation schreiben wir in diesem Unterabschnitt die Dichte von $\underline{X}$ ohne den Index $\underline{X}$. Wir nehmen im folgenden an, daß $\underline{\vartheta} = (\vartheta_1, \dots, \vartheta_k)'$ ein Punkt einer uns bekannten Teilmenge des $\mathbf{R}^k$ ist. Betrachtet werden nur solche Schätzer $\hat{\underline{\Theta}} = \hat{\underline{\vartheta}}(\underline{X})$, deren Erwartungsvektor

$$\mathrm{E}\hat{\underline{\Theta}} = \int_{\mathbf{R}^n} \hat{\underline{\vartheta}}(\underline{x}) f(\underline{x}; \underline{\vartheta}) d\underline{x} \tag{2.2-86}$$

und Kovarianzmatrix

$$\mathbf{K}_{\hat{\underline{\Theta}}} = \mathrm{E}(\hat{\underline{\Theta}} - \mathrm{E}\hat{\underline{\Theta}})(\hat{\underline{\Theta}} - \mathrm{E}\hat{\underline{\Theta}})' \tag{2.2-87}$$

existieren. Zunächst lassen wir nur erwartungstreue Schätzer zu, für die also

$$\mathrm{E}\hat{\underline{\Theta}} = \underline{\vartheta} \tag{2.2-88}$$

gilt. Wir setzen weiter voraus, daß die partiellen Ableitungen von $f(\underline{x}; \underline{\vartheta})$ nach den Komponenten von $\underline{\vartheta}$ und die im folgenden angegebenen Erwartungswerte existieren, sowie die Integrationen und Differentiationen vertauscht werden dürfen. Wir berechnen zunächst

$$\begin{aligned} \mathrm{E}\underline{\nabla} \ln f(\underline{X}; \underline{\vartheta}) &= \int_{\mathbf{R}^n} \underline{\nabla} \ln f(\underline{x}; \underline{\vartheta})\, f(\underline{x}; \underline{\vartheta}) d\underline{x} \\ &= \int_{\mathbf{R}^n} \underline{\nabla} f(\underline{x}; \underline{\vartheta}) \frac{1}{f(\underline{x}; \underline{\vartheta})} f(\underline{x}; \underline{\vartheta}) d\underline{x} \\ &= \int_{\mathbf{R}^n} \underline{\nabla} f(\underline{x}; \underline{\vartheta}) d\underline{x} \\ &= \underline{\nabla} \int_{\mathbf{R}^n} f(\underline{x}; \underline{\vartheta}) d\underline{x} = \underline{\nabla} 1 = \underline{0}. \end{aligned} \tag{2.2-89}$$

Hierbei ist der Gradientenoperator $\underline{\nabla}$ der Vektor mit den Komponenten $\frac{\partial}{\partial \vartheta_i}$ $(i = 1, \dots, k)$ und wird über den Vektor der partiellen Ableitungen integriert. Die Kreuzkovarianzmatrix von $\underline{\nabla} \ln f(\underline{X}; \underline{\vartheta})$ und $\hat{\underline{\Theta}}$ bestimmen wir wie folgt:

$$\begin{aligned} \mathrm{E}[\underline{\nabla} \ln f(\underline{X}; \underline{\vartheta})](\hat{\underline{\Theta}} - \underline{\vartheta})' &= \int_{\mathbf{R}^n} [\underline{\nabla} \ln f(\underline{x}; \underline{\vartheta})](\hat{\underline{\vartheta}}(\underline{x}) - \underline{\vartheta})' f(\underline{x}; \underline{\vartheta}) d\underline{x} \\ &= \int_{\mathbf{R}^n} [\underline{\nabla} f(\underline{x}; \underline{\vartheta})](\hat{\underline{\vartheta}}(\underline{x}) - \underline{\vartheta})' d\underline{x} \\ &= \underline{\nabla} \int_{\mathbf{R}^n} f(\underline{x}; \underline{\vartheta}) \hat{\underline{\vartheta}}(\underline{x})' d\underline{x} - [\underline{\nabla} \int_{\mathbf{R}^n} f(\underline{x}; \underline{\vartheta}) d\underline{x}] \underline{\vartheta}' \\ &= \underline{\nabla} \underline{\vartheta}' - [\underline{\nabla} 1] \underline{\vartheta}' = \mathbf{I}. \end{aligned} \tag{2.2-90}$$

In der vorletzten Zeile verwenden wir (2.2–86) und (2.2–88) und in der letzten, daß der Gradient eines Zeilenvektors die Matrix mit den partiellen Ableitungen der Komponenten ist. Das Ergebnis ist die Einheitsmatrix **I**. Nun nehmen wir an, daß die sogenannte INFORMATIONSMATRIX

$$\begin{aligned} \mathcal{J}(\underline{\vartheta}) &= \mathrm{E}[\underline{\nabla} \ln f(\underline{X}; \underline{\vartheta})][\underline{\nabla} \ln f(\underline{X}; \underline{\vartheta})]' \\ &= \int_{\mathbf{R}^n} [\underline{\nabla} \ln f(\underline{x}; \underline{\vartheta})][\underline{\nabla} \ln f(\underline{x}; \underline{\vartheta})]' f(\underline{x}; \underline{\vartheta}) d\underline{x} \end{aligned} \tag{2.2-91}$$

nicht singulär ist. Sie ist eine symmetrische Matrix und enthält die Elemente

$$\mathcal{J}(\underline{\vartheta})_{im} = \int_{\mathbf{R}^n} \frac{\partial}{\partial \vartheta_i} \ln f(\underline{x}; \underline{\vartheta}) \frac{\partial}{\partial \vartheta_m} \ln f(\underline{x}; \underline{\vartheta}) f(\underline{x}; \underline{\vartheta}) d\underline{x} \quad (i, m = 1, \dots, k). \tag{2.2-92}$$

Dann muß die Matrix der zweiten Momente des Zufallsvektors $\underline{Y} = \hat{\underline{\Theta}} - \underline{\vartheta} - \mathcal{J}(\underline{\vartheta})^{-1}\underline{\nabla}\ln f(\underline{X};\underline{\vartheta})$ nichtnegativ definit sein:

$$\begin{aligned} \mathrm{E}\underline{Y}\,\underline{Y}' &= \mathrm{E}(\hat{\underline{\Theta}} - \underline{\vartheta})(\hat{\underline{\Theta}} - \underline{\vartheta})' \\ &- \mathrm{E}(\hat{\underline{\Theta}} - \underline{\vartheta})[\underline{\nabla}\ln f(\underline{X};\underline{\vartheta})]'\mathcal{J}(\underline{\vartheta})^{-1} \\ &- \mathcal{J}(\underline{\vartheta})^{-1}\mathrm{E}[\underline{\nabla}\ln f(\underline{X};\underline{\vartheta})](\hat{\underline{\Theta}} - \underline{\vartheta})' \\ &+ \mathcal{J}(\underline{\vartheta})^{-1}\mathrm{E}[\underline{\nabla}\ln f(\underline{X};\underline{\vartheta})][\underline{\nabla}\ln f(\underline{X};\underline{\vartheta})]'\mathcal{J}(\underline{\vartheta})^{-1} \ \geq \ \mathbf{0}. \end{aligned} \tag{2.2-93}$$

Eine symmetrische $(k \times k)$-Matix $\mathbf{A}$ heißt bekanntlich nichtnegativ definit, abgekürzt $\mathbf{A} \geq \mathbf{0}$, wenn für alle $\underline{a}\epsilon\mathbf{R}^k$ $\underline{a}'\mathbf{A}\underline{a} \geq 0$ gilt. Wegen $0 \leq \mathrm{E}(\underline{a}'\underline{Y})^2 = \underline{a}'\mathrm{E}\underline{Y}\,\underline{Y}'\underline{a}$ ergibt sich nämlich (2.2–93). Nutzen wir jetzt (2.2–90) und die Definitionen (2.2–87) und (2.2–91) aus, so folgt

$$\mathbf{K}_{\hat{\underline{\Theta}}} - \mathcal{J}(\underline{\vartheta})^{-1} \geq \mathbf{0} \tag{2.2-94}$$

oder anders geschrieben

$$\mathbf{K}_{\hat{\underline{\Theta}}} \geq \mathcal{J}(\underline{\vartheta})^{-1}. \tag{2.2-95}$$

Die Kovarianzmatrix eines erwartungstreuen Schätzers ist also „nach unten beschränkt" durch die Inverse der Informationsmatrix, die CRAMÉR-RAO-SCHRANKE genannt wird. Sie bedeutet, daß die Varianz des Schätzers $\hat{\Theta} = \underline{\lambda}'\hat{\underline{\Theta}} = \sum_{i=1}^{k} \lambda_i\hat{\Theta}_i$ für den Mischparameter $\vartheta = \underline{\lambda}'\underline{\vartheta}$ wie folgt nach unten beschränkt ist:

$$\mathrm{Var}\hat{\Theta} = \underline{\lambda}'\mathbf{K}_{\hat{\underline{\Theta}}}\underline{\lambda} \geq \underline{\lambda}'\mathcal{J}(\underline{\vartheta})^{-1}\underline{\lambda}. \tag{2.2-96}$$

Setzt man $\lambda_i = 1$und alle anderen $\lambda_k = 0$, so erhält man

$$\mathrm{Var}\hat{\Theta}_i \geq \mathcal{J}(\underline{\vartheta})^{-1}_{ii}, \tag{2.2-97}$$

wobei auf der rechten Seite das i-te Diagonalelement von $\mathcal{J}(\underline{\vartheta})^{-1}$ gemeint ist.

Man fragt sich sofort, ob es erwartungstreue Schätzer gibt, für die in (2.2–95) das Gleichheitszeichen gilt, deren Kovarianzmatrix also der Inversen der Informationsmatrix gleicht. Solche Schätzer heißen WIRKSAM. Dies kann nur in Sonderfällen möglich sein, wie wir uns für einen skalaren Parameter ϑ überlegen wollen. Statt (2.2–93) zur Ableitung der Cramér-Rao-Schranke zu benutzen, wenden wir die Cauchy-Schwarz-Ungleichung (2.1–171) auf die linke Seite von (2.2–90) an:

$$[\mathrm{E}[\frac{\partial}{\partial\vartheta}\ln f(\underline{X};\vartheta)](\hat{\Theta} - \vartheta)]^2 \leq \mathrm{E}[\frac{\partial}{\partial\vartheta}\ln f(\underline{X};\vartheta)]^2\mathrm{E}(\hat{\Theta} - \vartheta)^2 \tag{2.2-98}$$

Die linke Seite ist wegen (2.2–90) gleich 1, so daß

$$\mathrm{Var}\hat{\Theta} \geq \frac{1}{\mathrm{E}[\frac{\partial}{\partial\vartheta}\ln f(\underline{X};\vartheta)]^2} = \mathcal{J}(\vartheta)^{-1}, \tag{2.2-99}$$

d.h. mit (2.2–91) ergibt sich wieder die Cramér-Rao-Schranke (2.2–95). Der Kehrwert der skalaren, jetzt FISHER-INFORMATION genannten Größe $\mathcal{J}(\vartheta)$, liefert also eine untere Schranke für die Varianz eines skalaren erwartungstreuen Schätzers für ϑ. In der Cauchy-Schwarz-Ungleichung gilt das Gleichheitszeichen genau dann, wie wir uns im Anschluß an (2.1–173) überlegt haben, wenn

$$\begin{aligned}\frac{\partial}{\partial\vartheta}\ln f(\underline{X};\vartheta) &= \frac{\mathrm{E}[\frac{\partial}{\partial\vartheta}\ln f(\underline{X};\vartheta)](\hat{\Theta}-\vartheta)}{\mathrm{E}(\hat{\Theta}-\vartheta)^2}(\hat{\Theta}-\vartheta)\\ &= \mathcal{J}(\vartheta)(\hat{\Theta}-\vartheta) = \mathcal{J}(\vartheta)(\hat{\vartheta}(\underline{X})-\vartheta)\end{aligned} \tag{2.2–100}$$

mit Wahrscheinlichkeit 1. Die Dichte von $\underline{X}$ wird sich also in der Form

$$f(\underline{x};\vartheta) = g(\underline{x})\,c(\vartheta)\,\mathrm{e}^{b(\vartheta)\hat{\vartheta}(\underline{x})} \tag{2.2–101}$$

schreiben lassen, wobei $g(\underline{x})$ nicht von ϑ abhängt und

$$\mathcal{J}(\vartheta) = \frac{\mathrm{d}b(\vartheta)}{\mathrm{d}\vartheta} = -\frac{1}{\vartheta}\frac{\mathrm{d}\ln c(\vartheta)}{\mathrm{d}\vartheta}, \tag{2.2–102}$$

falls $\vartheta \neq 0$. Man braucht hierzu nur $\ln f(\underline{x};\vartheta)$ aus (2.2–101) zu bilden, nach ϑ abzuleiten und mit (2.2–100) zu vergleichen.

Als Anwendung untersuchen wir das Kleinste-Quadrate-Modell (2.2–28) mit normalverteilten Störungen, d.h. $\underline{Z}$ ist $\mathrm{N}_n(\underline{0},\sigma_Z^2\mathbf{I})$-verteilt. Wir nehmen zunächst an, σ_Z^2 zu kennen. Auch in diesem Fall ist der Kleinste-Quadrate-Schätzer $\hat{\underline{\Theta}}$ aus (2.2–31) normalverteilt mit dem Erwartungsvektor $\underline{\vartheta}$ und der Kovarianzmatrix $\mathbf{K}_{\hat{\underline{\Theta}}} = \sigma_Z^2(\mathbf{X}'\mathbf{X})^{-1}$ wie in (2.2–34) und (2.2–52). Da $\hat{\underline{\Theta}}$ erwartungstreu ist, versuchen wir, die Cramér-Rao-Schranke anzuwenden. Man prüft leicht nach, daß die in (2.2–89) und (2.2–90) geforderten Vertauschungen von Differentiation und Integration erlaubt sind. Die Informationsmatrix (2.2–91) bestimmen wir mit der Dichte des Zufallsvektors $\underline{Y}$ nach (2.2–28):

$$\ln f(\underline{y};\underline{\vartheta}) = -\frac{n}{2}\ln(2\pi\sigma_Z^2) - \frac{1}{2\sigma_Z^2}(\underline{y}-\mathbf{X}\underline{\vartheta})'(\underline{y}-\mathbf{X}\underline{\vartheta}) \tag{2.2–103}$$

und

$$\underline{\nabla}\ln f(\underline{y};\underline{\vartheta}) = \frac{1}{\sigma_Z^2}\mathbf{X}'(\underline{y}-\mathbf{X}\underline{\vartheta}) = \frac{\mathbf{X}'\underline{z}}{\sigma_Z^2} \tag{2.2–104}$$

zu

$$\begin{aligned}\mathcal{J}(\underline{\vartheta}) &= \mathrm{E}[\underline{\nabla}\ln f(\underline{Y};\underline{\vartheta})][\underline{\nabla}\ln f(\underline{Y};\underline{\vartheta})]'\\ &= \frac{1}{\sigma_Z^4}\mathrm{E}\mathbf{X}'\underline{Z}\,\underline{Z}'\mathbf{X} = \frac{1}{\sigma_Z^4}\mathbf{X}'\mathrm{E}\underline{Z}\,\underline{Z}'\mathbf{X} = \frac{\mathbf{X}'\mathbf{X}}{\sigma_Z^2}.\end{aligned} \tag{2.2–105}$$

Wenn $\mathbf{X}'\mathbf{X}$ nicht singulär und $\sigma_Z^2 > 0$ bekannt ist, erreicht die Kovarianzmatrix des Kleinste-Quadrate-Schätzers die Cramér-Rao-Schranke, und ist $\hat{\underline{\Theta}}$ wirksam :

$$\mathbf{K}_{\hat{\underline{\Theta}}} = \mathcal{J}(\underline{\vartheta})^{-1} = \sigma_Z^2(\mathbf{X}'\mathbf{X})^{-1}. \tag{2.2–106}$$

Ist neben $\underline{\vartheta}$ auch $\sigma_Z^2 > 0$ unbekannt, erweitern wir den Parametervektor zu $(\underline{\vartheta}',\sigma_Z^2)'$ und mit dem erwartungstreuen Schätzer für σ_Z^2 nach (2.2–51) entsprechend den Kleinste-Quadrate-Schätzer: $(\underline{\hat{\Theta}}', S^2)'$. Wir wissen aus (2.2–52) und (2.2–53), daß $\underline{\hat{\Theta}}$ wie zuvor und S^2 unabhängig von $\underline{\hat{\Theta}}$ bis auf den Faktor $\frac{\sigma_Z^2}{n-k}$ χ^2_{n-k}-verteilt ist. Die Kovarianzmatrix des Schätzers ist also

$$\mathbf{K}_{\underline{\hat{\Theta}},S^2} = \begin{pmatrix} \sigma_Z^2(\mathbf{X}'\mathbf{X})^{-1} & \underline{0} \\ \underline{0}' & \dfrac{2\sigma_Z^4}{n-k} \end{pmatrix}. \qquad (2.2\text{–}107)$$

Um die Informationsmatrix berechnen zu können, benötigen wir neben (2.2–104) die partielle Ableitung von (2.2–103) nach σ_Z^2:

$$\frac{\partial}{\partial \sigma_Z^2} \ln f(\underline{y}; \underline{\vartheta}, \sigma_Z^2) = -\frac{n}{2\sigma_Z^2} + \frac{1}{2\sigma_Z^4}\underline{z}'\underline{z}. \qquad (2.2\text{–}108)$$

Da für die Komponenten Z_i von $\underline{Z}$ $\mathrm{E}Z_m^2 Z_i = 0$ und $\mathrm{E}Z_m^2 Z_i^2 = \mathrm{E}Z_m^2 \mathrm{E}Z_i^2 = \sigma_Z^4$ für $m \neq i$ und $\mathrm{E}Z_i^4 = 3\sigma_Z^4$ gilt, ergibt sich

$$\mathrm{E}\underline{\nabla} \ln f(\underline{Y}; \underline{\vartheta}, \sigma_Z^2) \frac{\partial}{\partial \sigma_Z^2} \ln f(\underline{Y}; \underline{\vartheta}, \sigma_Z^2) = \underline{0}, \qquad (2.2\text{–}109)$$

wobei $\underline{\nabla}$ wie bisher den Gradienten nach $\underline{\vartheta}$ bezeichnet, und

$$\mathrm{E}[\frac{\partial}{\partial \sigma_Z^2} \ln f(\underline{Y}; \underline{\vartheta}, \sigma_Z^2)]^2 = \mathrm{E}(-\frac{n}{2\sigma_Z^2} + \frac{1}{2\sigma_Z^4}\sum_{i=1}^{n} Z_i^2)^2 = \frac{n}{2\sigma_Z^4}. \qquad (2.2\text{–}110)$$

Die Informationsmatrix ist dann

$$\mathcal{J}(\underline{\vartheta}, \sigma_Z^2) = \begin{pmatrix} \frac{1}{\sigma_Z^2}\mathbf{X}'\mathbf{X} & \underline{0} \\ \underline{0}' & \dfrac{n}{2\sigma_Z^4} \end{pmatrix}. \qquad (2.2\text{–}111)$$

Sie ist blockdiagonal und kann sofort invertiert werden:

$$\mathcal{J}(\underline{\vartheta}, \sigma_Z^2)^{-1} = \begin{pmatrix} \sigma_Z^2(\mathbf{X}'\mathbf{X})^{-1} & \underline{0} \\ \underline{0}' & \dfrac{2\sigma_Z^4}{n} \end{pmatrix}. \qquad (2.2\text{–}112)$$

Vergleicht man mit (2.2–107), so gilt nicht das Gleichheitszeichen in (2.2–95). Insbesondere ist für $0 < k < n$

$$\mathrm{Var}S^2 = \frac{2\sigma_Z^4}{n-k} > \frac{2\sigma_Z^4}{n} = \mathcal{J}(\underline{\vartheta}, \sigma_Z^2)^{-1}_{k+1,k+1}. \qquad (2.2\text{–}113)$$

Die Kovarianzmatrix von $\underline{\hat{\Theta}}$ ist allerdings wieder durch (2.2–106) gegeben.

Man beobachtet jedoch in diesem Falle, daß für große n der Unterschied zwischen der Kovarianzmatrix (2.2–107) und der Cramér-Rao-Schranke (2.2–112) vernachlässigbar ist. Dies gibt Anlaß, allgemein den Grenzwert

$$\mathbf{\Gamma}(\underline{\vartheta}) = \lim_{n\to\infty} \frac{1}{n}\mathcal{J}_n(\underline{\vartheta}) \qquad (2.2\text{–}114)$$

zu betrachten, wobei der Index n in $\mathcal{J}_n(\underline{\vartheta})$ an die Zahl der Komponenten von $\underline{X}$ erinnert. Wenn $\mathbf{\Gamma}(\underline{\vartheta})$ existiert und nicht singulär ist, kann man für erwartungstreue und konsistente Schätzer $\underline{\hat{\Theta}} = \underline{\hat{\Theta}}_n$ fragen, ob die Grenzkovarianzmatrix

$$\lim_{n\to\infty} n\mathbf{K}_{\underline{\hat{\Theta}}_n} = \mathbf{\Gamma}(\underline{\vartheta})^{-1} \tag{2.2–115}$$

erfüllt. Da viele in der Praxis benutzten Schätzer nicht erwartungstreu sind, untersucht man die in der Regel einfacher zu beantwortende Frage, ob die Grenzverteilung eines Schätzers $\underline{\hat{\Theta}}_n$ mit der Eigenschaft,

$$\sqrt{n}(\underline{\hat{\Theta}}_n - \underline{\vartheta}) \text{ ist asymptotisch für } n \to \infty \ \mathrm{N}_k(\underline{0}, \mathbf{D}(\underline{\vartheta})) - \text{verteilt}, \tag{2.2–116}$$

eine Kovarianzmatrix $\mathbf{D}(\underline{\vartheta})$ besitzt, für die

$$\mathbf{D}(\underline{\vartheta}) = \mathbf{\Gamma}(\underline{\vartheta})^{-1} \tag{2.2–117}$$

gilt. Solche Schätzer heißen ASYMPTOTISCH WIRKSAM. Man kann nämlich unter gewissen Einschränkungen für alle asymptotisch normalverteilten Schätzer, die (2.2–116) erfüllen und damit nur asymptotisch erwartungstreu sein müssen, eine (2.2–95) entsprechende untere Schranke finden,

$$\mathbf{D}(\underline{\vartheta}) \geq \mathbf{\Gamma}(\underline{\vartheta})^{-1}, \tag{2.2–118}$$

was wir nicht beweisen wollen, vergl. Wittig und Nölle (1970).

Für den Kleinste-Quadrate-Schätzer ergibt sich unter der Bedingung, daß

$$\mathbf{R} = \lim_{n\to\infty} \frac{1}{n}\mathbf{X}'\mathbf{X} \tag{2.2–119}$$

existiert und nicht singulär ist,

$$\mathbf{\Gamma}(\underline{\vartheta}, \sigma_Z^2) = \begin{pmatrix} \dfrac{\mathbf{R}}{\sigma_Z^2} & \underline{0} \\ \underline{0} & \dfrac{1}{2\sigma_Z^4} \end{pmatrix}. \tag{2.2–120}$$

Aus (2.2–52), (2.2–53) und den Bemerkungen im Anschluß an (2.1–253) folgt, daß $\sqrt{n}(S^2 - \sigma_Z^2)$ asymptotisch $\mathrm{N}(0, 2\sigma_Z^4)$-verteilt ist und schließlich:

$$\sqrt{n}\left[\begin{pmatrix} \underline{\hat{\Theta}} \\ S^2 \end{pmatrix} - \begin{pmatrix} \underline{\vartheta} \\ \sigma_Z^2 \end{pmatrix}\right] \text{ist asymptotisch für } n \to \infty$$

$$\mathrm{N}_{k+1}\left(\begin{pmatrix} \underline{0} \\ 0 \end{pmatrix}, \mathbf{\Gamma}(\underline{\vartheta}, \sigma_Z^2)^{-1}\right) - \text{verteilt}. \tag{2.2–121}$$

Die Kleinste-Quadrate-Schätzer sind also asymptotisch wirksam.

Es gibt eine Methode, Schätzer zu konstruieren, die, wenn konsistent, häufig auch asymptotisch wirksam sind. Sie wurde von R.A.Fisher eingeführt (aber schon von Gauß benutzt) und heißt LIKELIHOOD-METHODE. Man geht von der folgenden einfachen Idee aus: Für eine Beobachtung $\underline{x}$ betrachtet man die Dichte $f(\underline{x}; \underline{\vartheta})$ als eine Funktion von $\underline{\vartheta}$, also $\underline{\vartheta} \to f(\underline{x};\underline{\vartheta})$, die LIKELIHOOD-FUNKTION genannt wird. Als Schätzung für den unbekannten Parametervektor aus der bekannten Menge $\mathcal{H} \subset \mathsf{R}^k$ soll bei gegebener Beobachtung $\underline{x}$ ein Wert $\hat{\underline{\vartheta}}(\underline{x})$ aus $\mathcal{H}$ benutzt werden, der die Likelihood-Funktion maximiert,

$$f(\underline{x};\hat{\underline{\vartheta}}(\underline{x})) = \max_{\underline{\vartheta}\in\mathcal{H}} f(\underline{x};\underline{\vartheta}), \tag{2.2–122}$$

und in diesem Sinne „am wahrscheinlichsten" ist. Ein solches Maximum braucht nicht für jedes $\underline{x}$ zu existieren. Wenn es jedoch für alle interessierenden $\underline{x}$ eine Lösung von (2.2–122) gibt und die Abbildung $\underline{x} \to \hat{\underline{\vartheta}}(\underline{x})$ Meßbarkeitsbedingungen erfüllt, wie sie im Zusammenhang mit (2.1–115) beschrieben wurden, so heißt $\hat{\underline{\vartheta}}(\underline{x})$ MAXIMUM-LIKELIHOOD-SCHÄTZUNG (MLE, maximum likelihood estimate) von $\underline{\vartheta}$.

Wenn $f(\underline{x};\underline{\vartheta})$ partiell nach den Komponenten von $\underline{\vartheta}$ differenzierbar und für gegebenes $\underline{x}$ positiv ist, kann man versuchen, eine Maximum-Likelihood-Schätzung durch Lösen der LIKELIHOOD-GLEICHUNGEN

$$\frac{\partial}{\partial\vartheta_i} \ln f(\underline{x};\underline{\vartheta}) = 0 \quad (i = 1,\ldots,k) \tag{2.2–123}$$

zu finden. Im allgemeinen sind diese Gleichungen nicht linear. Sie können mehrere Lösungen besitzen, die nicht einmal zu relativen Maxima führen müssen. Das absolute Maximum der Likelihood-Funktion kann auch auf dem Rand von $\mathcal{H}$ liegen und durch keine der Lösungen von (2.2–123) beschrieben sein. So wird man aufwendige numerische Verfahren benutzen müssen, um Maximum-Likelihood-Schätzungen zu berechnen.

Im Kleinste-Quadrate-Modell mit normalverteilten Störungen können Maximum-Likelihood-Schätzungen für die Parameter $\underline{\vartheta}$ und σ_Z^2 leicht durch Lösen der Likelihood-Gleichungen abgeleitet werden. Wir gehen von der logarithmierten Likelihood-Funktion (2.2–103) und dem Gradienten nach $\underline{\vartheta}$ wie in (2.2–104) aus und setzen

$$\nabla \ln f(\underline{y};\hat{\underline{\vartheta}},\hat{\sigma}_Z^2) = \frac{1}{\hat{\sigma}_Z^2}\mathbf{X}'(\underline{y} - \mathbf{X}\hat{\underline{\vartheta}}) = \underline{0}. \tag{2.2–124}$$

Für $\hat{\sigma}_Z^2 > 0$ und nichtsinguläres $\mathbf{X}'\mathbf{X}$ ist die Lösung die Kleinste-Quadrate-Schätzung $\hat{\underline{\vartheta}}$ wie in (2.2–25). Die partielle Ableitung nach σ_Z^2 liefert

$$\frac{\partial}{\partial\sigma_Z^2} \ln f(\underline{y};\hat{\underline{\vartheta}},\hat{\sigma}_Z^2) = -\frac{n}{2\hat{\sigma}_Z^2} + \frac{1}{2\hat{\sigma}_Z^4}(\underline{y} - \mathbf{X}\hat{\underline{\vartheta}})'(\underline{y} - \mathbf{X}\hat{\underline{\vartheta}}) = 0. \tag{2.2–125}$$

Wenn $\underline{y} \neq \mathbf{X}\hat{\underline{\vartheta}}$, existiert eine eindeutige Lösung, die wegen (2.2–26) und (2.2–51) wie folgt geschrieben werden kann:

$$\hat{\sigma}_Z^2 = \frac{1}{n}(\underline{y} - \mathbf{X}\hat{\underline{\vartheta}})'(\underline{y} - \mathbf{X}\hat{\underline{\vartheta}}) = \frac{1}{n}S(\hat{\underline{\vartheta}}) = \frac{n-k}{n}s^2. \tag{2.2–126}$$

Sie ist also um den Faktor $\frac{n-k}{n}$ kleiner als die bei kleinsten Quadraten verwendete Schätzung s^2. Daß $\hat{\sigma}_Z^2$ $f(\underline{x};\hat{\underline{\vartheta}},\sigma_Z^2)$ unter der Bedingung $\underline{y} \neq \mathbf{X}\hat{\underline{\vartheta}}$ maximiert, erkennt man wie folgt: $f(\underline{x};\hat{\underline{\vartheta}},\sigma_Z^2)$ ist eine stetige, positive Funktion im Intervall $0 < \sigma_Z^2 < \infty$ und $f(\underline{x};\hat{\underline{\vartheta}},\sigma_Z^2) \to 0$ für $\sigma_Z^2 \to 0$ oder $\sigma_Z^2 \to \infty$. Wenn hingegen $\underline{y} = \mathbf{X}\hat{\underline{\vartheta}}$, $\underline{y}$ also in dem durch die Spalten von $\mathbf{X}$ aufgespannten Raum liegt, ist

$$f(\underline{x};\hat{\underline{\vartheta}},\sigma_Z^2) = (2\pi\sigma_Z^2)^{-\frac{n}{2}}, \tag{2.2–127}$$

so daß die Likelihood-Funktion kein Maximum im Bereich $\sigma_Z^2 > 0$ besitzt. Der (2.2–126) entsprechende Maximum-Likelihood-Schätzer ist im Gegensatz zu S^2 nicht erwartungstreu. Er ist aber genauso wie S^2 asymptotisch wirksam.

Beispiel

B2.2–10 Das in B2.2-6 untersuchte Problem soll nun so verallgemeinert werden, daß neben den linearen Parametern ϑ_1 und ϑ_2 der Schwingung $\vartheta_1 x_{i1} + \vartheta_2 x_{i2} = \vartheta_1 \cos\omega\Delta i + \vartheta_2 \sin\omega\Delta i$ und der Varianz σ_Z^2 der Störung auch die normierte Frequenz $\nu = \omega\Delta$ einen unbekannten Wert im Intervall $0 < \nu < \pi$ besitzt. Wir nehmen wieder an, daß das Störungsmodell $\underline{Z}$ $\mathrm{N}_n(\underline{0}, \sigma_Z^2 \mathbf{I})$-verteilt ist. Damit können wir versuchen, Maximum-Likelihood-Schätzungen aller Parameter zu konstruieren. Mit den Bezeichnungen

$$\mathbf{X}(\nu)' = \begin{pmatrix} \cos\nu & \cos\nu 2 & \cdots & \cos\nu n \\ \sin\nu & \sin\nu 2 & \cdots & \sin\nu n \end{pmatrix} \qquad (2.2\text{–}128)$$

und $\underline{\vartheta}' = (\vartheta_1, \vartheta_2)$ schreiben wir die logarithmierte Likelihood-Funktion wie in (2.2–103) :

$$\ln f(\underline{y}; \underline{\vartheta}, \sigma_Z^2, \nu) = -\frac{n}{2}\ln(2\pi\sigma_Z^2) - \frac{1}{2\sigma_Z^2}(\underline{y} - \mathbf{X}(\nu)\underline{\vartheta})'(\underline{y} - \mathbf{X}(\nu)\underline{\vartheta}). \qquad (2.2\text{–}129)$$

Wir maximieren sie, indem zunächst bei festgehaltenem σ_Z^2 und ν über $\underline{\vartheta}$, dann bei festgehaltenem ν über σ_Z^2 und schließlich über ν maximiert wird. Die Maximum-Likelihood-Schätzungen (2.2–25) und (2.2–126) und die Näherungen (2.2–59) und (2.2–60) liefern

$$\begin{pmatrix} \hat{\vartheta}_1 \\ \hat{\vartheta}_2 \end{pmatrix} = \frac{2}{n}\mathbf{X}(\nu)'\underline{y} = \frac{2}{n}\sum_{i=1}^{n} y_i \begin{pmatrix} \cos\nu i \\ \sin\nu i \end{pmatrix}, \qquad (2.2\text{–}130)$$

$$\begin{aligned} \hat{\sigma}_Z^2 &= \frac{1}{n}(\underline{y} - \mathbf{X}(\nu)\underline{\hat{\vartheta}})'(\underline{y} - \mathbf{X}(\nu)\underline{\hat{\vartheta}}) \\ &= \frac{1}{n}[\sum_{i=1}^{n} y_i^2 - \frac{2}{n}[(\sum_{i=1}^{n} y_i \cos\nu i)^2 \\ &\quad +(\sum_{i=1}^{n} y_i \sin\nu i)^2]]. \end{aligned} \qquad (2.2\text{–}131)$$

Das relative Maximum

$$\ln f(\underline{y}; \underline{\hat{\vartheta}}, \hat{\sigma}_Z^2, \nu) = -\frac{n}{2}\ln(2\pi\hat{\sigma}_Z^2) - \frac{n}{2} \qquad (2.2\text{–}132)$$

muß mit (2.2–131) über ν maximiert, d.h. $\hat{\sigma}_Z^2$ über ν minimiert, also das sogenannte PERIODOGRAMM

$$\mathrm{I}_{yy}(\nu) = \frac{1}{n}[(\sum_{i=1}^{n} y_i \cos\nu i)^2 + (\sum_{i=1}^{n} y_i \sin\nu i)^2] = \frac{1}{n}|\sum_{i=1}^{n} y_i e^{-j\nu i}|^2, \qquad (2.2\text{–}133)$$

das wir in Unterabschnitt 3.2.6 genauer untersuchen, über ν maximiert werden. Das Argument $\hat{\nu}$ des größten Wertes des Periodogramms,

$$\mathrm{I}_{yy}(\hat{\nu}) = \max_{\nu} \mathrm{I}_{yy}(\nu) \qquad (2.2\text{–}134)$$

liefert für große n und $0 < \hat{\nu} < \pi$ die Maximum-Likelihood-Schätzung der Frequenz. Das Maximum existiert, da $I_{yy}(\nu)$ eine stetige Funktion in $0 \leq \nu \leq \pi$ ist. Da zumindest $\hat{\sigma}_Z^2$ nicht erwartungstreu ist, können wir nicht die Cramér-Rao-Schranke für die Kovarianzmatrix der Maximum-Likelihood-Schätzer verwenden. So bleibt nur zu untersuchen, ob asymptotische Wirksamkeit der Schätzer gegeben ist. Die Informationsmatrix $\mathcal{J}(\underline{\vartheta}, \sigma_Z^2, \nu)$ ist eine (4x4)-Matrix, die links oben (2.2–111) als Untermatrix besitzt, wobei die Näherung (2.2–56) und damit Unabhängigkeit dieser Untermatrix von der Frequenz gilt. Das untere Diagonalelement von $\mathcal{J}(\underline{\vartheta}, \sigma_Z^2, \nu)$ ist

$$\begin{aligned}
\mathcal{J}_{44} &= \mathrm{E}[\frac{\partial}{\partial\nu} \ln f(\underline{Y}; \underline{\vartheta}, \sigma_Z^2, \nu)]^2 \\
&= \frac{1}{\sigma_Z^4} \underline{\vartheta}'(\frac{\partial}{\partial\nu}\mathbf{X}(\nu))'\mathrm{E}\underline{Z}\,\underline{Z}'(\frac{\partial}{\partial\nu}\mathbf{X}(\nu))\underline{\vartheta} \\
&= \frac{1}{\sigma_Z^2} \underline{\vartheta}'(\frac{\partial}{\partial\nu}\mathbf{X}(\nu))'(\frac{\partial}{\partial\nu}\mathbf{X}(\nu))\underline{\vartheta}. \qquad (2.2\text{–}135)
\end{aligned}$$

Mit (2.2–128) ergibt sich

$$\begin{aligned}
\mathcal{J}_{44} &= \frac{1}{\sigma_Z^2}[\vartheta_1^2 \sum_{i=1}^n i^2(\sin\nu i)^2 + \vartheta_2^2 \sum_{i=1}^n i^2(\cos\nu i)^2 \\
&\quad -2\vartheta_1\vartheta_2 \sum_{i=1}^n i^2 \cos\nu i \,\sin\nu i] \\
&= \frac{1}{\sigma_Z^2}[(\vartheta_1^2 + \vartheta_2^2)(\frac{n^3}{6} + \frac{n^2}{4} + \frac{n}{12}) \\
&\quad +\frac{1}{2}(\vartheta_2^2 - \vartheta_1^2)\sum_{i=1}^n i^2 \cos 2\nu i - \vartheta_1\vartheta_2 \sum_{i=1}^n i^2 \sin 2\nu i], \qquad (2.2\text{–}136)
\end{aligned}$$

wobei wir trigonometrisch umgeformt und die Summenformel für $\sum i^2$ verwandt haben. Demnach wächst $\mathcal{J}_{44}$ mit n wie n^3. Entsprechend berechnet man die anderen Elemente der vierten Zeile der Informationsmatrix, die mit n^2 wachsen. Wir beobachten nun, daß der in (2.2–114) geforderte Grenzwert nicht existiert. So kann der Maximum-Likelihood-Schätzer nicht asymptotisch wirksam sein, falls die Frequenz mitgeschätzt wird. Walker [2] konnte jedoch sogar für nicht normalverteilte, stochastisch unabhängige und identisch verteilte Störungen Z_i mit $\mathrm{E}Z_i = 0$ und $\mathrm{E}Z_i^2 = \sigma_Z^2$ sowie $0 < \nu < \pi$ zeigen, daß die Schätzer für $\vartheta_1, \vartheta_2, \sigma_Z^2$ und ν nach (2.2–130),(2.2–131) und (2.2–134) konsistent sind. Weiterhin ist der Schätzer für $(\vartheta_1, \vartheta_2, \nu)'$ asymptotisch normalverteilt in dem Sinne, daß seine Verteilung asymptotisch die der Normalverteilung mit dem Erwartungsvektor $(\vartheta_1, \vartheta_2, \nu)'$ und der Kovarianzmatrix

$$\frac{2\sigma_Z^2}{\vartheta_1^2 + \vartheta_2^2} \begin{pmatrix} n^{-1}(\vartheta_1^2 + 4\vartheta_2^2) & -3n^{-1}\vartheta_1\vartheta_2 & -6n^{-2}\vartheta_2 \\ \cdot & n^{-1}(4\vartheta_1^2 + \vartheta_2^2) & 6n^{-2}\vartheta_1 \\ \cdot & \cdot & 12n^{-3} \end{pmatrix} \qquad (2.2\text{–}137)$$

[2] Walker, A. W. (1971): On the estimation of a harmonic component in a time series with stationary independent residuals. Biometrika 58, 21–36

darstellt. Die Punkte sollen hierbei die Symmetrie der Matrix andeuten. Der Schätzer für σ_Z^2 ist asymptotisch unabhängig von den anderen Schätzern und asymptotisch normalverteilt mit dem Erwartungswert σ_Z^2 und der Varianz $2n^{-1}\sigma_Z^4$. Wir bemerken, daß die Varianz des Frequenzschätzers, abgesehen von einem Faktor, der als das 12-fache des Verhältnisses von Stör- zu Signalleistung interpretiert werden kann, wie n^{-3} gegen Null konvergiert im Gegensatz zu den Varianzen der anderen Schätzer, die sich wie n^{-1} verhalten. Dies kann man heuristisch damit begründen, daß das Periodogramm (2.2–133) scharfe Spitzen besitzt, deren „Breite" nur ungefähr $\frac{1}{n}$ ist. Befände man sich bei der Maximumsuche mit einem Anfangswert auf der richtigen Spitze des Periodogramms , so würde auch ein numerisches Optimierungsverfahren sehr schnell zum Wert $\hat{\nu}$ konvergieren.

2.2.2 Hypothesentesten

1) Tests und Signalentdeckung

Von einem Zufallsexperiment mit den Beobachtungen $x_1, \ldots, x_n$ des Versuchsergebnisses wird im vorangegangenen Unterabschnitt angenommen, daß $\underline{x} = (x_1, \ldots, x_n)'$ Realisierung eines Zufallsvektors $\underline{X}$ ist, der eine Dichte $f_{\underline{X}}(\underline{x}; \underline{\vartheta})$ besitzt, die wir bis auf einen Parametervektor $\underline{\vartheta} = (\vartheta_1, \ldots, \vartheta_k)'$ kennen. Wir wissen auch, daß $\underline{\vartheta}$ Element einer uns bekannten Menge $\mathcal{H} \subset \mathbb{R}^k$ ist. Diese Parametermenge sei in zwei disjunkte Teilmengen $\mathcal{H}_0$ und $\mathcal{H}_1$ zerlegt: $\mathcal{H}_0 \cup \mathcal{H}_1 = \mathcal{H}$ mit $\mathcal{H}_0 \cap \mathcal{H}_1 = \emptyset$. Wir wollen uns nun nicht wie beim Parameterschätzen aus den Beobachtungen $\underline{x}$ mit Hilfe einer Schätzfunktion $\underline{\hat{\vartheta}}(\underline{x})$ Vorstellungen über den Wert des Parametervektors $\underline{\vartheta}$, der die Wahrscheinlichkeiten festlegt, die dem Zufallsexperiment zugrunde lagen, verschaffen, sondern nur entscheiden, aus welcher der beiden Mengen er stammt: entweder $\underline{\vartheta} \in \mathcal{H}_0$ oder $\underline{\vartheta} \in \mathcal{H}_1$. Wir nennen $\mathcal{H}_0$ die HYPOTHESE oder NULLHYPOTHESE und $\mathcal{H}_1$ die ALTERNATIVE oder EINSHYPOTHESE.

Die Entscheidung treffen wir bei gegebenem $\underline{x}$ mit Hilfe einer TESTFUNKTION

$$\underline{x} \in \mathbb{R}^n \,, \; \underline{x} \to \psi(\underline{x}) \in [0,1] \,, \qquad (2.2\text{–}138)$$

deren Wert wir als Wahrscheinlichkeit interpretieren, daß wir uns für $\underline{\vartheta} \in \mathcal{H}_1$ entscheiden, d.h. die Hypothese $\mathcal{H}_0$ ablehnen, wenn $\underline{x}$ beobachtet wird. Entsprechend akzeptieren wir die Hypothese $\mathcal{H}_0$, entscheiden also $\underline{\vartheta} \in \mathcal{H}_0$ mit der Wahrscheinlichkeit $1 - \psi(\underline{x})$. Die Entscheidung selbst wird zufällig, zum Beispiel durch Werfen einer entsprechend gezinkten Münze getroffen. Das Entscheidungsverfahren heißt TEST. Der Test wird RANDOMISIERT genannt, wenn die Testfunktion Werte $0 < \psi(\underline{x}) < 1$ annimmt, anderenfalls DETERMINISTISCH. Im zweiten Fall gibt es eine Menge $\mathcal{K} \subset \mathbb{R}^n$, die KRITISCHER BEREICH genannt wird, so daß

$$\psi(\underline{x}) = 1_{\mathcal{K}}(\underline{x}) = \begin{cases} 1 & , \quad \text{wenn}\, \underline{x} \in \mathcal{K} \\ 0 & , \quad \text{sonst} \end{cases} \,. \qquad (2.2\text{–}139)$$

Den Erwartungswert von $\psi(\underline{X})$, ψ muß also die Meßbarkeitsbedingung $\psi^{-1}((-\infty, x]) \in$

$\mathcal{B}^n$ für alle $x \in \mathbf{R}$ erfüllen,

$$\beta(\underline{\vartheta}, \psi) = \mathrm{E}_{\underline{\vartheta}}\psi(\underline{X}) = \int_{\mathbf{R}^n} \psi(\underline{x}) f_{\underline{X}}(\underline{x}; \underline{\vartheta}) \mathrm{d}\underline{x} \qquad (2.2\text{–}140)$$

nennt man GÜTE. Sie kann man als Wahrscheinlichkeit für das Ablehnen der Hypothese interpretieren unabhängig von den Beobachtungen, wenn $\underline{\vartheta}$ der richtige Parameter ist und mit ψ getestet wird. Dies wird deutlicher bei einem deterministischen Test:

$$\beta(\underline{\vartheta}, \psi) = \mathrm{E}_{\underline{\vartheta}} 1_{\mathcal{K}}(\underline{X}) = \int_{\mathcal{K}} f_{\underline{X}}(\underline{x}; \underline{\vartheta}) \mathrm{d}\underline{x} = P_{\underline{\vartheta}}\{\underline{X} \in \mathcal{K}\}. \qquad (2.2\text{–}141)$$

Wenn für den tatsächlich vorliegenden Parametervektor $\underline{\vartheta} \in \mathcal{H}_0$ gilt, ist $\beta(\underline{\vartheta}, \psi)$ die Wahrscheinlichkeit dafür, daß man sich falsch entscheidet, d.h. unkorrekt die Hypothese ablehnt und die Alternative wählt. Im anderen Fall, $\underline{\vartheta} \in \mathcal{H}_1$, ist $\beta(\underline{\vartheta}, \psi)$ die Wahrscheinlichkeit einer korrekten Entscheidung für die Alternative und $1 - \beta(\underline{\vartheta}, \psi)$ diejenige, mit der die Hypothese unkorrekt akzeptiert wird. Schließlich nennt man

$$\alpha = \sup_{\underline{\vartheta} \in \mathcal{H}_0} \beta(\underline{\vartheta}, \psi) \qquad (2.2\text{–}142)$$

das NIVEAU des Tests. Demnach ist α die kleinste obere Schranke aller Wahrscheinlichkeiten für unkorrektes Ablehnen der Hypothese bei Verwendung von ψ.

Unter allen Tests des Niveaus α kann man nun solche suchen, die die Wahrscheinlichkeit für eine korrekte Entscheidung für die Alternative gleichmäßig für alle $\underline{\vartheta} \in \mathcal{H}_1$ maximieren. Sie heißen BESTE Tests. Die Theorie optimaler Tests, vergl. Behnen und Neuhaus (1984), lehrt, daß es solche Tests nur in Sonderfällen oder nur für eingeschränkte Klassen von Tests gibt, worauf wir nicht eingehen können. Statt dessen soll im folgenden an bisher schon untersuchten Sonderfällen gezeigt werden, wie Tests heuristisch konstruiert werden können und welche Eigenschaften sie besitzen.

Als erste Anwendung betrachten wir das in der Einleitung angesprochene Signalentdeckungsproblem des Modells (1–1) in abgetasteter Form, das wir so aufschreiben:

$$y_i = \vartheta x_i + z_i \quad (i = 1, \ldots, n). \qquad (2.2\text{–}143)$$

Hierbei seien $x_1, x_2, \ldots, x_n$ nicht die Beobachtungen, sondern die Abtastwerte eines uns bekannten, zum Beispiel sinusförmigen Signals, die Amplitude ϑ ein unbekannter, reeller Parameter und $y_1, y_2, \ldots, y_n$ die Abtastwerte des gemessenen Signals. Das abgetastete Störsignal $z_1, z_2, \ldots, z_n$ sei modelliert durch unabhängige Zufallsvariablen $Z_1, Z_2, \ldots, Z_n$, die alle die gleiche Verteilung $\mathrm{N}(0, \sigma_Z^2)$ besitzen. Es liegt also das einfachste Modell für kleinste Quadrate (2.2–35) mit normalverteilten Störungen vor. Wir wollen nun anhand der Beobachtungen $y_1, y_2, \ldots, y_n$ entscheiden, ob $\vartheta \neq 0$ oder $\vartheta = 0$ anzunehmen ist, d.h. erkennen, ob das gemessene Signal das uns bekannte Signal enthält oder nicht. Man spricht daher vom SIGNALENTDECKUNGS- oder -DETEKTIONSPROBLEM. Die Entscheidung wollen wir mit einem Test durchführen. Einen solchen Test bezeichnet man auch als einen DETEKTOR. Wir nehmen zunächst an, die Varianz σ_Z^2 zu kennen und beabsichtigen, anhand der Beobachtungen $y_1, y_2, \ldots, y_n$ die Hypothese $\vartheta = 0$ gegen die Alternative $\vartheta \neq 0$ zu testen. Getestet werden soll also der einfachere Fall, nämlich daß die Meßwerte kein Signal enthalten. Das Modell der

Beobachtungen (2.2–143) sind Zufallsvariablen $Y_1, Y_2, \ldots, Y_n$, die wir zum Zufallsvektor $\underline{Y}$ wie in (2.2–35) zusammenfassen, der die Dichte

$$f_{\underline{Y}}(\underline{y};\vartheta) = \frac{1}{(2\pi\sigma_Z^2)^{n/2}} \exp(-\frac{1}{2\sigma_Z^2}\sum_{i=1}^{n}(y_i - \vartheta x_i)^2) \qquad (2.2\text{–}144)$$

besitzt. Hypothese und Alternative sind $\mathcal{H}_0 = \{0\}$ und $\mathcal{H}_1 = \mathbf{R} - \{0\}$.

Mit Hilfe der Kleinste-Quadrate-Schätzung (2.2–27) erhalten wir eine Vorstellung über die Größe des unbekannten Parameters ϑ:

$$\hat{\vartheta}(\underline{y}) = \sum_{i=1}^{n} x_i y_i / \sum_{l=1}^{n} x_l^2. \qquad (2.2\text{–}145)$$

Wenn $|\hat{\vartheta}(\underline{y})|$ klein ist, sollten wir die Hypothese akzeptieren. Demnach könnte die Testfunktion folgende Form besitzen:

$$\psi_0(\underline{y}) = \begin{cases} 1 & , \text{ wenn } |\hat{\vartheta}(\underline{y})| > \kappa \\ 0 & , \text{ sonst} \end{cases}, \qquad (2.2\text{–}146)$$

wobei wir die Schwelle $\kappa \geq 0$ noch festlegen müßten. Der Test ist deterministisch mit dem kritischen Bereich

$$\mathcal{K} = \{\underline{y} : |\sum_{i=1}^{n} x_i y_i / \sum_{l=1}^{n} x_l^2| > \kappa\}, \qquad (2.2\text{–}147)$$

also der Menge der Punkte des $\mathbf{R}^n$, die nicht zwischen den beiden parallelen Hyperebenen

$$\{\underline{y} : \sum_{i=1}^{n} x_i y_i \,/\, \sum_{l=1}^{n} x_l^2 = \pm\kappa\} \qquad (2.2\text{–}148)$$

liegen.

Mit dem Schätzer $\hat{\Theta} = \hat{\vartheta}(\underline{Y})$ und seinen Verteilungseigenschaften können wir die Güte des Tests als Funktion des Parameters ϑ und der Schwelle κ bestimmen. Nach (2.2–52) ist $\hat{\Theta}$ $\mathrm{N}(\vartheta, \sigma_Z^2 / \sum_{l=1}^{n} x_l^2)$-verteilt. So liefert (2.2–141)

$$\begin{aligned} \beta(\vartheta,\psi_0) &= \mathrm{E}_\vartheta \psi_0(\underline{Y}) = \mathrm{E}_\vartheta 1_{\mathbf{R}-[-\kappa,\kappa]}(\hat{\Theta}) = \mathrm{P}_\vartheta\{|\hat{\Theta}| > \kappa\} \\ &= \mathrm{P}_\vartheta\{\hat{\Theta} < -\kappa\} + \mathrm{P}_\vartheta\{\hat{\Theta} > \kappa\} \\ &= \Phi(\frac{-\kappa-\vartheta}{\sigma}) + 1 - \Phi(\frac{\kappa-\vartheta}{\sigma}). \end{aligned} \qquad (2.2\text{–}149)$$

Hierbei haben wir ausgenutzt, daß die Verteilungsfunktion der normalverteilten Zufallsvariable $\hat{\Theta}$ (2.1–70) entsprechend durch $\Phi(\frac{x-\vartheta}{\sigma})$ gegeben ist, wenn $\sigma^2 = \sigma_Z^2 / \sum_{l=1}^{n} x_l^2$ gesetzt wird. Die Schwelle κ soll nun so gewählt werden, daß das Niveau einen vorgegebenen Wert, zum Beispiel $\alpha = 0{,}01$, erreicht. Formel (2.2–142) besagt in unserem Fall, daß das Niveau α die Wahrscheinlichkeit für unkorrektes Ablehnen der Hypothese ist, die in Anlehnung an Radaranwendungen auch FALSCHALARMWAHRSCHEINLICHKEIT genannt wird:

$$\alpha = \beta(0,\psi_0) = \Phi(\frac{-\kappa}{\sigma}) + 1 - \Phi(\frac{\kappa}{\sigma}) = 2(1 - \Phi(\frac{\kappa}{\sigma})). \qquad (2.2\text{–}150)$$

Wenn wie in (2.2–78) $N_{\frac{\alpha}{2}}$ diejenige Zahl ist, die von einer standardnormalverteilten Zufallsvariable mit der Wahrscheinlichkeit $\frac{\alpha}{2}$ überschritten wird, so muß

$$\kappa = N_{\frac{\alpha}{2}}\sigma = N_{\frac{\alpha}{2}}\sqrt{\sigma_Z^2 / \sum_{i=1}^{n} x_i^2} \qquad (2.2\text{–}151)$$

gewählt werden, um (2.2–150) zu erfüllen. Da wir σ_Z^2 als bekannt voraussetzen, ist der Test mit dem Niveau α bzw. der Detektor festgelegt, der eine Falschalarmwahrscheinlichkeit mit dem Wert α garantiert.

Desweiteren sollten wir noch eine Vorstellung davon bekommen, wie gut unser Test bzw. Detektor ist, d.h. wie sich die Güte für $\vartheta \neq 0$, also die Wahrscheinlichkeit einer korrekten Entscheidung für die Alternative, die auch DETEKTIONSWAHRSCHEINLICHKEIT genannt wird, verhält. Mit (2.2–149), (2.2–151) und der Definition des SIGNAL–ZU–STÖRABSTANDES als Verhältnis von Signalenergie und Störleistung,

$$d^2 = \frac{\vartheta^2 \sum_{i=1}^{n} x_i^2}{\sigma_Z^2}, \qquad (2.2\text{–}152)$$

berechnen wir die Detektionswahrscheinlichkeit zu

$$\mathrm{P}_D(\alpha, d) = \beta(\vartheta, \psi) = \Phi(-d - N_{\frac{\alpha}{2}}) + \Phi(d - N_{\frac{\alpha}{2}}) \qquad (2.2\text{–}153)$$

als Funktion der Falschalarmwahrscheinlichkeit α und der positiven Wurzel d aus dem Signal–zu–Störabstand. Abb. 2.2.3 zeigt eine entsprechende Kurvenschar, die CHARAKTERISTIK des Detektors genannt wird. Es bleibt noch festzustellen, daß der Detektor einen besten Test in der Klasse aller Tests darstellt, deren Testfunktionen ψ die Bedingungen

$$\beta(0, \psi) \leq \alpha \text{ und } \beta(\vartheta, \psi) \geq \alpha \text{ für alle } \vartheta \neq 0 \qquad (2.2\text{–}154)$$

erfüllen, was wir hier nicht beweisen wollen. Für ψ_0 gilt also

$$\beta(0, \psi_0) = \alpha \text{ und } \beta(\vartheta, \psi_0) \geq \beta(\vartheta, \psi) \text{ für alle } \vartheta \neq 0 \text{ und } \psi \text{ dieser Klasse.} \qquad (2.2\text{–}155)$$

Eine zweckmäßige Interpretation des Detektors ergibt sich, wenn die Bedingung in (2.2–146) quadriert und durch σ^2 dividiert sowie (2.2–151) und (2.2–152) beachtet werden: Der Detektor vergleicht den geschätzten Signal–zu–Störabstand

$$\hat{d}^2 = \frac{\hat{\vartheta}(\underline{y})^2 \sum_{i=1}^{n} x_i^2}{\sigma_Z^2} \qquad (2.2\text{–}156)$$

mit der von den Verteilungsparametern unabhängigen Schwelle $N_{\frac{\alpha}{2}}^2$. Bei Überschreiten der Schwelle wird ein Signal entdeckt; anderenfalls wird davon ausgegangen, daß das gemessene Signal nur Störungen sind.

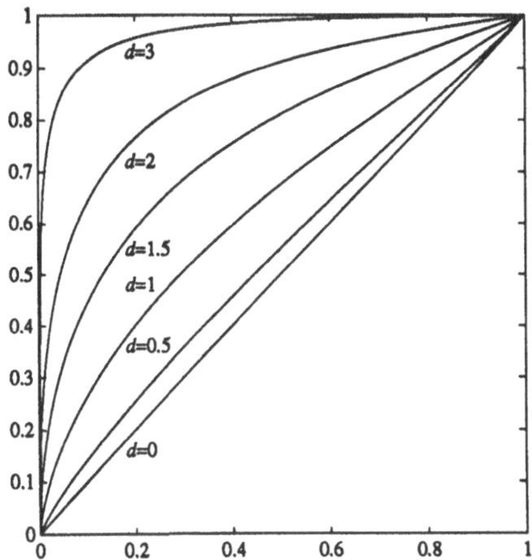

Abbildung 2.2.3: Detektorcharakteristik: Detektionswahrscheinlichkeit über der Falschalarmwahrscheinlichkeit. Das Quadrat des Scharparameters ist der Signal-zu-Störabstand.

2) Testen mit kleinsten Quadraten

Wir kehren zum allgemeinen Modell für kleinste Quadrate (2.2–28) mit $N(\underline{0}, \sigma_Z^2 \mathbf{I})$-verteiltem Fehlervektor $\underline{Z}$ zurück und liefern zunächst den noch anstehenden Beweis von (2.2–53), daß nämlich der Schätzer $S^2 = \frac{S(\hat{\Theta})}{n-k}$ für σ_Z^2 stochastisch unabhängig von $\underline{\hat{\Theta}} = (\mathbf{X}'\mathbf{X})^{-1}\mathbf{X}'\underline{Y}$, dem Schätzer für $\underline{\vartheta}$, und bis auf den Faktor $\frac{\sigma_Z^2}{n-k}$ χ_{n-k}^2-verteilt ist. Anschließend zeigen wir, daß $(\underline{\hat{\Theta}} - \underline{\vartheta})'\mathbf{X}'\mathbf{X}(\underline{\hat{\Theta}} - \underline{\vartheta})$ unabhängig von $S(\underline{\hat{\Theta}})$ bis auf den Faktor σ_Z^2 χ_k^2-verteilt ist. So sind wir in der Lage, einen Test zum Beispiel für die Hypothese $\underline{\vartheta} = \underline{0}$ gegen die Alternative $\underline{\vartheta} \neq \underline{0}$ zu konstruieren und auf das Signalentdeckungsproblem des Beispiels B2.2-6 anzuwenden.

Die minimale Summe der Quadrate wurde in (2.2–49) bestimmt. Sie wollen wir kurz SUMME DER FEHLERQUADRATE S_F nennen:

$$S_F = S(\underline{\hat{\Theta}}) = \underline{Y}'\underline{Y} - \underline{\hat{\Theta}}' \, \mathbf{X}'\mathbf{X} \, \underline{\hat{\Theta}} = \underline{Y}'\mathbf{P}\underline{Y}, \tag{2.2–157}$$

wobei $\mathbf{P} = \mathbf{I} - \mathbf{X}(\mathbf{X}'\mathbf{X})^{-1}\mathbf{X}'$ eine Projektionsmatrix ist, die einen Vektor $\underline{a} \in \mathbf{R}^n$ durch $\mathbf{P}\underline{a}$ in denjenigen linearen Raum projiziert, der orthogonal zu den k Spalten von $\mathbf{X}$ ist. Entsprechend projiziert $\mathbf{I} - \mathbf{P} = \mathbf{X}(\mathbf{X}'\mathbf{X})^{-1}\mathbf{X}'$ in den durch die Spalten von $\mathbf{X}$ aufgespannten Raum. Wegen $\mathbf{P}'\mathbf{P} = \mathbf{P} = \mathbf{P}'$ können wir $S_F = \underline{Y}'\mathbf{P}'\mathbf{P}\underline{Y} = |\mathbf{P}\underline{Y}|^2$ schreiben. Da $\mathbf{P}\underline{Y}$ ein linear transformierter, normalverteilter Vektor ist, muß er mit dem im Zusammenhang von (2.1–213) Gesagtem auch normalverteilt sein und zwar mit dem Erwartungsvektor $\mathbf{P}E\underline{Y} = \mathbf{P}\mathbf{X}\underline{\vartheta} = \mathbf{0}\underline{\vartheta} = \underline{0}$ und der Kovarianzmatrix

$\mathbf{P}\sigma_Z^2\mathbf{I}\mathbf{P}' = \sigma_Z^2\mathbf{P}\mathbf{P}' = \sigma_Z^2\mathbf{P}$. Auch der aus $(\mathbf{I}-\mathbf{P})\underline{Y}$ und $\mathbf{P}\underline{Y}$ zusammengesetzte Vektor ist normalverteilt. Hierbei sind $\mathrm{E}(\mathbf{I}-\mathbf{P})\underline{Y} = \mathbf{X}\mathrm{E}\underline{\hat{\Theta}} = \mathbf{X}\underline{\vartheta}$ der Erwartungsvektor und $\mathrm{E}(\mathbf{I}-\mathbf{P})(\underline{Y}-\mathbf{X}\underline{\vartheta})(\underline{Y}-\mathbf{X}\underline{\vartheta})'(\mathbf{I}-\mathbf{P}) = \sigma_Z^2(\mathbf{I}-\mathbf{P})$ die Kovarianzmatrix von $(\mathbf{I}-\mathbf{P})\underline{Y} = \mathbf{X}(\mathbf{X}'\mathbf{X})^{-1}\mathbf{X}'\underline{Y} = \mathbf{X}\underline{\hat{\Theta}}$. Schließlich sind $(\mathbf{I}-\mathbf{P})\underline{Y}$ und $\mathbf{P}\underline{Y}$ stochastisch unabhängig, da sie gemeinsam normalverteilt sind und ihre Kreuzkovarianzmatrix $\mathrm{E}(\mathbf{I}-\mathbf{P})(\underline{Y}-\mathbf{X}\underline{\vartheta})(\mathbf{P}\underline{Y})' = (\mathbf{I}-\mathbf{P})\mathrm{E}(\underline{Y}-\mathbf{X}\underline{\vartheta})\underline{Y}'\mathbf{P} = \sigma_Z^2(\mathbf{I}-\mathbf{P})\mathbf{P} = \mathbf{0}$ ist. Dann müssen wegen (2.1–207) auch $(\mathbf{X}'\mathbf{X})^{-1}\mathbf{X}'(\mathbf{I}-\mathbf{P})\underline{Y} = \underline{\hat{\Theta}}$ und $|\mathbf{P}\underline{Y}|^2/(n-k) = S_F/(n-k) = S^2$ stochastisch unabhängig sein.

Entsprechend sieht man ein, daß die SUMME DER REGRESSORQUADRATE

$$S_R = \underline{\hat{\Theta}}'\mathbf{X}'\mathbf{X}\underline{\hat{\Theta}} = \underline{Y}'\mathbf{X}(\mathbf{X}'\mathbf{X})^{-1}\mathbf{X}'\underline{Y} = \underline{Y}'(\mathbf{I}-\mathbf{P})\underline{Y} \tag{2.2–158}$$

stochastisch unabhängig von der Summe der Fehlerquadrate S_F ist. Gleiches gilt für

$$T_R = (\underline{\hat{\Theta}} - \underline{\vartheta})'\mathbf{X}'\mathbf{X}(\underline{\hat{\Theta}} - \underline{\vartheta}). \tag{2.2–159}$$

Wir zeigen nun, daß $\frac{S_F}{\sigma_Z^2}$ χ^2_{n-k} und $\frac{T_R}{\sigma_Z^2}$ χ^2_k-verteilt sind. Hierzu denken wir uns eine orthogonale $(n\times n)$–Matrix $\mathbf{A}$, die also $\mathbf{A}'\mathbf{A} = \mathbf{A}\mathbf{A}' = \mathbf{I}$ erfüllt, so, daß die ersten k Spalten eine orthonormale Basis des linearen Raumes sind, der durch die Spalten von $\mathbf{X}$ aufgespannt wird. Sie seien zur $(n\times k)$–Matrix $\mathbf{A}_1$ zusammengefaßt. Dann gibt es eine nichtsinguläre $(k\times k)$–Matrix $\mathbf{B}$ derart, daß $\mathbf{X} = \mathbf{A}_1\mathbf{B}$ gilt. Schreiben wir $\mathbf{A} = (\mathbf{A}_1, \mathbf{A}_2)$, so ist der Zufallsvektor $\mathbf{A}'(\underline{Y}-\mathbf{X}\underline{\vartheta})$ normalverteilt mit dem Erwartungsvektor $\underline{0}$ und der Kovarianzmatrix $\mathbf{A}'\sigma_Z^2\mathbf{I}\mathbf{A} = \sigma_Z^2\mathbf{I}$. $\mathbf{A}_1'(\underline{Y}-\mathbf{X}\underline{\vartheta}) = \mathbf{A}_1'\underline{Y} - \mathbf{A}_1'\mathbf{X}\underline{\vartheta} = \mathbf{A}_1'\underline{Y} - \mathbf{B}\underline{\vartheta}$ und $\mathbf{A}_2'(\underline{Y}-\mathbf{X}\underline{\vartheta}) = \mathbf{A}_2'\underline{Y}$ sind stochastisch unabhängig. Da wegen $\mathbf{A}_1'\mathbf{A}_1 = \mathbf{I}$ auch $\mathbf{I}-\mathbf{P} = \mathbf{X}(\mathbf{X}'\mathbf{X})^{-1}\mathbf{X}' = \mathbf{A}_1\mathbf{B}(\mathbf{B}'\mathbf{A}_1'\mathbf{A}_1\mathbf{B})^{-1}\mathbf{B}'\mathbf{A}_1' = \mathbf{A}_1\mathbf{A}_1'$ und entsprechend $\mathbf{P} = \mathbf{A}_2\mathbf{A}_2'$ gelten müssen, folgt, daß $S_F = \underline{Y}'\mathbf{P}\underline{Y} = \underline{Y}'\mathbf{A}_2\mathbf{A}_2'\underline{Y} = |\mathbf{A}_2'\underline{Y}|^2$ die Summe aus $n-k$ Quadraten stochastisch unabhängiger $\mathrm{N}(0,\sigma_Z^2)$-verteilter Zufallsvariablen ist und deshalb bis auf den Faktor σ_Z^2 χ^2_{n-k}-verteilt sein muß. Andererseits ist $T_R = (\underline{Y}-\mathbf{X}\underline{\vartheta})'(\mathbf{I}-\mathbf{P})(\underline{Y}-\mathbf{X}\underline{\vartheta}) = (\underline{Y}-\mathbf{X}\underline{\vartheta})'\mathbf{A}_1\mathbf{A}_1'(\underline{Y}-\mathbf{X}\underline{\vartheta}) = |\mathbf{A}_1'(\underline{Y}-\mathbf{X}\underline{\vartheta})|^2$ und ähnlich argumentierend bis auf den Faktor σ_Z^2 χ^2_k-verteilt. Für $\underline{\vartheta} = \underline{0}$ ist S_R wie T_R verteilt.

Wir fassen zusammen : Für $\mathrm{N}(\underline{0}, \sigma_Z^2\mathbf{I})$-verteilte Fehlervektoren im Kleinste-Quadrate-Modell (2.2–28) gilt neben (2.2–52) und (2.2–53) auch folgendes:

> Die Summe der Regressorquadrate $S_R = |\mathbf{X}\underline{\hat{\Theta}}|^2$ ist stochastisch unabhängig von der Summe der Fehlerquadrate $S_F = |\underline{Y}|^2 - S_R$.
> $\frac{S_F}{\sigma_Z^2}$ ist χ^2_{n-k}-verteilt. Für $\underline{\vartheta} = \underline{0}$ ist $\frac{S_R}{\sigma_Z^2}$ χ^2_k-verteilt. (2.2–160)

Als Konsequenz ergibt sich aus (2.1–130):

$$V = v(\underline{Y}) = \frac{S_R/k}{S_F/(n-k)} \text{ ist für } \underline{\vartheta} = \underline{0}\ F_{k,n-k}\text{-verteilt,} \tag{2.2–161}$$

also unabhängig von σ_Z^2. Wenn $\underline{\vartheta} \neq \underline{0}$, heißt die Verteilung von V NICHTZENTRALE F–VERTEILUNG mit k und $n-k$ Freiheitsgraden. Sie hängt von den Modellparametern nur über den NICHTZENTRALITÄTSPARAMETER

$$\delta^2 = \frac{|\mathbf{X}\underline{\vartheta}|^2}{\sigma_Z^2} \tag{2.2–162}$$

ab, vergl. Wittig und Nölle (1970). In Analogie zu (2.2–152) können wir δ^2 als Signal-zu-Störabstand interpretieren, wenn $\mathbf{X}\underline{\vartheta}$ als Überlagerung von k bekannten Signalen interpretiert wird, für den kV ein Schätzer ist.

Soll die Hypothese $\underline{\vartheta} = \underline{0}$ gegen die Alternative $\underline{\vartheta} \neq \underline{0}$ bei unbekanntem $\sigma_Z^2 > 0$ getestet werden, so bietet es sich wieder an, den geschätzten Signal-zu-Störabstand oder $v(\underline{y})$ mit einer Schwelle zu vergleichen. Bezeichnet wieder $F_{k,n-k,\alpha}$ diejenige Zahl, die von einer $F_{k,n-k}$-verteilten Zufallsvariablen mit der Wahrscheinlichkeit α überschritten wird, so kann man als Testfunktion

$$\psi_0(\underline{y}) = \begin{cases} 1 & , \quad \text{wenn } v(\underline{y}) > F_{k,n-k,\alpha} \\ 0 & , \quad \text{sonst} \end{cases} \tag{2.2–163}$$

benutzen und $v(\underline{y})$ wie folgt aus den gemessenen Daten berechnen: Zunächst wird das lineare Gleichungssystem $\mathbf{X}'\mathbf{X}\hat{\underline{\vartheta}} = \mathbf{X}'\underline{y}$ nach $\hat{\underline{\vartheta}}$ gelöst oder, wenn $\mathbf{G} = \mathbf{X}(\mathbf{X}'\mathbf{X})^{-1}\mathbf{X}'$ schon bekannt ist, $\mathbf{X}\hat{\underline{\vartheta}} = \mathbf{G}\underline{y}$ in einem Zug berechnet. Sodann ergibt sich

$$v(\underline{y}) = \frac{n-k}{k} \frac{|\mathbf{X}\hat{\underline{\vartheta}}|^2}{|\underline{y}|^2 - |\mathbf{X}\hat{\underline{\vartheta}}|^2} = \frac{n-k}{k} \frac{s_R(\underline{y})}{|\underline{y}|^2 - s_R(\underline{y})}. \tag{2.2–164}$$

Die Hypothese $\underline{\vartheta} = \underline{0}$ wird also abgelehnt, wenn $v(\underline{y})$ die Schwelle $F_{k,n-k,\alpha}$ überschreitet und andernfalls akzeptiert. Dieser sogenannte F–TEST besitzt das Niveau α, da die Wahrscheinlichkeit einer unkorrekten Ablehnung der Hypothese nach (2.2–141)

$$\beta(\underline{0}, \psi_0) = \mathrm{P}\{\underline{y} \in \mathcal{K}\} = \mathrm{P}\{V > F_{k,n-k,\alpha}\} = \alpha \tag{2.2–165}$$

ist, die nicht von σ_Z^2 abhängt. Im Anhang A3.3 findet man Tabellen der Werte $F_{k,m,\alpha}$.

Die Güte für $\underline{\vartheta} \neq \underline{0}$ ist die Wahrscheinlichkeit für korrektes Akzeptieren der Alternative,

$$\beta(\underline{\vartheta}, \sigma_Z^2, \psi_0) = \mathrm{P}_{\underline{\vartheta},\sigma_Z^2}\{V > F_{k,n-k,\alpha}\} = \mathrm{P}_D(\alpha, k, n, \delta^2), \tag{2.2–166}$$

die wir in einem Signalentdeckungsproblem als Detektionswahrscheinlichkeit interpretieren. Sie hängt neben der Anzahl k der Signale, n der Meßwerte und der Falschalarmwahrscheinlichkeit α nur noch vom Signal-zu-Störabstand (2.2–162) ab. Detektorcharakteristiken in Form von Abb. 2.2.3 könnte man mit den in der Literatur vorhandenen umfangreichen Tabellenwerken zur nichtzentralen F-Verteilung bestimmen. Man kann zeigen, daß der F-Test nach (2.2–163) ein bester Test in der Klasse aller Tests zum Niveau α ist, die INVARIANT gegenüber Skalierungsänderungen der Art $\underline{y} \to \gamma\underline{y}$ mit $\gamma \neq 0$ und gegenüber orthogonalen Transformationen $\underline{y} \to \mathbf{A}\underline{y}$ sind, wobei $\mathbf{A}$ die Spalten von $\mathbf{X}$ wieder in den von diesen Spalten aufgespannten linearen Raum abbildet, vergl. Wittig und Nölle (1970). Diese Invarianzeigenschaften eines Detektors bedeuten zum Beispiel, daß der Detektor weder von der Verstärkung der gemessenen Daten noch von der Wahl des Koordinatensystems im Signalraum abhängt.

Als nächstes teilen wir den Parametervektor im Modell für kleinste Quadrate in zwei Teilvektoren $\underline{\vartheta}' = (\underline{\vartheta}_1', \underline{\vartheta}_2')$ und entsprechend $\mathbf{X} = (\mathbf{X}_1, \mathbf{X}_2)$. Der Teil $\underline{\vartheta}_1$ möge k_1 und $\underline{\vartheta}_2$ $k_2 = k - k_1$ Komponenten besitzen. So muß $\mathbf{X}_1$ eine $(n \times k_1)$- und $\mathbf{X}_2$ eine $(n \times k_2)$-Matrix sein. Wenn wir als erstes $\underline{\vartheta}_2 = \underline{0}$ annehmen, ist es unmittelbar klar, wie die Hypothese $\underline{\vartheta}_1 = \underline{0}$ gegen die Alternative $\underline{\vartheta}_1 \neq \underline{0}$ bei unverändertem $\underline{\vartheta}_2 = \underline{0}$ getestet werden kann. Wir brauchen in (2.2–163) und (2.2–164) nur $\psi_0(\underline{y})$, $v(\underline{y})$, k, $\mathbf{X}$, $\hat{\underline{\vartheta}}$ und $s_R(\underline{y})$ durch $\psi_1(\underline{y})$, $v_1(\underline{y})$, k_1, $\mathbf{X}_1$, $\hat{\underline{\vartheta}}_1$ und $s_{R1}(\underline{y})$ zu ersetzen. $S_{R1} = s_{R1}(\underline{Y})$ und $S_{F1} = |\underline{Y}| - S_{R1}$ müssen ja wie in (2.2–160) verteilt sein, falls k durch k_1 substituiert wird.

Wenn wir als zweites unter der Annahme, daß $\underline{\vartheta}_1$ einen beliebigen unbekannten Wert besitzt, testen wollen, ob $\underline{\vartheta}_2 = \underline{0}$ ist, sollten wir zunächst folgendes überlegen. Die Spalten von $\mathbf{X}_1$ brauchen nicht orthogonal zu den Spalten von $\mathbf{X}_2$ zu sein. Dann wird die Projektion des Vektors $\mathbf{X}_1\underline{\vartheta}_1$ in den durch die Spalten von $\mathbf{X}_2$ aufgespannten Raum $\mathbf{X}_2(\mathbf{X}_2'\mathbf{X}_2)^{-1}\mathbf{X}_2'\mathbf{X}_1\underline{\vartheta}_1 = \mathbf{X}_2\underline{\beta}_2$ nicht notwendig der Nullvektor sein. Folglich sind wir bei unbekanntem $\underline{\vartheta}_1$ nicht in der Lage zu überprüfen, ob $\underline{\vartheta}_2 = \underline{0}$ ist. Stattdessen können wir fragen, ob der Vektor $\mathbf{X}_2\underline{\vartheta}_2$ keine Anteile besitzt, die orthogonal zu den Spalten von $\mathbf{X}_1$ sind, d.h. ob $\mathbf{X}_2\underline{\vartheta}_2 - \mathbf{X}_1(\mathbf{X}_1'\mathbf{X}_1)^{-1}\mathbf{X}_1'\mathbf{X}_2\underline{\vartheta}_2 = \underline{0}$ ist oder nicht. Addiert und subtrahiert man auf der linken Seiten $\mathbf{X}_1\underline{\vartheta}_1$, so findet man die äquivalente Frage, ob $[\mathbf{X}(\mathbf{X}'\mathbf{X})^{-1}\mathbf{X}' - \mathbf{X}_1(\mathbf{X}_1'\mathbf{X}_1)^{-1}\mathbf{X}_1']\mathbf{X}\underline{\vartheta} = \underline{0}$ ist oder nicht. Entsprechend definieren wir die Hypothese und die Alternative. Wir projizieren in gleicher Weise den Zufallsvektor $\underline{Y}$ und bestimmen ähnlich zu (2.2–158)

$$S_R - S_{R1} = \underline{Y}'[\mathbf{X}(\mathbf{X}'\mathbf{X})^{-1}\mathbf{X}' - \mathbf{X}_1(\mathbf{X}_1'\mathbf{X}_1)^{-1}\mathbf{X}_1']\underline{Y}. \tag{2.2–167}$$

Wie für (2.2–160) kann man zeigen, daß $S_R - S_{R1}$ unabhängig von $S_F = |\underline{Y}|^2 - S_R$ und unter der Hypothese bis auf den Faktor σ_Z^2 $\chi^2_{k-k_1}$–verteilt ist. So erhalten wir den folgenden F–Test zur Überprüfung der Hypothese. Wir vergleichen wie in (2.2–163) die Größe $\tilde{v}(\underline{y})$ mit der Schwelle $F_{k-k_1,n-k,\alpha}$, wobei analog zu (2.2–164)

$$\tilde{v}(\underline{y}) = \frac{n-k}{k-k_1}\,\frac{s_R(\underline{y}) - s_{R1}(\underline{y})}{|\underline{y}|^2 - s_R(\underline{y})}. \tag{2.2–168}$$

Beispiel:

B2.2–11 Wir verallgemeinern das Modell aus B2.2–4 und B2.2–6 ein wenig, indem ein unbekannter Gleichanteil μ dem Signal überlagert wird:

$$Y_i = \mu + \vartheta_1 \cos\omega\Delta i + \vartheta_2 \sin\omega\Delta i + Z_i \; (i = 1, \ldots, n). \tag{2.2–169}$$

Der Vektor $(Z_1, \ldots, Z_n)'$ sei $\mathrm{N}_n(\underline{0}, \sigma_Z^2\mathrm{I})$–verteilt. Unbekannte reelle Parameter sind μ, ϑ_1, ϑ_2 und $\sigma_Z^2 > 0$. Den Parametervektor $\underline{\vartheta} = (\mu, \vartheta_1, \vartheta_2)'$ teilen wir in $\underline{\vartheta}_1 = \mu$ und $\underline{\vartheta}_2 = (\vartheta_1, \vartheta_2)'$. Entsprechend sind die Matrizen $\mathbf{X}_1 = (1, 1, \ldots, 1)'$ und $\mathbf{X}_2 = \begin{pmatrix} \cos\omega\Delta & \cdots & \cos\omega\Delta n \\ \sin\omega\Delta & \cdots & \sin\omega\Delta n \end{pmatrix}'$. Unter der Annahme $\vartheta_1 = \vartheta_2 = 0$ testen wir anhand der Beobachtungen $\underline{y} = (y_1, \ldots, y_n)'$, ob $\mu = 0$, also ob die Daten keinen Gleichanteil enthalten mit Hilfe von

$$\psi_1(\underline{y}) = \begin{cases} 1 \;, & \text{wenn } v_1(\underline{y}) > F_{1,n-1,\alpha} \\ 0 \;, & \text{sonst} \end{cases} \;, \tag{2.2–170}$$

wobei mit (2.2–164), dem Mittelwert $\overline{y}$ und der Streuung s^2 von $y_1, \ldots, y_n$

$$v_1(\underline{y}) = \frac{n-1}{1}\,\frac{s_{R1}(\underline{y})}{|\underline{y}|^2 - s_{R1}(\underline{y})} = \frac{n\overline{y}^2}{(|\underline{y}|^2 - n\overline{y}^2)/(n-1)} = \frac{n\overline{y}^2}{s^2}. \tag{2.2–171}$$

Nun wollen wir bei unbekanntem Gleichanteil μ testen, ob die Daten kein Signal der Frequenz ω enthalten oder doch. Wir berechnen wie in (2.2–56) approximativ

$$(\mathbf{X}_1, \mathbf{X}_2)'(\mathbf{X}_1, \mathbf{X}_2) = n \begin{pmatrix} 1 & 0 & 0 \\ 0 & \frac{1}{2} & 0 \\ 0 & 0 & \frac{1}{2} \end{pmatrix} \tag{2.2–172}$$

und finden, daß $\mathbf{X}_1$ und $\mathbf{X}_2$ zueinander orthogonal sind. Man kann also überprüfen, ob $\vartheta_1 = \vartheta_2 = 0$ ist oder nicht. Wir schätzen dann $\hat{\mu} = \overline{y}$ und $(\hat{\vartheta}_1, \hat{\vartheta}_2)'$ wie in (2.2–59). Somit ist

$$s_R(\underline{y}) = \frac{1}{n}[(\sum_{i=1}^{n} y_i)^2 + 2(\sum_{i=1}^{n} y_i \cos\omega\Delta i)^2 + 2(\sum_{i=1}^{n} y_i \sin\omega\Delta i)^2]. \tag{2.2–173}$$

Da $k = 3$ und $k_1 = 1$ testen wir mit

$$\tilde{\psi}(\underline{y}) = \begin{cases} 1 & , \text{ wenn } \tilde{v}(\underline{y}) > F_{2,n-3,\alpha} \\ 0 & , \text{ sonst} \end{cases} , \tag{2.2–174}$$

wobei man für (2.2–168) approximativ auch

$$\tilde{v}(\underline{y}) = \frac{n-3}{n} \frac{[\sum_{i=1}^{n}(y_i - \overline{y})\cos\omega\Delta i)]^2 + [\sum_{i=1}^{n}(y_i - \overline{y})\sin\omega\Delta i)]^2}{\sum_{i=1}^{n}(y_i - \overline{y})^2 - \frac{1}{n}[\sum_{i=1}^{n}(y_i - \overline{y})\cos\omega\Delta i)]^2 - \frac{1}{n}[\sum_{i=1}^{n}(y_i - \overline{y})\sin\omega\Delta i)]^2} \tag{2.2–175}$$

schreiben darf. Anschaulich berechnet der Detektor nach Beseitigung eines möglichen Gleichanteils aus dem Betragsquadrat der Fourier-Transformierten der Daten für die Signalfrequenz und der Energie der Daten eine Schätzung des halben Signal-zu-Störabstandes. Ist letzterer größer als die von den Modellparametern unabhängige Schwelle $F_{2,n-3,\alpha}$, so wird entschieden, daß die Daten ein Signal enthalten und anderenfalls, daß sie nur aus Störung und höchstens einem Gleichanteil bestehen.

3) Maximum–Likelihood–Quotiententest

Im folgenden soll ein nützliches Verfahren beschrieben werden, um Tests in relativ allgemeinen Situationen konstruieren zu können. Doch zuvor betrachten wir den Sonderfall, daß man im Sinne von Unterabschnitt 2.2.1 3) einen Konfidenzbereich $K(\underline{x})$ für den Parametervektor $\underline{\vartheta}$ zum Niveau $1-\alpha$ mit Hilfe einer Zufallsvariablen $Q = q(\underline{X}; \underline{\vartheta})$, deren Verteilung unabhängig von $\underline{\vartheta}$ und bekannt ist, wie in (2.2–73) bis (2.2–76) ableiten kann. Möchten wir nun die Hypothese $\underline{\vartheta} = \underline{\vartheta}_0$ gegen die Alternative $\underline{\vartheta} \neq \underline{\vartheta}_0$ testen, so erhalten wir unmittelbar einen Test, indem wir abfragen, ob $\underline{\vartheta}_0 \in K(\underline{x})$ gilt oder nicht. Definieren wir nämlich unter Verwendung von (2.2–75) den kritischen Bereich $\mathcal{K}$ des Tests (2.2–139) durch

$$\mathcal{K} = \overline{A(\underline{\vartheta}_0)} = \{\underline{x} : q(\underline{x}; \underline{\vartheta}) \notin B\}, \tag{2.2–176}$$

so folgt aus (2.2–72) und (2.2–76), daß

$$P_{\underline{\vartheta}_0}\{\underline{X} \in \mathcal{K}\} \le \alpha. \tag{2.2–177}$$

Benutzt man in (2.2–177) den kleinstmöglichen Wert α, so besagen (2.2–141) und (2.2–142), daß der Test das Niveau α besitzt. Über die Güte des Tests für $\underline{\vartheta} \neq \underline{\vartheta}_0$, also die Wahrscheinlichkeit einer korrekten Entscheidung für die Alternative, wissen wir nur

$$\beta(\underline{\vartheta}, \psi) = P_{\underline{\vartheta}}\{\underline{X} \in \overline{A(\underline{\vartheta}_0)}\}. \tag{2.2–178}$$

Für das Kleinste–Quadrate–Modell mit normalverteilten Fehlern konnten wir in 2) zeigen, daß S_F und T_R nach (2.2–157) und (2.2–159) stochastisch unabhängig und bis auf den Faktor σ_Z^2 χ^2_{n-k}– bzw. χ^2_k–verteilt sind. Demnach gilt:

$$Q = q(\underline{Y}; \underline{\vartheta}) = \frac{T_R/k}{S_F/(n-k)} \text{ ist } F_{k,n-k}\text{–verteilt,} \tag{2.2–179}$$

falls $\underline{\vartheta}$ der richtige Parametervektor ist. Folglich ist

$$K(\underline{y}) = \{\underline{\vartheta} : q(\underline{y}; \underline{\vartheta}) \le F_{k,n-k,\alpha}\} \tag{2.2–180}$$

ein Konfidenzbereich von $\underline{\vartheta}$ zum Niveau $1 - \alpha$. Dann liefert

$$A(\underline{\vartheta}) = \{\underline{y} : q(\underline{y}; \underline{\vartheta}) \le F_{k,n-k,\alpha}\} \tag{2.2–181}$$

über (2.2–176) den kritischen Bereich des Tests für die Hypothese $\underline{\vartheta} = \underline{\vartheta}_0$ gegen $\underline{\vartheta} \neq \underline{\vartheta}_0$ mit dem Niveau α: Wir ersetzen in (2.2–164) $v(\underline{y}) = q(\underline{y}; \underline{0})$ durch

$$q(\underline{y}; \underline{\vartheta}_0) = \frac{n-k}{k} \frac{|\mathbf{X}(\hat{\underline{\vartheta}} - \underline{\vartheta}_0)|^2}{|\underline{y}|^2 - |\mathbf{X}(\hat{\underline{\vartheta}} - \underline{\vartheta}_0)|^2} \tag{2.2–182}$$

und erhalten wieder einen F–Test. Der Konfidenzbereich (2.2–85) in Beispiel B2.2–9 würde so zu einem Test führen, ob die Amplituden des sinusförmigen Signals die Werte $\vartheta_1 = \vartheta_{10}$ und $\vartheta_2 = \vartheta_{20}$ besitzen können oder nicht.

Wie zu Anfang von 1) gehen wir jetzt von einer beliebigen disjunkten Zerlegung der Parametermenge $\mathcal{H} = \mathcal{H}_0 \cup \mathcal{H}_1$ aus, um Hypothese und Alternative festzulegen. Wir kennen die ein Zufallsexperiment bestimmende Dichte $f_{\underline{X}}(\underline{x}; \underline{\vartheta})$ bis auf den Parametervektor $\underline{\vartheta} \in \mathcal{H} \subset \mathbf{R}^k$. Wir wollen anhand des beim Zufallsexperiment beobachteten Versuchsergebnisses $\underline{x}$ testen, ob für den zutreffenden Parametervektor $\underline{\vartheta}_0$ $\underline{\vartheta}_0 \in \mathcal{H}_0$ anzunehmen ist oder nicht. Dazu erinnern wir uns an die im Unterabschnitt 2.2.1 4) untersuchte Likelihood–Methode, um einen Parametervektor zu schätzen. Eine Maximum–Likelihood–Schätzung $\hat{\underline{\vartheta}}(\underline{x})$ von $\underline{\vartheta}$ wird in (2.2–122) definiert. Wir schreiben in unserem Fall etwas allgemeiner

$$f_{\underline{X}}(\underline{x}; \hat{\underline{\vartheta}}(\underline{x})) = \sup_{\underline{\vartheta} \in \mathcal{H}} f_{\underline{X}}(\underline{x}; \underline{\vartheta}) \tag{2.2–183}$$

und erlauben auch, daß $\hat{\underline{\vartheta}}(\underline{x})$ auf dem Rand von $\mathcal{H}$, der nicht zu $\mathcal{H}$ zu gehören braucht, liegt. Uns interessiert das Maximum, genauer die kleinste obere Schranke der Likelihood-Funktion, wenn über alle $\underline{\vartheta} \in \mathcal{H}$ maximiert wird. Entsprechend könnte man den Maximalwert der Likelihood-Funktion bestimmen, wenn nur über alle $\underline{\vartheta} \in \mathcal{H}_0$ variiert wird. So liegt es nahe, das Verhältnis

$$t(\underline{x}) = \frac{\sup\limits_{\underline{\vartheta}\in\mathcal{H}} f_{\underline{X}}(\underline{x};\underline{\vartheta})}{\sup\limits_{\underline{\vartheta}\in\mathcal{H}_0} f_{\underline{X}}(\underline{x};\underline{\vartheta})} \tag{2.2–184}$$

mit einer Schwelle zu vergleichen. Ist $t(\underline{x})$ zu groß, so wird man die Hypothese ablehnen müssen. Der sogenannte MAXIMUM–LIKELIHOOD–QUOTIENTENTEST ist dann gegeben durch

$$\psi(\underline{x}) = \begin{cases} 1 & , \text{ wenn } t(\underline{x}) > \kappa \\ 0 & , \text{ sonst} \end{cases} . \tag{2.2–185}$$

Die Schwelle κ muß so bestimmt werden, daß der Test entsprechend (2.2–142) das Niveau α erhält.

Die Schwelle κ zu berechnen, kann sehr kompliziert sein. In manchen Fällen hilft ein asymptotisches Resultat, vergl. Wittig und Nölle (1970), das folgendes besagt : Wenn $\mathcal{H}$ ein k–dimensionaler Quader im $\mathbf{R}^k$ und $\mathcal{H}_0$ ein l–dimensionaler Unterquader von $\mathcal{H}$ ist, so gilt unter gewissen Regularitätsbedingungen:

$$2\ln t(\underline{X}) \text{ ist unter der Hypothese asymptotisch für große } n \quad \chi^2_{k-l}\text{–verteilt.} \tag{2.2–186}$$

Dies bedeutet, daß wir für große n

$$\kappa = \exp(\frac{1}{2}\chi^2_{k-l,\alpha}) \tag{2.2–187}$$

wählen können. Hierbei ist $\chi^2_{m,\alpha}$ diejenige Zahl, die von einer χ^2_m–verteilten Zufallsvariablen mit der Wahrscheinlichkeit α überschritten wird. Tabellen für solche Zahlen findet man in Anhang A3.2.

Die Güte oder Optimalitätseigenschaften eines Maximum-Likelihood-Tests nachzuweisen, ist kompliziert und gelingt nur in Spezialfällen. Trotzdem ist es eine der wichtigsten Methoden, um brauchbare Tests zu konstruieren.

Wir wollen nun zeigen, daß der Maximum-Likelihood-Quotienten-Test im Kleinste-Quadrate-Modell mit normalverteilten Fehlern äquivalent zum F–Test in (2.2–163) ist und (2.2–186) erfüllt ist. Die logarithmierte, von $\underline{\vartheta}$ und σ_Z^2 abhängende Likelihood-Funktion ist wie in (2.2–103)

$$\ln f_{\underline{Y}}(\underline{y};\underline{\vartheta},\sigma_Z^2) = -\frac{n}{2}\ln 2\pi - \frac{n}{2}\ln\sigma_Z^2 - \frac{1}{2\sigma_Z^2}|\underline{y} - \mathbf{X}\underline{\vartheta}|^2. \tag{2.2–188}$$

Maximierung über $\underline{\vartheta}$ und $\sigma_Z^2 > 0$ führt wie in (2.2–125) und (2.2–126) auf die Kleinste-Quadrate-Schätzung $\hat{\underline{\vartheta}}$ als Maximum-Likelihood-Schätzung und auf

$$\hat{\sigma}_Z^2 = \frac{1}{n}(|\underline{y}|^2 - |\mathbf{X}\hat{\underline{\vartheta}}|^2). \tag{2.2–189}$$

Falls $\hat{\sigma}_Z^2 > 0$, ergibt sich aus (2.2–188)

$$\ln f_{\underline{Y}}(\underline{y};\hat{\underline{\vartheta}},\hat{\sigma}_Z^2) = -\frac{n}{2}(\ln 2\pi + 1 - \ln n) - \frac{n}{2}\ln(|\underline{y}|^2 - |\mathbf{X}\hat{\underline{\vartheta}}|^2), \qquad (2.2\text{–}190)$$

also das Maximum über alle Parameter. Unter der Hypothese ist $\underline{\vartheta} = \underline{0}$, so daß nur über $\sigma_Z^2 > 0$ maximiert wird. Man findet entsprechend

$$\ln f_{\underline{Y}}(\underline{y};\underline{0},\hat{\sigma}_Z^2) = -\frac{n}{2}(\ln 2\pi + 1 - \ln n) - \frac{n}{2}\ln(|\underline{y}|^2). \qquad (2.2\text{–}191)$$

Statt $t(\underline{x})$ mit κ vergleichen wir in (2.2–185) äquivalent $2\ln t(\underline{x})$ mit $2\ln\kappa$, wobei mit (2.2–184) und (2.2–164)

$$\begin{aligned} 2\ln t(\underline{y}) &= n\ln\frac{|\underline{y}|^2}{|\underline{y}|^2 - |\mathbf{X}\hat{\underline{\vartheta}}|^2} = n\ln\Big(1 + \frac{|\mathbf{X}\hat{\underline{\vartheta}}|^2}{|\underline{y}|^2 - |\mathbf{X}\hat{\underline{\vartheta}}|^2}\Big) \\ &= n\ln\Big[1 + \frac{k}{n-k}v(\underline{y})\Big]. \end{aligned} \qquad (2.2\text{–}192)$$

Diese Funktion wächst monoton mit $v(\underline{y})$. Also ist ein Vergleich von $2\ln t(\underline{y})$ mit einer Schwelle äquivalent zu einem Vergleich von $v(\underline{y})$ mit einer Schwelle, d.h. dem F–Test für k und $n-k$ Freiheitsgrade. Für große n ist $\frac{1}{n}(|\underline{y}|^2 - |\mathbf{X}\hat{\underline{\vartheta}}|^2)$ eine gute Schätzung von σ_Z^2. Damit gilt für große n

$$2\ln t(\underline{y}) \approx \ln\left[1 + \frac{|\mathbf{X}\hat{\underline{\vartheta}}|^2}{n\sigma_Z^2}\right]^n \approx \frac{|\mathbf{X}\hat{\underline{\vartheta}}|^2}{\sigma_Z^2}, \qquad (2.2\text{–}193)$$

wobei wir $\lim_{n\to\infty}(1+\frac{a}{n})^n = e^a$ benutzt haben. (2.2–186) lehrt nun, daß $2\ln t(\underline{Y})$ unter der Hypothese $\underline{\vartheta} = \underline{0}$ asymptotisch χ_k^2–verteilt sein sollte. Da im vorliegenden Fall die Menge $\mathcal{H}$ aller Parameter $\underline{\vartheta}$ und $\sigma_Z^2 > 0$ ein $(k+1)$–dimensionaler Quader und $\mathcal{H}_0$ ein Intervall, also ein eindimensionaler Quader ist, ist $k = k+1-1$ auch die vorausgesagte Zahl der Freiheitsgrade.

Das letzte Beispiel dieses Kapitels betrifft wieder ein sinusförmiges Signal, das in einer Störung entdeckt werden soll und dessen Amplitude, Phase und Frequenz unbekannt sind.

B2.2–12 Es handelt sich um das in B2.2–10 untersuchte Problem. Die logarithmierte Likelihood–Funktion besitzt die Gestalt (2.2–129) und hängt von $\underline{\vartheta}$, $\sigma_Z^2 > 0$ und der normierten Frequenz $0 < \nu < \pi$ ab. Wird zunächst über $\underline{\vartheta}$ und σ_Z^2 maximiert, ergibt sich wie in (2.2–132) bzw. (2.2–190)

$$\ln f_{\underline{Y}}(\underline{y};\hat{\underline{\vartheta}},\hat{\sigma}_Z^2,\nu) = -\frac{n}{2}(\ln 2\pi + 1 - \ln n) - \frac{n}{2}(|\underline{y}|^2 - 2\mathrm{I}_{yy}(\nu)), \qquad (2.2\text{–}194)$$

wobei wir (2.2–131) und die Definition des Periodogramms $\mathrm{I}_{yy}(\nu)$ in (2.2–133) benutzen. Für große n maximiert eine Maximum–Likelihood–Schätzung $\hat{\nu}$ der Frequenz das Periodogramm, so daß

$$\ln f_{\underline{Y}}(\underline{y};\hat{\underline{\vartheta}},\hat{\sigma}_Z^2,\hat{\nu}) = -\frac{n}{2}(\ln 2\pi + 1 - \ln n) - \frac{n}{2}(|\underline{y}|^2 - 2\max_{\overline{\nu}}\mathrm{I}_{yy}(\overline{\nu})). \qquad (2.2\text{–}195)$$

Wenn $\underline{\vartheta} = \underline{0}$, ergibt sich für $\ln f_{\underline{Y}}(\underline{y}; \underline{0}, \hat{\sigma}_Z^2, \nu)$ ein (2.2–191) entsprechender Ausdruck. Also können wir schreiben

$$2 \ln t(\underline{y}) = n \ln \frac{|\underline{y}|^2}{|\underline{y}|^2 - 2 \max_{\overline{\nu}} \mathrm{I}_{yy}(\overline{\nu})} = n \ln \left(1 + \max_{\overline{\nu}} \frac{2\mathrm{I}_{yy}(\overline{\nu})}{|\underline{y}|^2 - 2\mathrm{I}_{yy}(\overline{\nu})}\right), \tag{2.2–196}$$

wobei ausgenutzt wurde, daß $x/(|\underline{y}|^2 - x)$ eine monoton wachsende Funktion von x in $0 \leq x < |\underline{y}|^2$ ist. Wie im Zusammenhang mit (2.2–192) argumentieren wir, daß der Maximum-Likelihood-Quotiententest zum Niveau α äquivalent zum Vergleich von

$$\max_{\overline{\nu}} v(\underline{y}, \overline{\nu}) = \max_{\overline{\nu}} \frac{n-2}{2} \frac{2\mathrm{I}_{yy}(\overline{\nu})}{|\underline{y}|^2 - 2\mathrm{I}_{yy}(\overline{\nu})} \tag{2.2–197}$$

mit der Schwelle $F_{2,n-2,\alpha}$ ist. Man kann nämlich zeigen, daß $v(\underline{y}, \nu)$ unter der Hypothese $\underline{\vartheta} = \underline{0}$ $F_{2,n-2}$- verteilt ist für alle ν sowie approximativ auch für die maximierende Frequenz $\hat{\nu}$, worauf wir nicht mehr näher eingehen wollen. Interessant an der Testgröße (2.2–197) ist, daß sie sowohl zum Entdecken eines sinusförmigen Signals unbekannter Frequenz als auch zum Schätzen der Frequenz vermöge $\hat{\nu}$ benutzt werden kann. Man zeichnet wie in Abb. 2.2.4 für gegebene Beobachtungen $\underline{y} = (y_1, \ldots, y_n)'$ die Größe $v(\underline{y}, \nu)$ über der normierten Frequenz ν und die Schwelle $F_{2,n-2,\alpha}$. Überschreitet die Testgröße irgendwo die Schwelle, so wird mit der Falschalarmwahrscheinlichkeit α entschieden, daß die Beobachtungen ein sinusförmiges Signal enthalten. In den Bereichen, in denen die Schwelle überschritten wird, sucht man das absolute Maximum. Sein Argument liefert die Schätzung $\hat{\nu}$ der Frequenz. Über (2.2–130) und (2.2–131) lassen sich ϑ_1, ϑ_2 und σ_Z^2 schätzen.

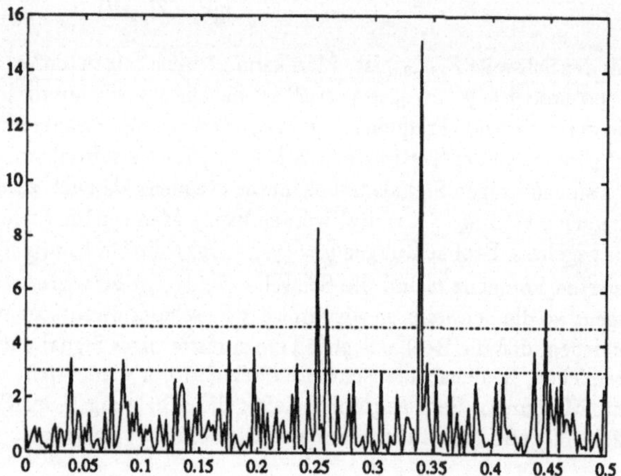

Abbildung 2.2.4: Testgröße zur Entdeckung eines Sinussignals, dessen Frequenz, Phase und Amplitude unbekannt sind, in Störung unbekannter Leistung anhand von $n = 512$ Abtastwerten über der normierten Frequenz. In der Simulation mit unabhängigen identisch normalverteilten Pseudozufallszahlen wurde eine Frequenz $\frac{\nu}{2\pi} = 0,34$ und ein Signal–zu–Störabstand von $\delta^2 = n\frac{\theta_1^2+\theta_2^2}{2\sigma_Z^2} = 20$, also von $10\lg\delta^2 \approx 13$dB gewählt. Für die obere Schwelle galt $\alpha = 0,01$ und für die untere $\alpha = 0,05$.

3 Modelle für gemessene Signale: Stochastische Signale

3.1 Stochastische Prozesse

3.1.1 Grundbegriffe und elementare Eigenschaften

Wie wir im einleitenden Kapitel 1 ausgeführt haben, interessieren uns in dieser Vorlesung gemessene Signale wie die Ausgangsspannung eines Systems, die gewisse zufällige Eigenschaften besitzen oder sich nach einer endlichen Beobachtungszeit nicht zuverlässig vorhersagen lassen. Die Erinnerung an thermisches Rauschen in einer Schaltung möge als Beispiel genügen. Wahrscheinlichkeitstheoretische Methoden sollen verwandt werden, um Modelle für solche Signale zu finden. Wir haben also vor, nicht unbedingt das gerade beobachtete Signal zu beschreiben, sondern die Klasse der möglichen Ausgaben des Systems unter gleichen Versuchsbedingungen. Mit einem Zufallsexperiment, einem Wahrscheinlichkeitsmaß und Zufallsvariablen, die Modelle für die zu bestimmten Zeiten gemessenen Signale sind, definieren wir STOCHASTISCHE SIGNALE, die in der Wahrscheinlichkeitstheorie stochastische Prozesse genannt werden.

Ausgangspunkt unserer Überlegungen ist also ein Zufallsexperiment mit einer Menge Ω von Elementarereignissen ξ. Das zufällige Verhalten beschreiben wir wie gewohnt mit Hilfe eines Wahrscheinlichkeitsmaßes P, das auf einer Ereignisalgebra $\mathcal{A}$ von Teilmengen von Ω definiert ist. Für einen beliebigen Zeitpunkt t, den wir als Element der Menge der reellen Zahlen $\mathbf{R}$ charakterisieren, sei $X(t)$ eine Zufallsvariable über Ω und $\mathcal{A}$, die das Modell für das zur Zeit t gemessene Signal darstellt. Die Gesamtheit dieser Zufallsvariablen für eine bestimmte Menge $I \subset \mathbf{R}$, die wir INDEXMENGE nennen, heißt STOCHASTISCHER PROZESS. Beispielsweise kann $I = \mathbf{R}$ sein, wenn uns alle möglichen Zeitpunkte interessieren. Wir nennen $X(t)$ einen stochastischen Prozeß mit KONTINUIERLICHEM ZEITPARAMETER, wenn I ein Intervall aus $\mathbf{R}$ oder $\mathbf{R}$ selbst ist. In anderen Fällen besteht I nur aus Abtastzeiten $t = n\Delta + t_0$ für ganze Zahlen n, eine Abtastperiode $\Delta > 0$ und eine Nullpunktsverschiebung t_0. Mit anderen Worten ist ein stochastischer Prozeß eine Abbildung

$$X: \quad I \times \Omega \to \mathbf{R}, \quad (t,\xi) \to X(t,\xi), \tag{3.1-1}$$

die jedem Zeitpunkt t und jedem Elementarereignis ξ eine reelle Zahl zuordnet. Für festes t ist $\xi \to X(t,\xi)$ eine Zufallsvariable. Ist ξ fest, so erhalten wir eine Zeitfunktion: $t \to X(t,\xi) = x(t)$. Sie würde dann das im Sinne eines Versuchsergebnisses gemessene Signal sein können. Man nennt sie auch REALISIERUNG oder PFAD des stochastischen Prozesses.

Eine etwas andere Bezeichnungsweise führen wir noch für Modelle von Abtastsignalen ein, wenn auf die Abtastperiode und die Nullpunktverschiebung nicht eingegangen werden muß. Wir schreiben $X_n = X(n\Delta + t_0)$ für ganze Zahlen $n \in \mathbf{Z}$ und nennen X_n einen stochastischen Prozeß mit DISKRETEM ZEITPARAMETER oder kurz einen DISKRETEN STOCHASTISCHEN PROZESS. Wenn nur $n \in \mathbf{N}$ erlaubt ist, erhalten wir eine

Folge von Zufallsvariablen. Schließlich ergibt sich für $n \in \{1, 2, \ldots, N\}$ ein Zufallsvektor.

Das Wahrscheinlichkeitsmaß P über $\mathcal{A}$ legt die gemeinsamen Verteilungseigenschaften von beliebig herausgegriffenen Zufallsvariablen $X(t_1), \ldots, X(t_k)$ des stochastischen Prozesses mit $k \in \mathbb{N}$ und $t_1, \ldots, t_k \in I$ fest. Für die Verteilungsfunktion von $X(t_1), \ldots, X(t_k)$ führen wir folgende Bezeichnungen ein:

$$\begin{aligned} F_X(x_1, \ldots, x_k; t_1, \ldots, t_k) &= F_{X(t_1),\ldots,X(t_k)}(x_1, \ldots, x_k) \\ &= P\{X(t_1) \leq x_1, \ldots, X(t_k) \leq x_k\}. \end{aligned} \tag{3.1–2}$$

Wenn eine Dichte existiert, was wir in der Regel annehmen, bezeichen wir sie entsprechend mit

$$f_X(x_1, \ldots, x_k; t_1, \ldots, t_k) = \frac{\partial^k F_X(x_1, \ldots, x_k; t_1, \ldots, t_k)}{\partial x_1 \cdots \partial x_k}. \tag{3.1–3}$$

Ein Beispiel ist die Dichte $f_X(x;t)$ von $X(t)$ für ein festes t. Im Falle eines diskreten Zeitparameters werden in den Formeln (3.1–2) und (3.1–3) die Zeiten $t_1, \ldots, t_k$ durch entsprechende ganze Zahlen $n_1, \ldots, n_k$ ersetzt.

Es ist klar, daß zum Beispiel der Grenzübergang $x_k \to \infty$ in Formel (3.1–2) auf die entsprechende Verteilungsfunktion von $X(t_1), \ldots, X(t_{k-1})$ führt. Außerdem kann man in (3.1–2) $t_1 \leq t_2 \leq \cdots \leq t_k$ annehmen. Eine Permutation dieser Zeiten verändert nämlich den Wert der rechten Seite nicht, wenn die Zahlen $x_1, \ldots, x_k$ entsprechend vertauscht werden. Diese beiden Eigenschaften nennt man VERTRÄGLICHKEITSBEDINGUNGEN. Ein berühmter SATZ VON KOLMOGOROW sagt aus, daß unter relativ schwachen Voraussetzungen auch zu jeder Familie von Verteilungsfunktionen, die die Verträglichkeitsbedingungen erfüllen, ein stochastischer Prozeß existiert, dessen Zufallsvariablen genau diese Verteilungsfunktionen besitzen.

Die Verteilungsfunktionen (3.1–2) oder Dichten (3.1–3), wenn sie existieren, kennzeichnen also einen stochastischen Prozeß vollständig. Praktisch handhabbar ist die Beschreibung mit den Verteilungsfunktionen nur in Sonderfällen. Man versucht daher stochastische Prozesse auch mit Momenten zu beschreiben. Über die Erwartungswerte der Zufallsvariablen $X(t)$ bzw. X_n definiert man den DETERMINISTISCHEN ANTEIL

$$\mu_X(t) = \mathrm{E}X(t) \quad \text{bzw.} \quad \mu_X(n) = \mathrm{E}X_n \tag{3.1–4}$$

als Funktion von t bzw. n. Er charakterisiert denjenigen Anteil von $X(t)$ bzw. X_n, der bei wiederholten Experimenten im Sinne unabhängiger Koppelung immer wieder im Meßsignal enthalten ist und den man durch geeignete Mittelung über die Meßergebnisse schätzen würde. Einen Integralausdruck für $\mu_X(t)$ erhält man aus (2.1–138), wenn die Dichte $f_X(x;t)$ von $X(t)$ existiert:

$$\mu_X(t) = \int_{-\infty}^{\infty} x f_X(x;t) dx. \tag{3.1–5}$$

Einen entsprechenden Ausdruck würde man für $\mu_X(n)$ aufschreiben. Den vom deterministischen Anteil bereinigten stochastischen Prozeß $X(t) - \mu_X(t)$ bzw. $X_n - \mu_X(n)$ interpretieren wir als den reinen STOCHASTISCHEN ANTEIL oder einfach als RAUSCHANTEIL.

Bei den zweiten Momenten interessieren zunächst die Kovarianzen. Man definiert durch

$$c_{XX}(t_1,t_2) = \mathrm{Cov}(X(t_1),X(t_2)) = \mathrm{E}(X(t_1) - \mathrm{E}X(t_1))(X(t_2) - \mathrm{E}X(t_2)) \qquad (3.1\text{–}6)$$

in Abhängigkeit von t_1 und t_2 die KOVARIANZFUNKTION von $X(t)$. Mit der entsprechend festgelegten MOMENTFUNKTION ZWEITER ORDNUNG

$$r_{XX}(t_1,t_2) = \mathrm{E}X(t_1)X(t_2) = \int_{-\infty}^{\infty}\int_{-\infty}^{\infty} x_1x_2f_X(x_1,x_2;t_1,t_2)dx_1dx_2, \qquad (3.1\text{–}7)$$

wobei für den Integralausdruck die Existenz der Dichte $f_X(x_1,x_2;t_1,t_2)$ von $X(t_1)$ und $X(t_2)$ vorausgesetzt wird, und dem deterministischen Anteil (3.1–4) gilt

$$c_{XX}(t_1,t_2) = r_{XX}(t_1,t_2) - \mu_X(t_1)\mu_X(t_2). \qquad (3.1\text{–}8)$$

Die VARIANZ von X(t) ist

$$\sigma_X^2(t) = \mathrm{Var}X(t) = c_{XX}(t,t) = r_{XX}(t,t) - \mu_X(t)^2. \qquad (3.1\text{–}9)$$

Das zweite Moment von $X(t)$,

$$\mathrm{E}X(t)^2 = r_{XX}(t,t) = \int_{-\infty}^{\infty} x^2 f_X(x;t)dx \qquad (3.1\text{–}10)$$

interpretieren wir als die zur Zeit t erwartete LEISTUNG, wenn $X(t)$ zum Beispiel als Spannung zur Zeit t über einem Einheitswiderstand gedeutet wird. Die Varianz $\sigma_X^2(t)$ wäre dann entsprechend die Leistung des Rauschanteils. Wir merken an, daß die Momentfunktion zweiter Ordnung (3.1–7) in der Ingenieurliteratur häufig Korrelationsfunktion genannt wird. Wir wollen jedoch in Anlehnung an den Korrelationskoeffizienten (2.1–169) die folgende Funktion:

$$\varrho_{XX}(t_1,t_2) = \frac{c_{XX}(t_1,t_2)}{\sqrt{\sigma_X^2(t_1)\sigma_X^2(t_2)}} \qquad (3.1\text{–}11)$$

KORRELATIONSFUNKTION von $X(t)$ nennen. Entsprechende Definitionen können wir auch für diskrete Prozesse X_n vornehmen. Wir notieren nur noch die Kovarianzfunktion

$$c_{XX}(n_1,n_2) = \mathrm{E}(X_{n_1} - \mathrm{E}X_{n_1})(X_{n_2} - \mathrm{E}X_{n_2}) = r_{XX}(n_1,n_2) - \mu_X(n_1)\mu_X(n_2). \qquad (3.1\text{–}12)$$

Die Kovarianzfunktionen und entsprechend die Momentfunktionen zweiter Ordnung besitzen die folgenden Eigenschaften, die wir allein für die Kovarianzfunktion des stochastischen Prozesses aufschreiben. Zunächst folgt aus (3.1–6)

$$c_{XX}(t_2,t_1) = c_{XX}(t_1,t_2). \qquad (3.1\text{–}13)$$

Geht man zum Zweiten von einer beliebigen Linearkombination

$$Y = \sum_{i=1}^{k} a_iX(t_i) \qquad (3.1\text{–}14)$$

aus, so muß die mit (2.1–175) berechnete Varianz nicht negativ sein:

$$\begin{aligned}\mathrm{Var}Y &= \sum_{i=1}^{k}\sum_{m=1}^{k} a_i a_m \mathrm{Cov}(X(t_i), X(t_m)) \\ &= \sum_{i=1}^{k}\sum_{m=1}^{k} a_i a_m c_{XX}(t_i, t_m) \geq 0. \end{aligned} \tag{3.1–15}$$

Die in der zweiten Zeile beschriebene Eigenschaft für beliebige $k, t_1, \ldots, t_k$ und $a_1, \ldots, a_k$ ist der Grund, die Kovarianzfunktion als NICHTNEGATIV DEFINIT zu charakterisieren. Insbesondere folgt für $k = 2, a_1 = 1$ und $a_2 = \pm 1$:

$$|c_{XX}(t_1, t_2)| \leq \frac{1}{2}[(c_{XX}(t_1, t_1) + c_{XX}(t_2, t_2)]. \tag{3.1–16}$$

Bevor wir mit drei Beispielen diesen Unterabschnitt beenden, wollen wir noch kurz auf die Behandlung von zwei stochastischen Prozessen $X(t)$ und $Y(t)$ eingehen, die über dem gleichen Ω und $\mathcal{A}$ definiert sind und deren Eigenschaften durch das Wahrscheinlichkeitsmaß P über $\mathcal{A}$ gegeben sind. Wir müssen in diesem Fall neben den Verteilungsfunktionen (3.1–2) für $X(t)$ entsprechende für $Y(t)$ betrachten und zudem solche von Vektoren, die Zufallsvariablen aus beiden Prozessen als Komponenten enthalten, zum Beispiel $X(t_1)$ und $Y(t_2)$. Eine möglicherweise existierende bivariate Dichte wäre

$$f_{X(t_1),Y(t_2)}(x, y) = f_{XY}(x, y; t_1, t_2). \tag{3.1–17}$$

Damit können wir die KREUZMOMENTFUNKTION

$$r_{XY}(t_1, t_2) = \mathrm{E}X(t_1)Y(t_2) = \int_{-\infty}^{\infty}\int_{-\infty}^{\infty} xy f_{XY}(x, y; t_1, t_2) dx dy \tag{3.1–18}$$

in Abhängigkeit von t_1 und t_2 bestimmen. Mit den deterministischen Anteilen $\mu_X(t) = \mathrm{E}X(t)$ und $\mu_Y(t) = \mathrm{E}Y(t)$ ist dann auch die KREUZKOVARIANZFUNKTION bekannt:

$$\begin{aligned} c_{XY}(t_1, t_2) &= \mathrm{Cov}(X(t_1), Y(t_2)) = \mathrm{E}(X(t_1) - \mu_X(t_1))(Y(t_2) - \mu_Y(t_2)) \\ &= r_{XY}(t_1, t_2) - \mu_X(t_1)\mu_Y(t_2). \end{aligned} \tag{3.1–19}$$

Sie besitzt wie $r_{XY}(t_1, t_2)$ die Symmetrieeigenschaft

$$c_{XY}(t_1, t_2) = c_{YX}(t_2, t_1). \tag{3.1–20}$$

An dieser Stelle soll nicht mehr auf entsprechende Definitionen für diskrete stochastische Prozesse X_n und Y_n eingegangen werden, da dazu wie bisher nur Bezeichnungen geändert werden müßten.

Beispiele:

B3.1–1 In Anlehnung an (2.2–16) sei

$$X_n = \eta \sin(\omega \Delta n + \varphi) + Z_n, \tag{3.1–21}$$

wobei wir $EZ_n = 0$, $\text{Var}Z_n = \sigma_Z^2(n)$ und weiter annehmen, daß die Zufallsvariablen Z_n paarweise unkorreliert sind, d.h. $\text{Cov}(Z_n, Z_k) = 0$ für $n \neq k$ gilt. Der deterministische Anteil von X_n ist offensichtlich das abgetastete Sinussignal

$$\mu_X(n) = \eta \sin(\omega\Delta n + \varphi). \tag{3.1–22}$$

Die Kovarianzfunktion von X_n ergibt sich zu

$$c_{XX}(n_1, n_2) = \sigma_Z^2(n_1)\delta_{n_1-n_2}, \tag{3.1–23}$$

wobei das Kronecker-Symbol δ_n zur Beschreibung des Einheitsimpulses

$$\delta_n = \begin{cases} 1 & \text{für } n = 0 \\ 0 & \text{sonst} \end{cases} \tag{3.1–24}$$

benutzt worden ist. Der Rauschanteil von X_n ist der stochastische Prozeß Z_n, der auch die Kovarianzfunktion (3.1–23) besitzt, die wiederum mit dessen Momentfunktion zweiter Ordnung übereinstimmt.

B3.1–2 Ein stochastischer Prozeß $X(t)$ wird GAUSS-PROZESS genannt, wenn alle Verteilungen Normalverteilungen sind. Das bedeutet für den Vektor $\underline{X} = (X(t_1), \ldots, X(t_k))'$, daß $\underline{X}$ $N_k(\underline{\mu}, \mathbf{K})$-verteilt ist, vgl. Beispiel B2.1–32. Die Komponenten des Erwartungsvektors $E\underline{X} = \underline{\mu} = (\mu_1, \ldots, \mu_k)'$ sind

$$\mu_i = EX(t_i) = \mu_X(t_i) \qquad (i = 1, \ldots, k). \tag{3.1–25}$$

Die Elemente K_{ik} der Kovarianzmatrix $\mathbf{K}$ ergeben sich zu

$$K_{ik} = \text{Cov}(X(t_i), X(t_k)) = c_{XX}(t_i, t_k). \tag{3.1–26}$$

Der deterministische Anteil $\mu_X(t)$ und die Kovarianzfunktion $c_{XX}(t_1, t_2)$ beschreiben also vollständig die Verteilungseigenschaften eines Gauß-Prozesses. DISKRETE GAUSS-PROZESSE werden in ähnlicher Weise definiert.

B3.1–3 Ein POISSON-PROZESS $X(t)$ ist ein Modell eines sogenannten Zählprozesses. Wir stellen uns vor, daß zu zufälligen Zeitpunkten gewisse Ereignisse unabhängig voneinander eintreffen. Als Beispiele können wir an eine Folge voneinander unabhängig eintreffender Vermittelungswünsche an ein Telefonamt oder an Partikel denken, deren Eintreffen mit einem Detektor registriert wird. Für $t \geq 0$ sei $X(t)$ die zufällige Zahl der im Intervall $(0, t]$ eintreffenden Ereignisse. Offensichtlich muß $X(0) = 0$ gelten. Die Unabhängigkeit des Eintreffens der Ereignisse drückt man dadurch aus, daß für beliebige Zeiten $0 \leq t_1 < t_2 \leq t_3 < t_4$ gilt:

$$X(t_4) - X(t_3) \text{ und } X(t_2) - X(t_1) \text{ sind stochastisch unabhängig.} \tag{3.1–27}$$

Man sagt, daß $X(t)$ UNABHÄNGIGE ZUWÄCHSE besitzt. Schließlich nimmt man an, daß für kleine $\Delta t > 0$ und beliebige Zeiten $t \geq 0$ im Intervall $(t, t + \Delta t]$ höchstens ein Ereignis eintrifft und die Wahrscheinlichkeit dafür, daß genau ein Ereignis in diesem Intervall eintrifft, proportional zur Länge

Δt des Intervalles ist (zumindest asymptotisch für $\Delta t \to 0$). Mit dem Proportionalitätsfaktor $\lambda > 0$ heißt das,

$$P\{X(t+\Delta t) - X(t) = 1\} \approx \lambda \Delta t, \tag{3.1–28}$$
$$P\{X(t+\Delta t) - X(t) = 0\} \approx 1 - \lambda \Delta t. \tag{3.1–29}$$

Für die Poisson-Verteilung mit dem Parameter $\alpha = \lambda \Delta t$, vgl. Beispiel B2.1–9, ist diese Bedingung erfüllt. Wir brauchen nur für beliebige $\Delta t > 0$

$$P\{X(t+\Delta t) - X(t) = k\} = \mathrm{e}^{-\lambda \Delta t} \frac{(\lambda \Delta t)^k}{k!} \tag{3.1–30}$$

anzusetzen, um (3.1–28) und (3.1–29) genügen zu können. Für $k \geq 2$ ist die Wahrscheinlichkeit (3.1–30) von der Größenordnung $(\lambda \Delta t)^k$. Man kann sogar zeigen, daß die Poisson-Verteilung (3.1–30) die einzige ist, die die geforderten Eigenschaften erfüllt. Wenn wir in (3.1–30) zunächst $t = 0$ setzen und dann Δt in t umbenennen, so erhalten wir, daß $X(t)$ selbst Poisson-verteilt ist mit dem Parameter λt. Formel (2.1–144) liefert den deterministischen Anteil von $X(t)$:

$$\mu_X(t) = \mathrm{E}X(t) = \lambda t. \tag{3.1–31}$$

Ihn interpretieren wir als die erwartete Zahl von Ereignissen, die im Intervall $(0, t]$ eintreffen. So kann der Parameter λ als EREIGNISRATE gedeutet werden. Die Kovarianzfunktion auszurechnen, bereitet etwas mehr Mühe. Zunächst ist das zweite Moment der diskreten Verteilung von $X(t)$,

$$\begin{aligned} \mathrm{E}X(t)^2 &= \sum_{k=0}^{\infty} k^2 P\{X(t) = k\} = \sum_{k=1}^{\infty} k^2 \mathrm{e}^{-\lambda t} \frac{(\lambda t)^k}{k!} \\ &= \lambda t \mathrm{e}^{-\lambda t} \sum_{l=0}^{\infty} (l+1) \frac{(\lambda t)^l}{l!} = \lambda t(\lambda t + 1), \end{aligned} \tag{3.1–32}$$

wobei $l = k - 1$ und wir zweimal wie in (2.1–144) vorgingen. Für $0 \leq t_1 < t_2$ berechnen wir die Momentfunktion zweiter Ordnung:

$$\begin{aligned} r_{XX}(t_1, t_2) &= \mathrm{E}X(t_1)X(t_2) = \mathrm{E}X(t_1)[X(t_2) - X(t_1) + X(t_1)] \\ &= \mathrm{E}X(t_1)[X(t_2) - X(t_1)] + \mathrm{E}X(t_1)^2 \\ &= \mathrm{E}X(t_1)\mathrm{E}[X(t_2) - X(t_1)] + \mathrm{E}X(t_1)^2 \\ &= \lambda t_1[\lambda(t_2 - t_1)] + \lambda t_1(\lambda t_1 + 1) \\ &= \lambda t_1 \lambda t_2 + \lambda t_1. \end{aligned} \tag{3.1–33}$$

Hierbei wurde ausgenutzt, daß $X(t_1)$ und $X(t_2) - X(t_1)$ stochastisch unabhängig sind. Für $t_2 < t_1$ müßten wir den letzten Summanden durch λt_2 ersetzen. Mit (3.1–31) und (3.1–8) fassen wir zusammen:

$$c_{XX}(t_1, t_2) = \lambda \min\{t_1, t_2\}; \tag{3.1–34}$$

die kleinere der beiden Zahlen t_1 und t_2 ist also zu wählen.

3.1.2 Stationäre Prozesse

Wir suchen Modelle, mit denen Ausgaben von Systemen im eingeschwungenen Zustand oder auch das Rauschen über einem Widerstand bei konstanter Temperatur beschrieben werden können. Charakteristisch für solche Zustände ist sicherlich, daß Beziehungen zwischen zu unterschiedlichen Zeiten gemessenen Größen nicht von der willkürlichen Wahl des Zeitursprungs abhängen können, d.h. diese können nur von den relativen und nicht von den absoluten Zeiten abhängen. Für stochastische Prozesse kann das nur bedeuten, daß Wahrscheinlichkeiten, insbesondere Verteilungsfunktionen entsprechende Eigenschaften besitzen.

Einen stochastischen Prozeß $X(t)$ nennen wir einen STATIONÄREN PROZESS, wenn alle seine Verteilungsfunktionen (3.1–2) unabhängig von der Wahl des Zeitursprunges sind. Für alle τ, alle k, alle $t_1, \ldots, t_k$ und alle $x_1, \ldots, x_k$ muß demnach

$$F_X(x_1, \ldots, x_k; t_1 + \tau, \ldots, t_k + \tau) = F_X(x_1, \ldots, x_k; t_1, \ldots, t_k) \qquad (3.1\text{–}35)$$

gelten. Ähnliches trifft für die Dichten zu, falls solche existieren:

$$f_X(x_1, \ldots, x_k; t_1 + \tau, \ldots, t_k + \tau) = f_X(x_1, \ldots, x_k; t_1, \ldots, t_k). \qquad (3.1\text{–}36)$$

DISKRETE STATIONÄRE PROZESSE X_n besitzen entsprechende Eigenschaften.

Unmittelbare Konsequenzen aus dieser Definition sind die folgenden: Für $k = 1$ muß gelten

$$f_X(x; t) = f_X(x; 0) = f_X(x). \qquad (3.1\text{–}37)$$

Wir brauchen in (3.1–36) ja nur $t_1 = t$ und $\tau = -t$ zu wählen. Die Dichte von $X(t)$ hängt nicht mehr von t ab und wird daher $f_X(x)$ genannt. Wegen (3.1–5) ist der deterministische Anteil

$$\mu_X = \int_{-\infty}^{\infty} x f_X(x) dx \qquad (3.1\text{–}38)$$

konstant. Er wird GLEICHANTEIL genannt in Anlehnung z.B. an eine Gleichspannung. Wenn $k = 2$ ist und in (3.1–36) $\tau = -t_2$ und $u = t_1 - t_2$ gesetzt wird, erhalten wir

$$f_X(x_1, x_2; t_1, t_2) = f_X(x_1, x_2, t_1 - t_2, 0) = f_X(x_1, x_2; u). \qquad (3.1\text{–}39)$$

Diese Dichte hängt also von den Zeiten t_1 und t_2 nur über deren Differenz $u = t_1 - t_2$ ab. Mit (3.1–7), $t_2 = t$, $t_1 = t + u$ schreiben wir vereinfachend

$$r_{XX}(u) = \mathrm{E}X(t + u)X(t) = \int_{-\infty}^{\infty} \int_{-\infty}^{\infty} x_1 x_2 f_X(x_1, x_2; u) dx_1 dx_2. \qquad (3.1\text{–}40)$$

Die Momentfunktion zweiter Ordnung $r_{XX}(u)$ hängt also auch nur von der Zeitdifferenz u ab. Für $u = 0$ fragen wir nach der erwarteten Leistung, für die wegen (3.1–10)

$$r_{XX}(0) = \mathrm{E}X(t)^2 = \int_{-\infty}^{\infty} x^2 f_X(x) dx \qquad (3.1\text{–}41)$$

gilt. Die Kovarianzfunktion und die Varianz eines stationären Prozesses berechnen wir aus (3.1–6), (3.1–8) und (3.1–9) zu

$$\begin{aligned} c_{XX}(u) = \mathrm{Cov}(X(t+u), X(t)) &= \mathrm{E}(X(t+u) - \mu_X)(X(t) - \mu_X) \\ &= r_{XX}(u) - \mu_X^2, \end{aligned} \tag{3.1–42}$$

die wegen (3.1–13) und (3.1–15) eine gerade, nichtnegativ definite Funktion von u ist, und

$$\sigma_X^2 = \mathrm{Var}X(t) = c_{XX}(0) = r_{XX}(0) - \mu_X^2. \tag{3.1–43}$$

Für diskrete stationäre Prozesse gelten ähnliche Resultate, wovon wir nur die folgenden beiden aufschreiben:

$$\mu_X = \mathrm{E}X_n, \tag{3.1–44}$$

$$c_{XX}(k) = \mathrm{Cov}(X_{n+k}, X_n) = \mathrm{E}(X_{n+k} - \mu_X)(X_n - \mu_X). \tag{3.1–45}$$

Es soll noch erwähnt werden, daß man einen stochastischen Prozeß im WEITEREN SINNE STATIONÄR nennt, wenn sein deterministischer Anteil ein Gleichanteil ist und seine Kovarianzfunktion nur von der Zeitverschiebung u bzw. k abhängt. Über die Beziehungen von mehr als zwei Zufallsvariablen aus dem Prozeß wird nichts ausgesagt. Ein im weiteren Sinne stationärer Gauß-Prozeß ist ein stationärer Prozeß. Für andere im weiteren Sinne stationäre Prozesse gilt diese Aussage im allgemeinen nicht.

Zwei stationäre Prozesse können gemeinsam stationär sein, wenn nämlich alle Verteilungen nur von relativen Zeiten abhängen. Die Kreuzmomentfunktion von $X(t)$ und $Y(t)$ zum Beispiel finden wir mit (3.1–18) :

$$r_{XY}(u) = \mathrm{E}X(t+u)Y(t) = \int_{-\infty}^{\infty}\int_{-\infty}^{\infty} xy f_{XY}(x, y; u)dxdy \tag{3.1–46}$$

und damit die Kreuzkovarianzfunktion

$$c_{XY}(u) = r_{XY}(u) - \mu_X\mu_Y. \tag{3.1–47}$$

Die Symmetrieeigenschaft (3.1–20) wird

$$c_{XY}(u) = c_{YX}(-u). \tag{3.1–48}$$

Die Fourier-Transformierte der Kovarianzfunktion eines stationären Prozesses wird SPEKTRALDICHTE oder kurz SPEKTRUM genannt. Ist $X(t)$ ein stationärer Prozeß mit kontinuierlichem Zeitparameter, so ist sein Spektrum berechnet für die Frequenz $\omega = 2\pi f$

$$C_{XX}(\omega) = \int_{-\infty}^{\infty} c_{XX}(u)\mathrm{e}^{-j\omega u}du. \tag{3.1–49}$$

Wir wollen in diesem Buch die Abhängigkeit der Fourier-Transformierten von der Frequenz ω nicht durch $j\omega$ wie in der Nachrichtentechnik, vgl. Fettweis (1990), kennzeichnen, da Laplace-Transformierte im folgenden nicht benutzt werden. In (3.1–49) setzen wir voraus, daß die Fourier-Transformierte als gewöhnliche oder als verallgemeinerte Funktion existiert. Durch Fourier-Rücktransformation erhält man aus dem Spektrum die Kovarianzfunktion

$$c_{XX}(u) = \frac{1}{2\pi}\int_{-\infty}^{\infty} C_{XX}(\omega)e^{j\omega u}d\omega. \quad (3.1\text{–}50)$$

(3.1–49) und (3.1–50) werden auch WIENER-CHINTSCHIN-FORMELN genannt.

Da $c_{XX}(u)$ eine gerade Funktion ist, folgt

$$\begin{aligned} C_{XX}(-\omega) &= \int_{-\infty}^{\infty} c_{XX}(u)e^{j\omega u}du = C_{XX}(\omega)^* \\ &= \int_{-\infty}^{\infty} c_{XX}(-u)e^{-j\omega u}du = \int_{-\infty}^{\infty} c_{XX}(u)e^{-j\omega u}du = C_{XX}(\omega), \quad (3.1\text{–}51) \end{aligned}$$

also daß $C_{XX}(\omega)$ eine reelle und gerade Funktion von ω ist. Weiter gilt

$$C_{XX}(\omega) \geq 0, \quad (3.1\text{–}52)$$

da $c_{XX}(u)$ nicht negativ definit ist, was wir hier nicht mehr zeigen wollen. Eine weitere wichtige Eigenschaft des Spektrums ist, daß es die spektrale Zerlegung der Varianz von $X(t)$ über die Frequenzen liefert. Für $u = 0$ bedeutet (3.1–50) nämlich

$$\sigma_X^2 = c_{XX}(0) = \frac{1}{2\pi}\int_{-\infty}^{\infty} C_{XX}(\omega)d\omega. \quad (3.1\text{–}53)$$

Eine (3.1–53) entsprechende Zerlegung der Leistung $\mathrm{E}X(t)^2 = r_{XX}(0)$ findet man, wenn das LEISTUNGSSPEKTRUM wie folgt definiert wird:

$$R_{XX}(\omega) = 2\pi\mu_X^2\delta(\omega) + C_{XX}(\omega). \quad (3.1\text{–}54)$$

Hierbei ist $\delta(\omega)$ Diracs Deltafunktion. $R_{XX}(\omega)$ ist offensichtlich die Fourier-Transformierte der Momentfunktion zweiter Ordnung $r_{XX}(u)$ und besitzt ähnliche Eigenschaften wie das Spektrum $C_{XX}(\omega)$. Was diese Definition des Leistungsspektrums mit der dem Ingenieur vertrauten Vorstellung vom Leistungsspektrum, d.h. dem Betragsquadrat der Fourier-Transformierten eines Signals bezogen auf das Integrationsintervall, zu tun hat, wird im Abschnitt 3.2 geklärt.

Die Fourier-Transformierte der Kreuzkovarianzfunktion (3.1–47) nennt man das KREUZSPEKTRUM von $X(t)$ und $Y(t)$:

$$C_{XY}(\omega) = \int_{-\infty}^{\infty} c_{XY}(u)e^{-j\omega u}du. \quad (3.1\text{–}55)$$

Es genügt wegen (3.1–48)

$$C_{XY}(-\omega) = C_{XY}(\omega)^* = C_{YX}(\omega), \quad (3.1\text{–}56)$$

was wie (3.1–51) gezeigt wird.

Für einen diskreten stationären Prozeß X_n wird das SPEKTRUM oder genauer die NORMIERTE SPEKTRALDICHTE durch Fourier–Transformation der durch die Kovarianzfunktion $c_{XX}(k)$ gegebenen Zahlenfolge definiert :

$$C_{XX}(\omega) = \sum_{k=-\infty}^{\infty} c_{XX}(k)e^{-j\omega k}, \tag{3.1–57}$$

soweit diese als gewöhnliche oder verallgemeinerte Funktion existiert. Da $\exp(-j\omega k)$ eine periodische Funktion von ω mit der Periode 2π ist, muß $C_{XX}(\omega)$ die gleiche Eigenschaft besitzen. Fassen wir die rechte Seite von (3.1–57) als Fourier-Reihe der linken Seite auf, so müssen sich die Fourier-Koeffizienten wie folgt berechnen lassen:

$$c_{XX}(k) = \frac{1}{2\pi}\int_{-\pi}^{\pi} C_{XX}(\omega)e^{j\omega k}d\omega, \qquad |k| = 0, 1, \ldots. \tag{3.1–58}$$

Diese Formel interpretieren wir als Umkehrung der Fourier-Transformation (3.1–57).

Neben der Eigenschaft, 2π-periodisch zu sein, ist das Spektrum $C_{XX}(\omega)$ eines diskreten stationären Prozesses eine reelle, gerade Funktion und nicht negativ:

$$C_{XX}(-\omega) = C_{XX}(\omega)^* = C_{XX}(\omega) \geq 0, \tag{3.1–59}$$

was wieder daraus folgt, daß $c_{XX}(k)$ gerade und nichtnegativ definit ist. Die Formel

$$\sigma_X^2 = c_{XX}(0) = \frac{1}{2\pi}\int_{-\pi}^{\pi} C_{XX}(\omega)d\omega \tag{3.1–60}$$

bedeutet die Zerlegung der Varianz über die Frequenzen ω aus dem Intervall $(-\pi, \pi]$. Das Leistungsspektrum definieren wir durch

$$R_{XX}(\omega) = 2\pi\mu_X^2\eta(\omega) + C_{XX}(\omega), \tag{3.1–61}$$

wobei $\eta(\omega)$ eine 2π-periodische Version von Diracs $\delta(\omega)$ ist,

$$\eta(\omega) = \sum_{l=-\infty}^{\infty} \delta(\omega - 2\pi l). \tag{3.1–62}$$

$R_{XX}(\omega)$ ist die diskrete Fourier-Transformierte der Momentfunktion zweiter Ordnung, $r_{XX}(k) = c_{XX}(k) + \mu_X^2$.

Klären müssen wir die Beziehungen zwischen den Spektrumdefinitionen (3.1–49) und (3.1–57). Wir denken dazu an einen (zumindest im weiteren Sinne) stationären Prozeß $X(t)$ mit der Kovarianzfunktion $c_{XX}(u)$ und dem Spektrum $C_{XX}(\omega)$. Mit Hilfe eines beliebigen Abtastintervalles $\Delta > 0$ und einer Zeitverschiebung v definieren wir einen diskreten stationären Prozeß durch $Y_n = X(n\Delta + v)$ für $n \in \mathbb{Z}$. Dessen Kovarianzfunktion ergibt sich zu

$$c_{YY}(k) = \mathrm{Cov}(Y_{n+k}, Y_n) = \mathrm{Cov}(X((n+k)\Delta + v), X(n\Delta + v)) = c_{XX}(k\Delta). \tag{3.1–63}$$

Sein Spektrum berechnen wir wie folgt:

$$\begin{aligned}
C_{YY}(\omega) &= \sum_{k=-\infty}^{\infty} c_{YY}(k)e^{-j\omega k} = \sum_{k=-\infty}^{\infty} c_{XX}(k\Delta)e^{-j\omega k} \\
&= \sum_{k=-\infty}^{\infty} \frac{1}{2\pi}\int_{-\infty}^{\infty} C_{XX}(\nu)e^{j\nu k\Delta}\mathrm{d}\nu\ e^{-j\omega k} \\
&= \int_{-\infty}^{\infty} C_{XX}(\nu)\frac{1}{2\pi}\sum_{k=-\infty}^{\infty} e^{j(\nu\Delta-\omega)k}\mathrm{d}\nu \\
&= \int_{-\infty}^{\infty} C_{XX}(\nu)\sum_{m=-\infty}^{\infty} \delta(\nu\Delta-\omega+2\pi m)\mathrm{d}\nu \\
&= \frac{1}{\Delta}\sum_{m=-\infty}^{\infty}\int_{-\infty}^{\infty} C_{XX}(\nu)\delta(\nu-\frac{\omega-2\pi m}{\Delta})\mathrm{d}\nu \\
&= \frac{1}{\Delta}\sum_{m=-\infty}^{\infty} C_{XX}(\frac{\omega-2\pi m}{\Delta}).
\end{aligned} \qquad (3.1\text{–}64)$$

Hierbei wandten wir (3.1–50) auf $c_{XX}(k\Delta)$ an, vertauschten Summe und Integral, benutzten die Poisson-Summenformel sowie $\delta(x) = \frac{\delta(x/\Delta)}{\Delta}$, vergl. Fettweis (1990), und erhielten das 2π-periodische Spektrum des diskreten Prozesses Y_n als Überlagerung des 2π-periodisch wiederholten und gestauchten Spektrums von $X(t)$.

Beispiele:

B3.1–4 DISKRETES WEISSES RAUSCHEN nennt man einen stationären Prozeß Z_n aus stochastisch unabhängigen, identisch verteilten Zufallsvariablen mit verschwindendem Gleichanteil, also $\mathrm{E}Z_n = 0$ für alle n. Beispielsweise beschreibt die Dichte $f_Z(z)$ aller Z_n den Prozeß vollständig. Wenn die Varianz $\sigma_Z^2 = \mathrm{E}Z_n^2$ ist, muß die Kovarianzfunktion

$$c_{ZZ}(k) = \sigma_Z^2\delta_k \qquad (3.1\text{–}65)$$

ähnlich wie in (3.1–23) sein. Das Spektrum ist

$$C_{ZZ}(\omega) = \sigma_Z^2 \qquad (3.1\text{–}66)$$

also konstant in $-\pi < \omega \leq \pi$. Wir interpretieren (3.1–60) für diskretes weißes Rauschen so, daß alle Frequenzen des Intervalls $(-\pi, \pi]$ den gleichen positiven Anteil zur Varianz oder aber auch zur Leistung beitragen. Für viele Untersuchungen wird oft nur für diskretes weißes Rauschen angenommen, daß es ein im weiteren Sinne stationärer Prozeß mit verschwindendem Gleichanteil und dem Spektrum (3.1–66) sei. WEISSES RAUSCHEN wird ein stationärer Prozeß $Z(t)$ mit kontinuierlichem Zeitparameter genannt, den man sich aus stochastisch unabhängigen, identisch verteilten Zufallsvariablen zusammengesetzt denkt und der den Gleichanteil $\mathrm{E}Z(t) = 0$ sowie die Kovarianzfunktion

$$c_{ZZ}(u) = \sigma_Z^2\delta(u) \qquad (3.1\text{–}67)$$

besitzt. Sein Spektrum ist wieder konstant gleich σ_Z^2 für alle Frequenzen ω. Alle Frequenzen liefern also den gleichen positiven Anteil zur unendlich großen Varianz bzw. Leistung $\mathrm{E}Z(t)^2 = \infty$. Dieses Modell eines stochastischen Signals besitzt natürlich keine physikalische Entsprechung. Doch ist es ein bequemes Mittel, wie wir später sehen werden, um stochastische Signale mit einem über weite Bereiche konstanten Spektrum zu behandeln. Man denke zum Beispiel an weißes Licht, um sich die Bezeichnung „weißes Rauschen" zu merken. Ein anderes Beispiel ist THERMISCHES RAUSCHEN eines Widerstandes im thermischen Gleichgewicht, für das wir $\sigma_Z^2 = 2kTR$ setzen und der Bereich bei Zimmertemperatur bis zu Frequenzen von einigen hundert GHz reicht. Hierbei ist R der Widerstand, T die absolute Temperatur und k die Boltzmann-Konstante ($k = 1,381 \cdot 10^{-23}[J/K]$). Einzelheiten findet man zum Beispiel bei Schiek und Siweris[1] erklärt. Schließlich empfehlen wir als Übungsaufgabe, sich zu überlegen, welche Bedingungen die Kovarianzfunktion $c_{XX}(u)$ eines erwartungswertfreien stationären Prozesses $X(t)$ erfüllen muß, damit der durch Abtastung $Z_n = X(n\Delta)$ entstehende Prozeß wie diskretes weißes Rauschen den Bedingungen $\mathrm{E}Z_n = 0$ und (3.1–65) genügt. Man soll also durch Unterabtastung weißes Rauschen erzeugen.

B3.1–5 Einen MONOCHROMATISCHEN stochastischen Prozeß können wir durch

$$X(t) = A\cos\omega_0 t + B\sin\omega_0 t = D\sin(\omega_0 t + \Phi) \qquad (3.1\text{–}68)$$

definieren, wobei A und B unkorrelierte Zufallsvariablen mit $\mathrm{E}A = \mathrm{E}B = 0$ und gleichen Varianzen $\mathrm{E}A^2 = \mathrm{E}B^2 = \sigma^2$ sind. Die Zufallsvariablen genügen $A = D\sin\Phi$ und $B = D\cos\Phi$. Der deterministische Anteil von $X(t)$ ist konstant:

$$\mathrm{E}X(t) = \mathrm{E}A\cos\omega_0 t + \mathrm{E}B\sin\omega_0 t = 0. \qquad (3.1\text{–}69)$$

Die Kovarianzfunktion berechnet man zu

$$\begin{aligned}\mathrm{Cov}(X(t+u), X(t)) &= \mathrm{E}X(t+u)X(t)\\ &= \mathrm{E}A^2\cos\omega_0(t+u)\cos\omega_0 t + \mathrm{E}B^2\sin\omega_0(t+u)\sin\omega_0 t\\ &\quad + \mathrm{E}AB(\cos\omega_0(t+u)\sin\omega_0 t + \sin\omega_0(t+u)\cos\omega_0 t)\\ &= \sigma^2\cos\omega_0 u = c_{XX}(u), \qquad (3.1\text{–}70)\end{aligned}$$

da $\mathrm{E}AB = 0$ und wir eine trigonometrische Formel für $\cos(\alpha - \beta)$ anwenden können. $X(t)$ ist also im weiteren Sinne stationär. Wenn $(A, B)'$ normalverteilt ist, muß der Prozeß sogar stationär sein, sind D und Φ stochastisch unabhängig, Φ auf $(-\pi, \pi]$ gleichverteilt und D^2 bis auf den Faktor σ^2 χ_2^2-verteilt, was man als Übung ausrechnen sollte. Das Spektrum ergibt sich aus (3.1–49) zu

$$C_{XX}(\omega) = \int_{-\infty}^{\infty} \sigma^2\cos\omega_0 t e^{-j\omega t}dt = \pi\sigma^2(\delta(\omega - \omega_0) + \delta(\omega + \omega_0)), \qquad (3.1\text{–}71)$$

das die Bezeichnung „monochromatisch" noch einmal motiviert.

---
[1]Schiek, B. und Siweris, H.-J. (1990) : Rauschen in Hochfrequenzschaltungen. Hüthing, Heidelberg

3.2 Systemtheorie mit stochastischen Signalen

3.2.1 Grenzübergänge mit stochastischen Prozessen

Um Systemtheorie mit stochastischen Signalen betreiben zu können, muß man Grenzübergänge, wie sie zum Beispiel beim Integrieren eines Signals benötigt werden, für stochastische Signale, also stochastische Prozesse erklären. Da wir von Zufallsvariablen ausgehen, werden wir die für Zufallsfolgen in Abschnitt 2.1.3 untersuchten Konvergenzbegriffe benutzen.

Als erstes untersuchen wir Stetigkeitseigenschaften eines stochastischen Prozesses $X(t)$ mit kontinuierlichem Zeitparameter. Den anschaulichsten Stetigkeitsbegriff erhalten wir bei Verwendung der Konvergenz mit Wahrscheinlichkeit 1. Im Sinne von (2.1–240) sagen wir, daß der stochastische Prozeß $X(t)$ IM PUNKT t_0 STETIG MIT WAHRSCHEINLICHKEIT 1 (Wk 1) ist, wenn

$$P\{\lim_{\varepsilon\to 0} X(t_0+\varepsilon) = X(t_0)\} = 1 \tag{3.2–1}$$

für beliebige Grenzübergänge $\varepsilon \to 0$. Gilt diese Eigenschaft für alle t_0, so ist $X(t)$ STETIG MIT WK 1. Wir können die Stetigkeit mit Wk 1 so interpretieren, daß ein Pfad $x(t) = X(t,\xi)$ als Versuchsergebnis aus einem Zufallsexperiment mit Wahrscheinlichkeit 1 eine stetige Funktion ist. Leichter nachzuweisen ist die Stetigkeit von $X(t)$ im quadratischen Mittel. Bei Anwendung von (2.1–241) ist $X(t)$ I.Q.M. STETIG IN t_0, wenn

$$\lim_{\varepsilon\to 0} \mathrm{E}[X(t_0+\varepsilon) - X(t_0)]^2 = 0. \tag{3.2–2}$$

Diese Eigenschaft bedeutet nämlich mit (3.1–7), daß

$$\lim_{\varepsilon\to 0}[r_{XX}(t_0+\varepsilon, t_0+\varepsilon) - 2r_{XX}(t_0+\varepsilon, t_0) + r_{XX}(t_0,t_0)] = 0. \tag{3.2–3}$$

Die Momentfunktion zweiter Ordnung $r_{XX}(t_1,t_2)$ muß also stetig an der Stelle $(t_1,t_2) = (t_0,t_0)$ sein. Wenn für alle t_0 (3.2–2) gilt, nennen wir $X(t)$ I.Q.M.–STETIG. Dies ist genau dann der Fall, wenn $r_{XX}(t_1,t_2)$ auf der Diagonalen $t_1 = t_2$ stetig ist. Man kann dann sogar zeigen, daß $r_{XX}(t_1,t_2)$ überall stetig sein muß, worauf hier verzichtet wird. Die i.q.M.-Stetigkeit von $X(t)$ bedeutet mit anderen Worten, daß der deterministische Anteil $\mu_X(t)$ und die Kovarianzfunktion $c_{XX}(t_1,t_2)$ stetig sind. Beispielsweise ist der Poisson-Prozeß aus Beispiel B3.1–3 i.q.M.–stetig, da $\mu_X(t)$ und $c_{XX}(t_1,t_2)$ aus (3.1–31) und (3.1–34) stetig sind. Ein Pfad des Poisson-Prozesses ist jedoch eine Treppenfunktion mit Stufen der Höhe 1, also keine stetige Funktion. Andererseits ist ein Pfad in einen fest gewählten Punkt t_0 mit Wahrscheinlichkeit 1 stetig.

In entsprechender Weise könnten wir den Begriff der Ableitung behandeln, was wir an dieser Stelle nicht tun werden. Von den möglichen Integralbegriffen behandeln wir nur das Integral im quadratischen Mittel: Wir gehen aus von einem stochastischen Prozeß $X(t)$, den wir mit einer Funktion $q(t)$ multipliziert über ein Intervall mit den Grenzen a und b integrieren wollen. Eine Riemann-Summe für ein solches Integral mit

Stützpunkten $a = t_0 < t_1 < \ldots < t_n = b$ ist

$$S_n = \sum_{i=1}^{n} q(t_i)X(t_i)(t_i - t_{i-1}). \tag{3.2–4}$$

Wir nehmen an, daß S_n für $n \to \infty$, $t_i - t_{i-1} \to 0$ und unabhängig von der Wahl der Stützpunkte gegen eine Zufallsvariable S i.q.M. konvergiert. Dann muß nach dem Cauchy-Kriterium

$$\mathrm{E}(S_n - S_m)^2 = \mathrm{E}S_n^2 - 2\mathrm{E}S_nS_m + \mathrm{E}S_m^2 \underset{n,m\to\infty}{\longrightarrow} 0 \tag{3.2–5}$$

gelten. Dies ist richtig genau dann, wenn alle Erwartungswerte gegen den gleichen Grenzwert, nämlich

$$\begin{aligned} \lim_{n\to\infty} \mathrm{E}S_n^2 &= \lim_{n\to\infty} \sum_{i=1}^{n}\sum_{k=1}^{n} q(t_i)q(t_k)\mathrm{E}X(t_i)X(t_k)(t_i - t_{i-1})(t_k - t_{k-1}) \\ &= \int_a^b\int_a^b q(t)q(t')r_{XX}(t,t')dtdt' = \mathrm{E}S^2 \end{aligned} \tag{3.2–6}$$

konvergieren, wobei wir $r_{XX}(t_i, t_k) = \mathrm{E}X(t_i)X(t_k)$ gesetzt haben. Das Doppelintegral über $q(t)q(t')r_{XX}(t,t')$ muß demnach existieren. Gehen wir umgekehrt von der absoluten Integrierbarkeit dieser Funktion aus, konvergiert S_n i.q.M. . Die Zufallsvariable S ist als Grenzwert nicht eindeutig bestimmt. Trotzdem bezeichnen wir sie durch

$$S = \int_a^b q(t)X(t)dt. \tag{3.2–7}$$

Sie besitzt wegen (3.2–6) und (3.1–8) die Eigenschaften

$$\mathrm{E}S = \mathrm{E}\int_a^b q(t)X(t)dt = \int_a^b q(t)\mathrm{E}X(t)dt = \int_a^b q(t)\mu_X(t)dt, \tag{3.2–8}$$

d.h. Erwartungsoperator und Integral dürfen vertauscht werden, und

$$\mathrm{Var}S = \int_a^b\int_a^b q(t)q(t')c_{XX}(t,t')dtdt'. \tag{3.2–9}$$

Mit den so definierten **i.q.M.–Integralen** läßt sich also besonders einfach rechnen.

Einem i.q.M.-Integral wie (3.2–7) entspricht für diskrete stochastische Prozesse X_n eine unendliche Summe:

$$S = \sum_{n=-\infty}^{\infty} q_nX_n. \tag{3.2–10}$$

Sie existiert i.q.M., wenn

$$\sum_{n=-\infty}^{\infty}\sum_{m=-\infty}^{\infty} |q_nq_mr_{XX}(n,m)| < \infty, \tag{3.2–11}$$

und besitzt die Eigenschaften

$$\mathrm{E}S = \mathrm{E}\sum_{n=-\infty}^{\infty} q_n X_n = \sum_{n=-\infty}^{\infty} q_n \mathrm{E}X_n = \sum_{n=-\infty}^{\infty} q_n \mu_X(n) \tag{3.2–12}$$

sowie

$$\mathrm{Var}S = \sum_{n=-\infty}^{\infty}\sum_{m=-\infty}^{\infty} q_n q_m c_{XX}(n,m). \tag{3.2–13}$$

Als eine Anwendung wollen wir für einen stationären Prozeß $X(t)$ untersuchen, was die Definition des Leistungsspektrums

$$R_{XX}(\omega) = \int_{-\infty}^{\infty} r_{XX}(u)\mathrm{e}^{-j\omega u}du \tag{3.2–14}$$

als Fourier-Transformierte der Momentfunktion zweiter Ordnung, $r_{XX}(u) = \mathrm{E}X(t+u)X(t)$ mit dem PERIODOGRAMM

$$I_{XX}^T(\omega) = \frac{1}{T}\left|\int_{-T/2}^{T/2} X(t)\mathrm{e}^{-j\omega t}dt\right|^2, \tag{3.2–15}$$

also der spektralen Leistung von $X(t)$ im Intervall $-T/2 \leq t \leq T/2$, zu tun hat. Zunächst fassen wir die Fourier-Transformation des auf das Intervall $[-T/2, T/2]$ beschränkten stochastischen Signals als i.q.M.-Integral auf, wobei Real- und Imaginärteil von $\exp(-j\omega t) = \cos\omega t - j\sin\omega t$ einzeln behandelt werden. Wir schreiben $|a|^2 = aa^*$ und benutzen (3.2–7) für $q(t) = \exp(-j\omega t)$ sowie (3.2–6), um

$$\begin{aligned}
\mathrm{E}I_{XX}^T(\omega) &= \mathrm{E}\frac{1}{T}\int_{-T/2}^{T/2}\int_{-T/2}^{T/2} X(t)X(t')\mathrm{e}^{-j\omega t}\mathrm{e}^{j\omega t'}dtdt' \\
&= \frac{1}{T}\int_{-T/2}^{T/2}\int_{-T/2}^{T/2} r_{XX}(t-t')\mathrm{e}^{-j\omega(t-t')}dtdt'
\end{aligned} \tag{3.2–16}$$

zu erhalten. Substituieren wir jetzt $u = t - t'$ und $\bar{t} = t'$, so wird aus dem Integrationsbereich $-T/2 \leq t \leq T/2$ und $-T/2 \leq t' \leq T/2$ der Integrationsbereich $-T \leq u \leq T$ und $-T/2 \leq \bar{t} \leq T/2 - u$ für $u \geq 0$ bzw. $-T/2 - u \leq \bar{t} \leq T/2$ für $u < 0$. Da der Integrand nach der Substitution nur noch von u abhängt, können wir die Integration über $\bar{t}$ ausführen und zusammenfassen:

$$\mathrm{E}I_{XX}^T(\omega) = \frac{1}{T}\int_{-T}^{T}(T - |u|)r_{XX}(u)\mathrm{e}^{-j\omega u}du. \tag{3.2–17}$$

Setzen wir jetzt voraus, daß

$$\int_{-\infty}^{\infty} |u||r_{XX}(u)|du < \infty, \tag{3.2–18}$$

so folgt

$$\lim_{T\to\infty} \mathrm{E}I_{XX}^T(\omega) = \lim_{T\to\infty} \int_{-T}^{T} (1 - \frac{|u|}{T}) r_{XX}(u) \mathrm{e}^{-j\omega u} du$$
$$= \int_{-\infty}^{\infty} r_{XX}(u) \mathrm{e}^{-j\omega u} du = R_{XX}(\omega). \qquad (3.2\text{–}19)$$

Wir merken an, daß ein Grenzübergang des Periodogramms für $T \to \infty$ ohne die Erwartungswertbildung nicht auf eine Konstante führt. Wie wir in Abschnitt 3.2.6 sehen werden, ist das Periodogramm unter gewissen Bedingungen eine Zufallsvariable, die asymptotisch für $T \to \infty$ bis auf den Faktor $C_{XX}(\omega)/2$ χ_2^2-verteilt ist. Ihre Varianz bleibt für beliebig große T in der Größenordnung von $C_{XX}(\omega)^2$. Außerdem zeigt die Ableitung erneut, daß das Leistungsspektrum nichtnegativ sein muß.

3.2.2 Nichtreaktive Systeme

Nichtreaktive Systeme werden durch gewöhnliche Gleichungen zwischen Eingängen und Ausgängen beschrieben, vgl. Fettweis (1990). Sie sind „zeitunabhängig" und besitzen kein „Gedächtnis". Wir denken zum Beispiel an Verstärker mit linearen oder nichtlinearen Kennlinien und an Gleichrichter. Sie im Zusammenhang mit stochastischen Signalen zu behandeln, erfordert keine Grenzbetrachtungen.

Ein NICHTREAKTIVES SYSTEM wird durch eine reelle Funktion g beschrieben. Die Anregung des Systems mit dem Eingangssignal $x(t)$ erzeugt ein Ausgangssignal der Form $y(t) = g[x(t)]$. Genauso schreiben wir für stochastische Signale, die Eingang und Ausgang modellieren:

$$Y(t) = g[X(t)]. \qquad (3.2\text{–}20)$$

Der stochastische Prozeß $Y(t)$ ist wohl definiert, wenn g die Meßbarkeitsbedingung (2.1–102) erfüllt.

Die Verteilungseigenschaften der Zufallsvariablen $Y(t_1), \ldots, Y(t_k)$ berechnet man aus denen von $X(t_1), \ldots, X(t_k)$ wegen (2.1–115) wie folgt:

$$F_Y(y_1, \ldots, y_k; t_1, \ldots, t_k) = P\{Y(t_1) \le y_1, \ldots, Y(t_k) \le y_k\}$$
$$= P\{g[X(t_1)] \le y_1, \ldots, g[X(t_k)] \le y_k\}. \qquad (3.2\text{–}21)$$

Existiert die Dichte $f_X(x_1, \ldots, x_k; t_1, \ldots, t_k)$ von $X(t_1), \ldots, X(t_k)$ und ist g streng monoton und differenzierbar, so existiert die entsprechende Dichte von $Y(t_1), \ldots, Y(t_k)$ und kann (2.1–116) angewandt werden:

$$f_Y(y_1, \ldots, y_k; t_1, \ldots, t_k) = \frac{f_X(g^{-1}(y_1), \ldots, g^{-1}(y_k); t_1, \ldots, t_k)}{\prod_{i=1}^{k} |g'(g^{-1}(y_i))|}, \qquad (3.2\text{–}22)$$

wobei $g'(x) = dg/dx$ bedeutet. Man erkennt aus (3.2–21) oder (3.2–22) sofort, daß aus der Stationarität von $X(t)$ die von $Y(t)$ folgt. Für nichtlineare Funktionen g gilt dieses i.a. nicht für die Stationarität im weiteren Sinne. Den deterministischen Anteil und die Kovarianzfunktion können wir bei bekannten Dichten direkt berechnen:

$$\mu_Y(t) = \mathrm{E}Y(t) = \mathrm{E}g(X) = \int_{-\infty}^{\infty} g(x) f_X(x;t)dx, \tag{3.2–23}$$

$$c_{YY}(t_1,t_2) = r_{YY}(t_1,t_2) - \mu_Y(t_1)\mu_Y(t_2) \tag{3.2–24}$$

mit

$$\begin{aligned} r_{YY}(t_1,t_2) &= \mathrm{E}Y(t_1)Y(t_2) = \mathrm{E}g(X(t_1))g(X(t_2)) \\ &= \int_{-\infty}^{\infty}\int_{-\infty}^{\infty} g(x_1)g(x_2)f_X(x_1,x_2;t_1,t_2)dx_1dx_2. \end{aligned} \tag{3.2–25}$$

Beispiel:

B3.2–1 Das System sei ein quadratischer Zweiwegegleichrichter, dessen Kennlinie $y = x^2$ ist. Das stochastische Eingabesignal $X(t)$ sei ein Gaußprozeß ohne deterministischen Anteil und mit der uns bekannten Kovarianzfunktion $c_{XX}(t_1,t_2)$. Die Ergebnisse von Beispiel B2.1–21, insbesondere (2.1–113) liefern die Dichte von $Y(t) = X(t)^2$ für feste t:

$$f_Y(y;t) = \begin{cases} \frac{1}{2\sqrt{y}}[f_X(\sqrt{y};t) + f_X(-\sqrt{y};t)]\,, & y > 0 \\ 0 & \text{sonst} \end{cases}. \tag{3.2–26}$$

Für $y > 0$ können wir mit der Dichte (2.1–69), $\mu = 0$ und $\sigma^2 = c_{XX}(t,t)$ schreiben

$$f_Y(y;t) = \frac{1}{\sqrt{2\pi c_{XX}(t,t)y}} \exp\left(-\frac{y}{2c_{XX}(t,t)}\right), y > 0. \tag{3.2–27}$$

Der deterministische Anteil des stochastischen Ausgangssignals ist

$$\mu_Y(t) = \mathrm{E}Y(t) = \mathrm{E}X(t)^2 = r_{XX}(t,t) = c_{XX}(t,t). \tag{3.2–28}$$

Für die Momentfunktion zweiter Ordnung von $Y(t)$ gilt

$$r_{YY}(t_1,t_2) = \mathrm{E}Y(t_1)Y(t_2) = \mathrm{E}X(t_1)^2X(t_2)^2. \tag{3.2–29}$$

Dies ist ein viertes Moment normalverteilter Zufallsvariablen. Als eine Übungsaufgabe sollte man für einen normalverteilten Vektor $(X_1, X_2, X_3, X_4)'$, dessen Komponenten den Erwartungswert Null besitzen, folgende Formel zeigen:

$$\mathrm{E}X_1X_2X_3X_4 = \mathrm{E}X_1X_2\mathrm{E}X_3X_4 + \mathrm{E}X_1X_3\mathrm{E}X_2X_4 + \mathrm{E}X_1X_4\mathrm{E}X_2X_3. \tag{3.2–30}$$

Für $X_1 = X_2 = X(t_1)$ und $X_3 = X_4 = X(t_2)$ folgt daraus ein Ergebnis für (3.2–29):

$$r_{YY}(t_1,t_2) = r_{XX}(t_1,t_1)r_{XX}(t_2,t_2) + 2r_{XX}(t_1,t_2)^2. \tag{3.2–31}$$

Da wir $\mathrm{E}X(t) = 0$ annehmen, ist die Kovarianzfunktion von $Y(t)$

$$c_{YY}(t_1, t_2) = 2c_{XX}(t_1, t_2)^2. \tag{3.2–32}$$

Wenn $X(t)$ stationär ist, muß es auch $Y(t)$ sein. Weil die Kovarianzfunktion von $X(t)$ dann nur von $u = t_1 - t_2$ abhängt, ist der Gleichanteil von $Y(t)$

$$\mu_Y = c_{XX}(0). \tag{3.2–33}$$

Durch Fourier-Transformation der (3.2–32) entsprechenden Formel

$$c_{YY}(u) = 2c_{XX}(u)^2 \tag{3.2–34}$$

erhalten wir das Spektrum von $Y(t)$

$$C_{YY}(\omega) = \frac{1}{\pi} \int_{-\infty}^{\infty} C_{XX}(\omega - \nu) C_{XX}(\nu) d\nu. \tag{3.2–35}$$

Die Abb. 3.2.1 zeigt hierfür ein Beispiel. Das stochastische Eingangssignal ist Bandpaßsignal genannt worden, da sein Spektrum Bandpaßcharakter besitzt.

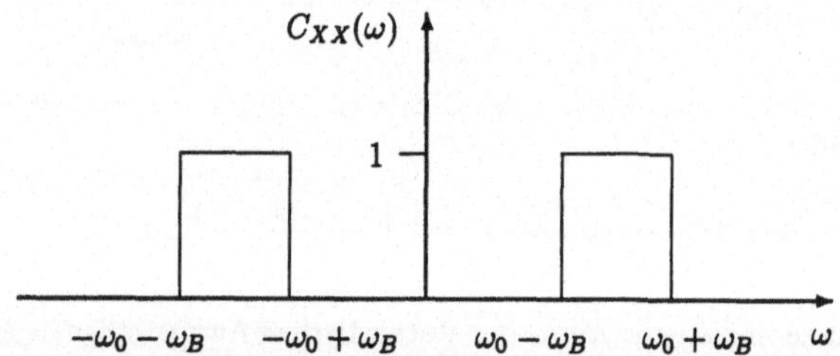

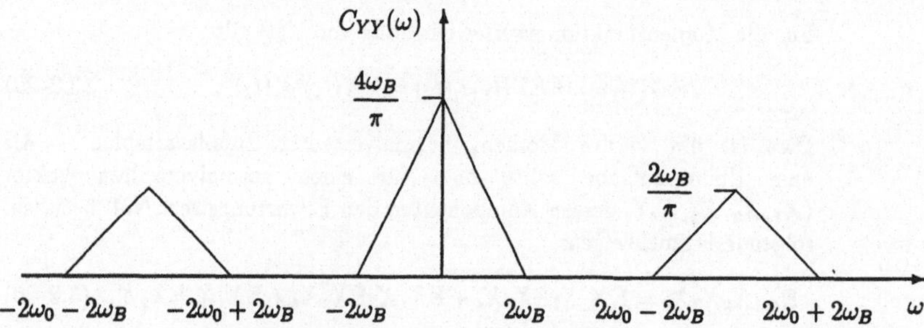

Abbildung 3.2.1: Spektrum eines quadratisch gleichgerichteten stationären stochastischen Bandpaßsignales

3.2.3 Lineare konstante Systeme

LINEARE KONSTANTE oder ZEITINVARIANTE SYSTEME sind quellenfreie Systeme mit einem Eingang und einem Ausgang, die folgende Eigenschaften besitzen: Wird mit einer beliebigen, jedoch konvergierenden Linearkombination $\sum_i a_i x_i(t)$ von Signalen $x_i(t)$ das System angeregt, so gibt es die entsprechende Linearkombination $\sum_i a_i y_i(t)$ der Reaktionen $y_i(t)$ des Systems auf die Eingaben $x_i(t)$ aus. Diese Eigenschaft kennzeichnet die Linearität und die Stetigkeit. Die Konstanz oder Zeitinvarianz wird dadurch ausgedrückt, daß $y(t-t_0)$ die Reaktion auf die Eingabe $x(t-t_0)$ ist, wenn $y(t)$ diejenige auf $x(t)$ ist. Mit Hilfe der IMPULSANTWORT $h(t)$, die als Reaktion auf die Eingabe des $\delta(t)$-Impulses verstanden werden kann, wird die Beziehung zwischen Eingabe- und Ausgabesignal durch die Faltung

$$y(t) = \int_{-\infty}^{\infty} h(t')x(t-t')dt' = \int_{-\infty}^{\infty} h(t-t')x(t')dt' \tag{3.2–36}$$

beschrieben. Die Fourier-Transformierte von $h(t)$ nennt man ÜBERTRAGUNGSFUNKTION oder FREQUENZGANG:

$$H(\omega) = \int_{-\infty}^{\infty} h(t)\mathrm{e}^{-j\omega t}dt. \tag{3.2–37}$$

Mit ihr kann man die Reaktion $H(\omega_0)\exp(j\omega_0 t)$ des Systems auf die Eingaben $\exp(j\omega_0 t)$ beschreiben. Auch hier benutzen wir nicht die übliche Bezeichnung $H(j\omega)$ für die Übertragungsfunktion.

DISKRETE LINEARE KONSTANTE SYSTEME besitzen ähnliche Eigenschaften: Ist y_n die Reaktion auf die Eingabe x_n und h_n die Impulsantwort, also die Reaktion des Systems auf den Einheitsimpuls δ_n, vgl. (3.1–24), so ist die Ein-Ausgabebeziehung durch die diskrete Faltung gegeben:

$$y_n = \sum_{m=-\infty}^{\infty} h_m x_{n-m} = \sum_{m=-\infty}^{\infty} h_{n-m} x_m. \tag{3.2–38}$$

Die Übertragungsfunktion findet man über die Fourier-Transformation der Impulsantwort:

$$H(\omega) = \sum_{m=-\infty}^{\infty} h_m \mathrm{e}^{-j\omega m}. \tag{3.2–39}$$

Wenn wir Ein- und Ausgaben diskreter linearer konstanter Systeme mit Hilfe diskreter stochastischer Signale X_n und Y_n beschreiben wollen, müssen wir erklären, wie die (3.2–38) entsprechende Faltung zu verstehen ist:

$$Y_n = \sum_{m=-\infty}^{\infty} h_m X_{n-m} = \sum_{m=-\infty}^{\infty} h_{n-m} X_m. \tag{3.2–40}$$

Wir nehmen dazu an, daß das System STABIL im folgenden Sinne ist:

$$\sum_{m=-\infty}^{\infty} |h_m| < \infty. \tag{3.2–41}$$

Setzen wir weiter voraus, daß X_n beschränkt in der Leistung, $\mathrm{E}X_n^2 \leq M < \infty$ für alle n ist, so können wir die i.q.M.-Konvergenz der Faltung (3.2–40) zeigen, indem Summierbarkeit wie in (3.2–11) bewiesen wird:

$$\begin{aligned}
&\sum_{m=-\infty}^{\infty} \sum_{l=-\infty}^{\infty} |h_{n-m} h_{n-l} r_{XX}(m,l)| \\
&= \sum_{m=-\infty}^{\infty} \sum_{l=-\infty}^{\infty} |h_{n-m}||h_{n-l}||\mathrm{E}X_m X_l| \\
&\leq \sum_{m=-\infty}^{\infty} \sum_{l=-\infty}^{\infty} |h_{n-m}||h_{n-l}|(\mathrm{E}X_m^2 \mathrm{E}X_l^2)^{\frac{1}{2}} \\
&\leq \sum_{m=-\infty}^{\infty} \sum_{l=-\infty}^{\infty} |h_{n-m}||h_{n-l}| M = (\sum_{m=-\infty}^{\infty} |h_m|)^2 M < \infty.
\end{aligned} \tag{3.2–42}$$

Hierbei wurde die Cauchy-Schwarz-Ungleichung (2.1–171) auf $r_{XX}(m,l)^2 = (\mathrm{E}X_m X_l)^2$ angewandt. Man kann sogar unter der schwächeren Voraussetzung $\mathrm{E}|X_n| \leq L < \infty$ die Konvergenz der Faltung mit Wk 1 zeigen. Dies gelingt durch Anwenden eines in Rao (1973) bewiesenen Satzes, daß für eine Folge V_m von Zufallsvariablen $\sum_m \mathrm{E}|V_m| < \infty$ hinreichend sei, um die Kovergenz von $\sum_m V_m$ mit Wk 1 zu garantieren, auf $V_m = h_{n-m} X_m$.

Die Eigenschaft (3.2–12) bedeutet für (3.2–40), daß

$$\mu_Y(n) = \mathrm{E}Y_n = \mathrm{E} \sum_{m=-\infty}^{\infty} h_m X_{n-m} = \sum_{m=-\infty}^{\infty} h_m \mathrm{E}X_{n-m} = \sum_{m=-\infty}^{\infty} h_m \mu_X(n-m). \tag{3.2–43}$$

Erwartungs- und Faltungsoperation können demnach vertauscht werden. Formel (3.2–13) hat

$$c_{YY}(n,n) = \mathrm{Var}Y_n = \sum_{m=-\infty}^{\infty} \sum_{l=-\infty}^{\infty} h_m h_l c_{XX}(n-m, n-l) \tag{3.2–44}$$

zur Folge. Dann muß auch

$$c_{YY}(n+k,n) = \sum_{m=-\infty}^{\infty} \sum_{l=-\infty}^{\infty} h_m h_l c_{XX}(n+k-m, n-l) \tag{3.2–45}$$

gelten, was man sofort durch Anwenden von (3.2–44) auf Signale $\tilde{X}_n = X_{n+k} + X_n$ und $\tilde{Y}_n = Y_{n+k} + Y_n$ herausfinden kann.

Setzen wir neben (3.2–41) voraus, daß X_n ein Gaußprozeß ist, so interessiert, ob Y_n auch ein Gaußprozeß ist. Hierzu betrachten wir die Zufallsvariablen $Y_{n_1}, \ldots, Y_{n_k}$: Setzen wir für sie endliche Partialsummen von (3.2–40) an, so müssen diese gemäß des im Zusammenhang von (2.1–213) beschriebenen Transformationssatzes für normalverteilte Zufallsvektoren ebenfalls gemeinsam normalverteilt sein. Die aus der i.q.M.-Konvergenz folgende Konvergenz in Verteilung garantiert die Normalverteilung beim Übergang zu unendlichen Summen in (3.2–40), wenn Entartungen wie $\mathrm{E}Y_n^2 = 0$ zugelassen sind. Also ist auch Y_n ein Gaußprozeß.

Im weiteren wollen wir einen stationären Prozeß X_n annehmen. Dann folgt aus der Zeitinvarianz und Stabilität des Systems sowie der Kovergenz in Verteilung, daß auch Y_n stationär ist. Hierzu brauchen wir nur für die endlichen Partialsummen von $Y_{n_1}, \ldots, Y_{n_k}$ einen (3.1–35) entsprechenden Ausdruck anzusetzen und sein Grenzverhalten zu untersuchen. Für (3.2–43) und (3.2–45) schreiben wir sodann

$$\mu_Y = \sum_{m=-\infty}^{\infty} h_m \mu_X = \mu_X H(0), \tag{3.2–46}$$

wobei (3.2–39) benutzt wurde, und

$$c_{YY}(k) = \sum_{m=-\infty}^{\infty} \sum_{l=-\infty}^{\infty} h_m h_l c_{XX}(k+l-m). \tag{3.2–47}$$

Als Übungsaufgabe sollte man für stationäre X_n ohne Gleichanteil zeigen, daß die Faltung (3.2–40) auch i.q.M. konvergiert, wenn statt (3.2–41) und $\mathrm{E}X_n^2 \le M < \infty$ die Bedingungen $\sum\limits_n h_n^2 < \infty$ und $\sum\limits_k |c_{XX}(k)| < \infty$ erfüllt werden.

Wenn $C_{XX}(\omega)$ das Spektrum von X_n ist und man die diskrete Fourier-Transformation auf (3.2–47) anwendet, findet man das Spektrum von Y_n:

$$\begin{aligned} C_{YY}(\omega) &= \sum_{k=-\infty}^{\infty} c_{YY}(k)\mathrm{e}^{-j\omega k} = \sum_{k=-\infty}^{\infty} \sum_{m=-\infty}^{\infty} \sum_{l=-\infty}^{\infty} h_m h_l c_{XX}(k+l-m)\mathrm{e}^{-j\omega k} \\ &= \sum_{m=-\infty}^{\infty} \sum_{l=-\infty}^{\infty} h_m h_l \sum_{k=-\infty}^{\infty} c_{XX}(k+l-m)\mathrm{e}^{-j\omega k} \\ &= \sum_{m=-\infty}^{\infty} \sum_{l=-\infty}^{\infty} h_m h_l \sum_{k'=-\infty}^{\infty} c_{XX}(k')\mathrm{e}^{-j\omega(k'-l+m)} \\ &= \sum_{m=-\infty}^{\infty} h_m \mathrm{e}^{-j\omega m} \sum_{l=-\infty}^{\infty} h_l \mathrm{e}^{j\omega l} \sum_{k'=-\infty}^{\infty} c_{XX}(k')\mathrm{e}^{-j\omega k'}. \end{aligned} \tag{3.2–48}$$

Hier haben wir Summen vertauscht und $k' = k+l-m$ substituiert. Mit (3.2–39) und (3.1–57) fassen wir zusammen

$$C_{YY}(\omega) = H(\omega)H(-\omega)C_{XX}(\omega) = |H(\omega)|^2 C_{XX}(\omega) \tag{3.2–49}$$

und erhalten ein besonders einprägsames Ergebnis.

Die Behandlung von (3.2–36) für stochastische Prozesse $X(t)$ und $Y(t)$ ist schwieriger und soll nicht genauer untersucht werden. Wir fassen das Faltungsintegral

$$Y(t) = \int_{-\infty}^{\infty} h(t')X(t-t')dt' \tag{3.2–50}$$

unter der (3.2–41) entsprechenden Stabilitätsannahme

$$\int_{-\infty}^{\infty} |h(t)|dt < \infty \tag{3.2–51}$$

als ein i.q.M.-Integral auf. Dann können Integrale und Erwartungswert wie in (3.2–8) vertauscht werden:

$$\begin{aligned} \mu_Y(t) &= \mathrm{E}\int_{-\infty}^{\infty} h(t')X(t-t')dt' = \int_{-\infty}^{\infty} h(t')\mathrm{E}X(t-t')dt' \\ &= \int_{-\infty}^{\infty} h(t')\mu_X(t-t')dt'. \end{aligned} \tag{3.2–52}$$

Formel (3.2–9) läßt sich zu

$$c_{YY}(t+u,t) = \int_{-\infty}^{\infty}\int_{-\infty}^{\infty} h(t_1)h(t_2)c_{XX}(t+u-t_1,t-t_2)dt_1dt_2 \tag{3.2–53}$$

verallgemeinern. Für einen stationären Prozeß $X(t)$ gehen wir davon aus, daß auch $Y(t)$ stationär ist, wenn Stabilität im Sinne von (3.2–51) gewährleistet ist. Den Gleichanteil und das Spektrum von $Y(t)$ findet man analog zu (3.2–46) und (3.2–49) unter Verwendung von (3.2–37):

$$\mu_Y = \mu_X H(0), \tag{3.2–54}$$

$$C_{YY}(\omega) = |H(\omega)|^2 C_{XX}(\omega). \tag{3.2–55}$$

Die Beziehungen (3.2–49) und (3.2–55) legen den Betrag der Übertragungsfunktion $|H(\omega)|$ oder kurz den AMPLITUDENGANG des Systems fest, wenn die Spektren $C_{YY}(\omega)$ und $C_{XX}(\omega)$ am Aus- und Eingang bekannt sind und wir $C_{XX}(\omega) > 0$ voraussetzen. Über den PHASENGANG $\varphi(\omega) = \arg H(\omega)$ wissen wir nichts. Würden wir hingegen das Kreuzspektrum $C_{YX}(\omega)$ in einer (3.1–55) entsprechenden Definition zwischen Ausgang und Eingang und das Spektrum $C_{XX}(\omega)$ des Eingangssignals zur Verfügung haben, wäre die Übertragungsfunktion vollständig bestimmt, wie wir im folgenden sehen werden. In Abb. 3.2.2 wird schematisch die durch eine additive Störung U_n überlagerte Reaktion eines diskreten linearen Systems mit der Impulsantwort h_n auf die Anregung X_n hin dargestellt.

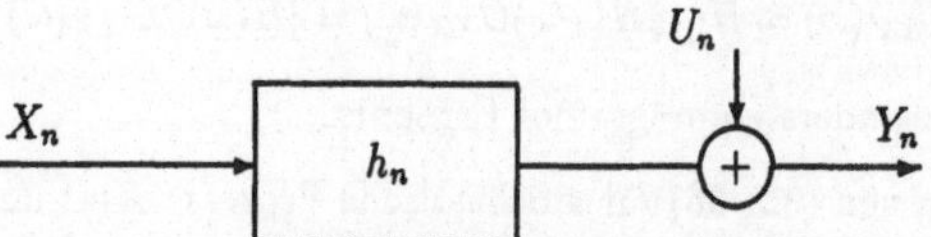

Abbildung 3.2.2: Gestörte Ausgabe eines diskreten linearen Systems

Der diskrete stationäre Prozeß Y_n ist entsprechend Abb.3.2.2

$$Y_n = \sum_{m=-\infty}^{\infty} h_m X_{n-m} + U_n. \tag{3.2–56}$$

Wir nehmen an, daß X_n und U_n gemeinsam stationär (zumindest im weiteren Sinne) sind, beschränkte Leistung besitzen und daß das System stabil ist. Der Einfachheit halber setzen wir $\mu_X = \mu_U = 0$. Die Kovarianzfunktionen $c_{XX}(k)$ und $c_{UU}(k)$ sowie die Kreuzkovarianzfunktion $c_{UX}(k) = \mathrm{E}U_{n+k}X_n$ mögen bekannt sein. Aus der i.q.M.-Konvergenz der Faltungssumme schließen wir, daß die Kreuzkovarianzfunktion zwischen Y_n und X_n folgendermaßen berechnet werden kann:

$$\begin{aligned} c_{YX}(k) &= \mathrm{E}Y_{n+k}X_n = \mathrm{E}[\sum_{m=-\infty}^{\infty} h_m X_{n+k-m} + U_{n+k}]X_n \\ &= \sum_{m=-\infty}^{\infty} h_m \mathrm{E}X_{n+k-m}X_n + \mathrm{E}U_{n+k}X_n \\ &= \sum_{m=-\infty}^{\infty} h_m c_{XX}(k-m) + c_{UX}(k). \end{aligned} \qquad (3.2\text{–}57)$$

Nimmt man nun an, daß die Störung U_n und die Anregung X_n untereinander UNKORRELIERT sind derart, daß $c_{UX}(k) = 0$ für alle k ist, so ergibt sich nach der Fourier-Transformation von (3.2–57) eine grundlegende Beziehung:

$$C_{YX}(\omega) = H(\omega)C_{XX}(\omega). \qquad (3.2\text{–}58)$$

Die Übertragungsfunktion eines linearen Systems ist also der Quotient aus dem Kreuzspektrum zwischen gestörter Ausgabe und der Eingabe und dem Spektrum der Eingabe, soweit letzteres größer als Null ist. Die Voraussetzung hierzu ist, daß das Kreuzspektrum zwischen Störung und Eingabe verschwindet. Unter der gleichen Voraussetzung und auf ähnliche Weise berechnet man das Spektrum von Y_n zu

$$C_{YY}(\omega) = |H(\omega)|^2 C_{XX}(\omega) + C_{UU}(\omega), \qquad (3.2\text{–}59)$$

wobei $C_{UU}(\omega)$ das Spektrum der Störung ist. Ist $C_{UU}(\omega) > 0$ und unbekannt, so kann man mit (3.2–59) nicht einmal $|H(\omega)|^2$ aus der Kenntnis von $C_{YY}(\omega)$ und $C_{XX}(\omega)$ bestimmen. Anzumerken ist, daß eine entsprechende Untersuchung für stochastische Signale und Systeme mit kontinuierlichem Zeitparameter auf Ergebnisse führen, die formal (3.2–58) und (3.2–59) gleichen.

Stochastische Prozesse, die man sich als stabil gefilterte Versionen von weißen Rauschen denken kann, nennt man LINEARE PROZESSE. Die linearen Systeme, die durch weißes Rauschen angeregt werden, erfüllen also (3.2–41) bzw. (3.2–51). Gelegentlich wird zusätzlich die KAUSALITÄT der Systeme gefordert, d.h. daß die Impulsantworten der Systeme für negative Zeiten verschwinden. Von der strengeren Definition des weißen Rauschens bzw. diskreten weißen Rauschens ausgehend sind lineare Prozesse stationär. Im anderen Falle sind sie stationär im weiteren Sinne. Der Gleichanteil eines linearen Prozesses verschwindet wie der weißen Rauschens. Wenn $H(\omega)$ die Übertragungsfunktion des linearen Systems ist und $C_{ZZ}(\omega) = \sigma_Z^2$ das Spektrum des weißen Rauschens, so ist das Spektrum eines linearen Prozesses $X(t)$ bzw. X_n gegeben durch

$$C_{XX}(\omega) = |H(\omega)|^2 \sigma_Z^2. \qquad (3.2\text{–}60)$$

Die Gleichung (3.2–60) besagt, daß wir stationäre stochastische Signale, kurz RAUSCHSIGNALE, mit beliebig geformten Spektren durch Filterung von beispielsweise thermischen Rauschen erzeugen können, wobei nur der Amplitudengang des Filters geeignet gewählt werden muß. TIEFPASS- bzw. BANDPASSRAUSCHEN erhält man mit Tief- bzw. Bandpässen.

Andere Beispiele untersuchen wir gründlicher:

B3.2–2 Werden rein REKURSIVE SYSTEME, kurz REKURSIVE FILTER, benutzt, so heißen die linearen Prozesse AUTOREGRESSIV. Ein rein rekursives System mit diskretem Zeitparameter wird durch eine Differenzengleichung

$$y_n + \sum_{k=1}^{p} a_k y_{n-k} = x_n \tag{3.2–61}$$

im eingeschwungenen Zustand beschrieben, wenn x_n der Eingang und y_n der Ausgang des Systems ist. Wenn $a_p \neq 0$, wird p die ORDNUNG genannt. Die geforderte Stabilität (3.2–41) ist gesichert, wenn die Wurzeln der sogenannten CHARAKTERISTISCHEN GLEICHUNG

$$z^p + \sum_{k=1}^{p} a_k z^{p-k} = 0 \tag{3.2–62}$$

innerhalb des Einheitskreises liegen, also $|z| < 1$ erfüllen. Die Übertragungsfunktion eines solchen Systems ist

$$H(\omega) = \frac{1}{1 + \sum_{k=1}^{p} a_k e^{-j\omega k}}, \tag{3.2–63}$$

was man sich mit den diskreten Fourier-Transformierten beider Seiten von (3.2–61) überlegt. Einen DISKRETEN AUTOREGRESSIVEN PROZESS der Ordnung p (AR(p)-PROZESS) beschreiben wir demnach durch die Differenzengleichung

$$X_n + \sum_{k=1}^{p} a_k X_{n-k} = Z_n, \tag{3.2–64}$$

wobei Z_n diskretes weißes Rauschen mit der Varianz σ_Z^2 ist und Stabilität des rekursiven Filters angenommen wird. Ein AR(p)-Prozeß X_n ist also stationär, besitzt den Gleichanteil Null und das Spektrum

$$C_{XX}(\omega) = \frac{\sigma_Z^2}{|1 + \sum_{k=1}^{p} a_k e^{-j\omega k}|^2}. \tag{3.2–65}$$

Ist Z_n gaußsches weißes Rauschen, wird X_n ein Gaußprozeß. Eine interessante Eigenschaft der Kovarianzfunktion $c_{XX}(k)$ eines AR(p)-Prozesses folgt aus (3.2–64). Multiplizieren wir nämlich beide Seiten dieser Gleichung mit X_{n-l} für $l \geq 0$ und bilden den Erwartungswert, so erhalten wir

$$\mathrm{E}X_n X_{n-l} + \sum_{k=1}^{p} a_k \mathrm{E}X_{n-k} X_{n-l} = \mathrm{E}Z_n X_{n-l}. \tag{3.2–66}$$

Aus der Überlegung, daß das rekursive System kausal ist, die Impulsantwort h_m also gleich Null ist für $m < 0$, und daß wegen (3.2–39) sowie (3.2–63) $h_0 = 1$ gelten muß, können wir schreiben

$$X_n = Z_n + \sum_{m=1}^{\infty} h_m Z_{n-m}. \qquad (3.2\text{–}67)$$

Verwenden wir diesen Ausdruck auf der rechten Seite von (3.2–66), ergeben sich die sogenannten YULE-WALKER-GLEICHUNGEN:

$$c_{XX}(l) + \sum_{k=1}^{p} a_k c_{XX}(l-k) = \begin{cases} \sigma_Z^2 & l = 0 \\ 0 & l = 1, 2, \ldots \end{cases} \qquad (3.2\text{–}68)$$

Die Kovarianzfunktion eines AR(p)-Prozesses genügt also einer ähnlichen Differenzengleichung wie der Prozeß selbst. Wird (3.2–68) für $l = 1, \ldots, p$ so aufgeschrieben, daß $-c_{XX}(l)$ auf der rechten Seite steht, so erhalten wir ein lineares Gleichungssystem, mit dem bei gegebenen $c_{XX}(0), \ldots, c_{XX}(p)$ die Filterkoeffizienten $a_1, \ldots, a_p$ eindeutig berechnet werden können. Voraussetzung hierfür ist, daß die Koeffizientenmatrix mit den Elementen $c_{XX}(l-k)$ $(l, k = 1, \ldots, p)$ nicht singulär ist. Man kann zeigen, daß dies gerade durch die Stabilität des Systems garantiert ist. Hat man $a_1, \ldots, a_p$ berechnet, so liefert (3.2–68) für $l = 0$ auch die Varianz σ_Z^2 des weißen Rauschens. Schließlich erwähnen wir, ohne es zu beweisen, daß die Wurzeln $z_1, \ldots, z_p$ der charakteristischen Gleichung (3.2–62), soweit sie paarweise verschieden sind und $|z_i| < 1$ erfüllen, die folgende Darstellung der Kovarianzfunktion erlauben:

$$c_{XX}(k) = \sum_{k=1}^{p} c_i z_i^{|k|}. \qquad (3.2\text{–}69)$$

Im Vergleich dazu liefert (3.2–47), wenn X_n und Y_n durch Z_n und X_n ersetzt werden:

$$c_{XX}(k) = \sigma_Z^2 \sum_{l=0}^{\infty} h_{k+l} h_l. \qquad (3.2\text{–}70)$$

Für ein System der Ordnung $p = 1$ schreiben wir auf:

$$H(\omega) = \frac{1}{1 + a_1 \mathrm{e}^{-j\omega}} = \sum_{n=0}^{\infty} h_n \mathrm{e}^{-j\omega n}, \qquad (3.2\text{–}71)$$

$$z_1 = -a_1 \quad \text{mit } |a_1| < 1, \qquad (3.2\text{–}72)$$

$$h_n = \begin{cases} (-a_1)^n & n = 0, 1, \ldots \\ 0 & \text{sonst}, \end{cases} \qquad (3.2\text{–}73)$$

$$c_{XX}(k) = \frac{\sigma_Z^2}{1 - a_1^2}(-a_1)^{|k|}, \qquad (3.2\text{–}74)$$

$$C_{XX}(\omega) = \frac{\sigma_Z^2}{|1 + a_1 \mathrm{e}^{-j\omega}|^2} = \frac{\sigma_Z^2}{1 + a_1^2 + 2a_1 \cos\omega}. \qquad (3.2\text{–}75)$$

Ein rein REKURSIVES SYSTEM MIT KONTINUIERLICHEM ZEITPARAMETER würden wir durch eine (3.2–64) entsprechende lineare Differentialgleichung mit konstanten Koeffizienten beschreiben. Die Übertragungsfunktion eines solchen Systems wäre

$$H(\omega) = \frac{1}{1+\sum\limits_{k=1}^{p} a_k(j\omega)^k}. \tag{3.2–76}$$

Die Stabilität des Systems ist garantiert, wenn die Wurzeln der charakteristischen Gleichung

$$1+\sum_{k=1}^{p} a_k z^k = 0 \tag{3.2–77}$$

negative Realteile besitzen, d.h. wenn die Pole der in die komplexe Ebene holomorph fortgesetzten Übertragungsfunktion in der linken Halbebene liegen. Mit einem solchen System gefiltertes weißes Rauschen $Z(t)$ ist ein AR(p)-PROZESS $X(t)$ MIT KONTINUIERLICHEM ZEITPARAMETER. Er genügte einer (3.2–64) entsprechenden Differentialgleichung, wenn wir i.q.M.-Ableitungen von $X(t)$ benutzten. Er ist stationär, besitzt den Gleichanteil Null, das Spektrum

$$C_{XX}(\omega) = \frac{\sigma_Z^2}{|1+\sum\limits_{k=1}^{p} a_k(j\omega)^k|^2} \tag{3.2–78}$$

und eine Kovarianzfunktion $c_{XX}(u)$, die einer (3.2–68) entsprechenden Differentialgleichung genügt:

$$c_{XX}(u) + \sum_{k=1}^{p} a_k \frac{d^k c_{XX}(u)}{du^k} = 0 \quad (u > 0). \tag{3.2–79}$$

Einzelheiten schreiben wir nur noch für ein System erster Ordnung auf: Sei $a_1 = \tau > 0$ die sogenannte Zeitkonstante,

$$H(\omega) = \frac{1}{1+j\omega\tau} = \int_0^\infty h(t)\mathrm{e}^{-j\omega t}dt, \tag{3.2–80}$$

$$h(t) = \begin{cases} \mathrm{e}^{-t/\tau}/\tau & t \geq 0 \\ 0 & \text{sonst}, \end{cases} \tag{3.2–81}$$

$$c_{XX}(u) = \frac{\sigma_Z^2}{2\tau}\mathrm{e}^{-|u|/\tau}, \tag{3.2–82}$$

$$C_{XX}(\omega) = \frac{\sigma_Z^2}{|1+j\omega\tau|^2}. \tag{3.2–83}$$

In Abb. 3.2.3 werden Beispiele für die Spektren der beiden AR(1)-Prozesse dargestellt.

B3.2–3 Lineare konstante und kausale Systeme mit zeitlich begrenzter Impulsantwort heißen rein TRANSVERSALE SYSTEME oder kurz TRANSVERSALFILTER. Die Impulsantwort eines diskreten Systems dieser Art wird durch

$$h_n = \begin{cases} b_n & n = 0, \ldots, q \\ 0 & \text{sonst} \end{cases} \tag{3.2–84}$$

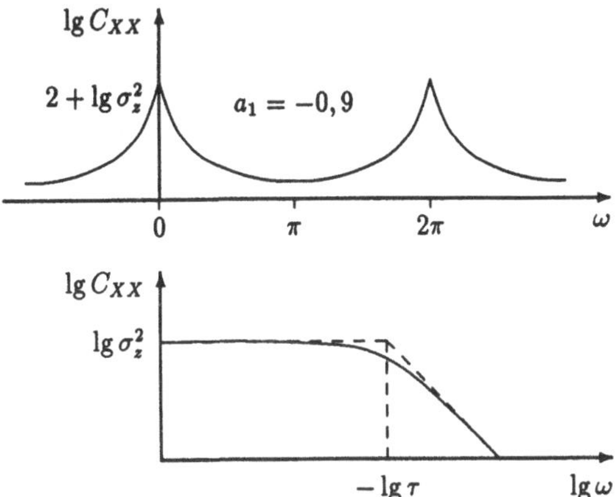

Abbildung 3.2.3: Spektren autoregressiver Prozesse erster Ordnung für diskreten und kontinuierlichen Zeitparameter in logarithmischer Darstellung.

festgelegt. Hierbei können wir auch $b_0 = 1$ festlegen. Ein solches System ist stets stabil. Es besitzt die Übertragungsfunktion

$$H(\omega) = \sum_{n=0}^{q} b_n e^{-j\omega n}. \tag{3.2–85}$$

Einen linearen Prozeß, den man sich als transversal gefiltertes diskretes weißes Rauschen vorstellt, heißt MOVING-AVERAGE-PROZESS der Ordnung q, wenn $b_q \neq 0$ ist, kurz MA(q)-PROZESS. Der Name erinnert an die Eigenschaft eines Transversalfilters, eine Art gleitenden Mittelwert zu berechnen. Ein MA(q)-Prozeß genügt der Differenzengleichung

$$X_n = Z_n + \sum_{k=1}^{q} b_k Z_{n-k}, \tag{3.2–86}$$

ist stationär mit dem Erwartungswert Null, der Kovarianzfunktion

$$c_{XX}(k) = \begin{cases} \sigma_Z^2 \sum_{l=0}^{q-|k|} b_{l+|k|} b_l & |k| = 0, 1, \ldots, q \\ 0 & \text{sonst,} \end{cases} \tag{3.2–87}$$

wobei $b_0 = 1$, und dem Spektrum

$$C_{XX}(\omega) = \sum_{k=-q}^{q} c_{XX}(k) e^{-j\omega k} = \sigma_Z^2 \left| \sum_{n=0}^{q} b_n e^{-j\omega n} \right|^2. \tag{3.2–88}$$

Wie die Yule-Walker Gleichungen (3.2–68) für einen AR(p)-Prozeß setzt (3.2–87) die Kovarianzfunktion und die Filterkoeffizienten in eine Beziehung, die im Falle von MA(q)-Prozessen jedoch nichtlinear ist. TRANSVERSALFILTER MIT KONTINUIERLICHEM ZEITPARAMETER sind durch eine Impulsantwort mit der Eigenschaft $h(t) = 0$ für $t \notin [0,T]$, wobei T die „Dauer" der Impulsantwort ist. Entsprechende MA-Prozesse werden wie diskrete MA-Prozesse behandelt. Wir gehen nur auf ein Beispiel ein, den Integrator, der den gleitenden Mittelwert berechnet,

$$h(t) = \frac{1}{T}[u(t) - u(t-T)], \tag{3.2–89}$$

wobei $u(t)$ die Einheitssprungfunktion ist. Der MA-Prozeß besitzt die Darstellung

$$X(t) = \int_0^T h(t')Z(t-t')dt' = \frac{1}{T}\int_0^T Z(t-t')dt' \tag{3.2–90}$$

als i.q.M.-Integral. Wir schließen dann von $\mathrm{E}Z(t) = 0$ auf $\mathrm{E}X(t) = 0$ und auf

$$c_{XX}(u) = \begin{cases} \sigma_Z^2 \int_0^{T-|u|} h(t+|u|)h(t)dt = \frac{\sigma_Z^2}{T}(1 - \frac{|u|}{T}), & |u| \leq T \\ 0 & \text{sonst.} \end{cases} \tag{3.2–91}$$

Obwohl die Leistung des weißen Rauschens unendlich groß ist, ist die von $X(t)$ endlich mit dem Wert $\mathrm{E}X(t)^2 = \sigma_Z^2/T$. Das Spektrum von $X(t)$ ist wegen

$$H(\omega) = \frac{\sin \omega T/2}{\omega T/2} \mathrm{e}^{-j\omega T/2} \tag{3.2–92}$$

und (3.2–60)

$$C_{XX}(\omega) = \sigma_Z^2 \left| \frac{\sin \omega T/2}{\omega T/2} \right|^2. \tag{3.2–93}$$

3.2.4 Abtasttheorem

Im Unterabschnitt 3.1.2 tasteten wir einen stationären Prozeß mit kontinuierlichem Zeitparameter ab, um einen diskreten stationären Prozeß zu definieren. Wir berechneten das Spektrum des diskreten Prozesses in (3.1–64) als Überlagerung des 2π-periodisch wiederholten und gestauchten Spektrums des kontinuierlichen Prozesses. Überlegt man sich Bedingungen, unter denen das Spektrum des kontinuierlichen Prozesses wieder aus dem des diskreten rekonstruiert werden kann, so hat man schon fast das aus der Nachrichtentechnik wohlbekannte Abtasttheorem, vergl. Fettweis (1990), für die Kovarianzfunktion des kontinuierlichen Prozesses bewiesen, deren Fourier-Transformierte das Spektrum ist. Wir wollen im folgenden ein Abtasttheorem für die Momentfunktion zweiter Ordnung des kontinuierlichen Prozesses so aufschreiben, daß es bei einem einfachen Beweis eines Abtasttheorems für Rauschsignale benutzt werden kann.

Wir nehmen an, daß die Kovarianzfunktion $c_{XX}(u)$ eines stationären stochastischen Signales $X(t)$ bandbegrenzt ist, als handele es sich bei $X(t)$ um Tiefpaßrauschen. Wir setzen also voraus, daß das Spektrum von $X(t)$ die Bedingung, $C_{XX}(\omega) = 0$ für alle ω mit $|\omega| > \omega_g$ für eine Grenzfrequenz $\omega_g > 0$ erfüllt. Die gleiche Bedingung erfüllt dann sicherlich auch das Leistungsspektrum:

$$R_{XX}(\omega) = 2\pi\mu_X^2\delta(\omega) + C_{XX}(\omega) = 0 \text{ für alle } \omega \text{ mit } |\omega| > \omega_g. \tag{3.2-94}$$

Benutzen wir die übliche Bezeichnung $\mathrm{si}(x) = \sin(x)/x$, so können wir das Abtasttheorem für die Momentfunktion $r_{XX}(u) = \mathrm{E}X(t+u)X(t)$ wie folgt formulieren:
Ist $r_{XX}(u)$ bandbegrenzt so, daß (3.2–94) gilt, und wählen wir eine Abtastperiode $\Delta \leq \pi/\omega_g$ sowie eine beliebige Zeitverschiebung v, dann kann die Momentfunktion zweiter Ordnung wie folgt aus Abtastwerten $r_{XX}(n\Delta - v)$ $(n \in \mathbb{Z})$ interpoliert werden:

$$r_{XX}(u) = \sum_{n=-\infty}^{\infty} r_{XX}(n\Delta - v)\mathrm{si}[\pi\frac{u+v}{\Delta} - \pi n]. \tag{3.2-95}$$

Wir beweisen nun eine entsprechende Interpolationsformel für $X(t)$, wobei i.q.M.-Grenzwerte betrachtet werden. Das ABTASTTHEOREM für Rauschsignale lautet:
Ist ein zumindest im weiteren Sinne stationärer Prozeß $X(t)$ bandbegrenzt derart, daß sein Leistungsspektrum (3.2–94) erfüllt, und wählt man die Abtastperiode $\Delta \leq \pi/\omega_g$, so gilt i.q.M.

$$X(t) = \sum_{n=-\infty}^{\infty} X(n\Delta)\mathrm{si}(\frac{\pi t}{\Delta} - \pi n). \tag{3.2-96}$$

Hierzu müssen wir zeigen, daß

$$q_N = \mathrm{E}[X(t) - \sum_{n=-N}^{N} X(n\Delta)\mathrm{si}(\frac{\pi t}{\Delta} - \pi n)]^2 \underset{N\to\infty}{\longrightarrow} 0. \tag{3.2-97}$$

Wir berechnen durch Ausmultiplizieren und Erwartungsoperation

$$\begin{aligned} q_N &= r_{XX}(0) - 2\sum_{n=-N}^{N} r_{XX}(n\Delta - t)\mathrm{si}(\frac{\pi t}{\Delta} - \pi n) \\ &+ \sum_{m=-N}^{N}\sum_{n=-N}^{N} r_{XX}(n\Delta - m\Delta)\mathrm{si}(\frac{\pi t}{\Delta} - \pi n)\mathrm{si}(\frac{\pi t}{\Delta} - \pi m). \end{aligned} \tag{3.2-98}$$

Die erste Summe konvergiert wegen (3.2–95) gegen $r_{XX}(0)$. In der Doppelsumme substituieren wir n durch $l = n - m$. Dann schreiben wir die Summe über l:

$$\sum_l r_{XX}(l\Delta)\mathrm{si}(\frac{\pi(t - m\Delta)}{\Delta} - \pi l)\mathrm{si}(\frac{\pi t}{\Delta} - \pi m), \tag{3.2-99}$$

die für $N \to \infty$ gegen $r_{XX}(t - m\Delta)\mathrm{si}(\frac{\pi t}{\Delta} - \pi m)$ konvergiert. Die Summe über m konvergiert dann gegen $r_{XX}(0)$. Damit haben wir bewiesen, daß q_N gegen Null konvergiert.

Wir merken an, daß wir die i.q.M.-Konvergenz der Abtastsumme auch mit verschobenen Abtastwerten $X(n\Delta - v)$ wie in (3.2–95) garantieren können. Auch könnten wir Abtasttheoreme für bandpaßbegrenzte stationäre stochastische Signale formulieren, die unter Umständen noch eine Reduzierung der Abtastrate ermöglichen, worauf wir jedoch verzichten. Abtasttheoreme für stochastische Signale sind wie die für deterministische Signale die Grundlagen dafür, analoge Signalverarbeitung durch digitale Signalverarbeitung mit den Abtastsignalen zu ersetzen. Dies motiviert nachträglich, daß wir grundlegende Untersuchungen stets parallel für stochastische Signale mit kontinuierlichem und für solche mit diskretem Zeitparameter durchgeführt haben.

3.2.5 Optimalfilter und Prädiktoren

Wir denken uns ein diskretes stochastisches Signal X_n, das wir beobachten können und das Informationen über ein anderes, uns nicht zugängliches stochastisches Signal Y_n enthält. Das Problem sei, wie es in Abb. 3.2.4 angedeutet wird, das beobachtbare Signal mit einem linearen konstanten System mit der Impulsantwort h_m so zu filtern, daß der Systemausgang möglichst gut das nicht zugängliche Signal Y_n approximiert. Beispielsweise können wir uns vorstellen, einen zukünftigen Wert eines Signales vorhersagen zu wollen, wenn dieses Signal nur mit einer Störung überlagert bis zur Gegenwart beobachtet werden kann. Man spricht dann von einem Prädiktionsproblem.

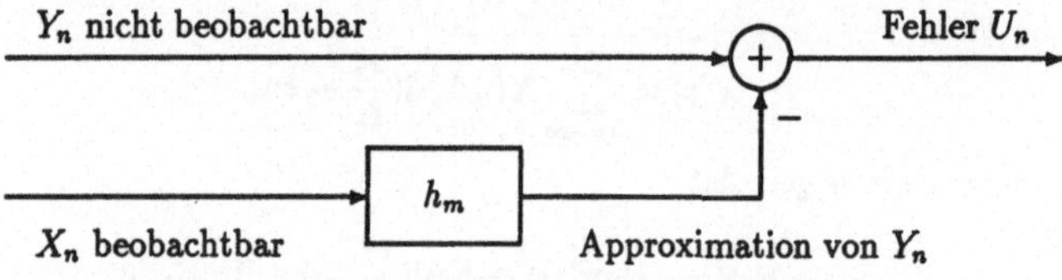

Abbildung 3.2.4: Zum Optimalfilterproblem

Das Ziel ist es, Bedingungen für ein i.q.M. bestes lineares System mit der Impulsantwort $\hat{h}_m$ zu bestimmen, ähnlich wie wir es in Unterabschnitt 2.1.2 4) für Zufallsvektoren unternommen haben. Ein solches System wird OPTIMALFILTER und manchmal auch WIENER-FILTER genannt. Beim Prädiktionsproblem spricht man einfach von einem PRÄDIKTOR. Um den erwarteten quadratischen Fehler (MSE) $q_n = \mathrm{E}U_n^2$ für ein festes n minimieren zu können, setzen wir voraus, die Momentfunktionen zweiter Ordnung von Y_n und X_n zu kennen. Außerdem wird angenommen, daß die Impulsantwort $\hat{h}_m$ des Optimalfilters höchstens ungleich Null für bestimmte Indizes $m \in M$ sein soll. Diese Impulsantwort wird i.a. von n abhängen, deshalb schreiben wir $\hat{h}_m = \hat{h}_{n,m}$. Wenn zum Beispiel $M = \{0, 1, 2, \ldots\}$, suchen wir ein kausales Filter; für $M = \mathbb{Z}$ ist ein allgemeines nichtkausales Filter zu bestimmen. Entsprechend Abb. 3.2.4 schreiben wir

$$U_n = Y_n - \sum_{m \in M} h_m X_{n-m}, \tag{3.2–100}$$

wobei i.q.M.-Konvergenz der Summe angenommen wird. Der MSE ist

$$q_n = \mathrm{E}U_n^2 = \mathrm{E}(Y_n - \sum_m h_m X_{n-m})^2$$

$$\begin{aligned} &= \mathrm{E}Y_n^2 - 2\sum_m h_m \mathrm{E}Y_n X_{n-m} + \sum_m \sum_l h_m h_l \mathrm{E}X_{n-m}X_{n-l} \\ &= r_{YY}(n,n) - 2\sum_m h_m r_{YX}(n,n-m) + \sum_m \sum_l h_m h_l r_{XX}(n-m,n-l). \end{aligned} \tag{3.2–101}$$

Es soll q_n über eine Variation aller h_m mit $m \in M$ minimiert werden. Dies ist ein Variationsproblem, das man formal ähnlich behandeln kann wie ein Optimierungsproblem mit einer endlichen Anzahl von Parametern. Ohne auf Einzelheiten einzugehen, formulieren wir das ORTHOGONALITÄTSPRINZIP wie in 2.1.2 4), um notwendige Bedingungen für die $\hat{h}_{n,m}$ zu finden: Der „minimale“ Fehler $U_n = Y_n - \sum_m \hat{h}_{n,m} X_{n-m}$ ist orthogonal zu allen Beobachtungen X_{n-k} mit $k \in M$, d.h.

$$\mathrm{E}(Y_n - \sum_m \hat{h}_{n,m} X_{n-m}) X_{n-k} = 0, \quad k \in M. \tag{3.2–102}$$

Ausgedrückt mit den Momentfunktionen zweiter Ordnung findet man

$$r_{YX}(n,n-k) = \sum_{m \in M} \hat{h}_{n,m} r_{XX}(n-m,n-k), \quad k \in M. \tag{3.2–103}$$

Diese notwendigen Bedingungen für das Optimalfilter nennt man auch WIENER-HOPF-GLEICHUNGEN. Der minimale MSE wird mit (3.2–101) und (3.2–103)

$$\begin{aligned} \hat{q}_n = \min q_n &= r_{YY}(n,n) - \sum_m \hat{h}_{n,m} r_{YX}(n,n-m) \\ &= r_{YY}(n,n) - \sum_m \sum_l \hat{h}_{n,m} \hat{h}_{n,l} r_{XX}(n-m,n-l). \end{aligned} \tag{3.2–104}$$

Als nächstes wollen wir zeigen, daß eine Lösung $\hat{h}_{n,m}$ der Wiener-Hopf-Gleichung das Kriterium q_n lokal minimiert. Dazu setzen wir $h_m = \hat{h}_{n,m} + \varepsilon g_m$ für feste Zahlen g_m und eine beliebige kleine Zahl $\varepsilon \neq 0$, berechnen den MSE q_n nach (3.2–101) und zeigen, daß $q_n \geq \hat{q}_n$:

$$\begin{aligned} q_n &= r_{YY}(n,n) - 2\sum_m h_m r_{YX}(n,n-m) + \sum_m \sum_l h_m h_l r_{XX}(n-m,n-l) \\ &= \hat{q}_n - 2\varepsilon \sum_m g_n r_{YX}(n,n-m) \\ &\quad + \sum_m \sum_l [\varepsilon \hat{h}_{n,m} g_l + \varepsilon \hat{h}_{n,l} g_m + \varepsilon^2 g_m g_l] r_{XX}(n-m,n-l). \end{aligned} \tag{3.2–105}$$

Nach zweimaligem Einsetzen der Wiener-Hopf-Gleichung ergibt sich

$$q_n = \hat{q}_n + \varepsilon^2 \sum_m \sum_l g_m g_l r_{XX}(n-m,n-l). \tag{3.2–106}$$

Da $r_{XX}(n,m)$ nicht negativ definit ist, muß die Doppelsumme größer oder gleich Null sein, woraus $q_n \geq \hat{q}_n$ folgt. Ist $r_{XX}(n,m)$ sogar positiv definit und g_n nicht identisch Null, so gilt $q_n > \hat{q}_n$ und daß $\hat{h}_{n,m}$ lokal eindeutig bestimmt ist.

Einfachere Verhältnisse findet man für stationäre Prozesse X_n, Y_n mit verschwindenden Gleichanteilen. Da q_n in (3.2–101) nicht mehr von n abhängt, gilt das Gleiche für $\hat{h}_{n,m} = \hat{h}_m$. Für kausale Optimalfilter mit $M = \{0, 1, \ldots\}$ wird die Wiener-Hopf-Gleichung:

$$c_{YX}(k) = \sum_{m=0}^{\infty} \hat{h}_m c_{XX}(k-m) \quad (k = 0, 1, 2, \ldots). \tag{3.2–107}$$

Sie nach den $\hat{h}_m$ lösen zu wollen, ist kompliziert. Sind beispielsweise X_n und Y_n AR-Prozesse, die aus dem gleichen weißen Rauschen gefiltert werden, so kann man mit der sogenannten Wiener-Hopf-Technik eine Lösung konstruieren, was an dieser Stelle nicht demonstriert werden soll. Im Falle nichtkausaler Optimalfilter mit $M = \mathbb{Z}$ gilt die Wiener-Hopf-Gleichung (3.2–107) für alle $k \in \mathbb{Z}$. Dann kann diese Gleichung Fourier-transformiert werden mit dem Ergebnis

$$C_{YX}(\omega) = \hat{H}(\omega) C_{XX}(\omega), \tag{3.2–108}$$

wobei $\hat{H}(\omega)$ die Übertragungsfunktion des Optimalfilters ist. Sie ist eindeutig bestimmt, wenn $C_{XX}(\omega) > 0$, und kann sonst beliebig endlich festgelegt werden.

Optimalfilter für stochastische Signale mit kontinuierlichem Zeitparameter kann man auf eine ähnliche Weise behandeln. Für stationäre stochastische Signale ohne Gleichanteil, $X(t)$ und $Y(t)$, soll $Y(t)$ durch eine gefilterte Version von $X(t)$ approximiert werden so, daß die Fehlersignalleistung

$$\mathrm{E}U(t)^2 = \mathrm{E}\left(Y(t) - \int h(t')X(t-t')dt'\right)^2 \tag{3.2–109}$$

durch Wahl der Impulsantwort $h(t)$ minimiert wird. Hierbei soll über $0 \leq t' < \infty$ im kausalen Fall und sonst über alle reellen t' integriert werden. Das Integral wird als i.q.M.-Integral interpretiert. Das Orthogonalitätsprinzip liefert notwendige Bedingungen für das Optimalfilter und in unserem Fall für ein kausales $\hat{h}$

$$c_{YX}(t) = \int_0^{\infty} \hat{h}(t')c_{XX}(t-t')dt' \qquad \text{für alle } t \geq 0. \tag{3.2–110}$$

Man nennt (3.2–110) die WIENER-HOPF-INTEGRALGLEICHUNG. Der nichtkausale Fall führt wieder auf ein (3.2–108) entsprechendes Resultat.

Beispiel:

B3.2–4 Wir betrachten einen EINSCHRITTPRÄDIKTOR, der ein stochastisches Signal zur Zeit $n+1$, V_{n+1}, vorhersagen soll, wenn das Signal überlagert mit einer Störung W_m bis zur Zeit n beobachtet wird. Zur Verfügung steht also

$$X_{n-k} = V_{n-k} + W_{n-k}, \quad k \in M = \{0, 1, \ldots\}. \tag{3.2–111}$$

Das nicht beobachtbare Signal in Abb. 3.2.4 interpretieren wir als

$$Y_n = V_{n+1}. \tag{3.2–112}$$

Der Einschrittprädiktor ist das Optimalfilter mit der Impulsantwort $\hat{h}_{n,m}$, die die Wiener-Hopf-Gleichung (3.2–103) erfüllt. Mit

$$\begin{aligned} r_{YX}(n, n-k) &= \mathrm{E}(V_{n+1}(V_{n-k} + W_{n-k})) \\ &= r_{VV}(n+1, n-k) + r_{VW}(n+1, n-k) \end{aligned} \tag{3.2–113}$$

und

$$\begin{aligned} r_{XX}(n-m,n-k) &= \mathrm{E}(V_{n-m}+W_{n-m})(V_{n-k}+W_{n-k}) \\ &= r_{VV}(n-m,n-k)+r_{VW}(n-m,n-k) \\ &\quad + r_{WV}(n-m,n-k)+r_{WW}(n-m,n-k) \end{aligned} \tag{3.2–114}$$

erhalten wir die notwendige Bedingung für den Einschrittprädiktor. Wir schreiben das Resultat für den Fall auf, daß Signal und Störung unkorreliert sind, also $r_{VW}(n_1,n_2)$ identisch Null ist,

$$\begin{aligned} r_{VV}(n+1,n-k) &= \sum_{m=0}^{\infty} \hat{h}_{n,m}[r_{VV}(n-m,n-k)+r_{WW}(n-m,n-k)], \\ &\quad (k=0,1,\ldots). \end{aligned} \tag{3.2–115}$$

Wird Stationarität und ein nichtkausales Optimalfilter angenommen, d.h. in (3.2–111) wird M durch die Menge aller ganzen Zahlen ersetzt, so ergibt (3.2–108)

$$C_{VV}(\omega)e^{j\omega} = \hat{H}(\omega)[C_{VV}(\omega)+C_{WW}(\omega)], \tag{3.2–116}$$

wobei die linke Seite die diskrete Fourier-Transformierte von $c_{VV}(k+1)$ ist. Wir merken an, daß das entsprechende Resultat für einen N-Schrittprädiktor, der also V_{n+N} vorhersagt, ähnlich ist: Wir haben in (3.2–116) nur $e^{j\omega}$ durch $e^{j\omega N}$ zu ersetzen. Kausale Einschrittprädiktoren zum Beispiel für ungestörte Beobachtungen, wenn also in (3.2–111) $W_{n-k}=0$ gesetzt wird, sind wichtige Werkzeuge bei Systemidentifikationsproblemen. Als Übung sollte man zeigen, daß der entsprechende Einschrittprädiktor für ein Signal $X_n = V_n$, das ein AR(p)-Prozeß der Art (3.2–64) ist, durch

$$\hat{X}_{n+1} = -\sum_{k=1}^{p} a_k X_{n+1-k} \tag{3.2–117}$$

gegeben wird und der Prädiktionsfehler $X_{n+1}-\hat{X}_{n+1}$ gerade Z_{n+1} ist.

3.2.6 Endliche Fourier-Transformierte

Physikalische Systeme sind in der Regel frequenzselektiv. Andererseits sind Frequenzanteile in einem Signal besonders anschaulich physikalisch interpretierbar. Dies ist ein Grund, Darstellungen eines Signales im Frequenzbereich zu suchen. Auch aus einem anderen Grund ist es zweckmäßig, Signale, die durch stationäre stochastische Signale modelliert werden, im Frequenzbereich zu analysieren, wenn es im Zeitbereich nicht einfache Modelle wie Differenzengleichungen der Art (3.2–64) gibt. In den Frequenzbereich transformierte endlich lange Stücke von stationären stochastischen Signalen besitzen nämlich sehr interessante stochastische Eigenschaften, die im folgenden kurz erläutert werden.

Wir gehen von einem diskreten stationären stochastischen Signal X_n ohne Gleichanteil und mit dem Spektrum $C_{XX}(\omega)$ aus. Wir nehmen an, das Signal zu den Zeiten $n = 0, 1, \ldots, N-1$ zu beobachten. Das Modell der Beobachtungen seien die Zufallsvariablen $X_0, X_1, \ldots, X_{N-1}$. Die ENDLICHE FOURIER-TRANSFORMIERTE dieses Modells bezeichnen wir mit

$$X^N(\omega) = \sum_{n=0}^{N-1} X_n e^{-j\omega n}. \tag{3.2–118}$$

Sie ist 2π-periodisch in ω und erfüllt als Fourier-Transformierte reeller Größen

$$X^N(2\pi - \omega) = X^N(-\omega) = X^N(\omega)^*. \tag{3.2–119}$$

Man berechnet die entsprechende ENDLICHE FOURIER-TRANSFORMATION üblicherweise für DISKRETE FREQUENZEN $\omega_k = 2\pi k/N$ $(k = 0, 1, \ldots, N-1)$ und nennt sie dann DISKRETE FOURIER-TRANSFORMATION. Zwei wichtige Gründe gibt es hierfür. Der erste ist, daß es effiziente Algorithmen zur Berechnug der diskreten Fourier-Transformation für gegebene Beobachtungen gibt, die sogenannten SCHNELLEN FOURIER-TRANSFORMATIONEN, vgl. Oppenheim und Schafer (1975). Würde man die diskrete Fourier-Transformierte durch N-malige Verwendung von (3.2–118) für alle diskreten Frequenzen berechnen, so benötigte man unter Ausnutzung von (3.2–119) ungefähr N^2 reelle Multiplikationen. Die schnelle Fourier-Transformation benötigt im Vergleich dazu nur $N \log_2 N$ reelle Multiplikationen, wie im Anhang A2.1 erläutert wird. Für $N = 1024$ ist diese Zahl um den Faktor 100 kleiner als N^2. Es soll nicht unerwähnt bleiben, daß auch die numerischen Eigenschaften der schnellen Fourier-Transformation günstig sind.

Der zweite Grund für die Verwendung der diskreten Fourier-Transformation sind stochastische Eigenschaften. Zunächst ist für einen Gaußprozeß X_n klar, daß Real- und Imaginärteil von $X^N(\omega)$ bivariat normalverteilt sein müssen, da es sich bei (3.2–118) um eine lineare Transformation eines normalverteilten Vektors handelt. Wegen $\mathrm{E}X_n = 0$ ergibt sich $\mathrm{E}X^N(\omega) = 0$. Über Formel (2.1–213) würden wir die Varianzen und die Kovarianz von Real- und Imaginärteil genau ausrechnen können. Ähnlich wie in Beispiel B2.2–6, insbesondere (2.2–56) könnten wir für große N zeigen, daß die Varianzen von Real- und Imaginärteil von $X^N(\omega)$ gleich $NC_{XX}(\omega)/2$ sind und daß die Kovarianz gegenüber diesem Wert vernachlässigt werden kann. Diese Ergebnisse lassen sich jedoch weitgehend durch eine Art von zentralem Grenzwertsatz, vgl. (2.1–250), verallgemeinern. Wir wollen ohne Beweis, vgl. Hannan (1970) und Brillinger (1981), einige Resultate zitieren: Wir setzen voraus, daß die stochastische Abhängigkeit zwischen den Zufallsvariablen X_n und X_{n+m} für wachsende m hinreichend schnell abnimmt. Beispielsweise können wir annehmen, daß X_n ein linearer Prozeß ist, der durch stabile und kausale Filterung aus weißem Rauschen Z_n entsteht, und daß die absoluten Momente $\mathrm{E}|Z_n|^k$ $(k = 1, 2, \ldots)$ existieren sollen. Dann kann man asymptotisch für $N \to \infty$ von folgenden Eigenschaften der endlichen Fourier-Tansformierten ausgehen:

$$(\mathrm{Re}X^N(\omega), \mathrm{Im}X^N(\omega))' \text{ ist } N_2\left(\begin{pmatrix} 0 \\ 0 \end{pmatrix}, \frac{N}{2}C_{XX}(\omega)\begin{pmatrix} 1 & 0 \\ 0 & 1 \end{pmatrix}\right)\text{-verteilt}$$
$$\text{für } 0 < \omega < \pi. \tag{3.2–120}$$

$X^N(\omega)$ ist $N(0, NC_{XX}(\omega))$-verteilt für $\omega = 0$ oder $\omega = \pi$. (3.2–121)
Für feste Frequenzen $0 \leq \omega^1 < \omega^2 < \ldots < \omega^L \leq \pi$, die auch durch diskrete Frequenzen approximiert werden können, sind $X^N(\omega^1), \ldots, X^N(\omega^L)$ stochastisch unabhängig. (3.2–122)

Berechnet man endliche Fourier-Transformierte einer festen Zahl aufeinanderfolgender Beobachtungsstücke für eine Frequenz im Intervall $0 < \omega \leq \pi$,

$$X^M(\omega, l) = \sum_{m=0}^{M} X_{(l-1)M+m} e^{-j\omega m} \quad (l = 1, \ldots, L) \tag{3.2–123}$$

mit $N = ML$, so sind diese für große M stochastisch unabhängig und wie in (3.2–120) bzw. (3.2–121) verteilt, falls N durch M ersetzt wird.

Als Anwendung von (3.2–120) kann man sich überlegen, daß sehr schmalbandig gefiltertes breitbandiges Rauschen eine ungefähr normalverteilte Amplitude besitzen muß. Die Eigenschaft (3.2–122) lehrt, daß die Ausgänge zweier Schmalbandfilter, deren Durchlaßbereiche sich nicht überlappen und die mit dem gleichen Breitbandrauschen angeregt werden, angenähert stochastisch unabhängige Prozesse sind.

Schließlich schreiben wir die Konsequenzen von (3.2–120) bis (3.2–123) für PERIODOGRAMME auf, die ähnlich wie in (3.2–15) definiert werden:

$$I_{XX}^N(\omega) = \frac{1}{N}|X^N(\omega)|^2 = \frac{1}{N}|\sum_{n=0}^{N-1} X_n e^{-j\omega n}|^2. \tag{3.2–124}$$

Offensichtlich ist das Periodogramm eine gerade, nicht negative Funktion von ω. Asymptotisch für $N \to \infty$ besitzt das Periodogramm die folgenden Eigenschaften:

$I_{XX}^N(\omega)$ ist für $0 < \omega < \pi$ bis auf den Faktor $C_{XX}(\omega)/2$ χ_2^2-verteilt, d.h. exponentialverteilt, vergl. (2.1–65), mit $\alpha = C_{XX}(\omega)$. (3.2–125)
$I_{XX}^N(\omega)$ ist für $\omega = 0$ oder $\omega = \pi$ bis auf den Faktor $C_{XX}(\omega)$ χ_1^2-verteilt. (3.2–126)
$I_{XX}^N(\omega^l)$ $(l = 1, \ldots, L)$ sind stochastisch unabhängig. (3.2–127)
$I_{XX}^M(\omega, l) = \frac{1}{M}|X^M(\omega, l)|^2$ $(l = 1, \ldots, L)$ sind stochastisch unabhängig und wie in (3.2–125) bzw. (3.2–126) verteilt. (3.2–128)

Die Formeln (2.1–178) und (2.1–180) für χ_n^2-verteilte Zufallsvariablen erlauben mit (3.2–125) den Erwartungswert und die Varianz des Periodogrammes für große N aufzuschreiben:

$$\mathrm{E} I_{XX}^N(\omega) = C_{XX}(\omega), \tag{3.2–129}$$

$$\mathrm{Var} I_{XX}^N(\omega) = C_{XX}(\omega)^2, \tag{3.2–130}$$

wobei $0 < \omega < \pi$ angenommen wird. Für $\omega = 0$ oder $\omega = \pi$ gilt auch (3.2–129), doch ist die Varianz um den Faktor 2 größer als die in (3.2–130) angegebene.

Wir merken, ohne auf Einzelheiten einzugehen, zunächst an, daß man auch einen Gleichanteil $\mu_X = \mathrm{E}X_n \neq 0$ zulassen darf, um ähnliche Ergebnisse zu erhalten: In (3.2–121) und für $\omega = 0$ brauchen wir nur den Erwartungswert 0 durch $N\mu_X$ zu ersetzen, und Periodogramme (3.2–124) berechnen wir mit den auf den Mittelwert $\overline{X}$ bezogenen Daten $X_n - \overline{X}$, worauf in Unterabschnitt 3.3.1 noch einmal eingegangen wird. Für stationäre Prozesse mit kontinuierlichem Zeitparameter könnte man in entsprechender Weise endliche Fourier-Transformierte behandeln. Vergleichbare Resultate erhält man, wenn eine Bandbegrenzung vorausgesetzt wird. Man könnte ja wieder abtasten und wie gezeigt vorgehen. Sodann kommen wir auf die Bemerkung im Anschluß an (3.2–19) zurück. Da die Varianz von $I_{XX}^N(\omega)$ asymptotisch in der Größenordnung von $C_{XX}(\omega)^2$ bleibt, konvergiert $I_{XX}^N(\omega)$ nur für $C_{XX}(\omega) = 0$ i.q.M. gegen eine Konstante, nämlich Null. Deshalb können wir in (3.2–19) nicht das Leistungsspektrum ohne die Erwartungswertbildung von $I_{XX}^N(\omega)$ vor dem Grenzübergang $N \to \infty$ definieren.

Schließlich wird die in der Definition (3.2–118) der endlichen Fourier-Transformierten implizit verwendete Rechteckfunktion zum Herausschneiden der Beobachtungen, das sogenannte RECHTECKFENSTER, in der Praxis durch glattere Fenster $w(n/N)$ ersetzt:

$$X_w^N(\omega) = \sum_{n=0}^{N-1} w(n/N) X_n \mathrm{e}^{-j\omega n}, \tag{3.2–131}$$

wobei $w(t)$ nicht negativ und wie folgt normiert ist:

$$\int_0^1 w(t)^2 dt = 1. \tag{3.2–132}$$

Häufig wird zum Beispiel das KOSINUS- oder HAMMING-FENSTER benutzt:

$$w(t) = \begin{cases} \sqrt{\frac{2}{3}}[1 + \cos \pi(2t-1)], & 0 \leq t \leq 1 \\ 0 & \text{sonst.} \end{cases} \tag{3.2–133}$$

Man reduziert hierdurch die wohlbekannten Abschneideeffekte im Frequenzbereich, ohne die asymptotischen Verteilungseigenschaften der endlichen Fourier-Transformierten und der Periodogramme zu ändern.

3.3 Statistik mit stochastischen Signalen

3.3.1 Schätzung der Kovarianzfunktion eines Rauschsignals

Im Unterabschnitt 3.2 betrieben wir Systemtheorie mit stochastischen Signalen unter der Annahme, deren Verteilungseigenschaften oder zumindest den deterministischen Anteil und die Kovarianzfunktionen zu kennen. Im Falle von Stationarität konnten Gleichanteil und Spektrum beim Rechnen verwendet werden. Bei Rauschsignalen, die durch Filtern von weißem Rauschen mit einem rekursiven oder einem transversalen Filter entstehen, genügen die Filterparameter und die Verteilungseigenschaften des weißen Rauschens.

In der Praxis besitzt man häufig nur ungefähre Vorstellungen über Modelle, die die beobachteten Signale beschreiben sollen. So sind der deterministische Anteil und die Kovarianzfunktion oder Systemparameter im allgemeinen unbekannt. Dem Problem, sie aus einer endlich langen Beobachtung oder Messung einer Realisierung eines Rauschsignales zu schätzen, wollen wir uns zunächst widmen.

Um die Dinge möglichst einfach zu halten, gehen wir von einem diskreten Rauschsignal, also einem stationären Prozeß X_n mit diskretem Zeitparameter aus, das den Gleichanteil $\mu_X = \mathrm{E}X_n$ und die Kovarianzfunktion $c_{XX}(k) = \mathrm{E}(X_{n+k} - \mu_X)(X_n - \mu_X)$besitzen möge. Das Ergebnis einer Messung, die wir als Zufallsexperiment interpretieren, seien die Beobachtungen $x_0, x_1, \ldots, x_{N-1}$. Das Modell dieser Beobachtungen sind Zufallsvariablen $X_0, X_1, \ldots, X_{N-1}$. Das Problem besteht darin, aus den $x_0, x_1, \ldots, x_{N-1}$ Schätzungen für den Parameter μ_X und die Werte $c_{XX}(k)$ für eine feste Anzahl von Argumenten k zu konstruieren und die Eigenschaften der entsprechenden Schätzer im Sinne von (2.2–2)ff. zu untersuchen. Da wir bis zu diesem Punkt keine Verteilungsannahmen über den Vektor $(X_0, X_1, \ldots, X_{N-1})'$ getroffen haben (abgesehen von der Existenz der ersten und zweiten Momente), können wir die in 2.2.1.1) angedeutete Methode der Stichprobenverteilung nicht benutzen, um Schätzfunktionen zu konstruieren und sind auf heuristische Verfahren angewiesen.

Der Gleichanteil $\mu_X = \mathrm{E}X_n$ ist der gemeinsame Erwartungswert aller Zufallsvariablen X_n. Ihn aus den Beobachtungen $x_0, x_1, \ldots, x_{N-1}$ zu berechnen, ist nicht möglich. Doch können wir die Erwartungswertbildung durch ein zeitliches Mittel ersetzen und den Mittelwert berechnen

$$\overline{x} = \frac{1}{N} \sum_{n=0}^{N-1} x_n. \tag{3.3–1}$$

Wir untersuchen als nächstes den (3.3–1) entsprechenden Schätzer:

$$\overline{X} = \frac{1}{N} \sum_{n=0}^{N-1} X_n. \tag{3.3–2}$$

Sein Erwartungswert ergibt sich zu

$$\mathrm{E}\overline{X} = \frac{1}{N} \sum_{n=0}^{N-1} \mathrm{E}X_n = \mu_X. \tag{3.3–3}$$

Demnach ist der Mittelwert ein erwartungstreuer Schätzer für μ_X. Die Varianz berechnet man mit (2.1–175):

$$\begin{aligned} \mathrm{Var}\overline{X} &= \mathrm{Var}(\frac{1}{N} \sum_{n=0}^{N-1} X_n) = \sum_{n=0}^{N-1} \sum_{m=0}^{N-1} \frac{1}{N^2} \mathrm{Cov}(X_n, X_m) \\ &= \frac{1}{N^2} \sum_{n=0}^{N-1} \sum_{m=0}^{N-1} c_{XX}(n-m) = \frac{1}{N^2} \sum_{k=-N+1}^{N-1} \sum_{m=0}^{N-1-|k|} c_{XX}(k) \\ &= \frac{1}{N} \sum_{k=-N+1}^{N-1} c_{XX}(k)(1 - \frac{|k|}{N}) \\ &\simeq \frac{1}{N} \sum_{k=-\infty}^{\infty} c_{XX}(k) = \frac{1}{N} C_{XX}(0). \end{aligned} \tag{3.3–4}$$

Hierbei sind wir vorgegangen wie z.B. in (3.2–17), haben $k = n - m$ substituiert, große N und

$$\sum_{k=-\infty}^{\infty} |k||c_{XX}(k)| < \infty \tag{3.3–5}$$

angenommen und die Definition (3.1–57) des Spektrums $C_{XX}(\omega)$ benutzt. Die Varianz des Mittelwerts ist also proportional zum Wert des Spektrums an der Stelle $\omega = 0$ und fällt wie $\frac{1}{N}$ mit wachsender Zahl N von Beobachtungen. Der Mittelwert konvergiert damit für $N \to \infty$ i.q.M. gegen den Erwartungswert. Mit anderen Worten ist er ein i.q.M.–konsistenter Schätzer für den Erwartungswert. Diese Aussagen ergeben sich schon aus der schwächeren Annahme, daß $c_{XX}(k)$ absolut summierbar ist. Dann konvergiert nämlich die Summe in der dritten Zeile von (3.3–4) gegen die Summe in der vierten, was man als Übung zeigen sollte. Man kann mit (3.2–121) weiterhin zeigen, daß $\overline{X}$ unter schwachen Bedingungen für große N asymptotisch normalverteilt ist.

Um die Kovarianzfunktion $c_{XX}(k)$ für ein k zu schätzen, gehen wir ähnlich vor. Wir ersetzen in der Definition (3.1–45) den Erwartungswert des Produkts von Zufallsvariablen durch einen entsprechenden zeitlichen Mittelwert der Beobachtungen, wobei auch μ_X durch den Mittelwert ersetzt wird, und schreiben nur noch den Schätzer auf:

$$\hat{c}_{XX}(k) = \begin{cases} \frac{1}{N} \sum_{n=0}^{N-1-|k|} (X_{n+|k|} - \overline{X})(X_n - \overline{X}) & , \quad |k| = 0, 1, \ldots, N-1 \\ 0 & , \quad \text{sonst.} \end{cases} \tag{3.3–6}$$

Wenn $\mu_X = 0$ bekannt ist, braucht nur über die Produkte $X_{n+|k|}X_n$ gemittelt zu werden. In Abhängigkeit von k wird $\hat{c}_{XX}(k)$ EMPIRISCHE KOVARIANZFUNKTION genannt.

Die stochastischen Eigenschaften der empirischen Kovarianzfunktion wollen wir nur für den einfacheren Fall, $\mu_X = 0$, ableiten. Den Erwartungswert der empirischen Kovarianzfunktion

$$\hat{c}_{XX}(k) = \begin{cases} \frac{1}{N} \sum_{n=0}^{N-1-|k|} X_{n+|k|}X_n & , \quad |k| = 0, 1, \ldots, N-1 \\ 0 & , \quad \text{sonst} \end{cases} \tag{3.3–7}$$

berechnen wir für $|k| < N$ zu

$$\begin{aligned} \mathrm{E}\hat{c}_{XX}(k) &= \frac{1}{N} \sum_{n=0}^{N-1-|k|} \mathrm{E}X_{n+|k|}X_n = \frac{1}{N} \sum_{n=0}^{N-1-|k|} c_{XX}(k) \\ &= c_{XX}(k)(1 - \frac{|k|}{N}). \end{aligned} \tag{3.3–8}$$

Für andere k ist der Erwartungswert gleich Null. Nur für $k = 0$ ist die empirische Kovarianzfunktion ein erwartungstreuer Schätzer der Kovarianzfunktion. Doch ist offensichtlich

$$\lim_{N \to \infty} \mathrm{E}\hat{c}_{XX}(k) = c_{XX}(k), \tag{3.3–9}$$

womit $\hat{c}_{XX}(k)$ asymptotisch für große N erwartungstreu ist.

Um das Varianz- und Kovarianzverhalten zu studieren, nehmen wir an, daß X_n ein Gaußprozeß ist. Dann berechnen wir mit (2.1–175) und (3.2–30) für $0 \le k_1 \le k_2 \le N-1$

$$\begin{aligned}
\mathrm{Cov}(\hat{c}_{XX}(k_1), \hat{c}_{XX}(k_2)) &= \sum_{n=0}^{N-1-k_1} \sum_{m=0}^{N-1-k_2} \frac{1}{N^2} \mathrm{Cov}(X_{n+k_1} X_n, X_{m+k_2} X_m) \\
&= \frac{1}{N^2} \sum_{n=0}^{N-1-k_1} \sum_{m=0}^{N-1-k_2} [c_{XX}(n+k_1-m-k_2) c_{XX}(n-m) \\
&\quad + c_{XX}(n+k_1-m) c_{XX}(n-m-k_2)] \\
&\approx \frac{1}{N} \left[\sum_{l=-N+1}^{N-1} [c_{XX}(l+k_1-k_2) c_{XX}(l) \right. \\
&\quad \left. + c_{XX}(l+k_1) c_{XX}(l-k_2)] \left(1 - \frac{|l|}{N}\right) \right], \qquad (3.3\text{–}10)
\end{aligned}$$

wobei $l = n - m$ gesetzt und $N \gg k_2$ vorausgesetzt wurde. Einen entsprechenden exakten Ausdruck sollte man als Übung bestimmen. Unter der Annahme

$$\sum_{l=-\infty}^{\infty} |l| |c_{XX}(l)|^2 < \infty \qquad (3.3\text{–}11)$$

folgt für große N

$$\begin{aligned}
\mathrm{Cov}(\hat{c}_{XX}(k_1), \hat{c}_{XX}(k_2)) &\approx \frac{1}{N} \sum_{l=-\infty}^{\infty} [c_{XX}(l+k_1-k_2) c_{XX}(l) \\
&\quad + c_{XX}(l+k_1) c_{XX}(l-k_2)] \\
&= \frac{1}{2\pi N} \int_{-\pi}^{\pi} C_{XX}(\omega)^2 [\cos \omega(k_1-k_2) \\
&\quad + \cos \omega(k_1+k_2)] \mathrm{d}\omega, \qquad (3.3\text{–}12)
\end{aligned}$$

wobei wir die Faltungen im Zeitbereich durch entsprechende Ausdrücke im Frequenzbereich ersetzt haben. Auch für (3.3–12) hätte es ausgereicht, statt (3.3–11) nur die absolute Summierbarkeit von $c_{XX}(k)$ zu fordern. Die Varianz von $\hat{c}_{XX}(k)$ ergibt sich aus (3.3–12) für $k_1 = k_2 = k$. Auch für nicht Gaußsche Prozesse X_n erhielte man unter schwachen Bedingungen ein ähnliches Varianz-Kovarianzverhalten. Wir folgern, daß für den erwarteten quadratischen Fehler bei festem k

$$q = \mathrm{E}[\hat{c}_{XX}(k) - c_{XX}(k)]^2 \to 0 \text{ für } N \to \infty \qquad (3.3\text{–}13)$$

gilt. In diesem Sinn ist die empirische Kovarianzfunktion ein i.q.M.–konsistenter Schätzer für die Kovarianzfunktion.

Wir nehmen im folgenden an, daß man ähnliche Überlegungen auch für den allgemeinen Fall (3.3–6) anstellen kann. Man kann unter gewissen Bedingungen sogar zeigen, vergl. Hannan (1970), daß sowohl der Mittelwert als auch die empirische Kovarianzfunktion mit Wahrscheinlichkeit Eins konvergieren. Ähnlich wie beim Mittelwert kann man auch bei der empirischen Kovarianzfunktion von einer asymptotischen Normalverteilung ausgehen. Genauer ist für ein festes k und große N $(\hat{c}_{XX}(0), \hat{c}_{XX}(1), \ldots, \hat{c}_{XX}(k))'$ ein asymptotisch normalverteilter Vektor.

Es gibt einen einfachen Zusammenhang zwischen dem Periodogramm (3.2–124) und der empirischen Kovarianzfunktion (3.3–7) für Rauschsignale ohne Gleichanteil, den man als Übung zeigen sollte:

$$\begin{aligned} I_{XX}^N(\omega) &= \frac{1}{N}\Big|\sum_{n=0}^{N-1} X_n \mathrm{e}^{-j\omega n}\Big|^2 \\ &= \sum_{k=-N+1}^{N-1} \frac{1}{N} \sum_{n=0}^{n-|k|-1} X_{n+|k|} X_n \mathrm{e}^{-j\omega k} \\ &= \sum_{k=-N+1}^{N-1} \hat{c}_{XX}(k)\mathrm{e}^{-j\omega k}. \end{aligned} \tag{3.3–14}$$

Das Periodogramm ist demnach die Fourier-Transformierte der empirischen Kovarianzfunktion. Entsprechend würde die Fourier-Transformierte von (3.3–6) auf das Periodogramm der auf den Mittelwert bezogenen Daten $X_n - \overline{X}$ $(n = 0, \ldots, N-1)$ führen. An dieser Stelle beobachten wir eine wichtige Eigenschaft: Obwohl das Spektrum $C_{XX}(\omega)$ die Fourier-Transformierte (3.1–57) der Kovarianzfunktion ist und die empirische Kovarianzfunktion unter schwachen Bedingungen mit Wk 1 gegen die Kovarianzfunktion konvergiert, gibt es keine Konvergenz der Fourier-Transformierten der empirischen Kovarianzfunktion, also des Periodogramms, gegen das Spektrum, wie wir aus den Anmerkungen in 3.2.6 wissen. Die Eigenschaft, daß die Erwartungswertbildung in $\mathrm{E}(X_{n+k} - \mu_X)(X_n - \mu_X)$ und die zeitliche Mittelung in (3.3–6) asymptotisch für $N \to \infty$ mit Wk 1 zu gleichen Ergebnissen führen, wird ERGODIZITÄT im Zeitbereich genannt. Sie läßt sich also nicht in den Frequenzbereich übertragen.

Der Vollständigkeit halber und ohne später darauf zurückzukommen, deuten wir an, wie für Rauschsignale mit kontinuierlichem Zeitparameter $X(t)$ Gleichanteil und Kovarianzfunktion aus einer endlichen Beobachtung im Intervall $0 \leq t \leq T$ geschätzt werden können. Schätzer für den Gleichanteil $\mu_X = \mathrm{E}X(t)$ ist der Mittelwert

$$\overline{X} = \frac{1}{T}\int_0^T X(t)\mathrm{d}t \tag{3.3–15}$$

und für die Kovarianzfunktion $c_{XX}(u) = \mathrm{E}(X(t+u) - \mu_X)(X(t) - \mu_X)$ die empirische Kovarianzfunktion

$$\hat{c}_{XX}(u) = \begin{cases} \dfrac{1}{T}\displaystyle\int_0^{T-|u|} (X(t+|u|) - \overline{X})(X(t) - \overline{X})\,\mathrm{d}t & , \quad |u| \leq T \\ 0 & , \quad \text{sonst.} \end{cases} \tag{3.3–16}$$

Hierbei gehen wir von i.q.M.-Integralen aus und können dann rechnen wie in (3.3–3)ff.

Beispiel:

B3.3–1 Um eine Vorstellung von der Größe der Varianz der empirischen Kovarianzfunktion (3.3–7) für ein festes $k \geq 0$ zu erhalten, wollen wir den Ausdruck

(3.3–12) für einen autoregressiven Gauß-Prozeß der Ordnung 1, dessen Kovarianzfunktion und Spektrum in (3.2–74) und (3.2–75) angegeben wurden, auswerten. Zunächst ist der Erwartungswert nach (3.3–8) für $|k| < N$

$$\mathrm{E}\hat{c}_{XX}(k) = c_{XX}(k)(1 - \frac{|k|}{N}) = \sigma_X^2(-a)^{|k|}(1 - \frac{|k|}{N}). \tag{3.3–17}$$

Hierbei wurde $\sigma_X^2 = \frac{\sigma_Z^2}{1-a_1^2}$ und $a = a_1$ mit $|a| < 1$ gesetzt. Die Varianz ist mit (3.3–12) für große N und $0 \leq k = k_1 = k_2 \ll N$

$$\begin{aligned}
\mathrm{Var}\hat{c}_{XX}(k) &\approx \frac{1}{N}\sum_{l=-\infty}^{\infty}[c_{XX}(l)^2 + c_{XX}(l+k)c_{XX}(l-k)] \\
&= \frac{1}{N}\sigma_X^4\sum_{l=-\infty}^{\infty}[(-a)^{2|l|} + (-a)^{|l+k|}(-a)^{|l-k|}] \\
&= \frac{1}{N}\sigma_X^4[-(1+a^{2k}) + 2\sum_{l=0}^{\infty}[a^{2l} + (-a)^{l+k+|l-k|}]] \\
&= \frac{1}{N}\sigma_X^4[-(1+a^{2k}) + 2\sum_{l=0}^{\infty}a^{2l} + 2\sum_{l=0}^{k}a^{2k} + 2\sum_{l=k+1}^{\infty}a^{2l}] \\
&= \frac{1}{N}\sigma_X^4\frac{1+a^2+[2k+1-(2k-1)a^2]a^{2k}}{1-a^2},
\end{aligned} \tag{3.3–18}$$

wobei die Summenformel für die geometrische Reihe benutzt wurde. Die Varianz ist also proportional zu $\frac{1}{N}$, zum Quadrat σ_X^4 der Varianz von X_n und zu einem mit wachsendem k exponentiell auf den Wert $\frac{1+a^2}{1-a^2}$ fallenden Faktor.

3.3.2 Schätzung von Modellparametern

1) Autoregressive Prozesse

Wir gehen als erstes von einem diskreten Rauschsignal aus, das wir uns als rekursiv gefiltertes weißes Rauschen vorstellen. Es soll sich genauer um einen autoregressiven Prozeß der Ordnung p handeln, der durch die Differenzengleichung (3.2–64) gekennzeichnet ist:

$$X_n + \sum_{k=1}^{p} a_k X_{n-k} = Z_n. \tag{3.3–19}$$

Hierbei wird neben $a_p \neq 0$ angenommen, daß die Wurzeln der charakteristischen Gleichung (3.2–62) innerhalb des Einheitskreises liegen, damit das rekursive Filter stabil ist. Wir setzen zunächst voraus, die Ordnung p zu kennen, jedoch nicht die Koeffizienten $a_1, \ldots, a_p$. Das Filter wird durch weißes Rauschen Z_n angeregt, von dem wir $\mathrm{E}Z_n = 0$ und $c_{ZZ}(k) = \sigma_Z^2\delta_k$ voraussetzen, wobei die Varianz σ_Z^2 von Z_n auch unbekannt ist. Für mögliche andere Parameter der von n nicht abhängenden Dichte $f_Z(z)$ von Z_n interessieren wir uns nicht. Wenn Z_n Gaußsches weißes Rauschen wäre, gäbe es keine anderen unbekannten Parameter.

Wir nehmen nun an, das Rauschsignal zu den diskreten Zeitpunkten $n = 0, 1, \ldots, N-1$ beobachtet zu haben und aus dieser Information die unbekannten Parameter $a_1, \ldots, a_p, \sigma_Z^2$ schätzen zu müssen. Das Modell der Beobachtungen sind die Zufallsvariablen $X_0, X_1, \ldots, X_{N-1}$. Ihre gemeinsame Dichte ist nicht bekannt, wenn wir nicht die Dichte $f_Z(z)$ des weißen Rauschens kennen. Wir sind also erneut auf heuristische Ansätze angewiesen. Man kann es mit der Methode der kleinsten Quadrate versuchen, wie wir sehen werden. Doch zuvor diskutieren wir ein einfacheres Verfahren.

Die Idee ist, die Beziehungen zwischen den Parametern und der Kovarianzfunktion eines AR(p)-Prozesses auszunutzen, die in den Yule-Walker-Gleichungen (3.2–68) ausgedrückt werden. Sie nützen uns zur Bestimmung der Parameter nichts, da die Kovarianzfunktion $c_{XX}(k)$ des AR(p)-Prozesses unbekannt ist. Doch kennen wir einen konsistenten Schätzer für die Kovarianzfunktion, nämlich die empirische Kovarianzfunktion $\hat{c}_{XX}(k)$ nach (3.3–7). Ersetzt man in (3.2–68) die Parameter und die Kovarianzfunktionen durch die entsprechenden Schätzer, so erhalten wir die sogenannten EMPIRISCHEN YULE-WALKER-GLEICHUNGEN

$$\hat{c}_{XX}(l) + \sum_{k=1}^{p} \hat{a}_k \hat{c}_{XX}(l-k) = \begin{cases} \hat{\sigma}_Z^2 & , \quad l = 0 \\ 0 & , \quad l = 1, \ldots, p. \end{cases} \tag{3.3–20}$$

Verwendet man die Gleichungen für $l = 1, \ldots, p$ und bringt $\hat{c}_{XX}(l)$ auf die rechte Seite, erhält man ein lineares Gleichungssystem für $\hat{a}_1, \ldots, \hat{a}_p$ mit der Koeffizientenmatrix $(\hat{c}_{XX}(l-k))_{l,k=1,\ldots,p}$. Wenn diese Matrix nichtsingulär ist, läßt sich das Gleichungssystem eindeutig nach $\hat{a}_1, \ldots, \hat{a}_p$ auflösen. Einsetzen dieser Werte in die erste Gleichung von (3.3–20) ergibt eine Schätzung der Varianz des weißen Rauschens. Es wird also zunächst

$$\sum_{k=1}^{p} \hat{c}_{XX}(l-k)\hat{a}_k = -\hat{c}_{XX}(l) \quad (l = 1, \ldots, p) \tag{3.3–21}$$

nach $\hat{a}_1, \ldots, \hat{a}_p$ gelöst und dann

$$\hat{\sigma}_Z^2 = \hat{c}_{XX}(0) + \sum_{k=1}^{p} \hat{a}_k \hat{c}_{XX}(k) \tag{3.3–22}$$

berechnet.

Wir untersuchen sodann, ob die gefundenen Schätzer $\hat{a}_1, \ldots, \hat{a}_p, \hat{\sigma}_Z^2$ konsistent für die Parameter $a_1, \ldots, a_p, \sigma_Z^2$ sind. Es handelt sich hierbei tatsächlich um Schätzer, die wir ausnahmsweise mit kleinen Buchstaben bezeichnen, da $\hat{c}_{XX}(k)$ in (3.3–7) als Schätzer definiert wird. Hierzu beachten wir, daß $\hat{c}_{XX}(k)$ unter gewissen Bedingungen mit Wk 1 gegen $c_{XX}(k)$ konvergieren. Die Koeffizientenmatrix und die rechte Seite von (3.3–21) konvergieren also mit Wk 1 gegen entsprechende Terme eines Gleichungssystems, das aus den Yule-Walker-Gleichungen (3.2–68) gewonnen wird. Da dieses Gleichungssystem wegen der vorausgesetzten Stabilität des rekursiven Filters eine nichtsinguläre Koeffizientenmatrix besitzt und damit eindeutig lösbar ist, wie im Anschluß an (3.2–68) erläutert wurde, muß dies bei hinreichend großem N auch für (3.3–21) gelten. Damit konvergieren auch $\hat{a}_1, \ldots, \hat{a}_p$ mit Wk 1 gegen $a_1, \ldots, a_p$ und mit (3.3–22) auch $\hat{\sigma}_Z^2$ gegen σ_Z^2. Hat man i.q.M.-Konvergenz von $\hat{c}_{XX}(k)$, so erhält man unter gewissen Zusatzbedingungen auch die i.q.M.-Konvergenz von $\hat{a}_1, \ldots, \hat{a}_p, \hat{\sigma}_Z^2$.

Man kann noch zeigen, vergl. Schlittgen und Streitberg (1984), daß diese Schätzer asymptotisch normalverteilt sind. Für einen Gaußprozeß erreicht ihre Kovarianzmatrix asymptotisch die Cramér-Rao-Schranke im Sinne von (2.2–117), so daß die Schätzer asymptotisch wirksam sind.

Schließlich soll der Rechenaufwand zur Lösung des linearen Gleichungssystems (3.3–21) abgeschätzt werden. Benutzt man beispielsweise Gauß–Elimination (dies ist unproblematisch, da auf der Diagonalen das größte Element der Koeffizientenmatrix steht), so werden in der Größenordnung von $\frac{2p^3}{3}$ arithmetische Operationen aufgewendet. Ein berühmter schneller Algorithmus, der LEVINSON–DURBIN–REKURSION genannt und im Anhang A2.2 beschrieben wird, nutzt die Toeplitz-Struktur der Koeffizientenmatrix aus und benötigt nur ca. $2p^2$ arithmetische Operationen.

Wie schon angekündigt, soll nun versucht werden, mit der in 2.2.1 2) untersuchten Methode der kleinsten Quadrate die Parameter zu schätzen. Gehen wir von den Beobachtungen $x_0, x_1, \ldots, x_{N-1}$ einer Realisierung des AR(p)-Prozesses aus, so müssen diese nach (3.3–19) den folgenden Gleichungen genügen:

$$x_n = -\sum_{k=1}^{p} a_k x_{n-k} + z_n \quad (n = p, p+1, \ldots, N-1), \tag{3.3–23}$$

wobei nur Zeitindizes n oder $n-k$ verwandt werden, die im Beobachtungsintervall $0 \le m \le N-1$ liegen. Betrachten wir (2.2–14), so muß nur y_i mit x_n, ϑ_l mit a_k, x_{il} mit $-x_{n-k}$ und der Meßfehler z_i mit z_n identifiziert werden, um das Standardmodell für kleinste Quadrate zu erhalten, wobei die Anzahl der Messungen $N-p$ sein muß. Die Summe der Quadrate der Störungen (2.2–19) ist

$$S(a_1, \ldots, a_p) = \sum_{n=p}^{N-1} z_n^2 = \sum_{n=p}^{N-1} (x_n + \sum_{k=1}^{p} a_k x_{n-k})^2 \tag{3.3–24}$$

und soll durch die Wahl von $a_1, \ldots, a_p$ minimiert werden.

Zum gleichen Kriterium gelangen wir mit einer anderen Vorstellung. Wir wissen aus (3.2–117), daß

$$\hat{x}_n = -\sum_{k=1}^{p} a_k x_{n-k} \tag{3.3–25}$$

der Einschrittprädiktor für Realisierungen eines AR(p)-Prozesses ist, der x_n aus der Kenntnis von $x_{n-1}, x_{n-2}, \ldots$ optimal linear schätzt. Der Prädiktionsfehler $x_n - \hat{x}_n$ ist mit (3.3–23) gleich z_n. Somit stellt (3.3–24) die Summe der Prädiktionsfehlerquadrate dar, die durch die Wahl von $a_1, \ldots, a_p$ minimiert werden soll.

Notwendige Bedingungen für die optimalen Parameter $\tilde{a}_1, \ldots, \tilde{a}_p$, die also (3.3–24) minimieren, erhält man wie in (2.2–20). Partielles Ableiten von S nach den Parametern a_l und Nullsetzen liefern

$$2\sum_{n=p}^{N-1} x_{n-l}(x_n + \sum_{k=1}^{p} \tilde{a}_k x_{n-k}) = 0 \quad (l = 1, \ldots, p) \tag{3.3–26}$$

oder umgeformt

$$\sum_{k=1}^{p}\sum_{n=p}^{N-1} x_{n-l}x_{n-k}\tilde{a}_k = -\sum_{n=p}^{N-1} x_n x_{n-l} \quad (l = 1,\ldots,p). \tag{3.3–27}$$

Die Lösung dieses linearen Gleichungssystems nach $\tilde{a}_1,\ldots,\tilde{a}_p$ liefert die Kleinste-Quadrate-Schätzungen. Eine eindeutige Lösung findet man nur, wenn die Koeffizientenmatrix nichtsingulär ist. Dies ist höchstens dann möglich, wenn $N > 2p$ ist, was aus der Bemerkung im Anschluß an (2.2–21) folgt.

Formel (2.2–51) liefert auch eine Regel, wie man σ_Z^2 schätzen kann: Man muß die minimale Summe der Quadrate durch die Zahl der Freiheitsgrade (Anzahl der Quadrate minus Anzahl der Parameter) dividieren:

$$\begin{aligned} s^2 &= \frac{S(\tilde{a}_1,\ldots,\tilde{a}_p)}{N-p-p} \\ &= \frac{1}{N-2p}\Big(\sum_{n=p}^{N-1} x_n^2 + \sum_{k=1}^{p}\tilde{a}_k\sum_{n=p}^{N-1} x_n x_{n-k}\Big). \end{aligned} \tag{3.3–28}$$

Ob die Kleinste-Quadrate-Schätzer (wir ersetzen in den Formeln die Beobachtungen x_m durch die Zufallsvariablen X_m) bessere Schätzer liefern als die Lösungen der empirischen Yule-Walker-Gleichungen, kann allgemein nicht entschieden werden. Asymptotisch für $N \to \infty$ müssen beide Schätzer die gleichen Eigenschaften besitzen. Dies erkennt man, indem die Gleichungen (3.3–27) durch N dividiert werden. Die entstehenden Ausdrücke

$$\frac{1}{N}\sum_{n=p}^{N-1} X_{n-l}X_{n-k} \quad (l = 0,1,\ldots,N-1;\, k = 1,\ldots,N-1) \tag{3.3–29}$$

approximieren die empirische Kovarianzfunktion an der Stelle $l-k$, $\hat{c}_{XX}(l-k)$. Der Approximationsfehler verschwindet für $N \to \infty$ mit Wk 1, wenn wir starke Konsistenz der empirischen Kovarianzfunktion voraussetzen, so daß asymptotisch wieder die empirischen Yule-Walker-Gleichungen gelöst werden müssen. Eine ähnliche Überlegung kann man für (3.3–28) anstellen.

In den vorangegangenen Untersuchungen wurde davon ausgegangen, daß die Ordnung p des AR(p)-Prozesses bekannt ist. In der Praxis ist dies in der Regel nicht der Fall, und p muß geschätzt werden. Dies zusammen mit der Schätzung aller anderen Parameter wird SYSTEMIDENTIFIZIERUNG genannt. Man ist möglicherweise aus physikalischen Gründen in der Lage, auf eine Obergrenze M der Ordnung zu schließen. Wählt man dann N viel größer als $2M$, kann wie folgt vorgegangen werden, um die Modellordnung p zu bestimmen: Man paßt AR(m)-Modelle für $m = 0,1,\ldots,M$ nacheinander an, bestimmt also Modellparameterschätzungen $\hat{\sigma}_{Z,0}^2 = \hat{c}_{XX}(0)$ und $\hat{a}_{m,1},\ldots,\hat{a}_{m,m},\hat{\sigma}_{Z,m}^2$ $(m = 1,\ldots,M)$. Hierbei nutzen einem besonders die Levinson-Durbin-Rekursionen, denn sie sind ordnungsrekursiv. Hat man nämlich die empirische Kovarianzfunktion und die Parameter zur Ordnung $m-1$, braucht man nur ca. $4m$ arithmetische Operationen, um die Modellparameter zur Ordnung m berechnen zu können. Die geschätzten Varianzen $\hat{\sigma}_{Z,m}^2$ wachsen offensichtlich nicht mit wachsendem

m. Den kleinsten Wert dieser Zahlen zum Schätzen von p zu verwenden, führt zu Überschätzungen von p und häufig auf den Wert M. Man benötigt also eine mit m wachsende Straffunktion, die gleichzeitig beim Optimieren betrachtet werden muß. Das AKAIKE-KRITERIUM erfüllt diese Bedingung, vergl. Schlittgen und Streitberg (1984):

$$\mathrm{AIC}(m) = \ln \hat{\sigma}^2_{Z,m} + m\frac{2}{N} \quad (m = 0, 1, \ldots, M). \tag{3.3-30}$$

Hierbei ist AIC eine Abkürzung für „Akaike's Information Criterium". Die Schätzung für die Ordnung $\hat{p}$ sei das kleinste m, das (3.3–30) über m minimiert. Für große N sind diese Ordnungsschätzungen im Mittel noch zu groß. Präzisere Schätzungen erhält man in der Regel mit dem RISSANEN-KRITERIUM:

$$\mathrm{MDL}(m) = \ln \hat{\sigma}^2_{Z,m} + m\frac{\ln N}{N} \quad (m = 0, 1, \ldots, M). \tag{3.3-31}$$

wobei MDL für „Minimum Description Length" steht. Es wird auch Bayesian Information Criterium (BIC) genannt und unterscheidet sich vom Akaike-Kriterium nur durch eine mit wachsendem N langsamer fallende Straffunktion. Es liefert unter gewissen Bedingungen stark konsistente Schätzungen für p.

Abschließend wenden wir uns der Aufgabe zu, das Spektrum eines autoregressiven Prozesses zu schätzen. Erinnern wir uns an Formel (3.2–65), in der das Spektrum mit Hilfe der Modellparameter ausgedrückt wird! Sind $\hat{p}, \hat{a}_{\hat{p},1}, \ldots, \hat{a}_{\hat{p},\hat{p}}$ und $\hat{\sigma}^2_{Z,\hat{p}}$ die geschätzte Ordnung und die zugehörigen Parameterschätzungen, so ist

$$\hat{C}_{XX}(\omega) = \frac{\hat{\sigma}^2_{Z,\hat{p}}}{|1 + \sum\limits_{k=1}^{\hat{p}} \hat{a}_{\hat{p},k} e^{-j\omega k}|^2} \tag{3.3-32}$$

ein PARAMETRISCHER Schätzer für das Spektrum (3.2–65). Seine starke Konsistenz folgt aus derjenigen der Ordnungs- und Parameterschätzer.

Anzumerken ist an dieser Stelle, daß die aus den Daten geschätzten Parameter $\hat{a}_{\hat{p},1}, \ldots, \hat{a}_{\hat{p},\hat{p}}$ nicht notwendig auf ein stabiles Filter führen. Die Wurzeln der (3.2–62) entsprechenden charakteristischen Gleichung

$$z^{\hat{p}} + \sum_{k=1}^{\hat{p}} \hat{a}_{\hat{p},k} z^{\hat{p}-k} = 0 \tag{3.3-33}$$

brauchen nämlich nicht innerhalb des Einheitskreises zu liegen. Eine Neuschätzung aus einem anderen Datenstück kann Abhilfe schaffen. Besser wäre es, ein Verfahren zu benutzen, das nicht auf instabile Filter führen kann. Der im Anhang A2.2 kurz beschriebene BURG-ALGORITHMUS ist ein solches Verfahren.

Auch für nicht autoregressive Prozesse kann es sinnvoll sein, ihr Spektrum $C_{XX}(\omega)$ durch ein Spektrum der Form

$$C_p(\omega) = \frac{\sigma^2_{Z,p}}{|1 + \sum\limits_{k=1}^{p} a_{p,k} e^{-j\omega k}|^2} \tag{3.3-34}$$

zu approximieren, wobei die Parameter $a_{p,1}, \ldots, a_{p,p}$ und $\sigma^2_{Z,p}$ die Lösungen der Yule-Walker-Gleichungen (3.2–68) zur Ordnung p auf der Basis der Kovarianzfunktion $c_{XX}(k)$ des Rauschsignals sind. Man kann nämlich zeigen, vergl. Hannan (1970), daß für Rauschsignale mit einem glatten Spektrum $C_{XX}(\omega)$, das $0 < B_1 \leq C_{XX}(\omega) \leq B_2 < \infty$ für alle ω erfüllt, folgendes gilt:

$$\lim_{p\to\infty} C_p(\omega) = C_{XX}(\omega). \qquad (3.3\text{–}35)$$

Die sogenannten MAXIMUM–ENTROPIE(ME)–SPEKTREN (3.3–34) approximieren also $C_{XX}(\omega)$ für wachsendes p immer besser. Die Bezeichnung Maximum–Entropie deutet an, daß $C_p(\omega)$ ein ENTROPIEMASS, nämlich

$$\frac{1}{2\pi}\int_{-\pi}^{\pi} \ln C_{XX}(\omega)\mathrm{d}\omega \qquad (3.3\text{–}36)$$

über alle Spektren $C_{XX}(\omega)$ maximiert, die die Bedingungen

$$c_{XX}(k) = \frac{1}{2\pi}\int_{-\pi}^{\pi} C_{XX}(\omega)\mathrm{e}^{j\omega k}\mathrm{d}\omega \quad (k = 0, 1, \ldots, p) \qquad (3.3\text{–}37)$$

erfüllen. Zum Schätzen des Spektrums benutzt man in entsprechender Weise die empirische Kovarianzfunktion und die empirischen Yule-Walker-Gleichungen. Wie man allerdings p anhand der Daten zu wählen hat, ist ein kompliziertes Problem und kann hier nicht untersucht werden.

Beispiel:

B3.3–2 Ein Zufallszahlengenerator erzeugt Realisierungen unabhängiger $N(0,1)$-verteilter Zufallsvariablen. Diese werden mit einem rekursiven Filter sechster Ordnung, das wir mit Hilfe der Wurzeln $z_{1,2} = 0{,}7\mathrm{e}^{\pm j0{,}4}$, $z_{3,4} = 0{,}75\mathrm{e}^{\pm j1{,}3}$ und $z_{5,6} = 0{,}9\mathrm{e}^{\pm j1{,}9}$ der charakteristischen Gleichung (3.2–62) definieren, gefiltert. Insgesamt werden 1024 Werte dieses so erzeugten Prozesses zur Modellparameterschätzung verwandt. Abb. 3.3.1 zeigt die mit den Levinson-Durbin-Rekursionen erhaltenen Werte des Akaike-Kriteriums nach (3.3–30) bzw. des Rissanen-Kriteriums nach (3.3–31) für die angenommenen Modellordnungen $m = 1, \ldots, 10$. Beide Kriterien liefern $\hat{p} = 6$ als Schätzung für die Modellordnung, was dem richtigen Wert entspricht. Das für $p = 6$ geschätzte Spektrum ist in Abb.3.3.2 dargestellt. Zum Vergleich ist das tatsächliche Spektrum des Modells punktiert ausgegeben.

2) Moving-Average-Prozesse

In ähnlicher Weise kann man diskrete Moving-Average-Prozesse behandeln, die transversal gefiltertes weißes Rauschen sind. Ein MA(q)-Prozeß genügt der Differenzengleichung (3.2–86). Die Parameter des Modells sind $b_0 = 1, b_1, \ldots, b_q$ und die Varianz σ^2_Z des weißen Rauschens. Wenn $b_q \neq 0$ vorausgesetzt wird, ist q die Ordnung. Formel (3.2–87) bringt die Kovarianzfunktion und die Parameter in eine Beziehung, die wir

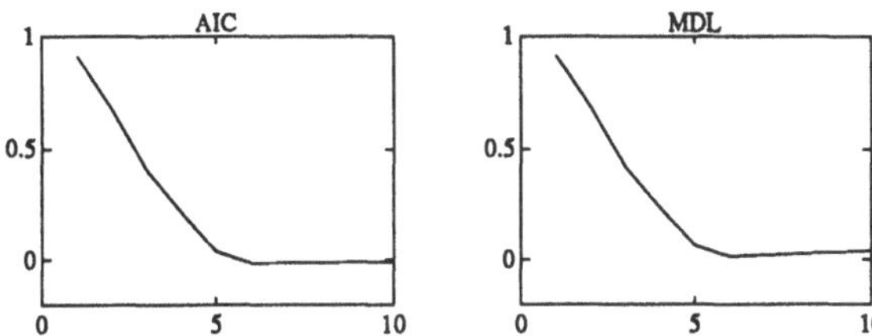

Abbildung 3.3.1: Werte des Akaike- bzw. Rissanen-Kriteriums in Abhängigkeit von der angenommenen Modellordnung

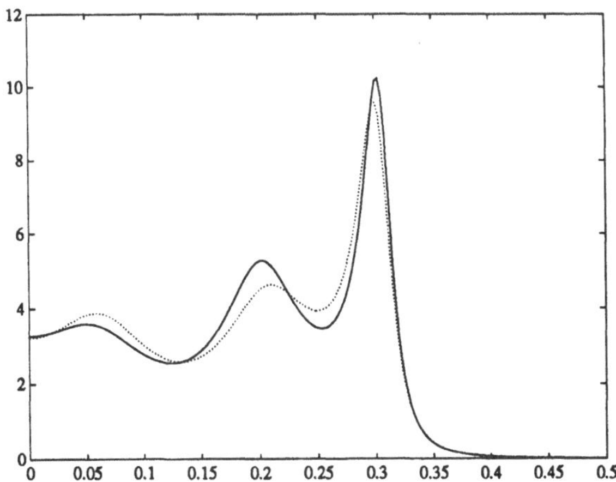

Abbildung 3.3.2: Schätzung der Spektrums eines AR(6)-Prozesses über der normierten Frequenz $\frac{\omega}{2\pi}$

aus Gründen der Übersichtlichkeit mit anderen Parametern $\gamma_i = \sigma_Z b_i$ $(i = 0, 1, \ldots, q)$ wie folgt aufschreiben:

$$c_{XX}(k) = \begin{cases} \sum\limits_{l=0}^{q-|k|} \gamma_{l+|k|}\gamma_l & , \quad |k| = 0, 1, \ldots, q \\ 0 & , \quad \text{sonst.} \end{cases} \tag{3.3–38}$$

Bei gegebenen Werten $c_{XX}(0), c_{XX}(1), \ldots, c_{XX}(q)$ liefert (3.3–38) $q+1$ quadratische Gleichungen zur Bestimmung von $(\gamma_0, \gamma_1, \ldots, \gamma_q)$. Im allgemeinsten Fall besitzt ein solches Gleichungssystem 2^{q+1} Lösungsvektoren. Um ähnlich vorgehen zu können wie bei AR-Prozessen, muß man den Lösungsraum soweit einschränken, daß dort nur noch eine Lösung möglich ist. Eine solche Lösung definieren wir derart, daß die Wurzeln der charakteristischen Gleichung

$$\Gamma(z) = \sum_{l=0}^{q} \gamma_l z^{q-l} = \gamma_0 z^q \sum_{l=0}^{q} b_l z^{-l} = 0 \tag{3.3–39}$$

nicht außerhalb des Einheitskreises liegen. Das dieser Lösung entsprechende Transversalfilter (3.2–84) wäre dann minimalphasig, vergl. Oppenheim und Schäfer (1975). Die anderen Lösungen zuzuordnenden Filter unterscheiden sich vom minimalphasigen nur durch gewisse Allpässe. Daß dies möglich ist, wird wie folgt klar: Mit der schon hinlänglich bekannten Substitutionstechnik berechnet man

$$\begin{aligned} \Gamma(z)\Gamma(z^{-1}) &= \sum_{l=0}^{q} \sum_{m=0}^{q} \gamma_l \gamma_m z^{m-l} \\ &= \sum_{k=-q}^{q} \sum_{l=0}^{q-|k|} \gamma_{l+|k|}\gamma_l z^k \\ &= \sum_{k=-q}^{q} c_{XX}(k) z^k = C(z). \end{aligned} \tag{3.3–40}$$

Die Wurzeln von $z^q C(z) = 0$ besitzen demnach folgende Eigenschaft: Ist z_i eine Wurzel, so auch z_i^{-1}. Folglich können wir die Wurzeln derart sortieren, daß $|z_i| \leq 1$ für $i = 1, \ldots, q$, und die γ_i bzw. $b_i = \frac{\gamma_i}{\gamma_0}$ durch

$$\begin{aligned} \Gamma(z) &= \gamma_0 \prod_{i=1}^{q} (z - z_i) \\ &= \gamma_0 (z^q - \sum_{i=1}^{q} z_i z^{q-1} + \cdots + \prod_{i=1}^{q} (-z_i)) \end{aligned} \tag{3.3–41}$$

definieren. Die Koeffizienten $b_1, \ldots, b_q$ sind so eindeutig festgelegt. $\gamma_0 = \sigma_Z$ wählen wir als positive Wurzel von

$$\gamma_0^2 = \frac{c_{XX}(0)}{1 + \sum\limits_{l=1}^{q} b_l^2}, \tag{3.3–42}$$

was aus (3.3–38) für $k = 0$ gewonnen wird.

Wir nehmen nun an, nur die Ordnung q zu kennen und die empirische Kovarianzfunktion $\hat{c}_{XX}(k)$ für $k = 0, 1, \ldots, q$ berechnet zu haben. Um die Parameter $b_1, \ldots, b_q, \sigma_Z^2$ zu schätzen, bestimmen wir zunächst das Polynom $C(z)$ in (3.3–40), wobei $c_{XX}(k)$ durch $\hat{c}_{XX}(k)$ ersetzt wird. Dann müssen wie oben beschrieben die Wurzeln z_i von $z^q C(z) = 0$ und die Koeffizienten des Polynoms $\frac{\Gamma(z)}{\gamma_0}$ berechnet werden, die dann die Schätzer $\hat{b}_1, \ldots, \hat{b}_q$ sind. Der Schätzer $\hat{\sigma}_Z^2$ für σ_Z^2 ergibt sich aus der (3.3–42) entsprechenden Gleichung. Für höhere Modellordnungen ist dieses Verfahren jedoch kaum durchführbar. Ein iteratives, nicht notwendig auf die gleiche Lösung führendes und quadratisch konvergierendes Verfahren wurde von Wilson[2] angegeben, mit dem man sich als Übung beschäftigen sollte.

Wir schließen auf die starke Konsistenz der so gewonnenen Schätzer wie bei AR-Modellen: Sie folgt aus der starken Konsistenz von $\hat{c}_{XX}(k)$ und der eindeutigen Lösbarkeit des Gleichungssystems im eingeschränkten Lösungsraum. Man kann noch zeigen, daß die Schätzer für wachsende N asymptotisch normalverteilt sind. Doch erreicht ihre asymptotische Kovarianzmatrix im Falle eines Gaußprozesses X_n die Cramér-Rao-Schranke nicht. Weder hierauf noch auf das Ordnungsschätzproblem wollen wir näher eingehen, siehe Schlittgen und Streitberg (1984).

Zur Schätzung des Spektrums (3.2–88) eines MA(q)-Prozesses mit bekannter Ordnung q benötigt man nicht Schätzungen der Parameter $b_1, \ldots, b_q, \sigma_Z^2$. Wir brauchen nur die empirische Kovarianzfunktion $\hat{c}_{XX}(k)$ auf den Bereich $|k| \leq q$ zu beschränken und zu transformieren,

$$\begin{aligned} \hat{C}_{XX}(\omega) &= \sum_{k=-q}^{q} \hat{c}_{XX}(k) e^{-j\omega k} \\ &= \hat{c}_{XX}(0) + 2 \sum_{k=1}^{q} \hat{c}_{XX}(k) \cos(\omega k), \end{aligned} \tag{3.3–43}$$

um einen stark konsistenten Schätzer für $C_{XX}(\omega)$ zu erhalten. Auch hier müssen wir wieder annehmen, daß N viel größer als q ist. Würden wir die gesamte empirische Kovarianzfunktion wie in (3.3–14) Fourier-transformieren, erhielten wir das Periodogramm, das kein konsistenter Schätzer für das Spektrum ist.

Weißes Rauschen Z_n, das zunächst transversal mit einem Filter der Ordnung q zu einem Rauschsignal Y_n und dann rekursiv mit einem Filter der Ordnung p zu einem Rauschsignal X_n gefiltert wird, nennt man einen AUTOREGRESSIVEN MOVING–AVERAGE–PROZESS, kurz ARMA(p, q)–PROZESS. Die Kaskadierung der beiden Filter wird rationales Filter genannt, da seine Übertragungsfunktion das Produkt der Übertragungsfunktionen (3.2–63) und (3.2–85), also eine rationale Funktion in $z = e^{j\omega}$ ist. Ohne auf Einzelheiten einzugehen, wollen wir eine Möglichkeit beschreiben, wie die Filterkoeffizienten $a_1, \ldots, a_p$ und $b_1, \ldots, b_q$ sowie σ_Z^2 geschätzt werden können, wenn p und q bekannt sind. Zunächst läßt sich zeigen, daß für $a_1, \ldots, a_p$ Yule-Walker-Gleichungen der Form (3.2–68) gelten, doch nur für Verschiebungen $l \geq q + 1$. Dies erlaubt uns, entsprechende empirische Yule-Walker-Gleichungen mit der empirischen

[2]Wilson, G. (1969) : Factorization of the covariance generating function of a pure moving average process. SIAM J. Numer. Anal. 6, 1-7

Kovarianzfunktion $\hat{c}_{XX}(k)$ aufzustellen und nach den Parametern $\hat{a}_1, \ldots, \hat{a}_p$ zu lösen. Beachtet man, daß Y_n aus X_n durch Filterung mit einem Transversalfilter, dessen Übertragungsfunktion

$$H(\omega) = 1 + \sum_{k=1}^{p} a_k \mathrm{e}^{-j\omega k} \tag{3.3–44}$$

ist, gewonnen werden kann, so hilft uns (3.2–47), die Kovarianzfunktion von Y_n zu bestimmen. Entsprechend können wir $c_{YY}(k)$ durch

$$\hat{c}_{YY}(k) = \sum_{m=0}^{p} \sum_{l=0}^{p} \hat{a}_m \hat{a}_l \hat{c}_{XX}(k + l - m), \quad |k| = 0, 1, \ldots, q \tag{3.3–45}$$

schätzen, wobei $\hat{a}_0 = 1$ gesetzt wurde. Da Y_n ein MA(q)-Prozeß ist, dürfen wir $\hat{c}_{YY}(k) = 0$ für $|k| > q$ festlegen. Die Parameter $b_1, \ldots, b_q, \sigma_Z^2$ lassen sich nun so schätzen, wie es zuvor für einen MA(q)-Prozeß beschrieben wurde, wenn $\hat{c}_{XX}(k)$ durch $\hat{c}_{YY}(k)$ ersetzt wird. Sollen nur Spektren geschätzt werden, kann man wie in (3.3–43) vorgehen, um $\hat{C}_{YY}(\omega)$ zu gewinnen. Das Spektrum

$$C_{XX}(\omega) = \sigma_Z^2 \frac{|1 + \sum_{l=1}^{q} b_l \mathrm{e}^{-j\omega l}|^2}{|1 + \sum_{k=1}^{p} a_k \mathrm{e}^{-j\omega k}|^2} \tag{3.3–46}$$

des ARMA(p, q)-Prozesses X_n läßt sich nach Interpretation von (3.3–45) im Frequenzbereich durch

$$\hat{C}_{XX}(\omega) = \frac{\hat{C}_{YY}(\omega)}{|1 + \sum_{k=1}^{p} \hat{a}_k \mathrm{e}^{-j\omega k}|^2} \tag{3.3–47}$$

schätzen. Geht man von der starken Konsistenz der Lösungen $\hat{a}_1, \ldots, \hat{a}_p$ der empirischen Yule-Walker-Gleichungen aus, so müssen alle anderen Schätzer auch stark konsistent sein.

Beispiel:

B3.3–3 Einen AR(p)-Prozeß können wir als einen ARMA(p, 0)-Prozeß auffassen. Die in Beispiel B3.3-2 verwendeten Beobachtungen eines AR(6)-Prozesses wollen wir jetzt als Beobachtungen aus einem ARMA(6, 6)-Prozeß auffassen und das Spektrum mit Hilfe von (3.3–47) schätzen. Abb. 3.3.3 zeigt die entsprechende Schätzung, wobei das tatsächliche Spektrum zum Vergleich punktiert eingetragen ist. Die Schätzung ist im Vergleich zur AR-Schätzung in Abb. 3.3.2 erkennbar schlechter. Dies verdeutlicht die Notwendigkeit der Wahl eines geeigneten Modells in Verbindung mit einer genauen Modellordnungsschätzung. Eine zu hoch angenommene Modellordnung kann zu einer unzuverlässigeren Spektrumschätzung führen.

3) Modelle mit beobachtbarem Eingangssignal

In den vorangegangenen Unterabschnitten 1) und 2) nahmen wir an, den Ausgang eines linearen Systems zu beobachten, das durch eine endliche Zahl von Parametern

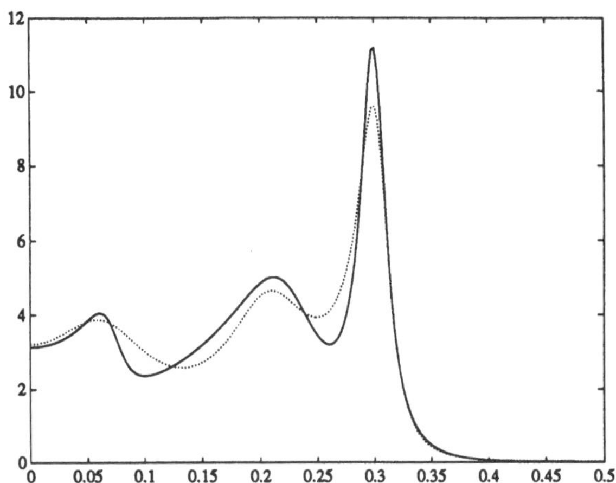

Abbildung 3.3.3: Schätzung des Spektrums eines AR(6)-Prozesses mit Hilfe eines ARMA(6,6)-Modelles

beschrieben wird und das durch weißes Rauschen unbekannter Leistung angeregt wird. Nun wollen wir ein System wie in Abb. 3.3.3 betrachten, das einen weiteren Eingang besitzt, über den wir das System mit einem beobachtbaren Rauschsignal X_n anregen können.

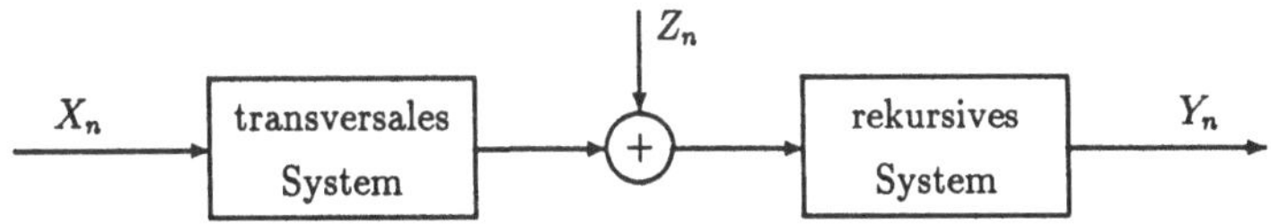

Abbildung 3.3.4: System zum Gleichungsfehlermodell

Das Ausgangssignal möge durch ein stochastisches Signal Y_n beschrieben werden, das der Differenzengleichung

$$Y_n + \sum_{k=1}^{p} a_k Y_{n-k} = \sum_{l=1}^{q} b_l X_{n-l} + Z_n \tag{3.3–48}$$

genügt. Mit Z_n wird wie üblich weißes Rauschen mit dem Erwartungswert 0 und der Leistung $\sigma_Z^2 > 0$ bezeichnet. Das als stabil angenommene rekursive System wird also mit einem Signal angeregt, das ähnlich zu den in den Beispielen B2.2-5 und B2.2-7 behandelten ist. Das Eingabesignal X_n modellieren wir durch ein Rauschsignal ohne Gleichanteil, das unkorreliert zum weißen Rauschen ist und ein überall positives Spektrum besitzt.

In der gewohnten Weise werden zunächst Yule-Walker-Gleichungen abgeleitet. Multiplizieren von (3.3–48) mit Y_{n-m} von rechts mit $m \epsilon \{0,1,2,\ldots\}$ und Erwartungswertbildung liefert

$$c_{YY}(m) + \sum_{k=1}^{p} a_k c_{YY}(m-k) = \sum_{l=1}^{q} b_l c_{XY}(m-l) + \delta_m \sigma_Z^2, \tag{3.3–49}$$

wobei δ_m wieder ein Einheitsimpuls ist. Führt man entsprechendes mit X_{n-m} aus, so gilt

$$c_{YX}(m) + \sum_{k=1}^{p} a_k c_{YX}(m-k) = \sum_{l=1}^{q} b_l c_{XX}(m-l). \tag{3.3–50}$$

Wir stellen (3.3–49) und (3.3–50) etwas um und erhalten folgende Version der Yule-Walker-Gleichungen:

$$\begin{aligned} \sum_{k=1}^{p} a_k c_{YY}(m-k) - \sum_{l=1}^{q} b_l c_{XY}(m-l) &= -c_{YY}(m) + \delta_m \sigma_Z^2 \\ & \qquad (m = 0,1,\ldots,p), \qquad (3.3\text{–}51) \\ -\sum_{k=1}^{p} a_k c_{YX}(i-k) + \sum_{l=1}^{q} b_l c_{XX}(i-l) &= c_{YX}(i) \;\; (i = 1,\ldots,q). \qquad (3.3\text{–}52) \end{aligned}$$

Dies ist ein lineares Gleichungssystem für die Filterkoeffizienten $a_1,\ldots,a_p$; $b_1,\ldots,b_q$ und die Leistung σ_Z^2 des weißen Rauschens, wenn die Kovarianzfunktionen $c_{YY}(k)$, $c_{XX}(k)$ und $c_{YX}(k) = c_{XY}(-k)$ gegeben sind. Es ist eindeutig lösbar, was hier nicht gezeigt werden soll.

Wir nehmen nun an, zwar die Ordnungen p und q, jedoch weder Kovarianzfunktionen noch die Filterkoeffizienten oder die Leistung des weißen Rauschens zu kennen. Sie sollen aus Beobachtungen von X_n und Y_n zu den Zeiten $n = 0,1,\ldots,N-1$ geschätzt werden. Wie in den zuvor behandelten Fällen berechnen wir zunächst die empirischen Kovarianzfunktionen $\hat{c}_{XX}(k)$ $(k = 0,1,\ldots,q-1)$ und $\hat{c}_{YY}(k)$ $(k = 0,1,\ldots,p)$ nach (3.3–7) und dann die EMPIRISCHE KREUZKOVARIANZFUNKTION wie folgt :

$$\hat{c}_{YX}(k) = \begin{cases} \dfrac{1}{N} \sum\limits_{n=0}^{N-1-k} Y_{n+k} X_n &, \quad k = 0,1,\ldots,N-1 \\ \dfrac{1}{N} \sum\limits_{n=-k}^{N-1} Y_{n+k} X_n &, \quad k = -N+1,\ldots,-1 \\ 0 &, \quad \text{sonst} \end{cases} \tag{3.3–53}$$

und setzen $\hat{c}_{XY}(k) = \hat{c}_{YX}(-k)$. Wir gehen davon aus, daß auch $\hat{c}_{YX}(k)$ für festes k unter gewissen Voraussetzungen für $N \to \infty$ mit Wk 1 gegen $c_{YX}(k)$ konvergiert. Einsetzen in (3.3–51) und (3.3–52) liefert die empirischen Yule-Walker-Gleichungen:

$$\begin{aligned} \sum_{k=1}^{p} \hat{a}_k \hat{c}_{YY}(m-k) - \sum_{l=1}^{q} \hat{b}_l \hat{c}_{XY}(m-l) &= -\hat{c}_{YY}(m) \;\; (m = 1,2,\ldots,p) \qquad (3.3\text{–}54) \\ -\sum_{k=1}^{p} \hat{a}_k \hat{c}_{YX}(i-k) + \sum_{l=1}^{q} \hat{b}_l \hat{c}_{XX}(i-l) &= \hat{c}_{YX}(i) \;\; (i = 1,\ldots,q) \qquad (3.3\text{–}55) \end{aligned}$$

$$\hat{\sigma}_Z^2 = \hat{c}_{YY}(0) + \sum_{k=1}^{p} \hat{a}_k \hat{c}_{YY}(k) - \sum_{l=1}^{q} \hat{b}_l \hat{c}_{YX}(l). \tag{3.3-56}$$

Ihre Lösung liefert stark konsistente Schätzer für die gesuchten Parameter.

Das Modell (3.3–48) erlaubt auch eine Schätzung der Filterkoeffizienten über die Methode der kleinsten Quadrate ähnlich, wie es für die Parameter eines AR(p)-Prozesses getan wurde. Sind $x_0, x_1, \ldots, x_{N-1}$ und $y_0, y_1, \ldots, y_{N-1}$ Beobachtungen einer Realisierung des Eingangs bzw. Ausgangs des Systems, so schreiben wir in der Art von (3.3–23)

$$y_n = -\sum_{k=1}^{p} a_k y_{n-k} + \sum_{l=1}^{q} b_l x_{n-l} + z_n = \underline{x}_n' \underline{\vartheta} + z_n \tag{3.3-57}$$

für $n = r, r+1, \ldots, N-1$ mit $r = \max\{p, q\}$. Hierbei ist der Parametervektor $\underline{\vartheta} = (a_1, \ldots, a_p, b_1, \ldots, b_q)'$ und

$$\underline{x}_n = (-y_{n-1}, -y_{n-2}, \ldots, -y_{n-p}, x_{n-1}, \ldots, x_{n-q})'. \tag{3.3-58}$$

Die Summe der Quadrate der Gleichungsfehler z_n

$$S(\underline{\vartheta}) = \sum_{n=r}^{N-1} z_n^2 = \sum_{n=r}^{N-1} (y_n - \underline{x}_n' \underline{\vartheta})^2 \tag{3.3-59}$$

soll über $\underline{\vartheta}$ minimiert werden.

Wir zeigen nun, daß

$$\hat{y}_n = \underline{x}_n' \underline{\vartheta} = -\sum_{k=1}^{p} a_k y_{n-k} + \sum_{l=1}^{q} b_l x_{n-l} \tag{3.3-60}$$

der Einschrittprädiktor von y_n ist, wenn $x_{n-1}, \ldots, x_0, y_{n-1}, \ldots, y_0$ gegeben sind. In Unterabschnitt 2.1.2 4) wurde bewiesen, daß im Sinne von (2.1–129) die bedingte Erwartung von Y_n unter der Voraussetzung $X_{n-1}, \ldots, X_0, Y_{n-1}, \ldots, Y_0$ die i.q.M.–beste Approximation von Y_n durch eine Funktion von $X_{n-1}, \ldots, X_0, Y_{n-1}, \ldots, Y_0$ liefert, also

$$\hat{Y}_n = \mathrm{E}(Y_n | X_{n-1}, \ldots, X_0, Y_{n-1}, \ldots, Y_0). \tag{3.3-61}$$

Da die bedingten Erwartungen von Y_{n-k} bzw. X_{n-l} unter der gleichen Voraussetzung gleich Y_{n-k} bzw. X_{n-l} mit Wk 1 sind, folgt für das Modell (3.3–48)

$$\hat{Y}_n = -\sum_{k=1}^{p} a_k Y_{n-k} + \sum_{l=1}^{q} b_l X_{n-l}. \tag{3.3-62}$$

Wir haben hierbei

$$\mathrm{E}(Z_n | X_{n-1}, \ldots, X_0, Y_{n-1}, \ldots, Y_0) = \mathrm{E}Z_n = 0 \tag{3.3-63}$$

beachtet, da Z_n stochastisch unabhängig von $X_{n-1}, \ldots, X_0, Y_{n-1}, \ldots, Y_0$ ist.

Der Prädiktionsfehler von (3.3–60) ist $y_n - \hat{y}_n = z_n$, also der Gleichungsfehler. Diese Eigenschaft gibt dem hier behandelten und in Abb. 3.3.3 dargestellten System den Namen GLEICHUNGSFEHLERMODELL. Die Summe der Quadrate $S(\underline{\vartheta})$ in (3.3–59) ist also bis auf einen Faktor, z.B $\frac{1}{N}$, die geschätzte Prädiktionsfehlerleistung, die durch Wahl von $\underline{\vartheta}$ minimiert werden soll. Zu bemerken ist an dieser Stelle, daß in (2.2–65) und (3.3–24) Spezialfälle behandelt worden sind.

Wir nennen den (3.3–59) minimierenden Parametervektor $\tilde{\underline{\vartheta}}$. Ähnlich wie in (2.2–23)ff. bestimmen wir notwendige Bedingungen und $\tilde{\underline{\vartheta}}$ selbst:

$$\sum_{n=r}^{N-1} \underline{x}_n \underline{x}_n' \tilde{\underline{\vartheta}} = \sum_{n=r}^{N-1} \underline{x}_n y_n, \tag{3.3–64}$$

$$\tilde{\underline{\vartheta}} = (\sum_{n=r}^{N-1} \underline{x}_n \underline{x}_n')^{-1} \sum_{n=r}^{N-1} \underline{x}_n y_n. \tag{3.3–65}$$

Hierbei wird vorausgesetzt, daß die Inverse im letzten Ausdruck existiert.

Wie bei AR(p)-Prozessen können wir zeigen, daß der Kleinste–Quadrate–Schätzer, den wir erhalten, wenn in (3.3–64) und (3.3–65) die Beobachtungen x_i und y_k durch die Zufallsvariablen X_i und Y_k ersetzt werden, die gleichen asymptotischen Eigenschaften wie die Lösung der empirischen Yule-Walker-Gleichungen (3.3–54)ff. besitzen muß. Wir brauchen ja nur (3.3–64) durch N zu dividieren und zu argumentieren wie im Zusammenhang mit (3.3–29). Unter gewissen Regularitätsbedingungen kann man von einer asymptotischen Normalverteilung der Schätzer ausgehen, die für Gaußprozesse sogar asymptotisch wirksam sind.

Schließlich muß noch erwähnt werden, daß sich die Methode der Optimierung der Prädiktionsfehlerleistung zur Systemidentifizierung weitgehend verallgemeinern läßt, vergl. Ljung und Söderström (1983). Voraussetzung für die Anwendbarkeit der Methode ist, daß sich ein berechenbarer Prädiktor angeben läßt, der (3.3–61) hinreichend gut approximiert. Neben den guten asymptotischen Eigenschaften der exakten Lösungen des Optimierungsproblems für die Systemparameter lassen sich auch rekursive Berechnungsverfahren angeben, die Schätzer auf der Basis von Daten bis zur Zeit N aus denen auf der Basis von Daten bis zur Zeit $N-1$ und den Ein- und Ausgabedaten zur Zeit N gewinnen und die asymptotisch die gleichen Eigenschaften wie die Lösungen des Optimierungsproblems besitzen.

Beispiel

B3.3–4 Es soll ein rekursives Verfahren abgeleitet werden, das aus der Kleinsten-Quadrate-Schätzung $\tilde{\underline{\vartheta}} = \underline{\vartheta}_{N-1}$ nach (3.3–65) und den zur Zeit N verfügbaren Daten $\underline{x}_N = (-y_N, \ldots, -y_{N-p+1}, x_N, \ldots, x_{N-q+1})'$ die Schätzungen $\underline{\vartheta}_N$ berechnet. Das Verfahren wird RLS-ALGORITHMUS (Recursive Least Squares) genannt. Wir schreiben

$$\underline{\vartheta}_{N-1} = \mathbf{Q}_{N-1}^{-1} \sum_{n=r}^{N-1} \underline{x}_n y_n, \tag{3.3–66}$$

$$\mathbf{Q}_{N-1} = \sum_{n=r}^{N-1} \underline{x}_n \underline{x}_n' \tag{3.3–67}$$

und setzen Nichtsingularität von $\mathbf{Q}_{N-1}$ voraus, d.h. $N-r$ darf nicht kleiner als $p+q$ sein. Es gilt mit

$$\mathbf{Q}_N = \mathbf{Q}_{N-1} + \underline{x}_N \underline{x}'_N \tag{3.3–68}$$

$$\begin{aligned} \underline{\vartheta}_N &= \mathbf{Q}_N^{-1}\Big(\sum_{n=r}^{N-1} \underline{x}_n y_n + \underline{x}_N y_N\Big) \\ &= \underline{\vartheta}_{N-1} + \mathbf{Q}_N^{-1}\underline{x}_N(y_N - \underline{x}'_N \underline{\vartheta}_{N-1}). \end{aligned} \tag{3.3–69}$$

Über die Definition

$$\underline{k}_N = \mathbf{Q}_N^{-1}\underline{x}_N \tag{3.3–70}$$

findet man folgende Rekursionsformeln:

$$\underline{k}_N = (1 + \underline{x}'_N \mathbf{Q}_{N-1}^{-1}\underline{x}_N)^{-1}\mathbf{Q}_{N-1}^{-1}\underline{x}_N \tag{3.3–71}$$

$$\underline{\vartheta}_N = \underline{\vartheta}_{N-1} + \underline{k}_N(y_N - \underline{x}'_N \underline{\vartheta}_{N-1}) \tag{3.3–72}$$

$$\mathbf{Q}_N^{-1} = \mathbf{Q}_{N-1}^{-1} - \underline{k}_N \underline{x}'_N \mathbf{Q}_{N-1}^{-1}. \tag{3.3–73}$$

Die Einzelheiten dieser Ableitung sollte man als Übung durchführen. Man beginnt die Rekursion mit einer exakten Lösung $\underline{\vartheta}_{N_0-1}$ und einer nichtsingulären Matrix $\mathbf{Q}_{N_0-1}$ für $N_0 - 1 \geq \max\{p,q\} + p + q$ und erhält rekursiv die exakten Lösungen für $N \geq N_0$. Man kann aber auch mit $\underline{\vartheta}_0 = 0$ und $\mathbf{Q}_0^{-1} = \varepsilon\mathbf{I}$ für ein $\varepsilon > 0$ starten und erhält approximative Lösungen, die für große N gegen die exakten Lösungen konvergieren. In der Praxis sollte man den RLS–Algorithmus nur mit Vorsichtsmaßnahmen benutzen, da er numerisch instabil ist, oder andere rekursive Verfahren verwenden, vergl. Haykin (1991).

3.3.3 Schätzung der Spektren von Rauschsignalen

1) Verwendung von Bandpässen

In den vorangegangenen Unterabschnitten lösten wir die Aufgabe, das Spektrum eines Rauschsignals anhand einer endlich langen Beobachtung des Rauschsignals zu schätzen, mit Hilfe der Annahme, daß das Rauschsignal gefiltertes weißes Rauschen ist und das Filter durch eine endliche Zahl von Parametern beschrieben werden kann. Es konnten explizite Ausdrücke für das Spektrum benutzt werden, zum Beispiel (3.2–65), die nur von den Filterparametern und der Varianz des weißen Rauschens abhängen. Wir schätzten zunächst die empirische Kovarianzfunktion aus den Beobachtungen, dann die Modellparameter, zum Beispiel durch Lösen der empirischen Yule-Walker-Gleichungen (3.3–20), und setzten die Parameterschätzungen in die Spektrumformel ein, zum Beispiel (3.3–32).

Im allgemeinen Fall darf man nicht annehmen, das Spektrum des Rauschsignals X_n durch eine endliche Zahl von Parametern beschreiben zu können. Entsprechende Methoden, das Spektrum $C_{XX}(\omega)$ für eine bestimmte Frequenz ω_0 zu schätzen, werden daher NICHTPARAMETRISCH genannt und sollen im folgenden untersucht werden. Zunächst erinnern wir uns an den in Beispiel B3.2-1 untersuchten quadratischen Zweiwegegleichrichter, der durch ein Rauschsignal mit kontinuierlichem Zeitparameter ohne

Gleichanteil angeregt wird. Ganz ähnliche Überlegungen wie in diesem Beispiel können wir für entsprechende Rauschsignale X_n mit diskretem Zeitparameter anstellen. Die quadratisch gleichgerichtete Version von X_n ist $Y_n = X_n^2$, deren Gleichanteil wie in (3.2–33)

$$\mathrm{E}Y_n = \mathrm{E}X_n^2 = c_{XX}(0) \tag{3.3–74}$$

sein muß. Dieses Resultat motiviert, die in Abb. 3.3.5 skizzierte Schaltung zu benutzen, um die Leistung von X_n in einem Band um die Mittenfrequenz ω_0 zu messen.

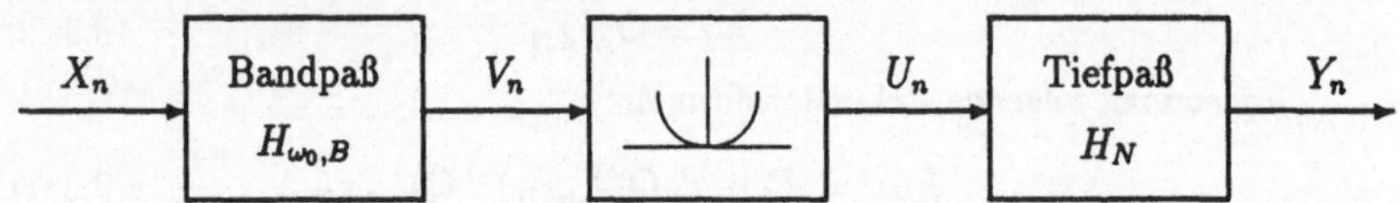

Abbildung 3.3.5: Messung der Rauschleistung in einem Frequenzband

Hierbei sei $H_{\omega_0,B}$ ein idealer Bandpaß mit einer Übertragungsfunktion, die für $|\omega| \leq \pi$ durch

$$H_{\omega_0,B}(\omega) = \begin{cases} \gamma & , \quad |\omega \pm \omega_0| \leq \frac{B}{2} \\ 0 & , \quad \text{sonst} \end{cases} \tag{3.3–75}$$

definiert wird. Die Skalierung $\gamma > 0$ legen wir später fest. Die Mittenfrequenz ω_0 genüge $0 < \omega_0 - \frac{B}{2}$ und $\omega_0 + \frac{B}{2} \leq \pi$. Der quadratische Zweiwegegleichrichter wird durch seine Kennlinie angedeutet. Der Tiefpaß möge ein Transversalfiter mit der Impulsantwort

$$h_{N,n} = \begin{cases} \frac{1}{N} & , \quad n = 0, 1, \ldots, N-1 \\ 0 & , \quad \text{sonst} \end{cases} \tag{3.3–76}$$

sein und einen gleitenden Mittelwert berechnen. Seine Übertragungsfunktion ist

$$H_N(\omega) = \frac{\sin \frac{\omega N}{2}}{N \sin \frac{\omega}{2}} \, \mathrm{e}^{-j\omega \frac{N-1}{2}}, \tag{3.3–77}$$

wie man durch Fourier-Transformation von $h_{N,n}$ berechnet. Wenn V_n die bandpaßgefilterte Version von X_n ist, besitzt V_n keinen Gleichanteil und das Spektrum

$$C_{VV}(\omega) = |H_{\omega_0,B}(\omega)|^2 C_{XX}(\omega). \tag{3.3–78}$$

V_n wird zu $U_n = V_n^2$ gleichgerichtet. Der anschließende Tiefpaß berechnet

$$Y_n = \sum_{m=0}^{N-1} \frac{1}{N} U_{n-m} = \frac{1}{N} \sum_{m=0}^{N-1} V_{n-m}^2. \tag{3.3–79}$$

Der Gleichanteil von Y_n ergibt sich zu

$$\begin{aligned} \mu_Y = \mathrm{E}Y_n &= \frac{1}{N} \sum_{m=0}^{N-1} \mathrm{E}(V_{n-m})^2 = c_{VV}(0) \\ &= \frac{1}{2\pi} \int_{-\pi}^{\pi} C_{VV}(\omega) \mathrm{d}\omega = \frac{1}{2\pi} \int_{-\pi}^{\pi} |H_{\omega_0,B}(\omega)|^2 C_{XX}(\omega) \mathrm{d}\omega \\ &= \frac{2\gamma^2}{2\pi} \int_{\omega_0 - \frac{B}{2}}^{\omega_0 + \frac{B}{2}} C_{XX}(\omega) \mathrm{d}\omega \approx \gamma^2 \frac{B}{\pi} C_{XX}(\omega_0). \end{aligned} \tag{3.3–80}$$

Eine Wahl von $\gamma = 1$ bedeutet demnach, daß μ_Y die Leistung von X_n im Frequenzband $|\omega \pm \omega_0| < \frac{B}{2}$ mißt. Den Wert $C_{XX}(\omega_0)$ des Spektrums erhält man angenähert für $\gamma = \sqrt{\frac{\pi}{B}}$, wobei wir für eine gute Approximation voraussetzen, daß $B \ll \omega_0$ und $C_{XX}(\omega)$ an der Stelle ω_0 stetig ist.

Unter der Annahme, daß X_n ein Gaußprozeß ist, soll die Rauschleistung von Y_n, also die Varianz bestimmt werden:

$$\begin{aligned}
\sigma_Y^2 &= \operatorname{Var}\Big(\frac{1}{N}\sum_{m=0}^{N-1} V_{n-m}^2\Big) = \frac{1}{N^2}\sum_{m=0}^{N-1}\sum_{l=0}^{N-1} \operatorname{Cov}(V_{n-m}^2, V_{n-l}^2) \\
&= \frac{2}{N^2}\sum_{m=0}^{N-1}\sum_{l=0}^{N-1} c_{VV}(l-m)^2 = \frac{2}{N}\sum_{k=-N+1}^{N-1} c_{VV}(k)^2\Big(1-\frac{|k|}{N}\Big) \\
&\approx \frac{2}{N}\sum_{k=-\infty}^{\infty} c_{VV}(k)^2 = \frac{2}{N}\frac{1}{2\pi}\int_{-\pi}^{\pi} C_{VV}(\omega)^2 \mathrm{d}\omega.
\end{aligned} \tag{3.3–81}$$

Hierbei sind wir wie in (3.3–10) und (3.3–12) vorgegangen. Einsetzen von (3.3–75), (3.3–78) und $\gamma = \sqrt{\frac{\pi}{B}}$ führt zu

$$\sigma_Y^2 \approx \frac{2\gamma^4}{\pi N}\int_{\omega_0-\frac{B}{2}}^{\omega_0+\frac{B}{2}} C_{XX}(\omega)^2 \mathrm{d}\omega \approx \frac{2\pi}{BN} C_{XX}(\omega_0)^2. \tag{3.3–82}$$

Möchte man also mit der Meßvorrichtung aus Abb.3.3.5 den Wert $C_{XX}(\omega_0)$ des Spektrums des Eingangssignals X_n an der Stelle ω_0 messen, so kann man die Verstärkung so einstellen, daß der Gleichanteil des Ausgangssignals der zu messende Wert ist. Doch ist die verbleibende Rauschleistung am Ausgang proportional zum Quadrat des zu messenden Wertes. Die Rauschleistung ist umgekehrt proportional zum ZEIT-BANDBREITE-PRODUKT $\frac{BN}{2\pi}$ der Meßvorrichtung. Hierbei wird $\frac{B}{2\pi}$ als BANDBREITE des Bandpasses und N als Integrationszeit des Tiefpasses interpretiert. Man kann demnach durch Erhöhung der Integrationszeit des Tiefpasses die Rauschleistung verkleinern. Eine Vergrößerung der Bandbreite des Bandpasses hätte den gleichen Effekt. Doch bewirkt Letzteres wegen (3.3–80) auch, daß man nur noch die Leistung von X_n in einem Frequenzband messen kann. Es soll nicht unerwähnt bleiben, daß sich ganz ähnliche Resultate bei der Verwendung anderer Filter in der Meßanordnung ergäben, wenn nur der Bandpaß $|H_{\omega_0,B}(\omega_0)|^2 = \frac{\pi}{B}$ und der Tiefpaß $H_N(0) = 1$ erfüllen sowie die Bandbreite und die Integrationszeit geeignet definiert werden.

Das Spektrum an einer gewissen Anzahl von Frequenzen zu messen, erfordert eine Bank von Bandpässen mit anschließender quadratischer Gleichrichtung und Integration. Beispielsweise sind in Akustikanwendungen die Mittenfrequenzen in aufsteigenden Terzen festgelegt, also $\omega_{k+1} = \sqrt[3]{2}\,\omega_k$ $(k = 1, \ldots, K-1)$. Eine solche Filterbank nennt man auch SPEKTRALANALYSATOR insbesondere, wenn man ihn in entsprechender Art und Weise zur Analyse von Analogsignalen, d.h. Rauschsignalen mit kontinuierlichem Zeitparameter aufbaut. Ein solcher Spektralanalysator liefert zu jedem Zeitpunkt parallel Spektralschätzungen an den Frequenzen $\omega_1, \ldots, \omega_K$ und ist entsprechend aufwendig. In der Meßtechnik werden häufig einfachere Systeme verwendet. Man kann zum Beispiel an einen durchstimmbaren Bandpaß denken. Von einem Signalgenerator wird ein Rampensignal erzeugt, das die Mittenfrequenz des Bandpasses verstellt. Entsprechend wird der Vorschub eines Plotters gesteuert, der das Ausgangssignal des Bandpasses nach quadratischer Gleichrichtung und Integration aufzeichnet. Das aufgezeichnete Signal liefert eine Schätzung des Spektrums in einem bestimmten Frequenzintervall, die umso genauer ist, je langsamer die Mittenfrequenz verstellt wird und je glatter das zu vermessende Spektrum ist. Eleganter und einfacher ist es jedoch, mit Hilfe eines linearen frequenzmodulierten Oszillators das Rauschsignal an einem festen Bandpaß vorbeizuschieben und entsprechend zu messen.

2) Verwendung von Periodogrammen

Statt Bandpässe und Gleichrichter zur Leistungsmessung in einem schmalen Band um eine bestimmte Frequenz ω_0 zu benutzen, kann man auch von den Eigenschaften der endlichen Fourier-Transformierten (3.2–118) und des Periodogramms (3.2–124) ausgehen, um Schätzer für das Spektrum eines Rauschsignals ohne Gleichanteil an einer bestimmten Frequenz ω_0 zu gewinnen. Aus Unterabschnitt 3.2.6 wissen wir, daß das Periodogramm eines Ausschnitts $X_0, X_1, \ldots, X_{N-1}$ aus einem Rauschsignal,

$$I_{XX}^N(\omega) = \frac{1}{N} \left| \sum_{n=0}^{N-1} X_n e^{-j\omega n} \right|^2, \tag{3.3–83}$$

für große N eine Zufallsvariable ist, die nach (3.2–125)ff. für Frequenzen $0 < \omega < \pi$ bis auf den Faktor $\frac{1}{2}C_{XX}(\omega)$ asymptotisch χ_2^2-verteilt ist. Für $\omega = 0$ oder π ist der Faktor $C_{XX}(\omega)$ und die Zahl der Freiheitsgrade gleich 1. Dies bedeutet, daß

$$\mathrm{E} I_{XX}^N(\omega) \approx C_{XX}(\omega), \tag{3.3–84}$$

$$\mathrm{Var} I_{XX}^N(\omega) \approx \begin{cases} C_{XX}(\omega)^2 & , \quad 0 < \omega < \pi \\ 2C_{XX}(\omega)^2 & , \quad \omega = 0, \pi \, , \end{cases} \tag{3.3–85}$$

wobei für $N \to \infty$ Gleichheitszeichen gelten. Das Periodogramm besitzt zwar für große N den Erwartungswert $C_{XX}(\omega)$, ist aber kein konsistenter Schätzer für $C_{XX}(\omega)$, da die Varianz für wachsende N nicht gegen Null geht. Sie strebt sogar gegen das Quadrat des zu schätzenden Wertes, wenn $0 < \omega < \pi$.

Die in (3.2–127) und (3.2–128) beschriebenen Unabhängigkeitseigenschaften für Periodogramme, berechnet an unterschiedlichen Frequenzen oder von aufeinanderfolgenden Datenstücken, helfen uns, Schätzer für das Spektrum mit kleinerer Varianz zu finden. Zuvor überlegen wir uns eine wichtige Eigenschaft einer Summe stochastisch unabhängiger Chi-Quadrat-verteilter Zufallsvariablen. Sie muß nämlich selbst Chi-Quadrat-verteilt sein, und die Zahl der Freiheitsgrade ist gerade die Summe der Freiheitsgrade der aufsummierten Zufallsvariablen. Hierzu brauchen wir uns nur wie in Beispiel B2.1-23 jeden Summanden als Summe von Quadraten stochastisch unabhängiger standardnormalverteilter Zufallsvariablen vorzustellen, die von Summand zu Summand auch noch stochastisch unabhängig sein müssen.

Wir beginnen mit Periodogrammen aufeinanderfolgender Datenstücke,

$$I_{XX}^M(\omega, l) = \frac{1}{M} \left| \sum_{m=0}^{M-1} X_{(l-1)M+m} \, e^{-j\omega n} \right|^2 \quad (l = 1, \ldots, L), \tag{3.3–86}$$

die asymptotisch für große M stochastisch unabhängige, bis auf den Faktor $\frac{1}{2}C_{XX}(\omega)$ identisch χ_2^2-verteilte Zufallsvariablen sind, falls $0 < \omega < \pi$. Für $\omega = \pi$ ist der Faktor $C_{XX}(\pi)$ und die Zahl der Freiheitsgrade 1, worauf im folgenden nicht mehr eingegangen wird. Ihre Summe muß demnach bis auf den gleichen Faktor χ_{2L}^2-verteilt sein. Dividieren wir die Summe durch L, erhalten wir den MITTELUNG VON PERIODOGRAMMEN aufeinanderfolgender Datenstücke genannten Schätzer für das Spektrum:

$$\hat{C}_{XX}(\omega) = \frac{1}{L}\sum_{l=1}^{L} I_{XX}^M(\omega, l). \tag{3.3–87}$$

Der Schätzer (3.3–87) ist asymptotisch für große M bis auf den Faktor $\frac{1}{2L}C_{XX}(\omega)$ χ_{2L}^2-verteilt. Daraus folgen

$$\mathrm{E}\hat{C}_{XX}(\omega) \approx C_{XX}(\omega), \tag{3.3–88}$$

$$\mathrm{Var}\hat{C}_{XX}(\omega) \approx \frac{1}{L}C_{XX}(\omega)^2. \tag{3.3–89}$$

Die Varianz ist also gegenüber der des Periodogramms um den Faktor $\frac{1}{L}$ kleiner. Wie genau der Erwartungswert des Schätzers mit dem zu schätzenden Wert übereinstimmt, wollen wir näher untersuchen.

Zunächst betrachten wir den Erwartungswert des Periodogramms eines Datenstücks der Länge N aus einem Rauschsignal X_n ohne Gleichanteil, indem (3.3–83) als Doppelsumme geschrieben wird:

$$\begin{aligned}
\mathrm{E}I_{XX}^N(\omega) &= \mathrm{E}\frac{1}{N}\sum_{n=0}^{N-1}\sum_{m=0}^{N-1} X_n X_m \mathrm{e}^{-j\omega(n-m)} \\
&= \frac{1}{N}\sum_{n=0}^{N-1}\sum_{m=0}^{N-1} c_{XX}(n-m)\mathrm{e}^{-j\omega(n-m)} \\
&= \frac{1}{N}\sum_{n=0}^{N-1}\sum_{m=0}^{N-1} \frac{1}{2\pi}\int_{-\pi}^{\pi} C_{XX}(\nu)\mathrm{e}^{j\nu(n-m)}\mathrm{d}\nu\, \mathrm{e}^{-j\omega(n-m)} \\
&= \frac{1}{2\pi}\int_{-\pi}^{\pi} C_{XX}(\nu)\frac{1}{N}\sum_{n=0}^{N-1}\sum_{m=0}^{N-1} \mathrm{e}^{-j(\omega-\nu)(n-m)}\mathrm{d}\nu \\
&= \frac{1}{2\pi}\int_{-\pi}^{\pi} C_{XX}(\nu)\frac{1}{N}|\Delta^N(\omega-\nu)|^2\mathrm{d}\nu.
\end{aligned} \tag{3.3–90}$$

Hierbei wird mit $\Delta^N(\omega)$ die Fourier-Transformierte des Rechteckfensters bezeichnet:

$$\Delta^N(\omega) = \sum_{n=0}^{N-1}\mathrm{e}^{-j\omega n} = \frac{1-\mathrm{e}^{-j\omega N}}{1-\mathrm{e}^{-j\omega}} = \frac{\sin\frac{\omega N}{2}}{\sin\frac{\omega}{2}}\,\mathrm{e}^{-j\omega\frac{N-1}{2}}. \tag{3.3–91}$$

Wir könnten den Erwartungswert des Periodogramms auch im Zeitbereich ausdrücken, indem wir (3.3–8) in (3.3–14) einsetzen. Doch läßt die Frequenzbereichsdarstellung eine wichtige Interpretation zu. Der Erwartungswert des Periodogramms ist wegen der letzten Zeile von (3.3–90) eine geglättete Version des Spektrums um die interessierende Frequenz, wobei als sogenanntes GLÄTTUNGSFENSTER

$$\frac{1}{N}|\Delta^N(\omega)|^2 = \frac{1}{N}\left(\frac{\sin\frac{\omega N}{2}}{\sin\frac{\omega}{2}}\right)^2 \tag{3.3–92}$$

benutzt wird. Abb. 3.3.6 zeigt zwei Beispiele dieser Funktion im Bereich $|\omega| \leq 2\pi$. Eine Faltung im Frequenzbereich wird hier also GLÄTTUNG genannt. Da $\frac{1}{N}|\Delta^N(\omega)|^2$ für $N \to \infty$ gegen eine 2π-periodische Version des Dirac-Stoßes $2\pi\delta(\omega)$ konvergiert, folgt

$$\lim_{N\to\infty} \mathrm{E}I_{XX}^N(\omega) = C_{XX}(\omega), \tag{3.3–93}$$

falls $C_{XX}(\omega)$ stetig ist.

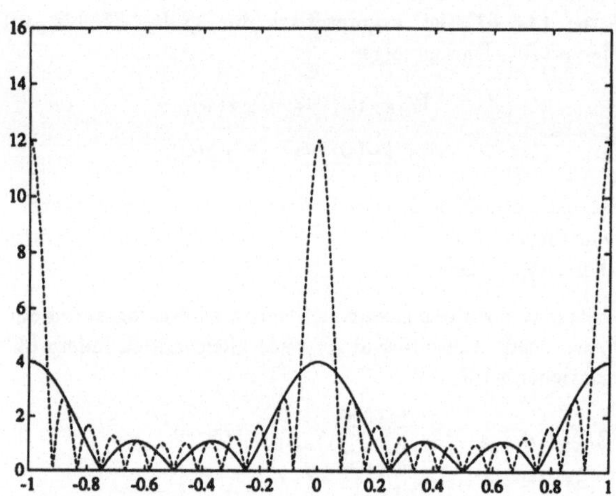

Abbildung 3.3.6: Das Glättungsfenster $\frac{1}{N}|\Delta^N(\omega)|^2$ für $N = 4$ und $N = 12$ über der Frequenz $\frac{\omega}{2\pi}$

Wir berechnen den Erwartungswert des Schätzers (3.3–87) mit Hilfe von (3.3–90) zu

$$\mathrm{E}\hat{C}_{XX}(\omega) = \frac{1}{2\pi}\int_{-\pi}^{\pi} C_{XX}(\nu)\frac{1}{M}|\Delta^M(\omega-\nu)|^2 \mathrm{d}\nu. \tag{3.3–94}$$

Nehmen wir an, daß das Datenstück der Länge N in L Stücke der Länge M geteilt wurde, so ist $M = \frac{N}{L}$. Die Verschmierung des Spektrums durch die Glättung in (3.3–94) wird also entsprechend größer sein als diejenige in (3.3–90). Der stärkere Glättungseffekt im Erwartungswert kann nur in Sonderfällen vernachlässigt werden, zum Beispiel, wenn das Spektrum in einer Umgebung der interessierenden Frequenz einen linearen Verlauf besitzt. Die Reduzierung der Varianz von $\hat{C}_{XX}(\omega)$ gegenüber der des Periodogramms gelingt also nur auf Kosten eines erhöhten Bias.

Ohne Einzelheiten zu beschreiben, wird angemerkt, daß wir die Mittelung von Periodogrammen auch durchführen können, wenn in (3.3–86) die Daten X_{lM+m} mit einem glatten Fenster $w(\frac{m}{M})$ wie in (3.2–131)ff. multipliziert werden. Die Eigenschaften (3.3–88) und (3.3–89) des Schätzers (3.3–87) bleiben erhalten. Eine genauere Untersuchung des Erwartungswertes führt auf eine Formel wie (3.3–94) mit dem Unterschied, daß die Fourier-Transformierte $\Delta^M(\omega)$ des Rechteckfensters durch die von $w(\frac{m}{M})$ ersetzt wird,

$$W^M(\omega) = \sum_{m=0}^{M-1} w(\frac{m}{M})e^{-jm\omega}. \tag{3.3–95}$$

Eine weitere Methode zum Spektrumschätzen mit Hilfe des Periodogramms (3.3–83) beruht auf der Eigenschaft, daß das Periodogramm berechnet an den Frequenzen $0 \leq \omega_1 < \omega_2 < \cdots < \omega_L \leq \pi$ asymptotisch für große N auf stochastisch unabhängige Zufallsvariablen $I_{XX}^N(\omega_l)$ $(l = 1, \ldots, L)$ führt. Die Frequenzen können auch diskrete Frequenzen $\frac{2\pi k}{N}$ in der Nachbarschaft einer Frequenz ω sein. Nimmt man an, daß das Spektrum in dieser Umgebung ungefähr konstant ist, sind die Zufallsvariablen $I_{XX}^N(\frac{2\pi k}{N})$ identisch bis auf den Faktor $\frac{1}{2}C_{XX}(\omega)$ χ_2^2-verteilt, wenn nicht $\frac{2k}{N}$ ganzzahlig oder ω ein Vielfaches von π ist. Eine Mittelung über diese Zufallsvariablen führt wieder auf einen Spektrumschätzer mit reduzierter Varianz gegenüber dem Periodogramm. Die Methode wird GLÄTTUNG DES PERIODOGRAMMS genannt und folgendermaßen definiert. Ist $\frac{1}{N}2\pi k(\omega)$ die größte diskrete Frequenz kleiner oder gleich ω, so sei

$$\hat{C}_{XX}(\omega) = \frac{1}{2m+1} \sum_{k=-m}^{m} I_{XX}^N(\frac{2\pi}{N}(k(\omega) + k)). \tag{3.3–96}$$

Da $I_{XX}^N(\omega)$ eine gerade 2π-periodische Funktion ist, soll bei dieser Glättung stets $0 < k(\omega) + k < \frac{N}{2}$ gelten. Im anderen Fall muß über entsprechend weniger diskrete Frequenzen gemittelt werden.

Die Eigenschaften dieser Methode sind ähnlich wie diejenigen beim Mitteln von Periodogrammen. Wir brauchen für $0 < \omega < \pi$ in den (3.3–87) folgenden Ergebnissen nur L durch $2m+1$ zu ersetzen. Eine genauere Untersuchung des Erwartungswerts führt auf ein Resultat der Form (3.3–94) und wird als Übung empfohlen. Mit der Erhöhung der Anzahl $2m + 1$ diskreter Frequenzen, über die das Periodogramm geglättet wird, fällt die Varianz mit dem Faktor $\frac{1}{2m+1}$, doch steigt gleichzeitig das Bias des Schätzers, außer das Spektrum besitzt einen linearen Verlauf in einer Umgebung der interessierenden Frequenz.

Wir bemerken, daß wir zum Glätten des Periodogramms (3.3–96) im Sinne einer diskreten Faltung im Frequenzbereich ein symmetrisches und normiertes Rechteckfenster der Bandbreite $B = \frac{2m+1}{N}$ verwendet haben. Möchte man die durch die Verwendung des Rechteckfensters verursachten Abschneideeffekte vermindern, kann man ein sanfter ansteigendes und abfallendes Fenster benutzen. Läßt man in diesem Falle die Bandbreite B in Abhängigkeit von steigender Zahl N der Beobachtungen fallen derart, daß $B = B_N \rightarrow 0$ für $N \rightarrow \infty$, jedoch so langsam, daß für das Zeit-Bandbreiteprodukt $B_N N \rightarrow \infty$ gilt, kann man folgende Eigenschaften der so modifizierten Glättung des Periodogramms (3.3–96) erreichen: Ist $C_{XX}(\omega)$ eine glatte Funktion, so konvergieren für $N \rightarrow \infty$

$$\mathrm{E}\hat{C}_{XX}(\omega) \rightarrow C_{XX}(\omega), \text{ falls } B_N \rightarrow 0 \text{ und } B_N N \rightarrow \infty, \tag{3.3–97}$$

$$\mathrm{Var}\hat{C}_{XX}(\omega) \rightarrow 0, \text{ falls } B_N N \rightarrow \infty. \tag{3.3–98}$$

Das heißt, daß $\hat{C}_{XX}(\omega)$ i.q.M. gegen $C_{XX}(\omega)$ konvergiert, also i.q.M.-konsistent ist.

Die komplizierten Beweise für diese Aussagen findet man zum Beispiel in Brillinger (1981).

Eine für die Anwendungen wichtige Variante besteht darin, nicht das Spektrum sondern das logarithmierte Spektrum zu messen. Dies geschieht dadurch, daß man für einen der Schätzer (3.3–87) oder (3.3–96) $10\lg\hat{C}_{XX}(\omega)$ als Schätzer für $10\lg C_{XX}(\omega)$ benutzt. Beispielsweise sollte man als Übung für (3.3–87) und große M zeigen, daß

$$\mathrm{E}10\lg\hat{C}_{XX}(\omega) \approx 10\lg C_{XX}(\omega), \quad (3.3\text{–}99)$$

$$\mathrm{Var}10\lg\hat{C}_{XX}(\omega) \approx \frac{(10\lg e)^2}{L}, \quad (3.3\text{–}100)$$

falls $0 < \omega < \pi$, mit $\lg e \approx 0.4343$. Die Varianz des Log-Spektrumschätzers hängt in erster Näherung also nicht vom zu schätzenden Spektrum ab. Außerdem läßt sich die Verteilung von $10\lg\hat{C}_{XX}(\omega)$ gut durch eine Normalverteilung approximieren. Ein Konfidenzintervall im Sinne von Unterabschnitt 2.2.1 3) für $10\lg C_{XX}(\omega)$ und ein festes ω läßt sich damit leicht angeben: Ist $1-\alpha$ z.B. gleich 0,95 gewählt, so wird $10\lg C_{XX}(\omega)$ mit der Wahrscheinlichkeit $1-\alpha$ vom Intervall

$$[10\lg\hat{C}_{XX}(\omega) - 10\lg e L^{-\frac{1}{2}}N_{\frac{\alpha}{2}}, 10\lg\hat{C}_{XX}(\omega) + 10\lg e\, L^{-\frac{1}{2}}N_{\frac{\alpha}{2}}] \quad (3.3\text{–}101)$$

überdeckt, wobei $N_{\frac{\alpha}{2}}$ diejenige Zahl ist, die von einer standardnormalverteilten Zufallsvariablen mit der Wahrscheinlichkeit $\frac{\alpha}{2}$ überschritten wird. In der Praxis möchte man häufig das Spektrum in Dezibel [dB] messen. Das bedeutet, das logarithmierte Spektrum auf eine bestimmte Frequenz ω_0 zu beziehen und $10\lg(C_{XX}(\omega)/C_{XX}(\omega_0)) = 10\lg C_{XX}(\omega) - 10\lg C_{XX}(\omega_0)$ durch $10\lg\hat{C}_{XX}(\omega) - 10\lg\hat{C}_{XX}(\omega_0)$ zu schätzen. Dieser Schätzer ist für $\omega \neq \omega_0$ approximativ normalverteilt mit dem Erwartungswert $10\lg C_{XX}(\omega) - 10\lg C_{XX}(\omega_0)$ und der Varianz $2(10\lg e)^2/L$.

Beispiel

B3.3–5 Die zuvor angegebenen Eigenschaften der Spektrumschätzer auf Periodogrammbasis sollen an einem Beispiel verdeutlicht werden. Hierzu sind wieder die 1024 Abtastwerte des AR(6)-Prozesses aus Beispiel B 3.3-2 gegeben. Das in Abb. 3.3.7 aufgetragene Periodogramm des gegebenen Datensatzes ist offensichtlich eine ungeeignete Schätzung für das Spektrum. Die extremen Schwankungen des Periodogramms von Frequenz- zu Frequenzpunkt sind ein Hinweis auf die asymptotische, stochastische Unabhängigkeit der entsprechenden Zufallsvariablen.

Die Aufteilung des gegebenen Datensatzes in vier Datenstücke mit jeweils 256 Abtastwerten und die Mittelung der zugehörigen Periodogramme nach (3.3–86) führt auf die in Abb. 3.3.8 dargestellte Spektrumschätzung, die schon besser als das Periodogramm zu sein scheint. Zum Vergleich ist das tatsächliche Spektrum punktiert eingetragen.

Weitere Verbesserungen können unter Umständen erzielt werden, wenn eine Überlappung der Datenstücke zugelassen wird. Deshalb wird der gegebene Datensatz als nächstes in sieben, sich jeweils um 50% überlappende Datenstücke aufgeteilt. Mittelung über die sieben Periodogramme ergibt die

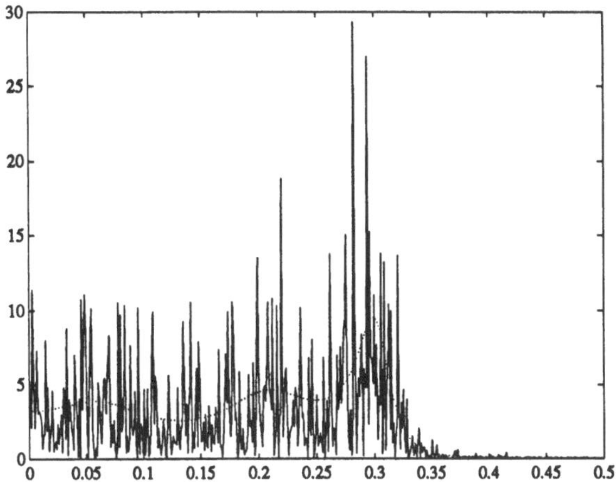

Abbildung 3.3.7: Periodogramm des gegebenen Datensatzes über der Frequenz $\frac{\omega}{2\pi}$

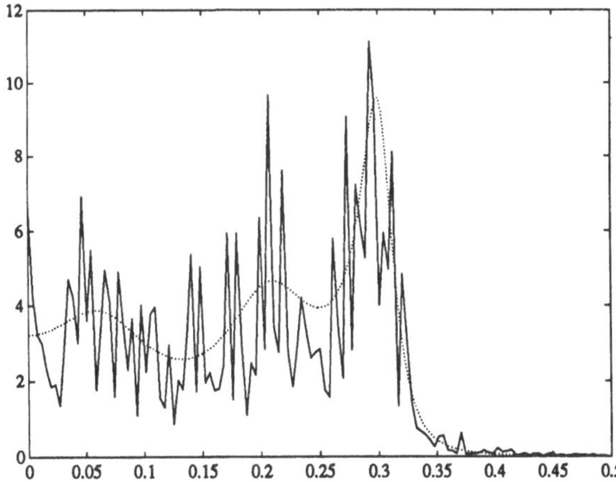

Abbildung 3.3.8: Mittelung von Periodogrammen, Aufteilung des Datensatzes in vier nichtüberlappende Datenstücke

Spektrumschätzung in Abb. 3.3.9. Wegen der durch die Überlappung bedingten Abhängigkeit der einzelnen Datenstücke können im Vergleich mit Abb. 3.3.8 nur geringfügige Verbesserungen erzielt werden.

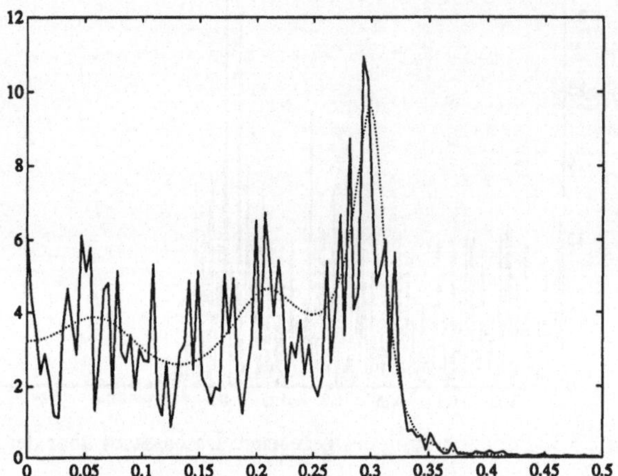

Abbildung 3.3.9: Mittelung von Periodogrammen, Aufteilung des Datensatzes in sieben Datenstücke mit 50% Überlappung

Abb. 3.3.10 zeigt die Log-Spektrumschätzung für die Mittelung über die Periodogramme der vier nichtüberlappenden Datenstücke. Zusätzlich ist hier das 95% -Konfidenzintervall nach (3.3–101) eingetragen.

Die Methode der Glättung von Periodogrammen nach (3.3–96) liefert für das gegebene Datenstück die in Abb. 3.3.11 dargestellten Spektrumschätzungen. Erwartungsgemäß erhöht sich der Glättungseffekt mit steigender Zahl von Frequenzwerten, über die gemittelt wird. Das dabei zunehmende Bias des Spektralschätzers wird bei Spitzen im Prozeßspektrum offensichtlich.

3) Schätzung von Kreuzspektren und Übertragungsfunktionen

Das Kreuzspektrum zweier gemeinsam stationärer, stochastischer Signale ist die Fourier-Transformierte ihrer Kreuzkovarianzfunktion, wie es in (3.1–55) für solche Signale mit kontinuierlichem Zeitparameter definiert wurde. Entsprechendes gilt für Rauschsignale mit diskretem Zeitparameter, was wir z.B. in (3.2–57) benutzt haben. Gehen wir von gemeinsam stationären Rauschsignalen X_n und Y_n aus, deren Gleichanteile Null sein sollen, so ist ihre Kreuzkovarianzfunktion definiert durch

$$c_{YX}(k) = \mathrm{E}Y_{n+k}X_n = c_{XY}(-k). \qquad (3.3\text{–}102)$$

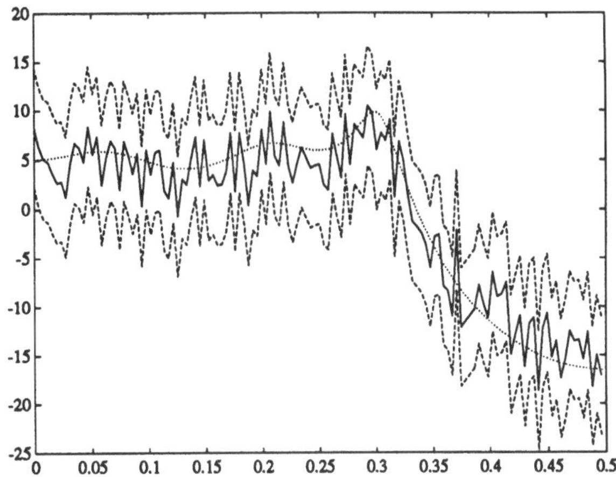

Abbildung 3.3.10: Log-Spektrumschätzung für die Mittelung der vier nichtüberlappenden Datenstücke, Kennzeichnung des 95% -Konfidenzbereichs durch gestrichelte Linien

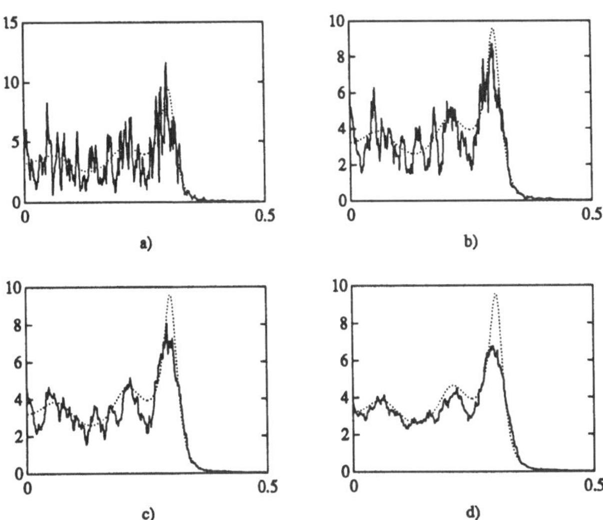

Abbildung 3.3.11: Glättung des Periodogramms über a) 5 Frequenzen, b) 11 Frequenzen, c) 21 Frequenzen und d) 41 Frequenzen

Im allgemeinen Fall hätten wir noch das Produkt der Gleichanteile $\mu_Y \mu_X$ von $\mathrm{E}X_{n+k}Y_n$ subtrahieren müssen. Das Kreuzspektrum ist

$$C_{YX}(\omega) = \sum_{k=-\infty}^{\infty} c_{YX}(k)\mathrm{e}^{-j\omega k} = C_{XY}(\omega)^* = C_{XY}(-\omega). \tag{3.3–103}$$

Die Aufgabe sei, aus einer Beobachtung der Rauschsignale zu den Zeiten $n = 0, 1, \ldots, N-1$ das Kreuzspektrum für eine Frequenz ω mit $-\pi < \omega \leq \pi$ zu schätzen. Ist $X_0, X_1, \ldots, X_{N-1}; Y_0, Y_1, \ldots, Y_{N-1}$ das Modell der Beobachtungen, so gehen wir von den endlichen Fourier-Transformierten $X^N(\omega)$ nach (3.2–118) und

$$Y^N(\omega) = \sum_{n=0}^{N-1} Y_n \mathrm{e}^{-j\omega n} \tag{3.3–104}$$

aus. Beide besitzen jeweils asymptotische Verteilungseigenschaften, wie sie in (3.2–120) bis (3.2–122) beschrieben werden. Insbesondere können wir davon ausgehen, daß die endlichen Fourier-Transformierten berechnet an unterschiedlichen Frequenzen aus dem Intervall $[0, \pi]$ asymptotisch unabhängige Zufallsvariablen sind. Zerlegt man das Beobachtungsintervall in L Stücke der Länge M und berechnet die Fourier-Transformierten der aufeinanderfolgenden Datenstücke $X^M(\omega, l)$ nach (3.2–123) und

$$Y^M(\omega, l) = \sum_{m=0}^{M-1} Y_{(l-1)M+m}\, \mathrm{e}^{-j\omega m} \quad (l = 1, \ldots, L), \tag{3.3–105}$$

so sind diese für $0 < \omega \leq \pi$ und große M stochastisch unabhängig. Über die Abhängigkeiten von $X^N(\omega)$ und $Y^N(\omega)$ ist damit noch nichts gesagt. Nach Brillinger (1981) ist der Vektor $\underline{V}(\omega) = (\mathrm{Re}X^N(\omega), \mathrm{Re}Y^N(\omega), \mathrm{Im}X^N(\omega), \mathrm{Im}Y^N(\omega))'$ unter gewissen Bedingungen asymptotisch für große N und $0 < \omega \leq \pi$ normalverteilt mit dem Erwartungsvektor $\mathrm{E}\underline{V}(\omega) = \underline{0}$ und einer Kovarianzmatrix der folgenden Gestalt :

$$\mathrm{E}\underline{V}(\omega)\underline{V}(\omega)' = \frac{N}{2} \begin{pmatrix} C_{XX}(\omega) & \mathrm{Re}\, C_{YX}(\omega) & 0 & \mathrm{Im}\, C_{YX}(\omega) \\ . & C_{YY}(\omega) & -\mathrm{Im}\, C_{YX}(\omega) & 0 \\ . & . & C_{XX}(\omega) & \mathrm{Re}\, C_{YX}(\omega) \\ . & . & . & C_{YY}(\omega) \end{pmatrix}, \tag{3.3–106}$$

wobei die Punkte die Symmetrie der Matrix kennzeichnen. Zudem lassen sich die weiter oben angegebenen Unabhängigkeitseigenschaften auf $\underline{V}(\omega)$ übertragen.

Man ist versucht, das KREUZPERIODOGRAMM

$$I^N_{YX}(\omega) = \frac{1}{N} Y^N(\omega) X^N(\omega)^* \tag{3.3–107}$$

zur Schätzung des Kreuzspektrums $C_{YX}(\omega)$ heranzuziehen, wie man es mit dem Periodogramm für das Spektrum getan hat. Inwieweit dies zweckmäßig ist, untersuchen wir mit Hilfe von Erwartungswert und Kovarianz des Kreuzperiodogramms, wobei die Normalverteilung als exakte Verteilung von $\underline{V}$ angenommen wird. Zunächst gilt, ohne die Abhängigkeit von ω und N stets aufzuschreiben,

$$\begin{aligned}
\mathrm{E}I_{YX}^{N}(\omega) &= \frac{1}{N}\mathrm{E}Y^{N}(\omega)X^{N}(\omega)^{*} \\
&= \frac{1}{N}\mathrm{E}(\mathrm{Re}Y + j\mathrm{Im}Y)(\mathrm{Re}X - j\mathrm{Im}X) \\
&= \frac{1}{N}\mathrm{E}[\mathrm{Re}Y\mathrm{Re}X + \mathrm{Im}Y\mathrm{Im}X + j(\mathrm{Im}Y\mathrm{Re}X - \mathrm{Re}Y\mathrm{Im}X)] \\
&= \frac{1}{2}[\mathrm{Re}\,C_{YX} + \mathrm{Re}\,C_{YX} + j(\mathrm{Im}\,C_{YX} + \mathrm{Im}\,C_{YX})] \\
&= C_{YX}(\omega),
\end{aligned} \tag{3.3–108}$$

wobei (3.3–106) benutzt wurde. In der gleichen Art findet man

$$\mathrm{E}Y^{N}(\omega)X^{N}(\omega) = 0. \tag{3.3–109}$$

Als Übungsaufgabe sollte man unter Zuhilfenahme von (3.2–30) zeigen, daß

$$\begin{aligned}
\mathrm{Var}I_{YX}^{N}(\omega) &= \mathrm{E}|I_{YX} - \mathrm{E}I_{YX}|^{2} \\
&= \mathrm{E}I_{YX}I_{YX}^{*} - C_{YX}C_{YX}^{*} \\
&= C_{YY}(\omega)C_{XX}(\omega).
\end{aligned} \tag{3.3–110}$$

Das Kreuzperiodogramm ist zwar asymptotisch erwartungstreu für das Kreuzspektrum, doch ist die Varianz auch für beliebig große N nicht kleiner als das Betragsquadrat der zu schätzenden Größe. Dies folgt aus der stets gültigen Ungleichung

$$|C_{YX}(\omega)|^{2} \leq C_{YY}(\omega)C_{XX}(\omega), \tag{3.3–111}$$

deren Beweis dem Leser als Übung empfohlen wird.

Ähnlich wie in (3.3–14) kann man nachrechnen, daß das Kreuzperiodogramm die Fourier-Transformierte der empirischen Kreuzkovarianzfunktion (3.3–53) ist:

$$I_{YX}^{N}(\omega) = \sum_{k=-N+1}^{N-1} \hat{c}_{YX}(k)\mathrm{e}^{-j\omega k}. \tag{3.3–112}$$

Auch hier gilt, daß $I_{YX}^{N}(\omega)$ kein konsistenter Schätzer für $C_{YX}(\omega)$ ist, obwohl $\hat{c}_{YX}(k)$ ein solcher für $c_{YX}(k)$ und $C_{YX}(\omega)$ die Fourier-Transformierte von $c_{YX}(k)$ ist.

Um Schätzer für das Kreuzspektrum mit kleinerer Varianz als der des Kreuzperiodogramms zu finden, können wir die in Anschluß an (3.3–106) zitierten Unabhängigkeitseigenschaften ausnutzen, die zu entsprechenden Eigenschaften des Kreuzperiodogramms führen. Wir können also das Kreuzperiodogramm in der Nachbarschaft der interessierenden Frequenz in der Art von (3.3–96) glätten oder Kreuzperiodogramme aufeinanderfolgender Datenstücke mitteln. Wir schreiben nur noch die zweite Methode auf:

$$\hat{C}_{YX}(\omega) = \frac{1}{L}\sum_{l=1}^{L}\frac{1}{M}Y^{M}(\omega,l)X^{M}(\omega,l)^{*}, \tag{3.3–113}$$

wobei die Definitionen (3.2–123) und (3.3–105) benutzt werden. Für große M gilt dann

$$\begin{aligned} \mathrm{E}\hat{C}_{YX}(\omega) &\approx C_{YX}(\omega), && (3.3\text{–}114)\\ \mathrm{Var}\hat{C}_{YX}(\omega) &\approx \frac{1}{L}C_{YY}(\omega)C_{XX}(\omega). && (3.3\text{–}115)\end{aligned}$$

Als Anwendung wollen wir die Übertragungsfunktion $H(\omega)$ eines linearen konstanten Systems schätzen, wenn der Eingang und der gestörte Ausgang des Systems wie in Abb. 3.2.2 dargestellt und in (3.2–56)ff. beschrieben beobachtet werden. Die angenommene Unkorreliertheit zwischen Eingang und Störung hatte nach (3.2–58)

$$C_{YX}(\omega) = H(\omega)C_{XX}(\omega) \qquad (3.3\text{–}116)$$

zur Folge. Sind $X_0, X_1, \ldots, X_{N-1}; Y_0, Y_1, \ldots, Y_{N-1}$ das Modell für die Beobachtungen, mit deren Hilfe $H(\omega)$ für ein festes ω geschätzt werden soll, so ersetzen wir in (3.3–116) die Spektren durch ihre Schätzer. Unter der Voraussetzung, daß $C_{XX}(\omega) > 0$ ist, dürfen wir mit großer Wahrscheinlichkeit $\hat{C}_{XX}(\omega) > 0$ annehmen und $H(\omega)$ durch

$$\hat{H}(\omega) = \frac{\hat{C}_{YX}(\omega)}{\hat{C}_{XX}(\omega)} \qquad (3.3\text{–}117)$$

schätzen. Man kann hierfür (3.3–113) verwenden, das für $X = Y$ in (3.3–87) übergeht. Formel (3.2–59) liefert einen Weg, das Spektrum $C_{UU}(\omega)$ der Störung U_n in (3.2–56) zu schätzen, wenn man auch $\hat{C}_{YY}(\omega)$ über (3.3–87) bestimmt hat:

$$\begin{aligned} \hat{C}_{UU}(\omega) &= \hat{C}_{YY}(\omega) - |\hat{H}(\omega)|^2\hat{C}_{XX}(\omega)\\ &= \hat{C}_{YY}(\omega)(1 - |\hat{R}_{YX}(\omega)|^2). && (3.3\text{–}118)\end{aligned}$$

Hierbei nennt man

$$|\hat{R}_{YX}(\omega)|^2 = \frac{|\hat{C}_{YX}(\omega)|^2}{\hat{C}_{YY}(\omega)\hat{C}_{XX}(\omega)} \qquad (3.3\text{–}119)$$

die EMPIRISCHE KOHÄRENZ zwischen Y_n und X_n. Sie ist ein Schätzer für die KOHÄRENZ $|R_{YX}(\omega)|^2$, die entsprechend mit den Modellspektren ausgedrückt wird. Sie kann wegen (3.3–111) nur Werte zwischen 0 und 1 annehmen und drückt den Grad aus, inwieweit sich Schwingungen der Frequenz ω in Y_n als linear gefilterte Schwingungen der gleichen Frequenz aus X_n ausdrücken lassen. Hierzu sollte man sich an die Übertragungsfunktion eines nichtkausalen Optimalfilters (3.2–108) erinnern.

Schließlich sollen approximativ der Erwartungswert und die Varianz von $\hat{H}(\omega)$ nach (3.3–117) bestimmt werden. Wir gehen dabei von der Taylor-Reihe der Funktion $g(x, y, z) = \frac{1}{z}(x + jy)$ um den Punkt (x_0, y_0, z_0) aus, die nach den zweiten Potenzen abgebrochen wird. Wir setzen $x + jy = \hat{C}_{YX}(\omega)$, $z = \hat{C}_{XX}(\omega)$ und $(x_0 + jy_0) = C_{YX}(\omega)$, $z_0 = C_{XX}(\omega)$, wobei im folgenden das Argument ω unterdrückt wird. Erwartungswertbildung liefert

$$\begin{aligned} \mathrm{E}\hat{H} = \mathrm{E}\frac{\hat{C}_{YX}}{\hat{C}_{XX}} &\approx \frac{C_{YX}}{C_{XX}} - \frac{1}{C_{XX}^2}\mathrm{E}(\hat{C}_{YX} - C_{YX})(\hat{C}_{XX} - C_{XX})\\ &\quad + \frac{C_{YX}}{C_{XX}^3}\mathrm{E}(\hat{C}_{XX} - C_{XX})^2. && (3.3\text{–}120)\end{aligned}$$

Im zweiten Term der rechten Seite ist der Erwartungswert die Kovarianz zwischen $\hat{C}_{YX}$ und $\hat{C}_{XX}$. Sie sollte man als Übung in ähnlicher Weise wie (3.3–110) und (3.3–115) berechnen :

$$\mathrm{Cov}(\hat{C}_{YX}, \hat{C}_{XX}) = \frac{1}{L} C_{YX} C_{XX}. \tag{3.3–121}$$

Einsetzen von (3.3–89), (3.3–116) und (3.3–121) in (3.3–120) ergibt

$$\mathrm{E}\hat{H}(\omega) \approx H(\omega). \tag{3.3–122}$$

Abbrechen der entsprechenden Reihenentwicklung von $|\hat{H} - \mathrm{E}\hat{H}|^2$ nach den zweiten Potenzen und Erwartungswertbildung führt zu

$$\begin{aligned} \mathrm{Var}\hat{H} &= \mathrm{E}|\hat{H} - \mathrm{E}\hat{H}|^2 \\ &\approx \frac{\mathrm{Var}\hat{C}_{YX}}{C_{XX}^2} + \frac{|C_{YX}|^2}{C_{XX}^4} \mathrm{Var}\hat{C}_{XX} - \frac{2}{C_{XX}^3} \mathrm{Re} C_{YX}^* \mathrm{Cov}(\hat{C}_{YX}, \hat{C}_{XX}). \end{aligned} \tag{3.3–123}$$

Die Gleichungen (3.2–59), (3.3–115) und (3.3–121) liefern dann

$$\mathrm{Var}\hat{H}(\omega) \approx \frac{1}{L} \frac{C_{UU}(\omega)}{C_{XX}(\omega)}. \tag{3.3–124}$$

Der Schätzer $\hat{H}(\omega)$ ist also approximativ erwartungstreu. Seine Varianz ist in entsprechendem Sinne umgekehrt proportional sowohl zur Zahl L der zum Mitteln verwendeten Datenstücke als auch zum spektralen Verhältnis von Signal- und Störleistung $\frac{C_{XX}(\omega)}{C_{UU}(\omega)}$, wenn wir in Abb. 3.2.2 X_n als Signal und U_n als Störung interpretieren.

Beispiele

B3.3–6 Aus der Nachrichtentechnik ist wohlbekannt, daß man die Übertragungsfunktion eines linearen Systems, das durch ein deterministisches, energiebeschränktes Eingangssignal erregt wird, durch den Quotienten aus der Fourier-Transformierten des Ausgangssignals und derjenigen des Eingangssignals, wobei über alle Zeiten integriert wird, bestimmen kann. In diesem Abschnitt wurde angenommen, daß das Eingangssignal ein Rauschsignal ist, sowie Eingang und Ausgang zu den Zeiten $n = 0, 1, \ldots, N-1$ beobachtet werden können. Man ist versucht, die Übertragungsfunktion zu schätzen, indem der Quotient der entsprechenden endlichen Fourier-Transformierten gebildet wird:

$$\tilde{H}(\omega) = \frac{Y^N(\omega)}{X^N(\omega)} \tag{3.3–125}$$

mit (3.3–104) und (3.2–118). Wird dieser Bruch mit $\frac{1}{N} X^N(\omega)^*$ erweitert, erhält man

$$\tilde{H}(\omega) = \frac{I_{YX}^N(\omega)}{I_{XX}^N(\omega)}. \tag{3.3–126}$$

Wie wir schon wissen, sind Zähler und Nenner zwar asymptotisch erwartungstreu, doch sind die Varianzen stets in der Größenordnung des Betragsquadrates der zu schätzenden Spektren, so daß auch die Varianz des Quotienten kein besseres Verhalten zeigen kann. Formel (3.3–124) lehrt, daß erst die Mittelung über Kreuzperiodogramme aufeinanderfolgender Datenstücke im Zähler und entspechende Mittelung über Periodogramme im Nenner zu einer Reduzierung der Varianz führt.

B3.3–7 Wir kommen auf das System in Abb.3.2.2 zurück und denken uns zunächst deterministische, energiebeschränkte Signale als Eingang und als Störung. Dann kann man die Fourier-Transformierte des Ausgangssignals aus dem Produkt der Übertragungsfunktion des linearen konstanten Systems und der Fourier-Transformierten des Eingangs darstellen, dem die Fourier-Transformierte der Störung überlagert wird. Bei Rauschsignalen und Beobachtungen zu den Zeiten $n = 0, 1, \ldots, N-1$ kann dies für endliche Fourier-Transformierte höchstens approximativ gelten:

$$Y_w^N(\omega) \approx H(\omega) X_w^N(\omega) + U_w^N(\omega), \qquad (3.3\text{–}127)$$

wobei wir die Fourier-Transformierten von X_n, U_n und Y_n mit einem glatten Fenster w wie in (3.2–131) berechnen. Der Approximationsfehler geht nämlich asymptotisch für $N \to \infty$ nur dann gegen Null, wenn wir ein solches Fenster verwenden, vergl. Brillinger (1981). Die Aufgabe sei, die Übertragungsfunktion $H(\omega)$ und das Störspektrum $C_{UU}(\omega)$ für eine interessierende Frequenz ω zu schätzen. Hierzu nehmen wir an, daß sowohl H als auch C_{UU} in einer Umgebung von ω glatt und ungefähr konstant sind. Wählen wir L diskrete Frequenzen $\omega_i = \frac{2\pi k_i}{N}$ $(i = 1, \ldots, L)$ in der Nachbarschaft von ω, zum Beispiel wie in (3.3–96), so können wir entsprechend den Bemerkungen im Anschluß an (3.2–131)ff. und (3.2–122) davon ausgehen, daß $U_w^N(\omega_i)$ $(i = 1, \ldots, L)$ für große N stochastisch unabhängige Zufallsvariablen mit dem Erwartungswert Null und der gleichen Varianz $NC_{UU}(\omega)$ sind. Schreiben wir für eine gute Approximation

$$Y_w^N(\omega_i) = H(\omega) X_w^N(\omega_i) + U_w^N(\omega_i) \quad (l = 1, \ldots, L) \qquad (3.3\text{–}128)$$

und setzen die Kenntnis der $X_w^N(\omega_i)$ und $Y_w^N(\omega_i)$ voraus, so erhalten wir ein lineares Modell für kleinste Quadrate in der Form (2.2–28), doch für komplexe Variablen und einen komplexen Parameter $H(\omega)$. Wir interpretieren es als ein solches für reelle Variablen, indem wir definieren

$$\begin{aligned}
\underline{\vartheta} &= (\mathrm{Re}H(\omega), \mathrm{Im}H(\omega))', \\
\underline{Y} &= (\mathrm{Re}Y_w^N(\omega_1), \ldots, \mathrm{Re}Y_w^N(\omega_L), \mathrm{Im}Y_w^N(\omega_1), \ldots, \mathrm{Im}Y_w^N(\omega_L))', \\
\mathbf{X} &= \begin{pmatrix} \mathrm{Re}X_w^N(\omega_1), \ldots, \mathrm{Re}X_w^N(\omega_L), \mathrm{Im}X_w^N(\omega_1), \ldots, \mathrm{Im}X_w^N(\omega_L) \\ -\mathrm{Im}X_w^N(\omega_1), \ldots, -\mathrm{Im}X_w^N(\omega_L), \mathrm{Re}X_w^N(\omega_1), \ldots, \mathrm{Re}X_w^N(\omega_L) \end{pmatrix}', \\
\underline{Z} &= (\mathrm{Re}U_w^N(\omega_1), \ldots, \mathrm{Re}U_w^N(\omega_L), \mathrm{Im}U_w^N(\omega_1), \ldots, \mathrm{Im}U_w^N(\omega_L))'. \qquad (3.3\text{–}129)
\end{aligned}$$

Die Komponenten von $\underline{Z}$ sind wegen (3.3–106) für große N stochastisch unabhängig und besitzen alle neben dem Erwartungswert Null die Varianz $\sigma_Z^2 = \frac{N}{2} C_{UU}(\omega)$. Die Summe der Quadrate ist

$$S(\underline{\vartheta}) = (\underline{Y} - \mathbf{X}\underline{\vartheta})'(\underline{Y} - \mathbf{X}\underline{\vartheta}) \qquad (3.3\text{–}130)$$

und wird entsprechend (2.2–31) durch

$$\underline{\hat{\Theta}} = (\mathbf{X}'\mathbf{X})^{-1}\mathbf{X}'\underline{Y} \tag{3.3–131}$$

minimiert. Rückeinsetzen liefert mit

$$\mathbf{X}'\mathbf{X} = \sum_{i=1}^{L} |X_w^N(\omega_i)|^2 \begin{pmatrix} 1 & 0 \\ 0 & 1 \end{pmatrix} \tag{3.3–132}$$

den gesuchten Schätzer für die Übertragungsfunktion an der Stelle ω:

$$\hat{H}(\omega) = \frac{\sum\limits_{k=1}^{L} Y_w^N(\omega_k) X_w^N(\omega_k)^*}{\sum\limits_{i=1}^{L} |X_w^N(\omega_i)|^2}. \tag{3.3–133}$$

Wird der Bruch mit $\frac{1}{LN}$ erweitert, so schreiben wir

$$\hat{H}(\omega) = \frac{\hat{C}_{YX}(\omega)}{\hat{C}_{XX}(\omega)}, \tag{3.3–134}$$

wobei $\hat{C}_{XX}(\omega)$ und $\hat{C}_{YX}(\omega)$ Schätzer für $C_{XX}(\omega)$ und $C_{YX}(\omega)$ sind, die entsprechend (3.3–96) das Periodogramm bzw. das Kreuzperiodogramm glätten. Die Methode der kleinsten Quadrate liefert (2.2–51) als Schätzer für die Varianz $\sigma_Z^2 = \frac{N}{2} C_{UU}(\omega)$ der Fehler:

$$S^2 = \frac{S(\underline{\hat{\Theta}})}{2L-2}. \tag{3.3–135}$$

Mit (2.2–49) und Rücksubstituieren ergibt sich

$$S^2 = \frac{1}{2(L-1)} \Big(\sum_{i=1}^{L} |Y_w^N(\omega_i)|^2 - |\hat{H}(\omega)|^2 \sum_{i=1}^{L} |X_w^N(\omega_i)|^2\Big). \tag{3.3–136}$$

Multiplizieren wir diese Gleichung mit $\frac{2}{N}$, ergibt sich der folgende Schätzer für $C_{UU}(\omega)$:

$$\hat{C}_{UU}(\omega) = \frac{L}{L-1}\big(\hat{C}_{YY}(\omega) - |\hat{H}(\omega)|^2 \hat{C}_{XX}(\omega)\big), \tag{3.3–137}$$

wobei $\hat{C}_{YY}(\omega)$ und $\hat{C}_{XX}(\omega)$ Periodogramme glätten wie in (3.3–96). Bis auf den Faktor $\frac{L}{L-1}$ findet man also formal ein Resultat wie in (3.3–118), das sich ergäbe, wenn in (3.2–58) und (3.2–59) die Spektren durch Glättung von Periodogrammen geschätzt würden.

4) Erkennung deterministischer Signale in Rauschsignalen

Beim Schätzen von Spektren sind wir in den vorangegangenen Unterabschnitten stets von stationären Prozessen ausgegangen, die als deterministischen Anteil höchstens einen Gleichanteil besitzen durften. Der Einfachheit halber haben wir in 2) sogar vorausgesetzt, daß dieser verschwindet. In der Praxis ist eine solche Annahme unrealistisch. Man wird vorsichtshalber zunächst mit dem Mittelwert der Daten den Gleichanteil schätzen und anschließend die mittelwertbefreiten Daten zum Spektrumschätzen benutzen. Dieses Vorgehen läßt sich weitgehend verallgemeinern und führt zu Schätzverfahren mit günstigen asymptotischen Eigenschaften, wie wir im folgenden sehen werden.

Ausgegangen wird von einem Kleinste-Quadrate-Modell (2.2–28), das in etwas anderer Weise aufgeschrieben wird:

$$Y_n = \underline{x}_n' \underline{\vartheta} + U_n \quad (n = 0, \ldots, N-1). \tag{3.3–138}$$

Die $\underline{x}_n$ seien bekannte Vektoren aus dem $\mathbf{R}^k$ und $\underline{\vartheta} \in \mathbf{R}^k$ ein unbekannter Parametervektor. Wir interpretieren $\underline{x}_n' \underline{\vartheta}$ $(n = 0, \ldots, N-1)$ als eine unbekannte Überlagerung bekannter Signale. Die Störung U_n möge ein erwartungswertfreier stationärer Prozeß mit dem unbekannten Spektrum $C_{UU}(\omega)$, also ein nicht notwendig weißes Rauschsignal sein. Die Aufgabe bestehe nun darin, zu entscheiden, ob Beobachtungen $y_0, \ldots, y_{N-1}$ Signale enthalten oder nicht, und gegebenenfalls den Parametervektor sowie das Spektrum des Rauschsignals zu schätzen.

Obwohl die Störungen nicht weiß sind, bestimmen wir zunächst Kleinste-Quadrate-Schätzungen für $\underline{\vartheta}$ aus den Beobachtungen. Die Summe der Quadrate ist

$$S(\underline{\vartheta}) = \sum_{n=0}^{N-1} (y_n - \underline{x}_n' \underline{\vartheta})^2, \tag{3.3–139}$$

die durch

$$\hat{\underline{\vartheta}} = (\sum_{m=0}^{N-1} \underline{x}_m \underline{x}_m')^{-1} \sum_{n=0}^{N-1} \underline{x}_n y_n \tag{3.3–140}$$

minimiert wird, wie man in der Art von (2.2–22) bis (2.2–25) leicht ausrechnet. Der (3.3–140) entsprechende Schätzer $\hat{\underline{\Theta}}$ besitzt folgende Eigenschaften:

$$\mathrm{E}\hat{\underline{\Theta}} = \mathrm{E}(\sum_{m=0}^{N-1} \underline{x}_m \underline{x}_m')^{-1} \sum_{n=0}^{N-1} \underline{x}_n Y_n = \underline{\vartheta}, \tag{3.3–141}$$

da wegen $\mathrm{E}U_n = 0$ $\mathrm{E}Y_n = \underline{x}_n' \underline{\vartheta}$ gilt. Seine Kovarianzmatrix ist

$$\begin{aligned} \mathbf{K}_{\hat{\underline{\Theta}}} &= \mathrm{E}(\hat{\underline{\Theta}} - \underline{\vartheta})(\hat{\underline{\Theta}} - \underline{\vartheta})' = (\sum_n \underline{x}_n \underline{x}_n')^{-1} \sum_m \sum_l \underline{x}_m \mathrm{Cov}(Y_m, Y_l) \underline{x}_l' \, (\sum_i \underline{x}_i \underline{x}_i')^{-1} \\ &= (\sum_n \underline{x}_n \underline{x}_n')^{-1} \sum_m \sum_l \underline{x}_m \underline{x}_l' c_{UU}(m-l) \, (\sum_i \underline{x}_i \underline{x}_i')^{-1}, \end{aligned} \tag{3.3–142}$$

wobei sich alle Summen von 0 bis $N-1$ erstrecken und $\mathrm{Cov}(Y_m, Y_l) = \mathrm{E}U_m U_l = c_{UU}(m-l)$ beachtet wurde. Wir substituieren $p = m - l$ für m in der Doppelsumme über m und l und definieren in der Art von (3.3–7) die empirische Kovarianzfunktion von $\underline{x}_n$ durch eine $(k \times k)$–Matrix

$$\hat{\mathbf{c}}_{xx}(p) = \begin{cases} \frac{1}{N} \sum_{l=0}^{N-1-|p|} \underline{x}_{l+|p|}\underline{x}_l' & , \quad |p| \leq N-1 \\ \mathbf{0} & , \quad \text{sonst.} \end{cases} \tag{3.3–143}$$

Damit ergibt sich aus (3.3–142)

$$\mathbf{K}_{\underline{\hat{\Theta}}} = \frac{1}{N} \hat{\mathbf{c}}_{xx}(0)^{-1} \sum_{p=-(N-1)}^{N-1} \hat{\mathbf{c}}_{xx}(p) c_{UU}(p)\, \hat{\mathbf{c}}_{xx}(0)^{-1}. \tag{3.3–144}$$

Desweiteren setzen wir voraus, daß

$$\overline{\mathbf{c}}_{xx}(p) = \lim_{N \to \infty} \hat{\mathbf{c}}_{xx}(p) \tag{3.3–145}$$

für $|p| = 0, 1, 2, \ldots$ existiert und für $p = 0$ eine positiv definite Matrix ist. Wenn wir $\sum_k |c_{UU}(k)| < \infty$ fordern und bedenken, daß $\overline{\mathbf{c}}_{xx}(p)$ eine nichtnegativ definite, matrixwertige Funktion sein muß, existiert die Matrix

$$\begin{aligned} \mathbf{G} &= \overline{\mathbf{c}}_{xx}(0)^{-1} \sum_{p=-\infty}^{\infty} \overline{\mathbf{c}}_{xx}(p) c_{UU}(p)\, \overline{\mathbf{c}}_{xx}(0)^{-1} \\ &= \overline{\mathbf{c}}_{xx}(0)^{-1} \int_{-\pi}^{\pi} \overline{\mathbf{C}}_{xx}(\omega) C_{UU}(\omega) \frac{\mathrm{d}\omega}{2\pi}\, \overline{\mathbf{c}}_{xx}(0)^{-1} \end{aligned} \tag{3.3–146}$$

und ist nichtnegativ definit. Hierbei möge die Fourier–Transformierte

$$\overline{\mathbf{C}}_{xx}(\omega) = \sum_{p=-\infty}^{\infty} \overline{\mathbf{c}}_{xx}(p) \mathrm{e}^{-j\omega p} \tag{3.3–147}$$

zumindest als verallgemeinerte periodische Funktion existieren. Damit ergibt sich aus (3.3–144) für große N

$$\mathbf{K}_{\underline{\hat{\Theta}}} \approx \frac{1}{N} \mathbf{G}. \tag{3.3–148}$$

Im Falle, daß U_n weißes Rauschen Z_n der Leistung σ_Z^2 ist, muß natürlich (2.2–34) gelten, was man sofort mit (3.3–142) und (3.3–144) bestätigen kann.

Das Spektrum $C_{UU}(\omega)$ der Störung U_n versucht man zu schätzen, indem die Residuen spektral analysiert werden. Das Modell der Residuen ist

$$V_n = Y_n - \underline{x}_n' \underline{\hat{\Theta}}. \tag{3.3–149}$$

Man bestimmt zum Beispiel das Periodogramm $I_{VV}^N(\omega)$ wie in (3.2–124) für diskrete Frequenzen und glättet wie in (3.3–96):

$$\hat{C}_{UU}(\omega) = \frac{1}{2m+1} \sum_{k=-m}^{m} I_{VV}^N\left(\frac{2\pi}{N}[k(\omega) + k]\right). \tag{3.3–150}$$

Hierbei ist wieder $\frac{2\pi}{N}k(\omega)$ die nächste diskrete Frequenz in der Nachbarschaft der interessierenden Frequenz ω. Noch günstiger wäre es, zum Glätten ein sanft ansteigendes und abfallendes Fenster zu verwenden, dessen Bandbreite $B_N \to 0$ und $B_N N \to \infty$ für $N \to \infty$ erfüllt, wie es im Zusammenhang mit (3.3–97) und (3.3–98) erläutert wurde. Daß diese Vorgehensweise sinnvoll ist, zeigt das folgende, unter gewissen Regularitätsbedingungen gültige Resultat, vergl. Brillinger (1981): Asymptotisch für $N \to \infty$ gilt:

$$\begin{aligned}&\underline{\hat{\Theta}} \text{ ist i.q.M.-konsistent für } \underline{\vartheta},\\&\sqrt{N}(\underline{\hat{\Theta}} - \underline{\vartheta}) \text{ ist } \mathrm{N}_k(\underline{0}, \mathbf{G})\text{-verteilt},\\&\hat{C}_{UU}(\omega) \text{ ist stochastisch unabhängig von } \underline{\hat{\Theta}}\\&\text{und entsprechend (3.3–97) und (3.3–98)}\\&\text{i.q.M.-konsistent.}\end{aligned} \tag{3.3–151}$$

Schließlich wenden wir uns dem Signalentdeckungsproblem zu. Wir suchen also einen Test für die Hypothese $\underline{\vartheta} = \underline{0}$ gegen die Alternative $\underline{\vartheta} \neq \underline{0}$. Einen F–Test wie in (2.2–163) sollten wir nicht anwenden, da U_n weder weiß noch normalverteilt ist. Wir können jedoch das asymptotische Resultat (3.3–151) benutzen, um zu einem Test zu gelangen. Unter der Hypothese $\underline{\vartheta} = \underline{0}$ ist $\underline{\hat{\Theta}}$ für große N approximativ $\mathrm{N}_k(\underline{0}, \frac{1}{N}\mathbf{G})$–verteilt. Wenn $\mathbf{G}$ positiv definit ist, gibt es eine nichtsinguläre Matrix $\mathbf{A}$ mit $\mathbf{G} = \mathbf{AA}'$, so daß $\sqrt{N}\mathbf{A}^{-1}\underline{\hat{\Theta}}$ approximativ $\mathrm{N}_k(\underline{0}, \mathbf{I})$–verteilt ist. Folglich gilt für große N und $\underline{\vartheta} = \underline{0}$, daß $N\underline{\hat{\Theta}}'(\mathbf{A}^{-1})'\mathbf{A}^{-1}\underline{\hat{\Theta}} = N\underline{\hat{\Theta}}'\mathbf{G}^{-1}\underline{\hat{\Theta}}$ χ^2_k–verteilt ist. Da mit $C_{UU}(\omega)$ auch die Matrix $\mathbf{G}$ unbekannt ist, können wir im Test nur einen konsistenten, asymptotisch von $\underline{\hat{\Theta}}$ unabhängigen Schätzer $\hat{\mathbf{G}}$ für $\mathbf{G}$ verwenden. Ihn erhalten wir, indem in (3.3–146) $C_{UU}(\omega)$ durch $\hat{C}_{UU}(\omega)$ oder noch günstiger $c_{UU}(p)$ durch die empirische Kovarianzfunktion $\hat{c}_{VV}(p)$ von V_n ersetzt wird. Der Test ist dann definiert durch

$$\psi(\underline{y}) = \begin{cases} 1 & , \text{ wenn } N\underline{\hat{\vartheta}}'\hat{\mathbf{G}}^{-1}\underline{\hat{\vartheta}} > \chi^2_{k,\alpha} \\ 0 & , \text{ sonst} \end{cases} \tag{3.3–152}$$

und besitzt approximativ das Niveau α.

Im Sonderfall, daß U_n weißes, nicht notwendig normalverteiltes Rauschen Z_n der Leistung σ_Z^2 ist, schätzen wir σ_Z^2 mit (3.3–139) durch $\frac{1}{N-k}S(\underline{\hat{\vartheta}})$, benutzen diesen Wert in (3.3–146) zur Definition von $\hat{\mathbf{G}}$ und finden, daß der Test (3.3–152) die Schätzung $\frac{N\underline{\hat{\vartheta}}'\mathbf{\overline{C}}_{xx}(0)\underline{\hat{\vartheta}}}{S(\underline{\hat{\vartheta}})/(N-k)}$ des Signal-zu-Störabstandes $\delta^2 = \frac{1}{\sigma_Z^2}\sum_n(\underline{x}_n'\underline{\vartheta})^2$ nach (2.2–162) mit der Schwelle $\chi^2_{k,\alpha}$ vergleicht. Er verhält sich für große N wie ein F–Test mit k und $N-k$ Freiheitsgraden. Hierfür bedenken wir mit (2.1–132), daß eine $F_{k,N-k}$–verteilte Zufallsvariable asymptotisch für große N bis auf den Faktor $\frac{1}{k}$ χ^2_k–verteilt ist.

Im Sonderfall, daß Y_n als deterministischen nur einen Gleichanteil enthalten kann, bedeutet das vorgestellte Verfahren, zunächst den Mittelwert $\overline{y} = \frac{1}{N}\sum_{n=0}^{N-1} y_n$ zu berechnen und das Spektrum der Störung durch Glättung des Periodogramms der mittelwertbereinigten Daten $y_n - \overline{y}$ $(n = 0, \ldots, N-1)$ zu schätzen.

Beispiel:

B3.3–8 Wir kommen auf das Beispiel (B2.2–6) zurück und schreiben die aus einer Oszillation der normierten Frequenz ν und farbigem Rauschen zusammengesetzten Daten in der Form (3.3–138):

$$y_n = \begin{pmatrix} \cos \nu n \\ \sin \nu n \end{pmatrix}' \begin{pmatrix} \vartheta_1 \\ \vartheta_2 \end{pmatrix} + u_n \quad (n = 0, \ldots, N-1). \tag{3.3–153}$$

Die Kleinste–Quadrate–Schätzung von ϑ_1 und ϑ_2 wird in (2.2–130) angegeben. Um den asymptotischen Ausdruck (3.3–148) für die Kovarianzmatrix des entsprechenden Schätzers berechnen zu können, müssen wir nacheinander (3.3–143), (3.3–145) und (3.3–146) auswerten:

$$\begin{aligned} \hat{\mathbf{c}}_{xx}(p) &= \frac{1}{N} \sum_{n=0}^{N-1-|p|} \begin{pmatrix} \cos \nu(n+|p|) \\ \sin \nu(n+|p|) \end{pmatrix} (\cos \nu n, \sin \nu n) \\ &= \frac{N-|p|}{2N} \begin{pmatrix} \cos \nu|p| & \sin \nu|p| \\ -\sin \nu|p| & \cos \nu|p| \end{pmatrix} \\ &+ \frac{1}{2N} \sum_{n=0}^{N-1-|p|} \begin{pmatrix} \cos \nu(2n+|p|) & \sin \nu(2n+|p|) \\ \sin \nu(2n+|p|) & -\cos \nu(2n+|p|) \end{pmatrix} \end{aligned} \tag{3.3–154}$$

für $|p| < N$ und

$$\overline{\mathbf{c}}_{xx}(p) = \lim_{N\to\infty} \hat{\mathbf{c}}_{xx}(p) = \frac{1}{2} \begin{pmatrix} \cos \nu p & \sin \nu|p| \\ -\sin \nu|p| & \cos \nu p \end{pmatrix}. \tag{3.3–155}$$

Da $\overline{\mathbf{c}}_{xx}(0)$ bis auf den Faktor $\frac{1}{2}$ die Einheitsmatrix ist, folgt

$$\mathbf{G} = 2 \sum_{p=-\infty}^{\infty} \begin{pmatrix} \cos \nu p & \sin \nu|p| \\ -\sin \nu|p| & \cos \nu p \end{pmatrix} c_{UU}(p). \tag{3.3–156}$$

Da Kovarianzfunktion und Spektrum von U_n unbekannt sind, schätzen wir $c_{UU}(p)$ mit Hilfe der empirischen Kovarianzfunktion $\hat{c}_{VV}(p)$ der Residuen $v_n = y_n - \underline{x}_n' \hat{\underline{\vartheta}}$ $(n = 0, \ldots, N-1)$ und berechnen

$$\hat{\mathbf{G}} = 2 \sum_{p=-M}^{M} \begin{pmatrix} \cos \nu p & \sin \nu|p| \\ -\sin \nu|p| & \cos \nu p \end{pmatrix} \hat{c}_{VV}(p) \tag{3.3–157}$$

für ein $M < N$. Hierbei wählen wir M umso kleiner, je schneller $\hat{c}_{VV}(p)$ mit wachsendem p gegen Null kovergiert. Wenn wir wissen, daß U_n weißes Rauschen ist, setzen wir $\hat{\mathbf{G}} = \frac{2S(\hat{\underline{\vartheta}})}{N-2}\mathbf{I}$. Der Detektor für das sinusförmige Signal ist für große N durch (3.3–152) gegeben, wenn $k = 2$ gesetzt wird. Für weißes Rauschen U_n vergleicht der Detektor die Schätzung

$$\begin{aligned} \frac{N\hat{\underline{\vartheta}}'\overline{\mathbf{c}}(0)\hat{\underline{\vartheta}}}{S(\hat{\underline{\vartheta}})/(N-2)} &= \frac{N(\hat{\vartheta}_1^2 + \hat{\vartheta}_2^2)}{2S(\hat{\underline{\vartheta}})/(N-2)} \\ &= \frac{2I_{YY}^N(\nu)}{\left(\sum_{n=0}^{N-1} y_n^2 - 2I_{YY}^N(\nu)\right)/(N-2)} \end{aligned} \tag{3.3–158}$$

des Signal–zu–Störabstands $\frac{N(\vartheta_1^2+\vartheta_2^2)}{2\sigma_Z^2}$ mit der Schwelle $\chi^2_{2,\alpha}$. Hierbei schreiben wir mit der endlichen Fourier–Transformierten und dem Periodogramm von $y_0, \ldots, y_{N-1}$

$$\hat{\vartheta}_1 + j\hat{\vartheta}_2 = \frac{2}{N} Y^N(\nu) = \frac{2}{N}(\sum_{n=0}^{N-1} y_n e^{-j\nu n}), \tag{3.3–159}$$

$$2I_{YY}^N(\nu) = \frac{2}{N}|Y^N(\nu)|^2 = \frac{N}{2}(\hat{\vartheta}_1^2 + \hat{\vartheta}_2^2) \tag{3.3–160}$$

und

$$S(\hat{\underline{\vartheta}}) = \sum_{n=0}^{N-1} y_n^2 - 2I_{YY}^N(\nu). \tag{3.3–161}$$

Wenn wir erschwerend annehmen, auch noch die Frequenz schätzen zu müssen, so können wir wie in B2.2–10 vorgehen und das Periodogramm über alle Frequenzen $0 < \nu < \pi$ maximieren:

$$I_{YY}^N(\hat{\nu}) = \max_{\nu} I_{YY}^N(\nu). \tag{3.3–162}$$

Daß $\hat{\nu}$ eine Kleinste–Quadrate–Schätzung der Frequenz ist, erkennt man unmittelbar, falls $S(\hat{\underline{\vartheta}})$ in (3.3–161) über die Frequenzen minimiert wird. Für den entsprechenden Schätzer für $(\vartheta_1, \vartheta_2, \nu)'$ konnte Walker [3] unter gewissen Bedingungen zeigen, daß er asymptotisch für große N erwartungstreu und normalverteilt ist mit einer Kovarianzmatrix, die durch (2.2–137) gegeben wird, falls man dort σ_Z^2 durch $C_{UU}(\nu)$ und n durch N ersetzt. Einen Detektor für das unbekannte sinusförmige Signal zu konstruieren, ist schwieriger. Die zum Schätzer $\hat{\underline{\Theta}} = (\hat{\Theta}_1, \hat{\Theta}_2)'$ gehörige Unterkovarianzmatrix hängt nämlich von $\underline{\vartheta}$ ab:

$$\begin{aligned} \mathbf{K}_{\hat{\underline{\Theta}}} &= \frac{2C_{UU}(\nu)}{N} \frac{1}{\vartheta_1^2 + \vartheta_2^2} \begin{bmatrix} \vartheta_1^2 + 4\vartheta_2^2 & -3\vartheta_1\vartheta_2 \\ -3\vartheta_1\vartheta_2 & 4\vartheta_1^2 + \vartheta_2^2 \end{bmatrix} \\ &= \frac{2C_{UU}(\nu)}{N}[\underline{e}_1\underline{e}_1' + 4\underline{e}_2\underline{e}_2'], \end{aligned} \tag{3.3–163}$$

wobei wir die orthogonalen Einheitsvektoren $\underline{e}_1 = \underline{\vartheta}/|\underline{\vartheta}| = (\vartheta_1, \vartheta_2)'/\sqrt{\vartheta_1^2 + \vartheta_2^2}$ und $\underline{e}_2 = (\vartheta_2, -\vartheta_1)'/\sqrt{\vartheta_1^2 + \vartheta_2^2}$ verwendet haben. Mit der Inversen, die stets existiert, wenn $\underline{e}_1$ auch für $|\underline{\vartheta}| \to 0$ definiert ist,

$$\mathbf{K}_{\hat{\underline{\Theta}}}^{-1} = \frac{N}{2C_{UU}(\nu)}(\underline{e}_1\underline{e}_1' + \frac{1}{4}\underline{e}_2\underline{e}_2'), \tag{3.3–164}$$

gilt asymptotisch für $N \to \infty$:

$$R = (\hat{\underline{\Theta}} - \underline{\vartheta})'\mathbf{K}_{\hat{\underline{\Theta}}}^{-1}(\hat{\underline{\Theta}} - \underline{\vartheta}) \text{ ist } \chi_2^2\text{–verteilt.} \tag{3.3–165}$$

Setzt man (3.3–164) ein und beachtet $\underline{\vartheta}'\underline{e}_2 = 0$, ergibt sich

$$R = \frac{N}{2C_{UU}(\nu)}\left[(\hat{\underline{\Theta}}'\underline{e}_1)^2 + \frac{1}{4}(\hat{\underline{\Theta}}'\underline{e}_2)^2 + |\underline{\vartheta}|^2 - 2|\underline{\vartheta}|\,\hat{\underline{\Theta}}'\underline{e}_1\right]. \tag{3.3–166}$$

[3] Walker, A.W.(1973): On the estimation of a harmonic component in a time series with stationary dependent residuals. Adv. Appl. Prob. 5, 217–241

Für kleine $|\underline{\vartheta}|$ können die beiden letzten Summanden vernachlässigt werden. Für große N wird $(\hat{\underline{\Theta}}'\underline{e}_1)^2 \approx |\hat{\underline{\Theta}}|^2 \gg \frac{1}{4}(\hat{\underline{\Theta}}'\underline{e}_2)^2$ und

$$R \approx \frac{N|\hat{\underline{\Theta}}|^2}{2C_{UU}(\nu)} = \frac{2I_{YY}^N(\hat{\nu})}{C_{UU}(\nu)} \approx \max_{\overline{\nu}} \frac{2I_{YY}^N(\overline{\nu})}{\hat{C}_{UU}(\overline{\nu})} \tag{3.3–167}$$

ein Schätzer für den Signal-zu-Störabstand bei der unbekannten Frequenz. Ein Detektor mit einer Falschalarmwahrscheinlichkeit von ungefähr α berechnet zunächst das Periodogramm $I_{YY}^N(\nu)$ der Daten $y_0, \ldots, y_{N-1}$ für Frequenzen im Intervall $(0, \pi)$, glättet es vorsichtig (z.B nach Abschneiden extremer Spitzenwerte), um die Schätzungen $\hat{C}_{UU}(\nu)$ zu erhalten, und vergleicht den entsprechend (3.3–167) über die Frequenzen ν maximierten, geschätzten Signal-zu-Störabstand mit der Schwelle $\chi^2_{2,\alpha}$. Diese Vorgehensweise ähnelt der in B2.2–12 beschriebenen und in Abb. 2.2.4 dargestellten, bei der gaußsches weißes Rauschen als Störung angenommen wurde. Der Unterschied besteht darin, daß das Periodogramm der Daten durch Division auf das geschätzte Störspektrum bezogen wird, bevor man das Maximum über die Frequenzen sucht. Den Spitzenwert vergleicht man wieder mit einer Schwelle. Bei Überschreiten entscheidet man, daß ein sinusförmiges Signal entdeckt worden ist, dessen Frequenz durch das Argument des Spitzenwertes geschätzt wird. Abb. 3.3.12 stellt das Ergebnis eines numerischen Experiments dar, bei dem ein sinusförmiges Signal den Daten aus dem AR(6)–Prozeß des Beispiels B3.3-2 als Störung überlagert wird. Im oberen Teil wird fälschlich angenommen, daß die Störung weiß ist und (3.3–158) mit der Schwelle $\chi^2_{2,\alpha}$ für $\alpha = 0,05$ verglichen; im unteren wird (3.3–167) entsprechend verwandt und nur dort das Signal korrekt erkannt.

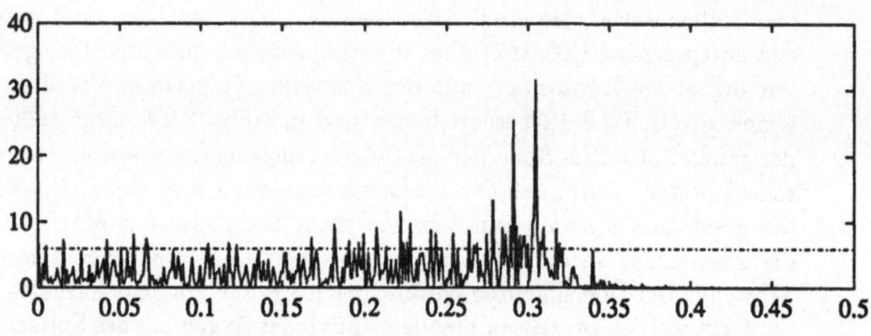

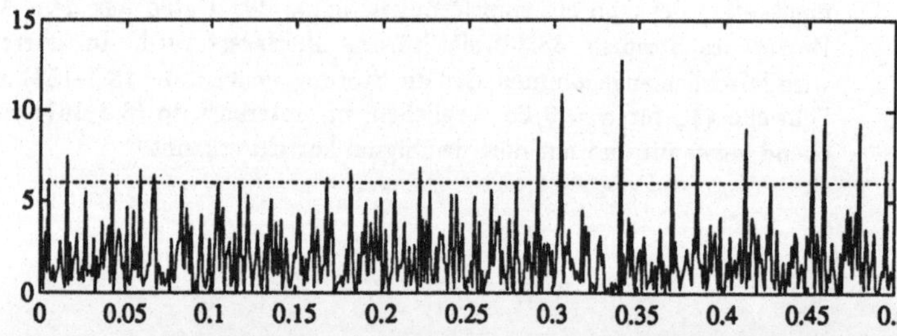

Abbildung 3.3.12: Testgrößen zur Entdeckung eines unbekannten, sinusförmigen Signals in farbigem Rauschen anhand von 1024 Abtastwerten über der normierten Frequenz. Die Signalfrequenz ist $\frac{\nu}{2\pi} = 0,34$ und der Signal–zu–Störabstand $10 \lg \delta^2 = 5$dB. Im oberen Bild wird das Periodogramm auf den mittleren Störpegel bezogen und im unteren Bild auf das geschätzte Störspektrum, wobei ähnlich wie in Abb. 3.3.11 c) geglättet wurde.

A Anhang

A.1 Vektor– und Matrixalgebra

Dieser Anhang soll Elemente der Vektor– und Matrixalgebra in Erinnerung rufen, soweit die Definitionen, Rechenregeln und Eigenschaften in den vorangegangenen Kapiteln oder in den Übungsaufgaben benutzt werden. Als Übung wird empfohlen, die folgenden Formeln und Aussagen nachzuweisen. Eine umfassende Zusammenfassung der Vektor– und Matrixalgebra mit kurzen Beweisen findet man in Rao (1973). Zur Anschauung stellen wir uns Vektoren als Elemente der Menge $\mathbf{R}^n = \{(x_1, x_2, \ldots, x_n) : x_i \in \mathbf{R}\ (i = 1, \ldots, n)\} = \mathbf{R} \times \cdots \times \mathbf{R}$, also dem n–fachen kartesischen Produkt der Menge $\mathbf{R}$ der reellen Zahlen mit sich selbst, vor. Wir notieren Vektoren als Spalten und schreiben

$$\underline{x} = \begin{pmatrix} x_1 \\ x_2 \\ \vdots \\ x_n \end{pmatrix} \in \mathcal{V} \subset \mathbf{R}^n, \tag{A.1–1}$$

wobei $\mathcal{V}$ eine echte, nichtleere Teilmenge des $\mathbf{R}^n$ oder $\mathbf{R}^n$ selbst sein kann.

Man addiert Vektoren $\underline{x}$ und $\underline{y}$ mit den Komponenten x_i bzw. y_i $(i = 1, \ldots, n)$ so, daß der Summenvektor $\underline{x} + \underline{y}$ die Komponenten $x_i + y_i$ $(i = 1, \ldots, n)$ besitzt. Mit einer Zahl $c \in \mathbf{R}$ kann ein Vektor $\underline{x}$ zu einem Vektor $c\underline{x}$ skaliert werden, der die Komponenten cx_i $(i = 1, \ldots, n)$ besitzt. $\mathcal{V}$ ist ein linearer oder Vektorraum, wenn mit $\underline{x} \in \mathcal{V}$, $\underline{y} \in \mathcal{V}$ und $c \in \mathbf{R}$ auch $\underline{x} + \underline{y} \in \mathcal{V}$ und $c\underline{x} \in \mathcal{V}$. Für Vektoren $\underline{x}, \underline{y}$ und $\underline{z}$ aus $\mathcal{V}$ gelten folgende Gesetze der Arithmetik :

$$\underline{x} + \underline{y} = \underline{y} + \underline{x}, \tag{A.1–2}$$

$$\underline{x} + (\underline{y} + \underline{z}) = (\underline{x} + \underline{y}) + \underline{z}, \tag{A.1–3}$$

$\mathcal{V}$ enthält den Nullvektor $\underline{0}$, dessen Komponenten alle 0 sind und für den gilt

$$\underline{x} + \underline{0} = \underline{x}, \tag{A.1–4}$$

$\mathcal{V}$ enthält den Vektor $\underline{\xi} = -\underline{x}$ mit

$$\underline{x} + \underline{\xi} = \underline{0}. \tag{A.1–5}$$

Wenn c, c_1 und c_2 reelle Zahlen sind, so rechnet man

$$c(\underline{x} + \underline{y}) = c\underline{x} + c\underline{y}, \tag{A.1–6}$$

$$(c_1 + c_2)\underline{x} = c_1\underline{x} + c_2\underline{x}, \tag{A.1–7}$$

$$c_1(c_2\underline{x}) = (c_1 c_2)\underline{x}, \tag{A.1–8}$$

$$1\underline{x} = \underline{x}. \tag{A.1–9}$$

$\mathcal{V}_1 \subset \mathcal{V}$ heißt ein linearer Unterraum von $\mathcal{V}$, wenn $\mathcal{V}_1$ selbst ein linearer Raum ist : Mit $\underline{x}$ und $\underline{y}$ aus $\mathcal{V}_1$ muß für reelle c_1 und c_2 auch $c_1\underline{x} + c_2\underline{y}$ aus $\mathcal{V}_1$ sein. Vektoren

$\underline{a}_1, \underline{a}_2, \ldots, \underline{a}_k$ aus $\mathcal{V}$ heißen linear abhängig, wenn es reelle Zahlen $c_1, \ldots c_k$ gibt, die nicht alle gleich Null sind, so daß

$$c_1\underline{a}_1 + \cdots + c_k\underline{a}_k = \underline{0} \tag{A.1–10}$$

und anderenfalls linear unabhängig. Sind $\underline{a}_1, \ldots, \underline{a}_k$ linear unabhängig und gibt es für jedes $\underline{x} \in \mathcal{V}$ gewisse reelle Zahlen $c_1, \ldots, c_k$ mit

$$\underline{x} = c_1\underline{a}_1 + \cdots + c_k\underline{a}_k, \tag{A.1–11}$$

so ist $\underline{a}_1, \ldots, \underline{a}_k$ eine Basis von $\mathcal{V}$ oder spannt $\underline{a}_1, \ldots, \underline{a}_k$ den linearen Raum $\mathcal{V}$ auf. Hierbei ist $k \leq n$ seine Dimension, denn jede Basis von $\mathcal{V}$ muß aus k linear unabhängigen Vektoren bestehen. Jeder lineare Raum besitzt eine Basis. Für eine gegebene Basis ist die Darstellung (A.1–11) eindeutig. Für zwei Basen $\underline{a}_1, \ldots, \underline{a}_k$ und $\underline{b}_1, \ldots, \underline{b}_k$ von $\mathcal{V}$ gibt es demnach eindeutig bestimmte Zahlen c_{il} $(i, l = 1, \ldots k)$, so daß

$$\underline{b}_i = c_{i1}\underline{a}_1 + \cdots + c_{ik}\underline{a}_k \quad (i = 1, \ldots, k). \tag{A.1–12}$$

Sind $\underline{a}_1, \ldots, \underline{a}_k$ Vektoren aus $\mathcal{V}$, so bilden die Lösungen $x_1, \ldots, x_k$ des linearen Gleichungssystems

$$x_1\underline{a}_1 + \cdots + x_k\underline{a}_k = \underline{0} \tag{A.1–13}$$

einen linearen Raum, deren Elemente Vektoren $\underline{x}$ mit k Komponenten nämlich $x_1, \ldots, x_k$ sind. Dieser Raum besteht nur aus dem Nullvektor $\underline{0}$, wenn $\underline{a}_1, \ldots, \underline{a}_k$ linear unabhängig sind. So besitzt das lineare Gleichungssystem

$$x_1\underline{a}_1 + \cdots + x_k\underline{a}_k = \underline{b} \tag{A.1–14}$$

genau dann eine eindeutige Lösung, wenn $\underline{a}_1, \ldots, \underline{a}_k$ linear unabhängig sind. Im anderen Fall besitzt (A.1–14) Lösungen, wenn $\underline{b}$ im durch $\underline{a}_1, \ldots, \underline{a}_k$ aufgespannten Raum liegt, die man sich als Summe einer speziellen Lösung von (A.1–14) und einer Lösung von (A.1–13) zusammensetzen kann.

Ein inneres Produkt zweier Vektoren $\underline{x}$ und $\underline{y}$ aus $\mathcal{V}$ ist eine reelle Zahl, die $(\underline{x}, \underline{y})$ geschrieben wird und folgende Bedingungen erfüllt:

$$(\underline{x}, \underline{y}) = (\underline{y}, \underline{x}), \tag{A.1–15}$$

$$(\underline{x}, \underline{x}) > 0 \text{ für alle } \underline{x} \neq \underline{0} \text{ und } (\underline{0}, \underline{0}) = 0, \tag{A.1–16}$$

$$(c\underline{x}, \underline{y}) = c(\underline{x}, \underline{y}) \text{ für alle reellen } c, \tag{A.1–17}$$

$$(\underline{x} + \underline{z}, \underline{y}) = (\underline{x}, \underline{y}) + (\underline{z}, \underline{y}) \text{ für alle } \underline{z} \in \mathcal{V}. \tag{A.1–18}$$

Beispielsweise sind $(\underline{x}, \underline{y}) = \sum_{i=1}^{n} x_i y_i$ oder $(\underline{x}, \underline{y}) = \sum_{i=1}^{n} \gamma_i x_i y_i$ für positive Zahlen γ_i $(i = 1, \ldots, n)$ innere Produkte, wenn $\underline{x}$ und $\underline{y}$ die Komponenten x_i und y_i $(i = 1, \ldots, n)$ besitzen. Vektoren $\underline{x}$ und $\underline{y}$ sind orthogonal, wenn $(\underline{x}, \underline{y}) = 0$. Paarweise orthogonale Vektoren $\underline{a}_1, \ldots, \underline{a}_k$ sind linear unabhängig. Jeder Vektorraum besitzt eine orthogonale Basis, also eine Basis mit paarweise orthogonalen Vektoren. Mit dem Gram–Schmidt-Verfahren läßt sich eine Basis $\underline{a}_1, \ldots, \underline{a}_k$ in eine orthogonale umformen:

$$\underline{b}_1 = \underline{a}_1, \tag{A.1–19}$$

$$\underline{b}_i = \underline{a}_i - \frac{(\underline{a}_i, \underline{b}_{i-1})}{(\underline{b}_{i-1}, \underline{b}_{i-1})}\underline{b}_{i-1} - \cdots - \frac{(\underline{a}_i, \underline{b}_1)}{(\underline{b}_1, \underline{b}_1)}\underline{b}_1 \quad (i = 2, \ldots, k). \tag{A.1–20}$$

Wenn $(\underline{x}, \underline{x}) = 1$, ist $\underline{x}$ ein Einheitsvektor. So muß mit (A.1–19) und (A.1–20)

$$\underline{e}_i = \frac{1}{(\underline{b}_i, \underline{b}_i)^{1/2}} \underline{b}_i \quad (i = 1, \ldots, k) \tag{A.1–21}$$

eine orthogonale Basis aus Einheitsvektoren sein, die orthonormal genannt wird. Ist $\mathcal{V}_1 \subset \mathcal{V}$ ein echter linearer Unterraum von $\mathcal{V}$, so gibt es zu jedem Vektor $\underline{a} \in \mathcal{V}$, der kein Element von $\mathcal{V}_1$ ist, eindeutig bestimmte Vektoren $\underline{b}$ und $\underline{c}$ so, daß $\underline{a} = \underline{b} + \underline{c}$, $\underline{b} \in \mathcal{V}_1$ und $\underline{c}$ orthogonal zu $\mathcal{V}_1$, d.h. orthogonal zu jedem Vektor aus $\mathcal{V}_1$ ist. Bezeichnet man mit

$$||\underline{y}|| = (\underline{y}, \underline{y})^{1/2} \tag{A.1–22}$$

die Norm eines Vektors, so erfüllt der Vektor $\underline{c}$ die Bedingungen

$$||\underline{c}|| = \min_{\underline{x} \in \mathcal{V}_1} ||\underline{a} - \underline{x}|| = ||\underline{a} - \underline{b}|| \text{ und } (\underline{b}, \underline{c}) = 0. \tag{A.1–23}$$

Man interpretiert dies so, daß der kürzeste Abstand von $\underline{a}$ zu einem Element von $\mathcal{V}_1$ durch die Norm von $\underline{c}$, also dem zu $\mathcal{V}_1$ orthogonalen Anteil von $\underline{a}$ gegeben ist. $\underline{b}$ heißt die orthogonale Projektion von $\underline{a}$ in den linearen Raum $\mathcal{V}_1$. Die Menge $\mathcal{V}_1^\perp$ aller zu $\mathcal{V}_1$ orthogonalen Vektoren aus $\mathcal{V}$ ist selbst ein linearer Unterraum von $\mathcal{V}$, der mit $\mathcal{V}_1$ nur den Nullvektor $\underline{0}$ gemeinsam hat. Wenn $\mathcal{V}$ und $\mathcal{V}_1$ die Dimensionen k und l besitzen, muß $k - l$ diejenige von $\mathcal{V}_1^\perp$ sein. Jeden Vektor $\underline{a} \in \mathcal{V}$ können wir also orthogonal zerlegen: $\underline{a} = \underline{b} + \underline{c}$ mit $\underline{b} \in \mathcal{V}_1$ und $\underline{c} \in \mathcal{V}_1^\perp$. Entsprechend können wir uns $\mathcal{V}$ als direkte Summe von $\mathcal{V}_1$ und $\mathcal{V}_1^\perp$ vorstellen.

Eine $(n \times m)$-Matrix $\mathbf{A}$ ist ein rechteckiges Zahlenschema mit n Zeilen und m Spalten, dessen Elemente die reellen Zahlen a_{ij} $(i = 1, \ldots n; j = 1, \ldots, m)$ sind:

$$\mathbf{A} = (a_{ij}) = \begin{pmatrix} a_{11} & \cdots & a_{1m} \\ \vdots & & \vdots \\ a_{n1} & \cdots & a_{nm} \end{pmatrix}. \tag{A.1–24}$$

Der Vektor $\underline{x}$ in (A.1–1) kann demnach als $(n \times 1)$-Matrix interpretiert werden. $(n \times m)$-Matrizen $\mathbf{A} = (a_{ij})$ und $\mathbf{B} = (b_{ij})$ addiert man elementweise: $\mathbf{A} + \mathbf{B} = (a_{ij} + b_{ij})$. Entsprechend skaliert man eine Matrix $\mathbf{A}$ mit einer reellen Zahl c: $c\mathbf{A} = (ca_{ij})$. Es gelten offensichtlich (A.1–2) bis (A.1–9) entsprechende Regeln der Arithmetik. Das Produkt einer $(n \times m)$-Matrix $\mathbf{A} = (a_{ij})$ mit einer $(m \times l)$-Matrix $\mathbf{B} = (b_{jk})$ ist eine $(n \times l)$-Matrix und definiert man durch

$$\mathbf{C} = \mathbf{AB} = (c_{ik}), \quad c_{ik} = \sum_{j=1}^{m} a_{ij} b_{jk}. \tag{A.1–25}$$

Die Multiplikation ist assoziativ, distributiv doch i.a. nicht kommutativ: $\mathbf{AB} \neq \mathbf{BA}$, wenn $\mathbf{BA}$ überhaupt definiert ist. Die Nullmatrix $\mathbf{0}$ enthält lauter Nullen und erfüllt $\mathbf{A} + \mathbf{0} = \mathbf{A}$. Eine $(n \times n)$-Matrix $\mathbf{A}$ heißt quadratisch. Die Einheitsmatrix ist die quadratische Matrix $\mathbf{I}$, deren Diagonalelemente 1 und deren andere Elemente 0 sind. Sie erfüllt $\mathbf{AI} = \mathbf{IA} = \mathbf{A}$, soweit die Produkte definiert sind. Die Transponierte einer $(n \times m)$-Matrix $\mathbf{A} = (a_{ij})$ ist die $(m \times n)$-Matrix $\mathbf{A}' = (a_{ji})$, bei der gegenüber $\mathbf{A}$ Zeilen und Spalten vertauscht sind. Man findet z.B.

$$(\mathbf{AB})' = \mathbf{B}'\mathbf{A}', \quad (\mathbf{ABC})' = \mathbf{C}'\mathbf{B}'\mathbf{A}'. \tag{A.1–26}$$

Eine quadratische Matrix heißt symmetrisch, wenn $\mathbf{A}' = \mathbf{A}$ gilt. Sind die $\underline{x}$ und $\underline{y}$ Vektoren aus $\mathcal{V}$ wie in (A.1–1) also $(n \times 1)$–Matrizen (x_i) und (y_i), so ist $\underline{x}'$ eine $(1 \times n)$–Matrix oder ein Zeilenvektor und

$$\underline{x}'\underline{y} = \sum_{i=1}^{n} x_i y_i = (\underline{x}, \underline{y}) \qquad \text{(A.1–27)}$$

ein inneres Produkt. Die zugehörige Norm (A.1–22) wird wie üblich $\|\underline{y}\| = (\sum_{i=1}^{n} y_i^2)^{1/2}$ geschrieben.

Faßt man die Spalten einer $(n \times m)$–Matrix $\mathbf{A}$ als Vektoren von $\mathcal{V}$ auf, so heißt die maximale Zahl linear unabhängiger Spalten der Rang der Matrix. Er muß gleich dem Rang von $\mathbf{A}'$ sein. Der Rang von $\mathbf{A}$ ist offensichtlich kleiner oder gleich $\min\{n, m\}$. Besitzt eine $(n \times n)$–Matrix $\mathbf{A}$ den Rang n, so heißt sie nichtsingulär und besitzt eine eindeutig bestimmte Inverse $\mathbf{A}^{-1}$, die eine $(n \times n)$–Matrix ist und

$$\mathbf{A}^{-1}\mathbf{A} = \mathbf{I} = \mathbf{A}\mathbf{A}^{-1} \qquad \text{(A.1–28)}$$

erfüllt. Wenn $\mathbf{A}^{-1}$ die Elemente b_{ij} besitzt, die Spalten von $\mathbf{A}$ mit den Vektoren $\underline{a}_1, \ldots, \underline{a}_n$ bezeichnet werden und $\underline{e}_i$ der Einheitsvektor ist, dessen i–te Komponente 1 ist und der sonst mit $\underline{0}$ übereinstimmt, so findet man $\mathbf{A}^{-1}$ durch Lösen der linearen Gleichungssysteme

$$b_{i1}\underline{a}_1 + \cdots + b_{in}\underline{a}_n = \underline{e}_i \quad (i = 1, \ldots n). \qquad \text{(A.1–29)}$$

Sie sind alle eindeutig lösbar, da $\underline{a}_1, \ldots, \underline{a}_n$ linear unabhängig sind. Es gelten folgende Rechenregeln für Inverse:

$$(\mathbf{AB})^{-1} = \mathbf{B}^{-1}\mathbf{A}^{-1}, \; (\mathbf{ABC})^{-1} = \mathbf{C}^{-1}\mathbf{B}^{-1}\mathbf{A}^{-1}, \; (\mathbf{A}')^{-1} = (\mathbf{A}^{-1})'. \qquad \text{(A.1–30)}$$

Es kann zweckmäßig sein, eine Matrix blockartig aus anderen Matrizen zusammenzusetzen:

$$\mathbf{A} = \begin{pmatrix} \mathbf{B} & \mathbf{C} \\ \mathbf{D} & \mathbf{E} \end{pmatrix}. \qquad \text{(A.1–31)}$$

Hierbei besitzen $\mathbf{B}$ und $\mathbf{C}$ sowie $\mathbf{D}$ und $\mathbf{E}$ die gleichen Zeilenzahlen und $\mathbf{B}$ und $\mathbf{D}$ sowie $\mathbf{C}$ und $\mathbf{E}$ die gleichen Spaltenzahlen. Beispielsweise rechnet man bei geeignet dimensionierten Matrizen:

$$\begin{pmatrix} \mathbf{B} & \mathbf{C} \\ \mathbf{D} & \mathbf{E} \end{pmatrix} \begin{pmatrix} \mathbf{F} \\ \mathbf{G} \end{pmatrix} = \begin{pmatrix} \mathbf{BF} + \mathbf{CG} \\ \mathbf{DF} + \mathbf{EG} \end{pmatrix}. \qquad \text{(A.1–32)}$$

Für nichtsinguläre, symmetrische Matrizen $\mathbf{B}$ und $\mathbf{D}$ findet man

$$\begin{pmatrix} \mathbf{B} & \mathbf{C} \\ \mathbf{C}' & \mathbf{D} \end{pmatrix}^{-1} = \begin{pmatrix} \mathbf{B}^{-1} + \mathbf{F}\mathbf{E}^{-1}\mathbf{F}' & -\mathbf{F}\mathbf{E}^{-1} \\ -\mathbf{E}^{-1}\mathbf{F}' & \mathbf{E}^{-1} \end{pmatrix}, \qquad \text{(A.1–33)}$$

wobei $\mathbf{F} = \mathbf{B}^{-1}\mathbf{C}$ und $\mathbf{E} = \mathbf{D} - \mathbf{C}'\mathbf{B}^{-1}\mathbf{C}$ und soweit $\mathbf{E}^{-1}$ existiert. Ist $\mathbf{C} = \mathbf{0}$, so ist die Inverse einer Blockdiagonalmatrix gesucht, die also die gleiche Struktur, jedoch mit den Blöcken $\mathbf{B}^{-1}$ und $\mathbf{D}^{-1}$ besitzt. Ist $\mathbf{A}$ quadratisch und nicht singulär und sind $\underline{x}$ sowie $\underline{y}$ Vektoren gleicher Zeilenzahl, so gilt das sogenannte Matrixinversionslemma :

$$(\mathbf{A} + \underline{x}\underline{y}')^{-1} = \mathbf{A}^{-1} - \frac{(\mathbf{A}^{-1}\underline{x})(\underline{y}'\mathbf{A}^{-1})}{1 + \underline{y}'\mathbf{A}^{-1}\underline{x}}. \qquad \text{(A.1–34)}$$

Eine $(n \times n)$-Matrix $\mathbf{Q}$ heißt orthogonal, wenn sie nicht singulär ist und $\mathbf{Q}^{-1} = \mathbf{Q}'$ erfüllt. Die Spalten von $\mathbf{Q}$ müssen also eine orthonormale Basis von $\mathcal{V} = \mathbf{R}^n$ sein. Entsprechendes gilt für die Zeilen. Ist $\mathbf{A}$ eine $(n\times n)$-Matrix, so gibt es eine orthogonale $(n \times n)$-Matrix $\mathbf{Q}$ und eine obere $(n \times n)$-Dreiecksmatrix $\mathbf{T}$, deren Elemente unterhalb der Diagonalen also 0 sind, mit

$$\mathbf{A} = \mathbf{QT}. \tag{A.1–35}$$

Die Matrizen $\mathbf{Q}$ und $\mathbf{T}$ können z.B. durch Gram–Schmidt–Orthogonalisierung ähnlich zu (A.1–20) konstruiert werden. Ein lineares Gleichungssystem (A.1–14) für $k = n$ und seine Lösung kann man

$$\mathbf{A}\underline{x} = \underline{b} \text{ und } \underline{x} = \mathbf{A}^{-1}\underline{b} \tag{A.1–36}$$

schreiben, wenn $\underline{a}_1, \ldots, \underline{a}_n$ die Spalten von $\mathbf{A}$ sind. Mit (A.1–35) ist $\underline{x}$ auch Lösung von

$$\mathbf{Q}'\mathbf{A}\underline{x} = \mathbf{T}\underline{x} = \underline{c} = \mathbf{Q}'\underline{b}, \tag{A.1–37}$$

einem Gleichungssystem, das durch Rücksubstitution gelöst werden kann, um $\underline{x} = \mathbf{T}^{-1}\underline{c}$ zu erhalten. Zu einer symmetrischen Matrix gibt es eine orthogonale Matrix $\mathbf{Q}$ und eine Diagonalmatrix $\mathbf{\Delta}$, bei der also höchstens die Diagonalelemente von 0 verschieden sein können, so daß

$$\mathbf{A} = \mathbf{Q\Delta Q}', \quad \mathbf{AQ} = \mathbf{Q\Delta} \text{ und } \mathbf{Q}'\mathbf{AQ} = \mathbf{\Delta}. \tag{A.1–38}$$

Zu jedem Diagonalelement λ von $\mathbf{\Delta}$ gibt es demnach einen Spaltenvektor $\underline{u}$ von $\mathbf{Q}$, für den

$$\mathbf{A}\underline{u} = \lambda\underline{u} \tag{A.1–39}$$

und der Eigenvektor zum Eigenwert λ von $\mathbf{A}$ genannt wird. Wenn alle Eigenwerte, d.h alle Diagonalelemente von $\mathbf{\Delta}$, nicht kleiner als Null sind, heißt $\mathbf{A}$ nichtnegativ definit. Dann läßt sich $\mathbf{A}$ in folgender Form darstellen:

$$\mathbf{A} = \mathbf{G}'\mathbf{G}, \tag{A.1–40}$$

wobei man z.B. $\mathbf{G} = \mathbf{\Delta}^{1/2}\mathbf{Q}$ wählen kann und $\mathbf{\Delta}^{1/2}$ eine Diagonalmatrix ist, die $\mathbf{\Delta}^{1/2}\mathbf{\Delta}^{1/2} = \mathbf{\Delta}$ erfüllt. Wir können offensichtlich in (A.1–40) $\mathbf{G}$ durch eine Matrix $\mathbf{OG}$ ersetzen, wobei $\mathbf{O}$ eine beliebige orthogonale $(n \times n)$-Matrix ist. Beispielsweise kann $\mathbf{OG}$ eine obere Dreiecksmatrix sein, die Choleski-Faktor genannt wird.

Die Determinante einer $(n \times n)$-Matrix $\mathbf{A} = (a_{ij})$ ist wie folgt definiert:

$$\det(\mathbf{A}) = \sum(\pm a_{1i_1} a_{2i_2} \cdots a_{ni_n}), \tag{A.1–41}$$

wobei über alle Permutationen $(i_1, \ldots, i_n)$ von $(1, \ldots, n)$ summiert wird mit dem Pluszeichen, wenn die Anzahl der Vertauschungen in $(i_1, \ldots, i_n)$ gerade ist, und dem Minuszeichen sonst. Beispielsweise gilt

$$\det\begin{pmatrix} a_{11} & a_{12} & a_{13} \\ a_{21} & a_{22} & a_{23} \\ a_{31} & a_{32} & a_{33} \end{pmatrix} = a_{11}a_{22}a_{33} + a_{12}a_{23}a_{31} + a_{13}a_{21}a_{32} - a_{13}a_{22}a_{31} - a_{12}a_{21}a_{33} - a_{11}a_{23}a_{32}. \tag{A.1–42}$$

Ist **A** eine Diagonalmatrix, so ist det(**A**) das Produkt der Diagonalelemente. Demnach ist det(**I**) = 1. Für $(n \times n)$–Matrizen **A** und **B** ergibt sich

$$\det(\mathbf{AB}) = \det(\mathbf{A})\det(\mathbf{B}) = \det(\mathbf{BA}). \qquad \text{(A.1–43)}$$

Für eine singuläre Matrix **A** gilt det(**A**) = 0; anderenfalls existiert $\mathbf{A}^{-1}$, und es folgt

$$\det(\mathbf{A}^{-1}) = (\det(\mathbf{A}))^{-1}. \qquad \text{(A.1–44)}$$

Da

$$\det(\mathbf{A}') = \det(\mathbf{A}), \qquad \text{(A.1–45)}$$

muß für eine orthogonale Matrix **Q**

$$\det(\mathbf{Q}) = 1 \qquad \text{(A.1–46)}$$

gelten. Hat man für eine symmetrische Matrix die Zerlegung (A.1–38) gefunden, so ist det(**A**) gerade das Produkt der Diagonalelemente von $\mathbf{\Delta}$, also der Eigenwerte. Die Determinante einer quadratischen Matrix mit Blockstruktur wie in (A.1–31) mit quadratischem **B** und **E** und nichtsingulärem **B** errechnet man zu

$$\det\begin{pmatrix} \mathbf{B} & \mathbf{C} \\ \mathbf{D} & \mathbf{E} \end{pmatrix} = \det(\mathbf{B})\det(\mathbf{E} - \mathbf{DB}^{-1}\mathbf{C}). \qquad \text{(A.1–47)}$$

Ist $\mathbf{D} = \mathbf{0}$ oder $\mathbf{C} = \mathbf{0}$, so erhält man das Produkt der Determinanten von **B** und **E**. Die Determinante einer oberen Dreiecksmatrix muß dann auch das Produkt der Diagonalelemente sei.

Die Spur einer $(n \times n)$–Matrix $\mathbf{A} = (a_{ij})$ ist die Summe ihrer Diagonalelemente:

$$\mathrm{Sp}(\mathbf{A}) = \sum_{i=1}^{n} a_{ii}. \qquad \text{(A.1–48)}$$

Man beobachtet

$$\begin{aligned}
\mathrm{Sp}(\mathbf{A}') &= \mathrm{Sp}(\mathbf{A}), && \text{(A.1–49)}\\
\mathrm{Sp}(\mathbf{A}+\mathbf{B}) &= \mathrm{Sp}(\mathbf{A}) + \mathrm{Sp}(\mathbf{B}), && \text{(A.1–50)}\\
\mathrm{Sp}(\mathbf{AB}) &= \mathrm{Sp}(\mathbf{BA}), && \text{(A.1–51)}\\
\mathrm{Sp}(\mathbf{C}^{-1}\mathbf{AC}) &= \mathrm{Sp}(\mathbf{A}), \text{ falls } \mathbf{C} \text{ nicht singulär ist.} && \text{(A.1–52)}
\end{aligned}$$

Für eine idempotente Matrix **B** des Ranges m gilt

$$\mathbf{B}^2 = \mathbf{BB} = \mathbf{B} \text{ und } \mathrm{Sp}(\mathbf{B}) = m. \qquad \text{(A.1–53)}$$

Eine quadratische Form eines Vektors $\underline{x} = (x_1 \dots x_n)'$ zur $(n \times n)$–Matrix $\mathbf{A} = (a_{ij})$ wird definiert durch

$$\underline{x}'\mathbf{A}\underline{x} = \sum_{i=1}^{n}\sum_{j=1}^{n} a_{ij}x_i x_j = \mathrm{Sp}(\mathbf{A}\underline{x}\,\underline{x}'). \qquad \text{(A.1–54)}$$

Sie hängt von $\mathbf{A}$ nur über deren symmetrischen Anteil $\frac{1}{2}(\mathbf{A}+\mathbf{A}')$ ab und braucht daher nur für symmetrische Matrizen definiert zu werden. Transformiert man mit einer nichtsingulären $(n \times n)$-Matrix $\mathbf{B}$ $\underline{y} = \mathbf{B}\underline{x}$ und $\mathbf{C} = (\mathbf{B}^{-1})'\mathbf{A}\mathbf{B}^{-1}$, so ist

$$\underline{x}'\mathbf{A}\underline{x} = \underline{y}'\mathbf{C}\underline{y} = \sum_{i=1}^{n} \lambda_i y_i^2, \tag{A.1–55}$$

wobei für die rechte Seite (A.1–38) angewandt, $\mathbf{B} = \mathbf{Q}'$ und die Diagonalelemente λ_i von $\mathbf{\Delta}$ benutzt werden. Falls $\mathbf{A}$ nichtnegativ definit ist, muß $\underline{x}'\mathbf{A}\underline{x} \geq 0$ für alle $\underline{x}$ gelten, da alle Eigenwerte $\lambda_i \geq 0$ sind. Sind alle Eigenwerte positiv, heißt $\mathbf{A}$ positiv definit und muß $\underline{x}'\mathbf{A}\underline{x} > 0$ für alle $\underline{x} \neq \underline{0}$ gelten.

Wir kommen zurück auf die orthogonale Projektion eines Vektor $\underline{a} \in \mathcal{V}$ in einen linearen Unterraum $\mathcal{V}_1 \subset \mathcal{V}$, d.h. wir zerlegen $\underline{a} = \underline{b} + \underline{c}$ orthogonal und eindeutig mit $\underline{b} \in \mathcal{V}_1$ und $\underline{c} \in \mathcal{V}_1^{\perp}$, dem linearen Raum aller zu $\mathcal{V}_1$ orthogonalen Vektoren aus $\mathcal{V}$. Die Abbildung $\underline{a} \to \underline{b}$ ist linear; so gibt es eine $(n \times n)$-Matrix $\mathbf{P}$, die Projektionsmatrix heißt und eindeutig bestimmt ist, mit

$$\underline{b} = \mathbf{P}\underline{a} \text{ und } \mathbf{PP} = \mathbf{P} = \mathbf{P}'. \tag{A.1–56}$$

Wenn $\mathcal{V}_1$ die Dimension l hat, muß $\mathbf{P}$ den Rang l besitzen und liefert (A.1–53)

$$\mathrm{Sp}(\mathbf{P}) = l. \tag{A.1–57}$$

$\mathbf{I} - \mathbf{P}$ ist offensichtlich auch eine Projektionsmatrix, die einen Vektor $\underline{a} \in \mathcal{V}$ wegen $(\mathbf{I}-\mathbf{P})\underline{a} = \underline{a} - \mathbf{P}\underline{a} = \underline{c}$ in den linearen Raum $\mathcal{V}_1^{\perp}$ abbildet. Sei $\mathbf{B}$ eine $(n \times l)$-Matrix des Ranges $l \leq k \leq n$, dann ist $\mathbf{B}'\mathbf{B}$ eine nichtsinguläre $(l \times l)$-Matrix und

$$\mathbf{P} = \mathbf{B}(\mathbf{B}'\mathbf{B})^{-1}\mathbf{B}' \tag{A.1–58}$$

die Projektionsmatrix, die einen Vektor $\underline{a} \in \mathcal{V}$ in den durch die Spalten von $\mathbf{B}$ aufgespannten linearen Raum $\mathcal{V}_1$ abbildet. Da $\underline{a} = \underline{b} + \underline{c}$ mit $\underline{b} \in \mathcal{V}_1$ und $\underline{c} \in \mathcal{V}_1^{\perp}$, muß $\underline{c}$ orthogonal zu den Spalten von $\mathbf{B}$ sein; also $\mathbf{B}'\underline{c} = \underline{0}$. Die Spalten von $\mathbf{B}$ sind eine Basis von $\mathcal{V}_1$; so gibt es nach (A.1–11) Zahlen $d_1, \ldots, d_l$, die zum Vektor $\underline{d} \in \mathbf{R}^l$ zusammengefaßt werden, so daß $\underline{b} = \mathbf{B}\underline{d}$ und

$$\mathbf{P}\underline{a} = \mathbf{B}(\mathbf{B}'\mathbf{B})^{-1}\mathbf{B}'(\underline{b}+\underline{c}) = \mathbf{B}(\mathbf{B}'\mathbf{B})^{-1}\mathbf{B}'\mathbf{B}\underline{d} = \mathbf{B}\underline{d} = \underline{b}. \tag{A.1–59}$$

Wenn $\underline{a}_1, \ldots, \underline{a}_l$ eine Basis orthonormaler Vektoren von $\mathcal{V}_1$ ist und betrachtet man sie als die Spalten der $(n \times l)$-Matrix $\mathbf{A}$, dann ist $\mathbf{A}'\mathbf{A} = \mathbf{I}_l$, also die $(l \times l)$-Einheitsmatrix. Wegen (A.1–12) gibt es eine nichtsinguläre $(l \times l)$-Matrix $\mathbf{C}$ mit $\mathbf{AC} = \mathbf{B}$. Dann wird

$$\mathbf{P} = \mathbf{B}(\mathbf{B}'\mathbf{B})^{-1}\mathbf{B}' = \mathbf{AC}(\mathbf{C}'\mathbf{A}'\mathbf{AC})^{-1}\mathbf{C}'\mathbf{A}' = \mathbf{AA}'. \tag{A.1–60}$$

Eine quadratische Form zur Matrix (A.1–60) wird dann

$$\underline{x}'\mathbf{B}(\mathbf{B}'\mathbf{B})^{-1}\mathbf{B}'\underline{x} = \underline{x}'\mathbf{AA}'\underline{x} = |\mathbf{A}'\underline{x}|^2. \tag{A.1–61}$$

Auch wenn $\mathbf{B}$ singulär ist und den Rang $m < l$ besitzt, gibt es eine eindeutig festgelegte Matrix $\mathbf{P}$, die in den durch die Spalten von $\mathbf{B}$ aufgespannten m-dimensionalen linearen

Raum $\mathcal{V}_1$ orthogonal projiziert. Eine Basis von $\mathcal{V}_1$ ist durch m unabhängige Spalten von $\mathbf{B}$ gegeben. Wir schreiben für die Projektionsmatrix

$$\mathbf{P} = \mathbf{B}(\mathbf{B}'\mathbf{B})^{-}\mathbf{B}'. \tag{A.1–62}$$

Hierbei bezeichnet $\mathbf{G}^{-}$ eine beliebige verallgemeinerte Inverse der Matrix $\mathbf{G} = \mathbf{B}'\mathbf{B}$, also eine Matrix, die folgende Bedingung erfüllt :

$$\mathbf{G}\mathbf{G}^{-}\mathbf{G} = \mathbf{G}. \tag{A.1–63}$$

Schließlich sollen noch einige Rechenregeln für den Gradientenoperator $\underline{\nabla}$ aufgeschrieben werden, also für den Vektor, dessen Komponenten die Operatoren $\frac{\partial}{\partial s_i}$ für die partiellen Ableitungen nach den Variablen s_i $(i = 1, \ldots, k)$ sind, die wiederum zum Vektor $\underline{s}$ zusammengefaßt werden. $\underline{\nabla}\varphi(\underline{s})$ bezeichnet demnach den Spaltenvektor, dessen Komponenten die partiellen Ableitungen $\frac{\partial \varphi(\underline{s})}{\partial s_i}$ $(i = 1, \ldots, k)$ einer skalaren Funktion $\varphi(\underline{s})$ sind. Für eine vektorwertige Funktion $\underline{\psi}(\underline{s})$ bedeutet $\underline{\nabla}\underline{\psi}(\underline{s})'$ eine Matrix, deren Spalten die Gradienten der Komponenten von $\underline{\psi}(\underline{s})$ sind. Wenn $\underline{\nabla}$ als $(k \times 1)$–Matrix und $\underline{\nabla}'$ als Transponierte interpretiert werden, so können wir die $(k \times k)$–Matrix der zweiten Ableitungen $\frac{\partial^2 \varphi(\underline{s})}{\partial s_i \partial s_j}$ als

$$\underline{\nabla}\underline{\nabla}'\varphi(\underline{s}) = \underline{\nabla}\,(\underline{\nabla}\varphi(\underline{s}))' = \left(\frac{\partial^2 \varphi(\underline{s})}{\partial s_i \partial s_j}\right) \tag{A.1–64}$$

schreiben. Ist $\underline{a} \in \mathbf{R}^k$ und $\varphi(\underline{s}) = \underline{a}'\underline{s}$, so gilt

$$\underline{\nabla}(\underline{a}'\underline{s}) = (\underline{\nabla}\underline{s}')\underline{a} = \underline{a} \text{ und } \underline{\nabla}\underline{\nabla}'(\underline{a}'\underline{s}) = \mathbf{0}. \tag{A.1–65}$$

Für eine symmetrische $(k \times k)$–Matrix $\mathbf{A} = (a_{ij})$ und

$$\varphi(\underline{s}) = \underline{s}'\mathbf{A}\underline{s} = \sum_{i=1}^{k}\sum_{j=1}^{k} a_{ij}s_i s_j = 2\sum_{i=2}^{k}\sum_{j=1}^{i-1} a_{ij}s_i s_j + \sum_{i=1}^{k} a_{ii}s_i^2 \tag{A.1–66}$$

findet man

$$\underline{\nabla}(\underline{s}'\mathbf{A}\underline{s}) = 2\mathbf{A}\underline{s} \text{ und } \underline{\nabla}\underline{\nabla}'(\underline{s}'\mathbf{A}\underline{s}) = 2\mathbf{A}. \tag{A.1–67}$$

Mit Hilfe der Ketten– und der Produktregel zum Differenzieren behandelt man z.B. $\varphi(\underline{s}) = e^{\underline{s}'\mathbf{A}\underline{s}}$:

$$\underline{\nabla}e^{\underline{s}'\mathbf{A}\underline{s}} = 2e^{\underline{s}'\mathbf{A}\underline{s}}\mathbf{A}\underline{s} \text{ und } \underline{\nabla}\underline{\nabla}'e^{\underline{s}'\mathbf{A}\underline{s}} = 2e^{\underline{s}'\mathbf{A}\underline{s}}(2\mathbf{A}\underline{s}\underline{s}'\mathbf{A} + \mathbf{A}). \tag{A.1–68}$$

A.2 Schnelle Algorithmen

A.2.1 Schnelle Fourier–Transformation

Unter dem Namen SCHNELLE FOURIER–TRANSFORMATION (FFT, Fast Fourier Transform) faßt man eine Familie effizienter Algorithmen zur Berechnung der diskreten

Fourier–Transformation einer endlichen Folge $x_0, x_1, \ldots, x_{N-1}$ reeller oder komplexer Zahlen oder ihrer Umkehrung zusammen. Ist

$$X^N(\omega) = \sum_{n=0}^{N-1} x_n e^{-j\omega n} \tag{A.2–1}$$

für beliebige ω die ENDLICHE FOURIER–TRANSFORMATION, so nennt man diese bestimmt für die diskreten Frequenzen $\omega_k = \frac{2\pi k}{N}$ $(k = 0, 1, \ldots, N-1)$ die DISKRETE FOURIER–TRANSFORMATION (DFT):

$$X(k) = X^N(\omega_k) = \sum_{n=0}^{N-1} x_n e^{-j2\pi nk/N} \quad (k = 0, \ldots, N-1). \tag{A.2–2}$$

Für reelle x_n gilt $X(N-k) = X(k)^*$, womit (A.2–2) nur für $k = 0, \ldots, [\frac{N}{2}]$ berechnet zu werden braucht. Hierbei bezeichnet $[a]$ die größte ganze Zahl, die kleiner oder gleich a ist. Da in diesem Fall $X(0)$ und für gerade N auch $X(\frac{N}{2})$ reell sind, benötigt man zum Speichern der diskret Fourier–transformierten Daten wie für die Daten selbst N Speicherplätze. Wegen

$$\eta_n^N = \frac{1}{N} \sum_{k=0}^{N-1} e^{-j2\pi nk/N} = \begin{cases} 1 & , \text{ für } n = lN \text{ mit } l \in \mathbb{Z} \\ 0 & , \text{ sonst} \end{cases} \tag{A.2–3}$$

findet man für $m \in \mathbb{Z}$

$$\begin{aligned} \frac{1}{N} \sum_{k=0}^{N-1} X(k) e^{j2\pi mk/N} &= \frac{1}{N} \sum_{k=0}^{N-1} \sum_{n=0}^{N-1} x_n e^{-j2\pi nk/N} e^{j2\pi mk/N} \\ &= \sum_{n=0}^{N-1} x_n \frac{1}{N} \sum_{k=0}^{N-1} e^{-j2\pi k(n-m)/N} \\ &= \sum_{n=0}^{N-1} x_n \eta_{n-m}^N . \end{aligned} \tag{A.2–4}$$

Dies beinhaltet die Umkehrung der DFT :

$$x_m = \frac{1}{N} \sum_{k=0}^{N} X(k) e^{j2\pi mk/N} \quad (m = 0, \ldots, N-1). \tag{A.2–5}$$

Die DFT und ihre Umkehrung erfordern demnach gleichartige Rechenoperationen, wenn von der Skalierung mit $\frac{1}{N}$ abgesehen wird. Schätzt man für komplexe Zahlen x_n überschlägig die Anzahl der für die Berechnung der Formel (A.2–2) benötigten Rechenoperationen ab, so kommt man auf N^2 komplexe Multiplikationen und $N(N-1)$ komplexe Additionen. Wir berücksichtigen hierbei nicht, daß für Brüche $\frac{nk}{N}$, die Vielfache von $\frac{1}{4}$ sind, $e^{-j2\pi nk/N}$ die Werte 1, j, -1, oder $-j$ besitzt und damit keine Multiplikationen auszurechnen sind. Abgesehen von solchen Fällen läßt sich die Zahl der Rechenoperationen reduzieren, wenn N keine Primzahl ist und sich in $N = N_1 N_2$ zerlegen läßt. Man überlegt sich nämlich mit den Zahlendarstellungen $k = k_1 N_2 + k_2$

und $n = n_1 + n_2N_1$ folgendes:

$$\begin{aligned} X(k) &= \sum_{n_1=0}^{N_1-1}\sum_{n_2=0}^{N_2-1} x_{n_1+n_2N_1} e^{-j2\pi(k_1N_2+k_2)(n_1+n_2N_1)/(N_1N_2)} \\ &= \sum_{n_1=0}^{N_1-1} e^{-j2\pi k_1n_1/N_1} e^{-j2\pi k_2n_1/N} \sum_{n_2=0}^{N_2-1} x_{n_1+n_2N_1} e^{-j2\pi k_2n_2/N_2}, \end{aligned} \qquad \text{(A.2–6)}$$

da $e^{-j2\pi(k_1n_2N_1N_2)/(N_1N_2)} = 1$. Man berechnet zunächst mit den Daten $x_{n_1+n_2N_1}$ $(n_2 = 0, \ldots, N_2-1)$ die DFT für $k_2 = 0, \ldots, N_2-1$ und das für $n_1 = 0, \ldots, N_1-1$. Hierfür werden grob $N_1N_2^2$ komplexe Multiplikationen benötigt. Jeder berechnete Wert muß mit dem entsprechenden Drehfaktor $e^{-j2\pi k_2n_1/N}$ multipliziert werden für $k_2 = 0, \ldots, N_2-1$ und $n_1 = 0, \ldots, N_1-1$, was N_1N_2 komplexe Multiplikationen erfordert. Für jedes k_2 wird schließlich eine DFT für die mit $n_1 = 0, \ldots, N_1-1$ indizierten Daten durchgeführt, wozu weitere $N_2N_1^2$ komplexe Multiplikationen erforderlich sind. Insgesamt sind dies $N_1N_2^2 + N_2N_1^2 + N_1N_2 = N_1N_2(N_1 + N_2 + 1)$ komplexe Multiplikationen, was offensichtlich weniger als $N_1^2N_2^2 = N^2$ ist. Die Zahl der Additionen läßt sich ähnlich abschätzen. Etwas genauer betrachten wir den Fall, daß N eine Zweierpotenz $N = 2^L$ ist. Mit $N_1 = 2$, $N_2 = N/2$ und der Abkürzung $w = e^{-j2\pi/N}$ wird (A.2–6)

$$\left.\begin{aligned} X(k) &= \sum_{m=0}^{N/2-1} x_{2m}w^{2mk} + w^k \sum_{m=0}^{N/2-1} x_{2m+1}w^{2mk} \\ X(N/2+k) &= \sum_{m=0}^{N/2-1} x_{2m}w^{2mk} - w^k \sum_{m=0}^{N/2-1} x_{2m+1}w^{2mk} \end{aligned}\right\} (k = 0, \ldots, \frac{N}{2}-1), \qquad \text{(A.2–7)}$$

da $w^{N/2} = -1$ gilt. Dieses Vorgehen (engl. „decimation in time" genannt) ersetzt also eine DFT für N Daten durch zwei DFT's für $N/2$ Daten, wobei zusätzlich $N/2$ komplexe Multiplikationen und N komplexe Additionen aufgewandt werden müssen. Ersetzen wir nun die DFT's für $N/2$ Daten durch solche für $N/4$ Daten in entsprechender Weise und teilen weiter, bis DFT's für nur ein Datum, also Identitäten übrig bleiben, so erhält man $L = \log_2 N$ Stufen. Hierbei wandelt die i–te Stufe 2^i DFT's für 2^{L-i} Daten in 2^{i+1} DFT's für 2^{L-i-1} Daten auf Kosten von $N/2$ komplexen Multiplikationen und N komplexen Additionen um. Summiert man, so erfordert dieser Algorithmus $(N/2)\log_2 N$ komplexe Multiplikationen und $N \log_2 N$ komplexe Additionen. Wenn zum Beispiel $N = 1024$ ist, benötigen wir nur noch $1024 \cdot 5$ Multiplikationen statt der $1024 \cdot 1024$ für die direkte Berechnung; der Aufwand wird also auf 0,5% reduziert. Hierbei sind triviale Multiplikationen mit 1, j, $-j$ und -1 sogar noch mitgezählt worden. Weitere Einzelheiten auch zur Inplementierung und andere Algorithmen zur schnellen Fourier–Transformation werden bei Nussbaumer [1] untersucht. Als Beispiel soll nur erwähnt werden, daß bei einer „In-Place"-Berechnung die Fourier-transformierten Daten $X(k)$ nicht mehr in ihrer natürlichen Reihenfolge im Datenvektor stehen. Doch läßt sich mit einem einfachen Verfahren, dem sogenannten „Bit–Reversal" die gewünschte Ordnung wieder herstellen.

[1] Nussbaumer, H. J. (1982): Fast Fourier Transform and Convolution Algorithms. Second ed., Springer, Berlin

A.2.2 Levinson–Durbin–Rekursion

LEVINSON-DURBIN-REKURSIONEN ermöglichen es, Yule-Walker-Gleichungen (3.2–68) ordnungsrekursiv und effizient nach den Modellparametern eines autoregressiven Prozesses der Ordnung p zu lösen. Wir nehmen an, Werte der Kovarianzfunktion $c_{XX}(k)$ $(k = 0, \ldots, K)$ (oder Schätzungen z.B. durch die empirische Kovarianzfunktion) zu kennen. Die Parameter eines autoregressiven Modelles der Ordnung m mit $1 \leq m \leq K$ seien die eindeutigen Lösungen $a_{m,1}, \ldots, a_{m,m}$ und σ_m^2 des Gleichungssystems

$$\sum_{k=1}^{m} c_{XX}(l-k)a_{m,k} = -c_{XX}(l) \quad (l = 1, \ldots, m), \tag{A.2–8}$$

$$\sigma_{Z,m}^2 = c_{XX}(0) + \sum_{k=1}^{m} a_{m,k}c_{XX}(k). \tag{A.2–9}$$

Hierzu nehmen wir an, daß die Kovarianzmatrix $(c_{XX}(k-l))_{k,l=1,\ldots,m}$ für $m = K$ nicht singulär ist, was entsprechendes für alle $m \leq K$ zur Folge hat. Im Sinne von Beispiel B3.2-4 können wir das Transversalfilter mit der Impulsantwort $h_n = -a_{m,n}$ $(n = 1, \ldots, m)$ und $h_n = 0$ sonst als Einschrittsprädiktor für X_n ansehen, wenn $X_{n-m}, \ldots, X_{n-1}$ beobachtet werden können. Ein AR(p)-Prozeß ist definiert durch

$$X_n + \sum_{k=1}^{p} a_k X_{n-k} = Z_n \text{ und } \mathrm{E}Z_n^2 = \sigma_Z^2, \tag{A.2–10}$$

besitzt nichtsinguläre Kovarianzmatrizen und erfüllt für alle $m \geq p$

$$a_{m,k} = a_k \quad (k = 1, \ldots, p) \text{ und } a_{m,k} = 0 \quad (k = p+1, \ldots, m), \tag{A.2–11}$$

$$\sigma_{Z,k}^2 = \sigma_Z^2 \quad (k = p, \ldots, m). \tag{A.2–12}$$

Bei anderen stationären Prozessen gilt nur $0 \leq \sigma_{Z,m+1}^2 \leq \sigma_{Z,m}^2$ $(m = 1, 2, \ldots)$, wie weiter unten zu sehen ist. Wir wollen nun zeigen, daß sich die Lösung $a_{m+1,k}$ $(k = 1, \ldots, m+1)$ und σ_{m+1}^2 des Gleichungssystem zur Ordnung $m+1$ aus derjenigen des Gleichungssystems zur Ordnung m, (A.2–8) und (A.2–9) berechnen läßt, um damit wie folgt die Yule–Walker–Gleichungen zur Ordnung p zu lösen:

$$a_{1,1} = -c_{XX}(1)/c_{XX}(0); \quad \sigma_{Z,1}^2 = c_{XX}(0)(1 - a_{1,1}^2); \tag{A.2–13}$$

für $m = 1, \ldots, p-1$ berechne

$$a_{m+1,m+1} = -\frac{1}{\sigma_{Z,m}^2}\left(c_{XX}(m+1) + \sum_{k=1}^{m} c_{XX}(m+1-k)a_{m,k}\right); \tag{A.2–14}$$

$$\sigma_{Z,m+1}^2 = \sigma_{Z,m}^2(1 - a_{m+1,m+1}^2); \tag{A.2–15}$$

für $k = 1, \ldots, m$ berechne

$$a_{m+1,k} = a_{m,k} + a_{m+1,m+1}a_{m,m+1-k}. \tag{A.2–16}$$

Um (A.2–16) zu zeigen, formulieren wir im zu lösenden Gleichungssystem

$$\sum_{k=1}^{m+1} c_{XX}(l-k)a_{m+1,k} = -c_{XX}(l) \quad (l = 1, \ldots, m+1), \tag{A.2–17}$$

$$\sigma_{Z,m+1}^2 = c_{XX}(0) + \sum_{k=1}^{m+1} c_{XX}(k)a_{m+1,k} \tag{A.2–18}$$

(A.2–17) etwas anders,

$$\sum_{k=1}^{m} c_{XX}(l-k)a_{m+1,k} + c_{XX}(l-m-1)a_{m+1,m+1} = -c_{XX}(l) \quad (l=1,\ldots,m), \qquad \text{(A.2–19)}$$

$$\sum_{k=1}^{m} c_{XX}(m+1-k)a_{m+1,k} + c_{XX}(0)a_{m+1,m+1} = -c_{XX}(m+1), \qquad \text{(A.2–20)}$$

ersetzen in (A.2–19) $-c_{XX}(l)$ und $c_{XX}(l-m-1) = c_{XX}(m+1-l)$ mit Hilfe von (A.2–8), bringen alles auf die linke Seite und erhalten

$$\begin{aligned}&\sum_{k=1}^{m} c_{XX}(l-k)a_{m+1,k} - \sum_{n=1}^{m} c_{XX}(m+1-l-n)a_{m,n}a_{m+1,m+1} - \sum_{k=1}^{m} c_{XX}(l-k)a_{m,k} = \\ &\sum_{k=1}^{m} c_{XX}(l-k)(a_{m+1,k} - a_{m+1,m+1}a_{m,m+1-k} - a_{m,k}) = 0 \quad (l=1,\ldots,m).\end{aligned} \qquad \text{(A.2–21)}$$

Hierbei haben wir die Summe über $n = 1,\ldots,m$ in eine solche über $k = m+1-n = 1,\ldots,m$ gewandelt. Da die Koeffizientenmatrizen $(c_{XX}(l-k))_{l,k=1,\ldots,m}$ für $m = 1,\ldots,p$ nicht singulär sein sollen, kann das lineare Gleichungssystem in (A.2–21) nur die Lösungen

$$(a_{m+1,k} - a_{m+1,m+1}a_{m,m+1-k} - a_{m,k}) = 0 \quad (k=1,\ldots,m) \qquad \text{(A.2–22)}$$

besitzen, was als erstes zu zeigen war. Setzt man (A.2–16) in (A.2–20) ein, so ergibt sich

$$\sum_{k=1}^{m} c_{XX}(m+1-k)(a_{m,k} + a_{m+1,m+1}a_{m,m+1-k}) + c_{XX}(0)a_{m+1,m+1} = -c_{XX}(m+1). \qquad \text{(A.2–23)}$$

Lösen wir nach $a_{m+1,m+1}$ auf, dann ist

$$a_{m+1,m+1} = -\frac{c_{XX}(m+1) + \sum_{k=1}^{m} c_{XX}(m+1-k)a_{m,k}}{c_{XX}(0) + \sum_{k=1}^{m} c_{XX}(m+1-k)a_{m,m+1-k}}, \qquad \text{(A.2–24)}$$

was mit (A.2–9) Formel (A.2–14) liefert. Schließlich setzen wir in (A.2–18) die Ausdrücke (A.2–16) ein und erhalten

$$\begin{aligned}\sigma^2_{Z,m+1} &= c_{XX}(0) + \sum_{k=1}^{m} c_{XX}(k)(a_{m,k} + a_{m+1,m+1}a_{m,m+1-k}) + c_{XX}(m+1)a_{m+1,m+1} \\ &= \sigma^2_{Z,m} + a_{m+1,m+1}\Big(c_{XX}(m+1) + \sum_{k=1}^{m} c_{XX}(k)a_{m,m+1-k}\Big),\end{aligned} \qquad \text{(A.2–25)}$$

woraus mit (A.2–14) Formel (A.2–15) folgt. Da sich (A.2–13) unmittelbar als Lösung von (A.2–8) und (A.2–9) für $m = 1$ ergibt, haben wir die Korrektheit des Algorithmus bewiesen. Wir erwähnen noch, daß zu seiner Berechnung überschlägig $p(p+1)$ Multiplikationen, p Divisionen und p^2 Additionen benötigt werden. Eine direkte Lösung der Yule–Walker–Gleichungen mit dem Gauß–Algorithmus erfordert allein ca. $p^3/3$ Multiplikationen und ebensoviele Additionen.

Sind die Werte der Kovarianzfunktion $c_{XX}(k)$ nicht bekannt, so kann man die empirische Kovarianzfunktion aus Beobachtungen $x_0, \ldots, x_{N-1}$ des stationären Prozesses schätzen und in der Levinson–Durbin–Rekursion verwenden. Dies ist für große N numerisch aufwendig und braucht nicht auf stabile rekursive Filter mit den Koeffizienten $a_{m,1}, \ldots, a_{m,m}$ zu führen. Letzteres tritt auf, wenn der sogenannte PARTIELLE KORRELATIONSKOEFFIZIENT $\rho_m = -a_{m,m}$, der wegen (A.2–15) stets $|\rho_m| \leq 1$ erfüllt, den Betrag 1 besitzt. Der BURG–ALGORITHMUS versucht, diese Schwierigkeiten durch eine direkte Schätzung von ρ_m aus den Daten zu vermeiden, um mit der Schätzung $\hat{\rho}_m$ die Rekursionen (A.2–15) und (A.2–16) auszuführen. Hierzu rechnen wir wie folgt:

$$s = \sum_{n=0}^{N-1} x_n^2; \tag{A.2–26}$$

$$\hat{\rho}_1 = -\hat{a}_{1,1} = \sum_{n=1}^{N-1} x_n x_{n-1}/s; \tag{A.2–27}$$

$$\hat{\sigma}_{Z,1}^2 = s(1 - \hat{\rho}_1^2)/N; \tag{A.2–28}$$

für $n = 1, \ldots, N-1$ berechne

$$z_{1,n} = x_n - \hat{\rho}_1 x_{n-1}; \tag{A.2–29}$$

$$r_{1,n-1} = x_{n-1} - \hat{\rho}_1 x_n; \tag{A.2–30}$$

für $m = 1, \ldots, p-1$ berechne

$$\hat{\rho}_{m+1} = \frac{2 \sum_{n=m}^{N-1} z_{m,n} r_{m,n-m}}{\sum_{n=m}^{N-1} (z_{m,n}^2 + r_{m,n-m}^2)}; \tag{A.2–31}$$

wenn $|\hat{\rho}_{m+1}| = 1$ stop sonst

für $n = m+1, \ldots N-1$ berechne

$$z_{m+1,n} = z_{m,n} - \hat{\rho}_{m+1} r_{m,n-m-1}; \tag{A.2–32}$$

$$r_{m+1,n-m-1} = r_{m,n-m-1} - \hat{\rho}_{m+1} z_{m,n}; \tag{A.2–33}$$

$$\hat{a}_{m+1,m+1} = -\hat{\rho}_m; \tag{A.2–34}$$

$$\hat{\sigma}_{Z,m+1}^2 = \hat{\sigma}_{Z,m}^2 (1 - \hat{\rho}_m^2); \tag{A.2–35}$$

für $k = 1, \ldots, m$ berechne

$$a_{m+1,k} = a_{m,k} - \hat{\rho}_{m+1} a_{m,m+1-k}. \tag{A.2–36}$$

Wir bemerken, daß man $z_{m,n}$ als Prädiktionsfehler, d.h. zeitlich gesehen als Vorwärtsprädiktionsfehler und $r_{m,n-m}$ entsprechend als Rückwärtsprädiktionsfehler interpretieren kann, wenn man mit Hilfe von $x_{n-m}, \ldots, x_{n-1}$ die Werte von x_n und x_{n-m-1} linear prädizieren möchte. Nach (A.2–31) kann $|\hat{\rho}_{m+1}| < 1$ angenommen werden, außer es gilt $z_{m,n} = r_{m,n-m}$ $(n = m, \ldots, N-1)$ oder $z_{m,n} = -r_{m,n-m}$ $(n = m, \ldots, N-1)$. Beobachtungen $x_n = a = \text{const.}$ haben z.B. so $\hat{\rho}_2 = 1$ zur Folge. Die durch (A.2–32) und (A.2–33) definierte Filterstruktur wird Lattice–Filter genannt. Gründlichere Untersuchungen sollen hier nicht mehr durchgeführt werden, statt dessen verweisen wir auf Haykin (1991)

A.3 Tabellen

A.3.1 Standardnormalverteilung

Verteilungsfunktion der Standardnormalverteilung: $\Phi(x) = \frac{1}{\sqrt{2\pi}} \int_{-\infty}^{x} e^{-\frac{1}{2}y^2}\, dy.$

x	0	1	2	3	4	5	6	7	8	9
0,0	,50000	50398	50797	51196	51595	51993	52392	52790	53188	53585
0,1	53982	54379	54775	55171	55567	55961	56355	56749	57142	57534
0,2	57925	58316	58706	59095	59483	59870	60256	60641	61026	61409
0,3	61791	62171	62551	62930	63307	63683	64057	64430	64802	65173
0,4	65542	65909	66275	66640	67003	67364	67724	68082	68438	68793
0,5	69146	69497	69846	70194	70540	70884	71226	71566	71904	72240
0,6	72574	72906	73237	73565	73891	74215	74537	74857	75174	75490
0,7	75803	76114	76423	76730	77035	77337	77637	77935	78230	78523
0,8	78814	79102	79389	79673	79954	80233	80510	80784	81057	81326
0,9	81593	81858	82121	82381	82639	82894	83147	83397	83645	83891
1,0	84134	84375	84613	84849	85083	85314	85542	85769	85992	86214
1,1	86433	86650	86864	87076	87285	87492	87697	87899	88099	88297
1,2	88493	88686	88876	89065	89251	89435	89616	89795	89972	90147
1,3	90319	90490	90658	90824	90987	91149	91308	91465	91620	91773
1,4	91924	92073	92219	92364	92506	92647	92785	92921	93056	93188
1,5	93319	93447	93574	93699	93821	93942	94062	94179	94294	94408
1,6	94520	94630	94738	94844	94949	95052	95154	95254	95352	95448
1,7	95543	95636	95728	95818	95907	95994	96079	96163	96246	96327
1,8	96406	96485	96562	96637	96711	96784	96855	96925	96994	97062
1,9	97128	97193	97257	97319	97381	97441	97500	97558	97614	97670
2,0	97724	97778	97830	97882	97932	97981	98030	98077	98123	98169
2,1	98213	98257	98299	98341	98382	98422	98461	98499	98537	98573
2,2	98609	98644	98679	98712	98745	98777	98808	98839	98869	98898
2,3	98927	98955	98982	99009	99035	99061	99086	99110	99134	99157
2,4	99180	99202	99223	99245	99265	99285	99305	99324	99343	99361
2,5	99379	99396	99413	99429	99445	99461	99476	99491	99505	99520
2,6	99533	99547	99560	99573	99585	99597	99609	99620	99631	99642
2,7	99653	99663	99673	99683	99692	99702	99710	99719	99728	99736
2,8	99744	99752	99759	99767	99774	99781	99788	99794	99801	99807
2,9	99813	99819	99824	99830	99835	99841	99846	99851	99855	99860
3,0	99865	99869	99873	99877	99881	99885	99889	99892	99896	99899
3,1	99903	99906	99909	99912	99915	99918	99921	99923	99926	99928
3,2	99931	99933	99935	99938	99940	99942	99944	99946	99948	99949
3,3	99951	99953	99954	99956	99958	99959	99961	99962	99963	99965
3,4	99966	99967	99968	99969	99970	99971	99972	99973	99974	99975

Für $x < 0$ erhält man die Funktionswerte über folgende Beziehung:

$$\Phi(x) = 1 - \Phi(-x)$$

A.3.2 χ^2–Verteilung

Verteilungsfunktion der χ^2_n-Verteilung mit n Freiheitsgraden für $x > 0$:

$$F(x) = 2^{-n/2}\Gamma(n/2)^{-1} \int_0^x y^{\frac{n}{2}-1} e^{-y/2}\, dy.$$

Die Tabelle enthält Werte $\chi^2_{n,\alpha}$, die $F(\chi^2_{n,\alpha}) = 1 - \alpha$ erfüllen.

$n \setminus \alpha$	0.100	0.050	0.025	0.010	0.005
1	2.7055	3.8415	5.0239	6.6349	7.8794
2	4.6052	5.9915	7.3778	9.2103	10.597
3	6.2514	7.8147	9.3484	11.345	12.838
4	7.7794	9.4877	11.143	13.277	14.860
5	9.2364	11.070	12.833	15.086	16.750
6	10.645	12.592	14.449	16.812	18.548
7	12.017	14.067	16.013	18.475	20.278
8	13.362	15.507	17.535	20.090	21.955
9	14.684	16.919	19.023	21.666	23.589
10	15.987	18.307	20.483	23.209	25.188
11	17.275	19.675	21.920	24.725	26.757
12	18.549	21.026	23.337	26.217	28.300
13	19.812	22.362	24.736	27.688	29.819
14	21.064	23.685	26.119	29.141	31.319
15	22.307	24.996	27.488	30.578	32.801
16	23.542	26.296	28.845	32.000	34.267
17	24.769	27.587	30.191	33.409	35.718
18	25.989	28.869	31.526	34.805	37.156
19	27.204	30.144	32.852	36.191	38.582
20	28.412	31.410	34.170	37.566	39.997
21	29.615	32.671	35.479	38.932	41.401
22	30.813	33.924	36.781	40.289	42.796
23	32.007	35.172	38.076	41.638	44.181
24	33.196	36.415	39.364	42.980	45.559
25	34.382	37.652	40.646	44.314	46.928
30	40.256	43.773	46.979	50.892	53.672
40	51.805	55.758	59.342	63.691	66.766
50	63.167	67.505	71.420	76.154	79.490
60	74.397	79.082	83.298	88.379	91.952
70	85.527	90.531	95.023	100.43	104.21
80	96.578	101.88	106.63	112.33	116.32
90	107.57	113.15	118.14	124.12	128.30
100	118.50	124.34	129.56	135.81	140.17

A.3.3 F–Verteilung

Verteilungsfunktion der F_{n_1,n_2}–Verteilung mit n_1 und n_2 Freiheitsgraden für $x > 0$:

$$F(x) = \frac{\Gamma(n_1/2 + n_2/2)}{\Gamma(n_1/2)\Gamma(n_2/2)} (\frac{n_1}{n_2})^{n_1/2} \int_0^x y^{\frac{n_1}{2}-1}(1 + \frac{n_1}{n_2}y)^{-\frac{n_1}{2}-\frac{n_2}{2}}\, dy.$$

Die Tabellen enthalten Werte $F_{n_1,n_2,\alpha}$, die $F(F_{n_1,n_2,\alpha}) = 1 - \alpha$ erfüllen.

$n_2 \setminus n_1$	1	2	3	4	5	6	7	8
1	4052.2	4999.5	5403.4	5624.6	5763.6	5859.0	5928.4	5981.1
2	98.503	99.000	99.166	99.249	99.299	99.333	99.356	99.374
3	34.116	30.817	29.457	28.710	28.237	27.911	27.672	27.489
4	21.198	18.000	16.694	15.977	15.522	15.207	14.976	14.799
5	16.258	13.274	12.060	11.392	10.967	10.672	10.456	10.289
6	13.745	10.925	9.7795	9.1483	8.7459	8.4661	8.2600	8.1017
7	12.246	9.5466	8.4513	7.8466	7.4604	7.1914	6.9928	6.8400
8	11.259	8.6491	7.5910	7.0061	6.6318	6.3707	6.1776	6.0289
9	10.561	8.0215	6.9919	6.4221	6.0569	5.8018	5.6129	5.4671
10	10.044	7.5594	6.5523	5.9943	5.6363	5.3858	5.2001	5.0567
11	9.6460	7.2057	6.2167	5.6683	5.3160	5.0692	4.8861	4.7445
12	9.3302	6.9266	5.9525	5.4120	5.0643	4.8206	4.6395	4.4994
13	9.0738	6.7010	5.7394	5.2053	4.8616	4.6204	4.4410	4.3021
14	8.8616	6.5149	5.5639	5.0354	4.6950	4.4558	4.2779	4.1399
15	8.6831	6.3589	5.4170	4.8932	4.5556	4.3183	4.1415	4.0045
16	8.5310	6.2262	5.2922	4.7726	4.4374	4.2016	4.0259	3.8896
17	8.3997	6.1121	5.1850	4.6690	4.3359	4.1015	3.9267	3.7910
18	8.2854	6.0129	5.0919	4.5790	4.2479	4.0146	3.8406	3.7054
19	8.1849	5.9259	5.0103	4.5003	4.1708	3.9386	3.7653	3.6305
20	8.0960	5.8489	4.9382	4.4307	4.1027	3.8714	3.6987	3.5644
21	8.0166	5.7804	4.8740	4.3688	4.0421	3.8117	3.6396	3.5056
22	7.9454	5.7190	4.8166	4.3134	3.9880	3.7583	3.5867	3.4530
23	7.8811	5.6637	4.7649	4.2636	3.9392	3.7102	3.5390	3.4057
24	7.8229	5.6136	4.7181	4.2184	3.8951	3.6667	3.4959	3.3629
25	7.7698	5.5680	4.6755	4.1774	3.8550	3.6272	3.4568	3.3239
30	7.5625	5.3903	4.5097	4.0179	3.6990	3.4735	3.3045	3.1726
40	7.3141	5.1785	4.3126	3.8283	3.5138	3.2910	3.1238	2.9930
50	7.1706	5.0566	4.1993	3.7195	3.4077	3.1864	3.0202	2.8900
60	7.0771	4.9774	4.1259	3.6490	3.3389	3.1187	2.9530	2.8233
70	7.0114	4.9219	4.0744	3.5996	3.2907	3.0712	2.9060	2.7765
80	6.9627	4.8807	4.0363	3.5631	3.2550	3.0361	2.8713	2.7420
90	6.9251	4.8491	4.0070	3.5350	3.2276	3.0091	2.8445	2.7154
100	6.8953	4.8239	3.9837	3.5127	3.2059	2.9877	2.8233	2.6943
∞	6.6349	4.6052	3.7816	3.3192	3.0173	2.8020	2.6393	2.5113

$\alpha = 0,01$

$n_2 \setminus n_1$	1	2	3	4	5	6	7	8
1	161.45	199.50	215.71	224.58	230.16	233.99	236.77	238.88
2	18.513	19.000	19.164	19.247	19.296	19.330	19.353	19.371
3	10.128	9.5521	9.2766	9.1172	9.0135	8.9406	8.8867	8.8452
4	7.7086	6.9443	6.5914	6.3882	6.2561	6.1631	6.0942	6.0410
5	6.6079	5.7861	5.4095	5.1922	5.0503	4.9503	4.8759	4.8183
6	5.9874	5.1433	4.7571	4.5337	4.3874	4.2839	4.2067	4.1468
7	5.5914	4.7374	4.3468	4.1203	3.9715	3.8660	3.7870	3.7257
8	5.3177	4.4590	4.0662	3.8379	3.6875	3.5806	3.5005	3.4381
9	5.1174	4.2565	3.8625	3.6331	3.4817	3.3738	3.2927	3.2296
10	4.9646	4.1028	3.7083	3.4780	3.3258	3.2172	3.1355	3.0717
11	4.8443	3.9823	3.5874	3.3567	3.2039	3.0946	3.0123	2.9480
12	4.7472	3.8853	3.4903	3.2592	3.1059	2.9961	2.9134	2.8486
13	4.6672	3.8056	3.4105	3.1791	3.0254	2.9153	2.8321	2.7669
14	4.6001	3.7389	3.3439	3.1122	2.9582	2.8477	2.7642	2.6987
15	4.5431	3.6823	3.2874	3.0556	2.9013	2.7905	2.7066	2.6408
16	4.4940	3.6337	3.2389	3.0069	2.8524	2.7413	2.6572	2.5911
17	4.4513	3.5915	3.1968	2.9647	2.8100	2.6987	2.6143	2.5480
18	4.4139	3.5546	3.1599	2.9277	2.7729	2.6613	2.5767	2.5102
19	4.3807	3.5219	3.1274	2.8951	2.7401	2.6283	2.5435	2.4768
20	4.3512	3.4928	3.0984	2.8661	2.7109	2.5990	2.5140	2.4471
21	4.3248	3.4668	3.0725	2.8401	2.6848	2.5727	2.4876	2.4205
22	4.3009	3.4434	3.0491	2.8167	2.6613	2.5491	2.4638	2.3965
23	4.2793	3.4221	3.0280	2.7955	2.6400	2.5277	2.4422	2.3748
24	4.2597	3.4028	3.0088	2.7763	2.6207	2.5082	2.4226	2.3551
25	4.2417	3.3852	2.9912	2.7587	2.6030	2.4904	2.4047	2.3371
30	4.1709	3.3158	2.9223	2.6896	2.5336	2.4205	2.3343	2.2662
40	4.0847	3.2317	2.8387	2.6060	2.4495	2.3359	2.2490	2.1802
50	4.0343	3.1826	2.7900	2.5572	2.4004	2.2864	2.1992	2.1299
60	4.0012	3.1504	2.7581	2.5252	2.3683	2.2541	2.1665	2.0970
70	3.9778	3.1277	2.7355	2.5027	2.3456	2.2312	2.1435	2.0737
80	3.9604	3.1108	2.7188	2.4859	2.3287	2.2142	2.1263	2.0564
90	3.9469	3.0977	2.7058	2.4729	2.3157	2.2011	2.1131	2.0430
100	3.9361	3.0873	2.6955	2.4626	2.3053	2.1906	2.1025	2.0323
∞	3.8415	2.9957	2.6049	2.3719	2.2141	2.0986	2.0096	1.9384

$\alpha = 0,05$

$n_2 \setminus n_1$	1	2	3	4	5	6	7	8
1	39.863	49.500	53.593	55.833	57.240	58.204	58.906	59.439
2	8.5263	9.0000	9.1618	9.2434	9.2926	9.3255	9.3491	9.3668
3	5.5383	5.4624	5.3908	5.3426	5.3092	5.2847	5.2662	5.2517
4	4.5448	4.3246	4.1909	4.1072	4.0506	4.0097	3.9790	3.9549
5	4.0604	3.7797	3.6195	3.5202	3.4530	3.4045	3.3679	3.3393
6	3.7759	3.4633	3.2888	3.1808	3.1075	3.0546	3.0145	2.9830
7	3.5894	3.2574	3.0741	2.9605	2.8833	2.8274	2.7849	2.7516
8	3.4579	3.1131	2.9238	2.8064	2.7264	2.6683	2.6241	2.5893
9	3.3603	3.0065	2.8129	2.6927	2.6106	2.5509	2.5053	2.4694
10	3.2850	2.9245	2.7277	2.6053	2.5216	2.4606	2.4140	2.3772
11	3.2252	2.8595	2.6602	2.5362	2.4512	2.3891	2.3416	2.3040
12	3.1765	2.8068	2.6055	2.4801	2.3940	2.3310	2.2828	2.2446
13	3.1362	2.7632	2.5603	2.4337	2.3467	2.2830	2.2341	2.1953
14	3.1022	2.7265	2.5222	2.3947	2.3069	2.2426	2.1931	2.1539
15	3.0732	2.6952	2.4898	2.3614	2.2730	2.2081	2.1582	2.1185
16	3.0481	2.6682	2.4618	2.3327	2.2438	2.1783	2.1280	2.0880
17	3.0262	2.6446	2.4374	2.3077	2.2183	2.1524	2.1017	2.0613
18	3.0070	2.6239	2.4160	2.2858	2.1958	2.1296	2.0785	2.0379
19	2.9899	2.6056	2.3970	2.2663	2.1760	2.1094	2.0580	2.0171
20	2.9747	2.5893	2.3801	2.2489	2.1582	2.0913	2.0397	1.9985
21	2.9610	2.5746	2.3649	2.2333	2.1423	2.0751	2.0233	1.9819
22	2.9486	2.5613	2.3512	2.2193	2.1279	2.0605	2.0084	1.9668
23	2.9374	2.5493	2.3387	2.2065	2.1149	2.0472	1.9949	1.9531
24	2.9271	2.5383	2.3274	2.1949	2.1030	2.0351	1.9826	1.9407
25	2.9177	2.5283	2.3170	2.1842	2.0922	2.0241	1.9714	1.9292
30	2.8807	2.4887	2.2761	2.1422	2.0492	1.9803	1.9269	1.8841
40	2.8354	2.4404	2.2261	2.0909	1.9968	1.9269	1.8725	1.8289
50	2.8087	2.4120	2.1967	2.0608	1.9660	1.8954	1.8405	1.7963
60	2.7911	2.3933	2.1774	2.0410	1.9457	1.8747	1.8194	1.7748
70	2.7786	2.3800	2.1637	2.0269	1.9313	1.8600	1.8044	1.7596
80	2.7693	2.3701	2.1535	2.0165	1.9206	1.8491	1.7933	1.7483
90	2.7621	2.3625	2.1457	2.0084	1.9123	1.8406	1.7846	1.7395
100	2.7564	2.3564	2.1394	2.0019	1.9057	1.8339	1.7778	1.7324
∞	2.7055	2.3026	2.0838	1.9449	1.8473	1.7741	1.7167	1.6702

$\alpha = 0,10$

Übungsaufgaben

Die folgenden Übungsaufgaben sind so thematisch nach Unterkapiteln klassifiziert, wie es mit den Beispielen oder Formeln geschehen ist. Die Aufgabe Ü2.1-1 ist also die erste der zum Abschnitt 2.1 gehörigen. Zu diesem Abschnitt gibt es verhältnismäßig viele Aufgaben, da die Begriffe der Wahrscheinlichkeitstheorie besonders gründlich eingeübt werden müssen.

Ü2.1-1 Zufallsexperiment, Versuchsergebnisse, Ereignisse, Zufallsvariable

Drei faire Würfel werden geworfen und deren Augensumme berechnet.

1) Erläutern Sie anhand dieses Beispiels die Begriffe Zufallsexperiment, Versuchsergebnis (Elementarereignis), Ereignis und Zufallsvariable.
2) Existiert ein $a \in \mathbb{N}$ derart, daß die Ereignisse $\{\text{Augensumme} \leq a\}$ und $\{\text{Augensumme} > a\}$ gleichmächtig sind ?

Der Durchmesser eines Rundstabes wird mittels einer Schieblehre gemessen.

3) Erläutern Sie anhand dieses Beispiels die Begriffe Zufallsexperiment, Versuchsergebnis, Ereignis und Zufallsvariable.
4) Die Messung wird mit einer zweiten baugleichen Schieblehre wiederholt. Was bedeutet es, den Mittelwert der Messung zu bestimmen und was bezweckt man damit ?

Ü2.1-2 Mengentheoretische Beziehungen und aussagenlogische Entsprechungen

Vereinfachen Sie die folgenden Ausdrücke:

1) $(A \cup B) \cap (A \cup \overline{B})$,
2) $(A \cap B) \cup (A \cap \overline{B})$,
3) $(A \cup B) \cap (A \cup C)$.

Es seien $A_i \subset \Omega$ mit $i \in I$ und I einer beliebigen Indexmenge. Dann gelten die de Morgan-Regeln, die für $I = \{1, 2, \ldots, n\}$ bewiesen werden sollen:

4) $\overline{(\bigcap_i A_i)} = \bigcup_i \overline{A_i}$,
5) $\overline{(\bigcup_i A_i)} = \bigcap_i \overline{A_i}$.

Es seien A, B und C Ereignisse des Stichprobenraums Ω. Geben Sie für die folgenden aussagenlogischen Verknüpfungen die entsprechenden mengentheoretischen Ausdrücke an:

6) Alle drei Ereignisse A, B und C treten ein.
7) Wenigstens eines der drei Ereignisse tritt ein.
8) Höchstens eines der drei Ereignisse tritt ein.
9) Genau eines der drei Ereignisse tritt ein.
10) Wenigstens zwei der drei Ereignisse treten ein.
11) Genau zwei der drei Ereignisse treten ein.

Ü2.1-3 Indikatorfunktion

Die Indikatorfunktion einer Menge $A \subset \Omega$ ist definiert für alle $\xi \in \Omega$ durch $1_A(\xi) = 1$, wenn $\xi \in A$, und $= 0$ sonst. Es seien A und B Teilmengen von Ω. Zeigen Sie

1) $1_{\overline{A}} = 1 - 1_A$,
2) $1_{A\cap B} = \min\{1_A, 1_B\} = 1_A 1_B$,
3) $1_{A\cup B} = \max\{1_A, 1_B\}$.
4) $1_{(A\cup B)\cap C} = 1_{(A\cap B)\cup(B\cap C)}$

Ü2.1-4 Urbilder, Zufallsvariable

Es sei $X : \Omega \to \mathbf{R}$ eine beliebige Abbildung und A, B Teilmengen von $\mathbf{R}$. Zeigen Sie:
1) $X^{-1}(A \cap B) = X^{-1}(A) \cap X^{-1}(B)$,
2) $X^{-1}(\emptyset) = \emptyset$,
3) $X^{-1}(\mathbf{R}) = \Omega$,
4) $A \cap B = \emptyset \Rightarrow X^{-1}(A) \cap X^{-1}(B) = \emptyset$,
5) $X^{-1}(\overline{A}) = \overline{X^{-1}(A)}$,
6) $1_A^{-1}(\{1\}) = A$,
7) $1_A^{-1}(\{0\}) = \overline{A}$.

Wenn $\mathcal{A}$ eine Ereignisalgebra über Ω ist, so ist X eine Zufallsvariable, wenn für alle $x \in \mathbf{R}$ $\quad X^{-1}((-\infty, x]) \in \mathcal{A}$.
8) Ist 1_A für ein $A \in \mathcal{A}$ eine Zufallsvariable ?

Ü2.1-5 Gleichverteilung

Ein fairer Würfel wird einmal geworfen. Bestimmen Sie die Wahrscheinlichkeiten für die folgenden Ereignisse:
1) „Augenzahl = 4“,
2) „ungerade Augenzahl“,
3) „Augenzahl < 6“,
4) „Augenzahl > 2“,
5) „Augenzahl < 1“,

Ein fairer Würfel wird zweimal geworfen. Bestimmen Sie die Wahrscheinlichkeiten für die folgenden Ereignisse:
6) „beide Augenzahlen = 6“,
7) „mindestens einmal Augenzahl = 6“,
8) „kein einziges Mal Augenzahl = 6“.

Ü2.1-6 Kombinatorik, Gleichverteilung

1) Wieviele Möglichkeiten gibt es, ein Skatspiel mit 32 Karten an drei Spieler zu verteilen (10 Karten pro Spieler und 2 im Skat) ?

Wie groß ist bei Annahme einer Gleichverteilung die Wahrscheinlichkeit dafür, daß
2) jeder Spieler mindestens einen Buben erhält,
3) ein bestimmter Spieler alle Buben erhält,
4) irgendein Spieler alle Buben erhält ?

Ü2.1-7 Siebformel von Sylvester und Poincare, Bonferroni–Ungleichung

Die Mengen A_i $(i = 1, \ldots, n)$ seien Elemente einer Ereignisalgebra $\mathcal{A}$. Wenn P eine Wahrscheinlichkeit über $\mathcal{A}$ ist, gilt

$$P(\bigcup_{i=1}^{n} A_i) = \sum_{I} (-1)^{|I|-1} P(\bigcap_{i\in I} A_i),$$

wobei über alle nichtleeren Teilmengen I von $\{1,2,\ldots,n\}$ summiert wird.

1) Beweisen Sie die SIEBFORMEL VON SYLVESTER UND POINCARÉ mittels vollständiger Induktion.
2) Schließen Sie auf die BONFERRONI-UNGLEICHUNG:

$$\sum_{i=1}^{n} P(A_i) - \sum_{1\leq i<k\leq n} P(A_i \cap A_k) \leq P(\bigcup_{i=1}^{n} A_i) \leq \sum_{i=1}^{n} P(A_i).$$

Ü2.1-8 Poisson- und Binomialverteilung

Die Poisson- und die Binomialverteilung sind gekennzeichnet durch die Zahlen

$$p(k,\alpha) = \frac{\alpha^k}{k!}e^{-\alpha} \quad (k = 0,1,2\ldots)$$

und

$$b(k,n,p) = \binom{n}{k} p^k(1-p)^{n-k} \quad (k = 0,1,\ldots,n).$$

Zeigen Sie für $n \to \infty$ und $p \to 0$ mit $np \to \alpha$, daß $b(k,n,p) \to p(k,\alpha)$.

Ü2.1-9 Rechenregeln für kartesische Produkte

Das kartesische Produkt zweier Mengen A und B wird definiert durch

$$A \times B = \{(a,b) : a \in A, b \in B\}.$$

1) Zeigen Sie die Gültigkeit der folgenden Beziehungen:
   (a) $(A \times B) \cap (B \times D) = (A \cap B) \times (B \cap D)$,
   (b) $(A \cup B) \times C = (A \times C) \cup (B \times C)$.
2) Gegeben seien $A_i = [0,1]$, $\Omega_i = [0,2]$ und die Ereignisalgebren $\mathcal{A}_i = \{\emptyset, A_i, \overline{A}_i, \Omega_i\}$ für $i = 1,2$. Zeigen Sie, daß $\mathcal{A}_1 \times \mathcal{A}_2 = \{(A \times B) : A \in \mathcal{A}_1, B \in \mathcal{A}_2\}$ keine Ereignisalgebra über $\Omega = \Omega_1 \times \Omega_2$ ist.

Anmerkung: $\mathcal{A}_1 \times \mathcal{A}_2$ kann durch Hinzufügen von $\{C = A \cap B :\ A, B \in \mathcal{A}_1 \times \mathcal{A}_2\}$ zu einer Ereignisalgebra $\mathcal{A}$ vervollständigt werden.

Ü2.1-10 Koppelung von Experimenten

Ein Student hat nacheinander vier Prüfungen zu absolvieren. Die Wahrscheinlichkeit für das Bestehen der ersten Prüfung sei p, für das Bestehen jeder weiteren Prüfung p bzw. q mit $q < p$, je nachdem, ob er die vorhergehende Prüfung bestanden hat oder nicht. Er gilt als qualifiziert, wenn er mindestens drei der Prüfungen besteht. Wie groß ist die Wahrscheinlichkeit dafür ?

Ü2.1-11 Unabhängige Koppelung

Ein Gerät besteht aus drei Teilsystemen. Beim Einschalten des Gerätes kann mit Wahrscheinlichkeit p_i im i-ten System ein Fehler auftreten ($i = 1,2,3$). Alle Fehler treten unabhängig voneinander auf. Der Ausfall mindestens eines Systems führt zum Ausfall des Gerätes. Ein System fällt aus, wenn in ihm mindestens zwei Fehler auftreten. Wie groß ist die Wahrscheinlichkeit dafür, daß das Gerät nach n-maligem Einschalten noch funktioniert ?

Ü2.1-12 Bedingte Wahrscheinlichkeiten

Elektronische Bauelemente einer Produktion werden bei einer bestimmten Frequenz auf korrektes Übertragungsverhalten (Ereignis A: richtige Dämpfung, Ereignis B: richtige Phase) hin überprüft. Unter 1000 Bauteilen wiesen 10 weder eine korrekte Dämpfung noch eine korrekte Phase auf, bei 970 war die Dämpfung einwandfrei und 950 zeigten eine korrekte Phase.

1) Wieviele Bauteile besitzen ein richtiges Übertragungsverhalten ?
2) Bei Annahme einer Gleichverteilung bestimmen Sie $P(A)$, $P(\overline{A} \cap B)$, $P(A|B)$, $P(A \cup B \cup \overline{B})$ und $P(A \cap B | A \cup B)$.
3) Sind A und B unabhängig ?

Ü2.1-13 Bedingte Wahrscheinlichkeiten, unabhängige Ereignisse

Die Anzahl der in einem Zeitintervall der Länge t ankommenden Vermittlungswünsche in einer Telefonzentrale sei Poisson-verteilt mit dem Parameter $\alpha = \lambda t$, $\lambda > 0$. Die Anzahlen der Vermittlungswünsche in zwei disjunkten Zeitintervallen seien stochastisch unabhängig. Falls $0 < T' < T$, wie groß ist die bedingte Wahrscheinlichkeit dafür, daß im Intervall $[0, T']$ genau k Vermittlungswünsche auftreten, wenn im Intervall $[0, T]$ die Anzahl der Vermittlungswünsche l ist ?

Ü2.1-14 Die Borel-Ereignisalgebra $\mathcal{B}$

Die Borel-Ereignisalgebra $\mathcal{B}$ enthält alle halboffenen Intervalle $(a, b]$ mit $-\infty < a < b < \infty$. Zeigen Sie, daß $\mathcal{B}$ auch alle abgeschlossenen, alle offenen, alle unendlich ausgedehnten Intervalle enthalten muß.

Ü2.1-15 Normalverteilung

Bei einer Lieferung von Kondensatoren sei deren Kapazität C beschrieben durch eine $N(\mu, \sigma^2)$-verteilte Zufallsvariable, wobei $\mu = 10$ und $\sigma = 0,02$ (Angaben in μF).

1) Wieviel Prozent Ausschuß sind zu erwarten, wenn die Kapazität der Kondensatoren mindestens $9,97\ \mu F$ betragen soll,
2) höchstens $10,05\ \mu F$ betragen soll,
3) um maximal $0,03\ \mu F$ vom Sollwert $10\ \mu F$ abweichen darf ?
4) Wie sind die Toleranzgrenzen zu wählen, damit man genau 5% Ausschuß erhält ?
5) Wie ändert sich der Ausschußprozentsatz für die in 4) bestimmten Toleranzgrenzen, wenn sich μ nach $10,01\ \mu F$ verschiebt ?

Ü2.1-16 Lebensdauer und Exponentialverteilung

Die Erfahrung lehrt, daß man die Lebensdauer eines Bauteils, wenn von Alterungsprozessen abgesehen wird, als eine Zufallsvariable X auffassen kann, deren Verteilung angenähert die folgenden Eigenschaften besitzt: Unter der Bedingung, daß die Lebensdauer den Wert $X = x$ erreicht hat, ist die Wahrscheinlichkeit dafür, daß das Bauteil im Intervall $(x, x + \Delta x)$ ausfällt, gleich $\alpha \Delta x + o(\Delta x)$, wobei $o(\Delta x)$ eine Funktion ist, die

$$\lim_{\Delta x \to 0} \frac{o(\Delta x)}{\Delta x} = 0$$

erfüllt. Bestimmen Sie die Verteilungsfunktion F_X der Lebensdauer X unter der Annahme, daß $P\{X \leq x\} = 0$ für $x \leq 0$, d.h. das Bauteil funktioniert bei Beginn der Benutzung.

Ü2.1-17 Eigenschaften bivariater Verteilungsfunktionen

Gegeben sei die Funktion

$$F_{XY}(x,y) = \begin{cases} 1 & x+y \geq 0 \\ 0 & x+y < 0 \end{cases}.$$

Untersuchen Sie, ob $F_{XY}(x,y)$ die Verteilungsfunktion einer zweidimensionalen Zufallsvariable (X,Y) sein kann.

Ü2.1-18 Bivariate Normalverteilung

Die bivariate Normalverteilung besitzt die Dichte

$f_{X_1,X_2}(x_1,x_2) = \frac{1}{2\pi\sigma_1\sigma_2\sqrt{1-\varrho^2}} \exp\left\{-\frac{1}{2(1-\varrho^2)}\left[\left(\frac{x_1-\mu_1}{\sigma_1}\right)^2 - 2\varrho\frac{(x_1-\mu_1)(x_2-\mu_2)}{\sigma_1\sigma_2} + \left(\frac{x_2-\mu_2}{\sigma_2}\right)^2\right]\right\}$

mit den Parametern $\mu_1, \mu_2, \sigma_1 > 0, \sigma_2 > 0$ und $-1 < \varrho < 1$. Beweisen Sie, daß

1) die Randdichten $f_{X_i}(x_i)$ die von $N(\mu_i, \sigma_i)$ sind,
2) die bedingte Dichte $f_{X_2}(x_2|x_1)$ von X_2, wenn $X_1 = x_1$ ist, die von $N(\mu_2 + \varrho\frac{\sigma_2}{\sigma_1}(x_1 - \mu_1), \sigma_2^2(1-\varrho^2))$ ist,
3) X_1 und X_2 stochastisch unabhängig sind genau dann, wenn $\varrho = 0$ gilt.
4) Bestimmen Sie Höhenlinien des Graphs von $f_{X_1,X_2}(x_1,x_2)$.

Ü2.1-19 Funktion einer Zufallsvariablen

Die Zufallsvariablen X und Y mögen Modelle der Eingangs- und Ausgangsspannung eines Gleichrichters sein. X möge die Dichte $f_X(x)$ und die Verteilungsfunktion $F_X(x)$ besitzen. Bestimmen Sie die Dichte $f_Y(y)$ von Y, wenn der Gleichrichter die folgenden Kennlinien besitzt:

1) $g(x) = |x|$ (linearer Zweiwegegleichrichter),
2) $g(x) = x1_{[0,\infty)}(x)$ (linearer Einweggleichrichter),
3) $g(x) = F_X(x)$. Interpretieren Sie das Ergebnis.

Ü2.1-20 Funktionen von zwei Zufallsvariablen

X und Y seien Zufallsvariable mit der bivariaten Dichte $f_{XY}(x,y)$. Bestimmen Sie

1) die bivariate Dichte von $Z = X+Y$ und $W = X-Y$,
2) insbesondere, wenn X und Y bivariat normalverteilt sind mit $\sigma_X^2 = \sigma_Y^2 = \sigma^2$ und $\mu_X = \mu_Y = 0$,
3) die Dichte von $Z = XY$,
4) die Dichte von $Z = \sqrt{X^2+Y^2}$, wenn X und Y unabhängig und je $N(0,\sigma^2)$-verteilt sind (Z heißt dann RAYLEIGH–VERTEILT),
5) die bivariate Dichte von $Z = \sqrt{X^2+Y^2}$ und $W = \arctan(Y/X)$, wenn X und Y wie in 4) verteilt sind. Interpretieren Sie das Resultat, wenn X der Real- und Y der Imaginärteil einer komplexen Zufallsvariable ist.

Ü2.1-21 Erwartungswerte und Varianzen bei gleichverteilten Zufallsvariablen

Beim Runden von Dezimalzahlen auf eine vorgegebene Stellenzahl wird die letzte beibehaltene Ziffer um eine Einheit erhöht, falls die erste abgeschnittene Ziffer eine 5,6,7,8 oder 9 ist. Anderenfalls wird die letzte Ziffer unverändert beibehalten.

1) Berechnen Sie den Erwartungswert und die Varianz des Rundungsfehlers für eine Dezimalzahl.
2) Bestimmen Sie den Erwartungswert und die Varianz des Rundungsfehlers einer Summe von N Zahlen, die alle an der gleichen Stelle gerundet werden. Die Rundungsfehler der Summanden seien unabhängige Zufallsvariablen.

Ü2.1-22 Mischung von Normalverteilungen

Eine Maschine verpackt gleichartige Bauteile in Kartons. Die Gewichte der Bauteile und der Kartons (z.B. gemessen in g) seien unabhängige normalverteilte Zufallsvariablen mit den Verteilungen $N(1;0,01)$ und $N(100;1)$. Mit 2/3 Wahrscheinlichkeit verpacke die Maschine 50 Bauteile, mit 1/3 Wahrscheinlichkeit verpacke sie 51 Bauteile in einen Karton. Die Anzahl der Bauteile sei unabhängig vom Gewicht der Bauteile.

1) Bestimmen Sie die Dichte des Gewichts eines gefüllten Kartons.
2) Berechnen Sie den Erwartungswert und die Varianz des Gewichts eines gefüllten Kartons.

Ü2.1-23 Skalierte χ^2-Verteilung

Die Komponenten V_x, V_y, V_z des Geschwindigkeitsvektors $\underline{V}$ eines Partikels seien unabhängig normalverteilte Zufallsvariablen: $V_x, V_y, V_z \sim N(0,\sigma^2)$ mit $\sigma^2 = kT/m$ (k = Boltzmann-Konstante, T = absolute Temperatur, m = Partikelmasse).

1) Bestimmen Sie die Dichte $f_W(w)$ der kinetischen Energie W des Partikels.
2) Berechnen Sie den Erwartungswert und die Varianz der kinetischen Energie W.

Ü2.1-24 Lebensdauer und Exponentialverteilung

Bei einem elektrischen Gerät G sei die Lebensdauer des Bauteils A und des Ersatzteils B exponentialverteilt mit den Parametern $\alpha_A = 0,005$ und $\alpha_B = 0,004$ (Angaben in $1/h$). Die Lebensdauer beider Teile seien unabhängige Zufallsvariable. Bei Ausfall von Bauteil A wird sofort das Ersatzteil B eingebaut.

1) Bestimmen Sie den Erwartungswert der Lebensdauer für beide Teile.
2) Bestimmen Sie die Dichte der Lebensdauer des elektrischen Geräts.
3) Bestimmen Sie den Erwartungswert der Lebensdauer des elektrischen Geräts.
4) Bestimmen Sie die Wahrscheinlichkeiten, daß das Gerät ohne und mit Ersatzteil bis zum Zeitpunkt $t_0 = 600\ h$ arbeitet.

Ü2.1-25 Ungleichung für absolute Momente

Zeigen Sie durch vollständige Induktion, daß für absolute Momente die folgende Ungleichung für $k = 0, 1, 2, \ldots$ gilt

$$(\mathrm{E}|X|^k)^{k+1} \leq (\mathrm{E}|X|^{k+1})^k.$$

Hierbei ist es zweckmäßig, zunächst die Diskriminante der folgenden in t quadratischen Funktion zu untersuchen:

$$E(|X|^{(k-1)/2} + t|X|^{(k+1)/2})^2.$$

Ü2.1-26 Jensen–Ungleichung

Beweisen Sie, daß für jede konvexe Funktion $g(x)$, für die $E(g(X))$ und EX existieren, die folgende Ungleichung gilt:

$$g(EX) \leq Eg(X).$$

Man nennt $g(x)$ konvex, wenn für alle $x < y$ und alle $0 \leq \lambda \leq 1$

$$g((1-\lambda)x + \lambda y) \leq (1-\lambda)g(x) + \lambda g(y).$$

Beispiele: $g(x) = a|x|^\delta$ für $a > 0$ und $\delta \geq 1$ sowie $g(x) = \tan x$ für $0 \leq x \leq \pi/2$.

Ü2.1-27 Korrelationskoeffizient für bivariat normalverteilte Zufallsvariable

(X_1, X_2) seien bivariat normalverteilt mit den Parametern $\mu_1, \mu_2, \sigma_1^2, \sigma_2^2$, und ϱ. Zeigen Sie, daß der Parameter ϱ einer bivariaten Normalverteilung der Korrelationskoeffizient $\varrho(X_1, X_2)$ ist.

Ü2.1-28 Charakteristische Funktion der Binomialverteilung

1) Berechnen Sie $\varphi_X(s)$, wenn X Bernoulli-verteilt ist mit $P\{X=1\} = p$ und $P\{X=0\} = 1-p$, wobei $0 < p < 1$.
2) Berechnen Sie $\varphi_{X_n}(s)$, wenn X_n binomialverteilt ist und
$$P\{X_n = k\} = b(k,n,p) = \binom{n}{k} p^k (1-p)^{n-k}.$$
3) Berechnen Sie EX_n und $\mathrm{Var}X_n$ mittels $\varphi_{X_n}(s)$.
4) Berechnen Sie $\varphi_{Y_n}(s)$ für $Y_n = (X_n - np)/\sqrt{np(1-p)}$.

Ü2.1-29 Charakteristische Funktion des Mittelwertes einer gleichverteilten Stichprobe

$X_1, \ldots, X_n$ seien stochastisch unabhängig und jeweils gleichverteilt auf dem Intervall $[-1, 1]$.

1) Berechnen Sie $\varphi_{X_1}(s)$.
2) Berechnen Sie $\varphi_{\overline{X}_n}(s)$ mit $\overline{X}_n = (X_1 + \cdots + X_n)/n$.
3) Berechnen Sie die Dichte von $\overline{X}_n$ für $n = 2, 3$ und vermuten Sie für $n \to \infty$.
4) Berechnen Sie eine Zahl c mit $Y_n = c\overline{X}_n$ so, daß Y_n asymptotisch für $n \to \infty$ $N(0,1)$-verteilt ist. Man kann zeigen (zentraler Grenzwertsatz), daß Y_n asymptotisch für $n \to \infty$ normalverteilt ist.

Ü2.1-30 Transformation auf Standardnormalverteilung

Sei $\underline{X}$ ein $N_n(\underline{\mu}, \mathbf{K})$-verteilter Zufallsvektor, wobei $\mathbf{K}$ nicht singulär ist. Geben Sie einige Transformationen $\underline{Y} = \mathbf{A}\underline{X} + \underline{a}$ so an, daß $\underline{Y}$ standardnormalverteilt ist.

Ü2.1-31 Vierte Momente der Normalverteilung

$\underline{X} = (X_1, X_2, X_3, X_4)$ sei $N_4(\underline{\mu}, \mathbf{K})$-verteilter Zufallsvektor, wobei $\underline{\mu} = (\mu_1, \mu_2, \mu_3, \mu_4)'$ und $\mathbf{K} = (K_{ij})$.

1) Berechnen Sie $EX_1X_2X_3X_4$ aus der charakteristischen Funktion von $\underline{X}$.
2) Berechnen Sie $EY_1Y_2Y_3Y_4$, wenn $Y_i = X_i - \mu_i$ $(i = 1, 2, 3, 4)$.

3) Wie kann man EX_1^4, $EX_1^2X_2^2$ und $\mathrm{Cov}(X_1X_2, X_3X_4)$ mit dem Ergebnis aus 1 bestimmen ?
4) $(Y_1, Y_2)'$ sei bivariat normalverteilt. Berechnen Sie $EY_1^2Y_2^2$ und $EY_1Y_2^3$.

Ü2.1-32 Approximation im quadratischen Mittel
$\underline{X}_n = (X_1, \ldots, X_n)'$ sei $N(\underline{0}, \mathbf{K}_n)$-verteilt. Wir separieren

$$\underline{X}_n = \binom{\underline{X}_{n-1}}{X_n}, \quad \mathbf{K}_n = \begin{pmatrix} \mathbf{K}_{n-1} & \underline{k}_n \\ \underline{k}_n' & \sigma_n^2 \end{pmatrix},$$

wobei $\underline{X}_{n-1} = (X_1, \ldots, X_{n-1})'$.

1) Zeigen Sie mit Hilfe der Formeln

$$\det(\mathbf{K}_n) = \tilde{\sigma}_n^2 \det(\mathbf{K}_{n-1}),$$

$$\mathbf{K}_n^{-1} = \begin{pmatrix} \mathbf{K}_{n-1}^{-1} + (\mathbf{K}_{n-1}^{-1}\underline{k}_n\underline{k}_n'\mathbf{K}_{n-1}^{-1}/\tilde{\sigma}_n^2) & -(\mathbf{K}_{n-1}^{-1}\underline{k}_n/\tilde{\sigma}_n^2) \\ -(\underline{k}_n'\mathbf{K}_{n-1}^{-1}/\tilde{\sigma}_n^2) & 1/\tilde{\sigma}_n^2 \end{pmatrix},$$

wobei $\tilde{\sigma}_n^2 = (\sigma_n^2 - \underline{k}_n'\mathbf{K}_{n-1}^{-1}\underline{k}_n)$, daß die bedingte Dichte von X_n, wenn $X_1 = x_1, \ldots, X_{n-1} = x_{n-1}$, $f_{X_n}(x_n|x_1, \ldots, x_{n-1}) = f_{\underline{X}_n}(\underline{x}_n)/f_{\underline{X}_{n-1}}(\underline{x}_{n-1})$ die Dichte der Normalverteilung $N(\underline{k}_n'\mathbf{K}_{n-1}^{-1}\underline{x}_{n-1}, \tilde{\sigma}_n^2)$ ist.
2) Bestimmen Sie die i.q.M.-beste Approximation von X_n aus $X_1, \ldots, X_{n-1}$ und den minimalen MSE.
3) Bestimmen Sie die i.q.M.-beste <u>lineare</u> Approximation von X_n aus $X_1, \ldots, X_{n-1}$ und den minimalen MSE.

Ü2.1-33 Konvergenz in Wk, i.q.M. und mit Wk 1
1) Zeigen Sie, daß aus $X_n \underset{n\to\infty}{\longrightarrow} X$ i.q.M. auch $X_n \underset{n\to\infty}{\longrightarrow} X$ in Wk folgt.
2) Zeigen Sie, daß aus $X_n \underset{n\to\infty}{\longrightarrow} X$ mit Wk 1 auch $X_n \underset{n\to\infty}{\longrightarrow} X$ in Wk folgt.
3) Zeigen Sie, daß die Folge unabhängiger Zufallsvariable X_n, für die $P\{X_n = 0\} = e^{-1/n}$ und $P\{X_n = 1\} = 1 - e^{-1/n}$ in Wk konvergiert, jedoch nicht mit Wk 1.
4) Zeigen Sie mit Hilfe des Satzes, daß $\sum_n E\,|V_n| < \infty$ hinreichend für die Konvergenz von $\sum_n V_n$ mit Wk 1 und $E\sum_n V_n = \sum_n E\,V_n$ ist, die folgende Aussage:
Wenn $\sum_n |h_n| < \infty$ und $E|X_n| < M$ für alle n, so konvergiert $\sum_m h_{n-m}X_m$ mit Wk 1 und gilt $E\sum_m h_{n-m}X_m = \sum_m h_{n-m}\,EX_m$ für alle n.

Ü2.1-34 Tschebyschews i.q.M.-Gesetz der großen Zahlen
Seien $EX_i = \mu_i$, $\mathrm{Var}X_i = \sigma_i^2$, $\mathrm{Cov}(X_i, X_j) = 0$ für $(i \neq j)$, $\overline{\mu}_n = (1/n)\sum_{i=1}^n \mu_i$, $\lim_{n\to\infty} \overline{\mu}_n = \mu$ und $\lim_{n\to\infty}(1/n^2)\sum_{i=1}^n \sigma_i^2 = 0$. Beweisen Sie, daß $\overline{X}_n = (1/n)\sum_{i=1}^n X_i \underset{n\to\infty}{\longrightarrow} \mu$ i.q.M..

Ü2.1-35 Zentraler Grenzwertsatz
1) $X_1, \ldots, X_n$ seien unabhängige $N(\mu, \sigma^2)$-verteilte Zufallsvariable. Zeigen Sie, daß die Verteilung der Streuung

$$S^2 = \frac{1}{n-1}\sum_{i=1}^n (X_i - \overline{X})^2$$

für große n durch eine Normalverteilung approximiert werden kann.

2) Beweisen Sie den Satz von Moivre-Laplace:
$$\lim_{n\to\infty} \varphi_{Y_n}(s) = \exp(-\tfrac{1}{2}s^2),$$
wobei Y_n in Ü2.1-28 definiert wurde. Nutzen Sie aus, daß die Reihenentwicklung von $\varphi_{Y_n}(s)$
$$\varphi_{Y_n}(s) = \left[1 - \frac{s^2}{2n} + o(\frac{s^2}{n})\right]^n$$
liefert, wobei $\lim_{t\to 0} o(t)/t = 0$. Man untersuche nun $\ln(\varphi_{Y_n}(s))$.
Anmerkung: Diese Idee liefert auch den Beweis für den zentralen Grenzwertsatz von Lindeberg-Levy.

Ü2.1-36 Approximative Berechnung von Wahrscheinlichkeiten
Gegeben seien die Widerstände $R_1, \ldots, R_5$ gemessen in Ω, deren Widerstandswerte unabhängig und gleichverteilt im Intervall $[900, 1100]$ liegen.

1) Berechnen Sie den Erwartungswert und die Varianz für den Widerstand R der Reihenschaltung von $R_1, \ldots, R_5$.
2) Bestimmen Sie $P\{4900 \le R \le 5100\}$ mit Hilfe des zentralen Grenzwertsatzes.
3) Bestimmen Sie $P\{4900 \le R \le 5100\}$ mit Hilfe der Tschebyscheff-Ungleichung.

Ü2.1-37 Binärübertragung eines symmetrischen Kanals
Eine Informationsquelle erzeuge zu diskreten Zeiten n Symbole $S_n \in \{0, 1\}$, die ein Kanal zu einem Empfänger überträgt. Der Empfänger enthält als Reaktion des Kanals auf das gesendete Symbol S_n das Symbol $R_n \in \{0, 1\}$. Fehlerhafte Übertragungen mögen zufällig auftreten und zwar mit einer Wahrscheinlichkeit $P_0\{R_n = 1\} = \varepsilon > 0$, falls das gesendete Symbol $S_n = 0$ ist, die genauso groß ist wie diejenige $P_1\{R_n = 0\}$, wenn das Sendesymbol gleich 1 ist. Die Wahrscheinlichkeit dafür, daß die Quelle eine 0 sendet sei $P\{S_n = 0\} = p$. Der Kanal möge kein Gedächnis besitzen derart, daß bei gegebenen Sendesymbolen $s_1, s_2, \ldots$ die entsprechenden $R_1, R_2, \ldots$ stochastisch unabhängig sind.

1) Verkoppeln Sie die Symbolerzeugung der Quelle S_n und die Übertragung zum Empfänger R_n zu einem Gesamtexperiment. Berechnen Sie die Wahrscheinlichkeiten der möglichen Versuchsergebnisse (S_n, R_n), die Wahrscheinlichkeit für eine fehlerhafte Übertragung $\{S_n \ne R_n\}$ und die für eine korrekte.
2) Wir wollen nun annehmen, daß die zu den Zeiten $n = 1, \ldots, N$ gesendeten Symbole $S_1, \ldots, S_N$ durch stochastisch unabhängige Zufallsvariablen beschrieben werden. Wie groß ist dann die Wahrscheinlichkeit dafür, daß genau k der N empfangenen Symbole $R_1, \ldots, R_N$ fehlerhaft sind ?
3) Wie groß ist die Fehlerrate des Kanals, also die erwartete Anzahl fehlerhafter Übertragungen bezogen auf die Anzahl der übertragenen Symbole ?
4) Der Sender möge die Symbole N-fach wiederholt senden, damit der Empfänger durch eine einfache Mehrheitsentscheidung auf das richtige Sendesymbol schließen kann. Berechnen Sie die Wahrscheinlichkeit einer Fehlentscheidung bei dieser Strategie.
5) Approximieren Sie mit Hilfe des Satzes von Moivre–Laplace und bestimmen Sie, wie oft ein Symbol wiederholt werden muß, wenn für $\varepsilon = 0,1$ die Wahrscheinlichkeit einer Fehlentscheidung kleiner als $0,01$ werden soll.

Ü2.2-1 Lineare kleinste Quadrate
Gegeben seien die Meßwerte, die zum Vermessen der statischen Verstärkerkennlinie zweiten Grades $y_i = \vartheta_1 + \vartheta_2 x_i + \vartheta_3 x_i^2 + z_i$ $(i = 1, \ldots, n)$ aufgenommen wurden.

x_i	-3,00	-2,00	-1,00	0,00	1,00	2,00	3,00	4,00	5,00	6,00
y_i	-3,08	-3,96	5,96	10,96	20,76	23,72	36,21	52,63	58,90	76,11

Für die Meßfehler gelte $\mathrm{E}Z_i = 0$, $\mathrm{Cov}(Z_i, Z_j) = 0$ für $i \neq j$ und $\mathrm{Var}Z_i = \sigma_Z^2$.
1) Schätzen Sie ϑ_1, ϑ_2 und ϑ_3.
2) Schätzen Sie die Fehlervarianz.
3) Zeichnen Sie die geschätzte Kennlinie in die Meßpunkte.
4) Schätzen Sie die Varianzen der geschätzen Parameter.
5) Schätzen Sie die Varianz der geschätzten Fehlervarianz, wenn die Meßfehler normalverteilt sind.

Ü2.2-2 Nichtlineare kleinste Quadrate
Gegeben sei das gestörte Kosinussignal $y_i = \eta \cos(\omega\Delta i + \varphi) + z_i$ $(i = 1, \ldots, n)$ mit $\omega\Delta$ bekannt und η, φ unbekannt. Für das Störmodell Z_i gelte $\mathrm{E}Z_i = 0$, $\mathrm{Cov}(Z_i, Z_j) = 0$ für $i \neq j$ und $\mathrm{Var}Z_i = \sigma_Z^2$.
1) Linearisieren Sie das Modell.
2) Schätzen Sie die linearen Parameter ϑ_1 und ϑ_2 des Modells.
3) Wie kann man η und φ schätzen ?
4) Schätzen Sie die Varianz der Störung.
5) Schätzen Sie die Varianzen und die Kovarianz der Schätzer $\hat{\Theta}_1$ und $\hat{\Theta}_2$.

Hierbei ist es hilfreich, Approximationen der Art
$$\frac{1}{n} \sum_{i=1}^{n} [\cos(\omega\Delta i)]^2 \approx \frac{1}{2}$$
zu benutzen. Für welches $\omega\Delta$ gilt das Gleichheitszeichen ?

Ü2.2-3 Konfidenzintervalle für Varianzschätzungen
Betrachtet wird das Kleinste-Quadrate-Modell
$$\underline{Y} = \mathrm{X}\underline{\vartheta} + \underline{Z}$$
mit normalverteilten Fehlern $\underline{Z} \sim \mathrm{N}_n(\underline{0}, \sigma_Z^2 \mathrm{I})$, wobei $\underline{\vartheta} \in \mathbf{R}^k$ und $\sigma_Z^2 > 0$ unbekannte Parameter sind.
1) Gehen Sie von den Eigenschaften des Schätzers S^2 nach (2.2–51) aus und konstruieren Sie ein Vertrauensintervall für σ_Z^2.
2) Wenn n groß gegen k ist, läßt sich die Verteilung von $\ln S^2$ gut durch eine Normalverteilung mit Erwartungswert und Varianz, wie sie sich aus Ü3.3-9 1) ergeben, approximieren. Geben Sie ein entsprechendes Vertrauensintervall für $\ln \sigma_Z^2$ an.
3) Wenden Sie die Resultate auf eine Stichprobe normalverteilter Zufallsvariablen an, aus der μ und σ_Z^2 geschätzt werden sollen.

Ü2.2-4 Ternärübertragung bei einem Kanal mit Fading
Um ein Symbol aus einem Alphabet mit 3 Buchstaben oder gar kein Symbol innerhalb eines Zeitrahmens von n Abtastwerten zu übertragen, benutze ein Sender folgende Methode: Er sendet nichts, wenn kein Symbol übertragen werden soll. Anderenfalls

sendet er für den ersten Buchstaben ein Sinussignal $\sin\omega_1 i \quad (i = 1,\ldots,n)$, für den zweiten $\sin\omega_2 i \quad (i = 1,\ldots,n)$ mit $0 < \omega_1 < \omega_2 < \pi$ und für den dritten Buchstaben die Summe dieser beiden Signale. Der Empfänger erhält ein linear in Amplitude und Phase verzerrtes Signal, das durch unabhängige, identisch normalverteilte Störungen überlagert wird. Die Verzerrungsparameter und die Störleistung sind dem Empfänger wie bei einem Kanal mit Fading nicht bekannt.

1) Setzen Sie ein Kleinste–Quadrate–Modell für das Empfangssignal und geben Sie Schätzer für die unbekannten Parameter an.
2) Wie kann man testen, ob überhaupt kein Signal gesendet wird ? Wie kann man ggfs. testen, ob das erste Signal und nicht das zweite gesendet wird ? Was muß man schließen, wenn beide Hypothesen abgelehnt werden ? Wie testet man in diesem Fall, ob das zweite und nicht das erste Signal gesendet wird ? Was schließt man, wenn auch diese Hypothese abgelehnt wird ?
3) Die additiven Störungen im Empfänger seien nun durch einen normalverteilten Zufallsvektor $\underline{V}$ beschrieben, der $\mathrm{N}_n(\underline{\mu}, \sigma^2\mathbf{G})$–verteilt ist; $\underline{\mu}$ und die positiv definite Matrix $\mathbf{G}$ (z.B. die Matrix der Korrelationen) seien bekannt. Transformieren Sie die Beobachtungen so, daß die Störung weiß wird, vergl. Ü2.1-30.
4) Wie kann man nun die Entscheidungsprozedur mit Hilfe von kleinsten Quadraten aufbauen ?

Ü2.2-5 Entdeckung eines Bandpaßsignals

Ein beobachtetes Abtastsignal sei eine Überlagerung aus einem unbekannten, periodischen Bandpaßsignal, einem unbekannten Gleichanteil und unabhängigen, identisch normalverteilten Störungen unbekannter Leistung. Das Modell der Beobachtungen mögen die Zufallsvariablen $Y_i \quad (i = 1,\ldots,n)$ sein. Die Periode des Bandpaßsignals sei n, die Mittenfrequenz $\frac{2\pi k}{n}$ und die Bandbreite $B = 2\pi\frac{2m+1}{n}$, wobei für die Grenzfrequenzen $0 < 2\pi\frac{k-m}{n} < 2\pi\frac{k+m}{n} < \pi$ gelte, sowie k und m bekannte natürliche Zahlen seien.

1) Bestimmen Sie ein Kleinste–Quadrate–Modell für $Y_1,\ldots Y_n$ und alle unbekannten Parameter. Benutzen Sie für das tatsächlich beobachtete Signal $y_1,\ldots y_n$ die Vektorschreibweise
$$\underline{y} = (\underline{1}\mathbf{X})\begin{pmatrix}\mu\\ \underline{\vartheta}\end{pmatrix} + \underline{z}.$$
2) Berechnen Sie Kleinste–Quadrate–Schätzungen für $\mu, \underline{\vartheta}$ und σ_Z^2 und interpretieren Sie sie.
3) Wie kann man testen, ob das beobachtete Signal einen Gleichanteil enthält oder nicht, wenn zunächst $\underline{\vartheta} = \underline{0}$ angenommen wird ?
4) Wie kann man entscheiden, ob das beobachtete Signal mit unbekanntem Gleichanteil ein Bandpaßsignal enthält oder nicht ? Interpretieren Sie den Detektor unter Verwendung des Periodogramms $I_{yy}(\omega)$ der Beobachtungen nach (2.2–133).
5) Wie kann man testen, ob das beobachtete, möglicherweise ein Bandpaßsignal enthaltende Signal einen Gleichanteil enthält oder nicht ?

Ü2.2-6 Maximum–Likelihood–Schätzung und –Quotiententest, Cramer–Rao–Schranke

Ein Signal bekannter Form $s(t)$, das außerhalb des Intervalls $[0,T)$ verschwinde, werde mit unbekannter Skalierung η und unbekannter Verzögerung $0 \le \tau \le T$, in abgetasteter Form und durch stochastisch unabhängige, erwartungswertfreie gaußsche Meßfehler unbekannter Varianz σ_Z^2 überlagert in einem Zeitfenster der Länge $2T = N\Delta$ beobachtet. Das Modell der Beobachtungen sei

$$Y_i = \eta s(i\Delta - \tau) + Z_i \quad (i = 1, \ldots, n) \text{ mit } \sum_{i=1}^{n} s(i\Delta - \tau)^2 \approx \sum_{i=1}^{n} s(i\Delta)^2,$$

und $\underline{Z} = (Z_1, \ldots, Z_n)'$ möge $\mathrm{N}_n(\underline{0}, \sigma_Z^2 \mathrm{I})$–verteilt sein.

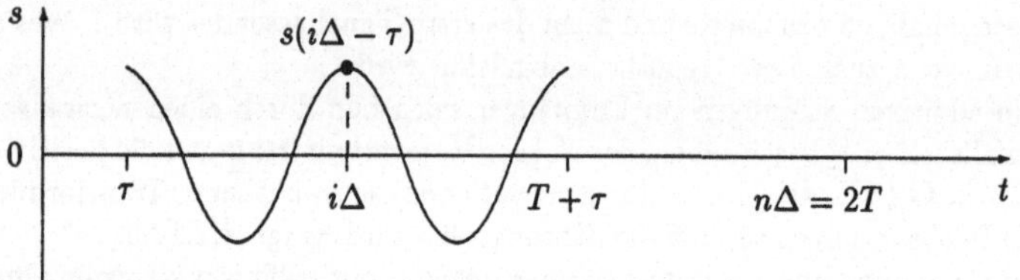

1) Bestimmen Sie Maximum-Likelihood-Schätzungen der Parameter η, τ und σ_Z^2 für gegebene Beobachtungen $\underline{y} = (y_1, \ldots, y_n)'$, indem Sie die logarithmierte Likelihoodfunktion von $\underline{Y}$ nacheinander über η, σ^2 und τ maximieren.
2) Entwerfen Sie einen Detektor für das Signal mit Hilfe des Maximum-Likelihood-Quotiententests für die Hypothese $\eta = 0$.
3) Bestimmen Sie approximativ die Schwelle, um eine Falschalarmwahrscheinlichkeit α garantieren zu können, indem Sie sich wie in Beispiel B2.2-12 überlegen, wie $2 \ln t(\underline{X})$ für große n approximativ verteilt ist.
4) Berechnen Sie die Cramer–Rao–Schranke für Schätzer des Parametervektors $\underline{\vartheta} = (\eta, \tau, \sigma^2)'$, approximieren und interpretieren Sie für große n.

Ü3.1-1 Stochastische binäre Signale und binäre Modulation

Eine Münze werde alle T Sekunden geworfen. Der stochastische Prozeß $X(t)$ sei wie folgt definiert:

$$X(t) = \begin{cases} 1, & \text{wenn „Kopf" im } n\text{-ten Wurf} \\ -1, & \text{wenn „Zahl" im } n\text{-ten Wurf} \end{cases} \quad \text{und } (n-1)T \le t < nT.$$

1) Bestimmen Sie den deterministischen Anteil von $X(t)$.
2) Bestimmen Sie die Kovarianzfunktion von $X(t)$.

V sei eine von $X(t)$ unabhängige, auf $[0,T]$ gleichverteilte Zufallsvariable.

3) Bestimmen sie den deterministischen Anteil von $Y(t) = X(t - V)$.
4) Bestimmen Sie die Kovarianzfunktion von $Y(t) = X(t - V)$.
5) Ist $Y(t)$ im weiteren Sinne stationär ? Berechnen Sie ggfs. sein Spektrum.
6) $S_n \in \{-1, 1\}$ möge wie oben angeben, ob Kopf oder Zahl im n–ten Wurf gewürfelt wird. Wenn $h_1(t)$ und $h_{-1}(t)$ unterschiedliche reelle Funktionen sind, die außerhalb des Intervalls $[0,1)$ verschwinden, so sei $W(t) = \sum_{n=-\infty}^{\infty} h_{S_n}(t - nT)$ und $U(t) = W(t - V)$. Untersuchen Sie $W(t)$ und $U(t)$ wie $X(t)$ und $Y(t)$.

Ü3.1-2 Diskrete Brownsche Bewegung

Für natürliche Zahlen n sei Z_n ein diskreter stochastischer Prozeß stochastisch unabhängiger Zufallsvariablen mit konstantem deterministischen Anteil $\mu_Z = \mathrm{E}Z_n$ und konstanter Leistung $\mathrm{E}Z_n^2 = \mu_Z^2 + \sigma_Z^2$. Es sei

$$Y_n = \sum_{m=1}^{n} Z_m \qquad (n = 1, 2, \ldots).$$

1) Berechnen Sie den deterministischen Anteil von Y_n.
2) Berechnen Sie die Kovarianzfunktion von Y_n.
3) Ist Y_n ein stationärer Prozeß ?
4) Zeigen Sie, daß Y_n unkorrelierte Zuwächse besitzt, also daß $Y_{n_2} - Y_{n_1}$ unkorreliert zu $Y_{n_4} - Y_{n_3}$ für $1 \leq n_1 < n_2 \leq n_3 < n_4$ ist. Sind die Zuwächse auch stochastisch unabhängig ?
5) Ist Y_n ein Gaußprozeß, wenn die Z_n normalverteilt sind ?

Ü3.2-1 Diskretes monochromatisches stochastisches Signal in weißem Rauschen als Anregung eines quadratischen Zweiwegegleichrichters

Betrachtet werde ein diskretes stationäres Signal der Form $X_n = V_n + Z_n$. Hierbei sei $V_n = A\cos(\omega_0 n) - B\sin(\omega_0 n)$ und Z_n gaußsches weißes Rauschen der Leistung σ_Z^2. Der Vektor $(A, B)'$ möge normalverteilt mit $\mathrm{E}(A, B)' = \underline{0}$, $\mathrm{E}(A, B)'(A, B) = \sigma^2\mathrm{I}$ und stochastisch unabhängig von allen Z_n sein. Mit X_n werde ein quadratischer Zweiwegegleichrichter angeregt.

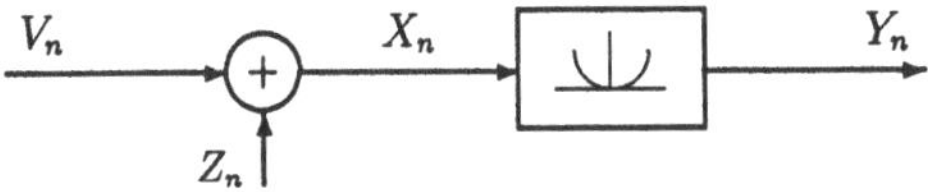

1) Berechnen Sie den deterministischen Anteil und die Kovarianzfunktion von V_n. Ist V_n ein Gaußprozeß ?
2) Ist V_n stationär ? Wenn ja, bestimmen Sie das Spektrum von V_n.
3) Bestimmen Sie den deterministischen Anteil, die Kovarianzfunktion und das Spektrum von X_n.
4) Der Ausgang des mit X_n angeregten quadratischen Zweiwegegleichrichters sei $Y_n = X_n^2$. Ist Y_n stationär ? Berechnen Sie den deterministischen Anteil, die Kovarianzfunktion und durch Fourier-Transformation das Spektrum von Y_n. Beachten Sie

$$\sum_{n=-\infty}^{\infty} \cos(\omega_0 n)\mathrm{e}^{-j\omega n} = \pi(\eta(\omega + \omega_0) + \eta(\omega - \omega_0)), \quad \eta(\omega) = \sum_{m=-\infty}^{\infty} \delta(\omega + 2\pi m).$$

Ü3.2-2 Netzwerkanalyse

In dem dargestellten Netzwerk sei $X(t)$ Modell einer Spannung aus einer stationären Rauschquelle mit dem Leistungsspektrum $R_{XX}(\omega) = 2\pi\delta(\omega) + 2\alpha/(\alpha^2 + \omega^2)$.

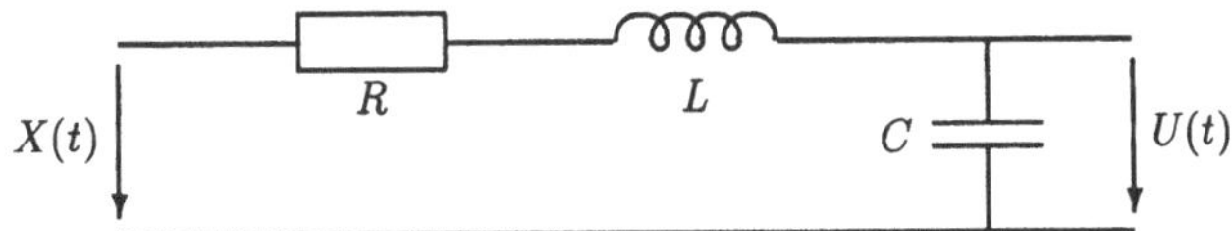

1) Geben Sie ein Modell zur Erzeugung von $X(t)$ an.
2) Bestimmen Sie $\mathrm{E}U(t)$, $R_{UU}(\omega)$, $R_{II}(\omega)$ und das Kreuzleistungsspektrum $R_{UI}(\omega)$ zwischen der Spannung am Ausgang und dem Strom.

Ü3.2-3 Erzeugung von diskretem weißen Rauschen durch Abtastung

Kann man durch Abtastung mit einer geeigneten Abtastperiode $\Delta > 0$ aus nicht weißem Rauschen beschrieben durch einen stationären Prozeß $X(t)$ mit $\mathrm{E}X(t) = 0$ und der Kovarianz $c_{XX}(u)$ diskretes weißes Rauschen Z_n erzeugen mit $\mathrm{E}Z_n = 0$ und $c_{ZZ}(m) = \sigma_Z^2 \delta_m$? Hierbei sind zwei Beispiele zu untersuchen:
1) $c_{XX}(u) = \mathrm{e}^{-|u|/\tau} \cos(\omega u)$.
2) $c_{XX}(u) = \sin(\pi B u)/\pi u$.

Ü3.2-4 I.q.M.–Konvergenz der Faltung

Gegeben sei ein im weiteren Sinne stationärer Prozeß X_n mit $\mathrm{E}X_n = 0$ und einer absolut summierbaren Kovarianzfunktion:

$$\sum_{k=-\infty}^{\infty} |c_{XX}(k)| < \infty.$$

Mit X_n werde ein lineares System angeregt, dessen Impulsantwort nur die schwache Stabilitätsbedingung

$$\sum_{n=-\infty}^{\infty} h_n^2 < \infty$$

erfüllt.
1) Beweisen Sie ähnlich wie in (3.2–42), daß die Faltung
$$Y_n = \sum_{m=-\infty}^{\infty} h_m X_{n-m}$$
i.q.M–konvergiert.
2) Zeigen Sie, daß die obigen Voraussetzungen bedeuten, daß das Spektrum $C_{XX}(\omega)$ von X_n eine stetige Funktion von ω ist und die Übertragungsfunktion $H(\omega)$ des Systems folgende Bedingung erfüllt:
$$\int_{-\pi}^{\pi} |H(\omega)|^2 \mathrm{d}\omega < \infty.$$
3) In welchem Sinne ist ein idealer Tiefpaß mit der Bandbreite $\frac{B}{2\pi} < 1$ und der Übertragungsfunktion $H(\omega) = 1$ falls $|\omega| < \frac{B}{2}$, und $= 0$ sonst für $-\pi < \omega \leq \pi$ stabil ?
4) Ist Y_n im weiteren Sinne stationär ? Wenn ja, berechnen Sie den Gleichanteil und die Kovarianzfunktion von Y_n in Abhängigkeit von $H(\omega)$ und $C_{XX}(\omega)$.

Ü3.2-5 Diskreter autoregressiver Prozeß zweiter Ordnung

Gegeben sei ein diskreter AR(2)-Prozeß, für den

$$X_n + a_1 X_{n-1} + a_2 X_{n-2} = Z_n,$$

wobei Z_n diskretes weißes Rauschen mit $\mathrm{E}Z_n = 0$ und $\mathrm{E}Z_n^2 = \sigma_Z^2$ ist.
1) Welche Bedingungen müssen die Filterkoeffizienten a_1 und a_2 erfüllen ?
2) Berechnen Sie die Impulsantwort h_n des rekursiven Filters.
3) Berechnen Sie die Kovarianzfunktion $c_{XX}(k)$ aus h_n.
4) Berechnen Sie die Kovarianzfunktion $c_{XX}(k)$ durch Lösen der Yule-Walker-Gleichungen.

Ü3.2-6 Messung des Effektivwertes
Diskretes gaußsches weißes Rauschen Z_n der Leistung σ_Z^2 rege einen linearen Einweggleichrichter mit der Kennlinie $g(x) = \gamma u(x)x$ an. Der Ausgang werde mit einem transversalen System gefiltert, das den gleitenden Mittelwert aus N Abtastwerten berechnet.

Z_n → [Gleichrichter] → V_n → [h_n] → Y_n

1) Warum sind V_n und Y_n stationäre Prozesse ?
2) Berechnen Sie die Gleichanteile von V_n und Y_n. Wie muß der Parameter γ gewählt werden, damit der Gleichanteil von Y_n dem Effektivwert von Z_n entspricht ?
3) Berechnen Sie die Kovarianzfunktionen und Spektren von V_n und Y_n.
4) Wie lange muß man mitteln (also wie groß N wählen), um den Effektivwert des Rauschanteils von Y_n auf weniger als 10% desjenigen von Z_n zu bringen ?

Ü3.2-7 Prädiktoren für einen diskreten AR(p)-Prozeß
Gegeben sei ein diskreter AR(p)-Prozeß,

$$X_n + \sum_{j=1}^{p} a_j X_{n-j} = Z_n,$$

wobei Z_n diskretes weißes Rauschen mit $\mathrm{E}Z_n = 0$ und $\mathrm{E}Z_n^2 = \sigma_Z^2$ ist. Ein Einschrittprädiktor der Ordnung m approximiert X_n durch eine Linearkombination von X_{n-1} bis X_{n-m}:

$$\hat{X}_n = \sum_{i=1}^{m} h_i X_{n-i}.$$

1) Bestimmen Sie notwendige Bedingungen für die i.q.M. optimalen Prädiktorkoeffizienten $\hat{h}_i$.
2) Zeigen Sie, daß für $m \geq p$ die optimalen Prädiktorkoeffizienten durch $\hat{h}_i = -a_i$ $(i = 1, \dots, p)$ und $\hat{h}_i = 0$ $(i = p+1, \dots, m)$ gegeben sind.
3) Bestimmen Sie die Prädiktionsfehlervarianz für $m \geq p$.

Ü3.2-8 Signalangepaßte Filter
Ein SIGNALANGEPASSTES FILTER ist ein Optimalfilter, das ein nichtbeobachtbares deterministisches Signal $Y_n = s_n$ aus dem beobachtbaren Signal $X_n = s_n + V_n$, wobei V_n ein stochastisches Störsignal ist, optimal herausfiltert.

1) Leiten Sie mit Hilfe des Orthogonalitätsprinzips notwendige Bedingungen (Wiener-Hopf-Gleichungen) für die Impulsantwort $\hat{h}_{n,m}$ $(m \in M)$ des signalangepaßten Filters ab.
2) Lösen Sie die Wiener-Hopf-Gleichungen für stationäre Störsignale V_n ohne Gleichanteil und nichtkausale Filter ($M = \mathbb{Z}$) im Frequenzbereich.
3) Lösen Sie die Wiener-Hopf-Gleichungen für weißes Rauschen $V_n = Z_n$ und beliebige nichtleere M.
4) Zeigen Sie, daß diese Lösung für weißes Rauschen $V_n = Z_n$ auch das Signal-zu-Störleistungsverhältnis zur Zeit n,

$$\gamma_n^2 = \frac{\left(\sum_{m\in M} h_m s_{n-m}\right)^2}{\mathrm{E}\left(\sum_{m\in M} h_m V_{n-m}\right)^2}$$

maximiert. Bestimmen Sie dazu den maximalen Wert von γ_n^2 mit Hilfe der Cauchy–Schwarz–Ungleichung für konvergente Summen und interpretieren Sie ihn.

5) Erläutern Sie, daß die Lösung von 2) unter der Bedingung $C_{VV}(\omega) > 0$ für alle ω wie folgt interpretiert werden kann: Das beobachtbare Signal X_n wird zunächst mit einem Formfilter g_n verarbeitet, dessen Übertragungsfunktion z.B. $G(\omega) = C_{VV}(\omega)^{-\frac{1}{2}}$ ist. Das verbleibende lineare System $\tilde{H}_n(\omega)$ ist bis auf einen Skalierungsfaktor das signalangepaßte Filter für das Modell

$$\tilde{X}_n = \sum_{m=-\infty}^{\infty} g_m X_{n-m} = \tilde{s}_n + \tilde{Z}_n, \quad \tilde{Z}_n \text{ weiß mit } \sigma_{\tilde{Z}}^2 = 1,$$

das $\tilde{\gamma}_n^2$ im Sinne von 4) für weißes Rauschen $\tilde{Z}_n$ maximiert. Die Lösung von 2) maximiert dann auch γ_n^2 für farbiges V_n.

Ü3.2-9 Im weiteren Sinne stationäre, periodische Prozesse

Ein im weiteren Sinne stationärer Prozeß $X(t)$ möge den Gleichanteil $\mu_X = \mathrm{E}X(t)$ und eine Momentfunktion zweiter Ordnung der Periode $T > 0$ besitzen:

$$r_{XX}(n) = \mathrm{E}X(t+n)X(t) = r_{XX}(n+T).$$

1) Bestimmen Sie die Fourier–Reihe von $r_{XX}(n)$ und ihre Fourier–Koeffizienten r_n sowie das Leistungsspektrum $R_{XX}(\omega)$.
2) Zeigen Sie, daß Fourier–Koeffizienten von $X(t)$

$$A_n = \frac{1}{T}\int_0^T X(t)\mathrm{e}^{-j2\pi nt/T}\mathrm{d}t \quad \text{i.q.M.}$$

definiert werden können.
3) Berechnen Sie $\mathrm{E}A_n$ und $\mathrm{E}A_nA_m^*$ für alle ganzen Zahlen n und m.
4) Zeigen Sie, daß die mit den A_n definierte Fourier–Reihe i.q.M.–konvergiert und $X(t)$ darstellt.
5) Wenn $X(t)$ ein Gaußprozeß ist, bestimmen Sie die Verteilung des Vektors $(\mathrm{Re}A_n, \mathrm{Im}A_n, \mathrm{Re}A_m, \mathrm{Im}A_m)'$ für $1 \le n < m$.
6) $X(t)$ rege ein lineares, konstantes System mit der Impulsantwort $h(t)$ und der Übertragungsfunktion $H(\omega)$ an. Das Modell des Ausgabesignals sei ein durch i.q.M.–Faltung von $X(t)$ und $h(t)$ definierter Prozeß $Y(t)$. Bestimmen Sie seine Eigenschaften im Sinne von 1), 2) und 4).

Ü3.3-1 Cesaro–Summen, Mittelwert und empirische Kovarianzfunktion

1) Eine Folge a_n $(n = 0, 1, 2, \ldots)$ sei im gewöhnlichen Sinne summierbar, d.h.

$$s = \sum_{n=0}^{\infty} a_n \text{ konvergiere.}$$

Zeigen Sie, daß auch die CESARO–SUMMEN gegen s konvergieren:

$$\lim_{N\to\infty} \sum_{n=0}^{N-1} (1 - \tfrac{n}{N}) a_n = s.$$

2) Wenn X_n i.w.S. stationär ist, den Gleichanteil $\mathrm{E}X_n = \mu_X$ und eine absolut summierbare Kovarianzfunktion $c_{XX}(k) = \mathrm{E}(X_{n+k} - \mu_X)(X_n - \mu_X)$ besitzt, so ist der Mittelwert

$$\overline{X}_N = \frac{1}{N}\sum_{n=0}^{N-1} X_n$$

ein Schätzer für μ_X. Zeigen Sie, daß neben $\mathrm{E}\overline{X}_N = \mu_X$

$$\lim_{N\to\infty} N\mathrm{Var}\overline{X}_N = \sum_{k=-\infty}^{\infty} c_{XX}(k) = C_{XX}(0)$$

gilt, wobei $C_{XX}(\omega)$ das Spektrum von X_n ist.

3) Berechnen Sie den Erwartungswert der empirischen Kovarianzfunktion

$$\hat{c}_{XX}(k) = \frac{1}{N} \sum_{n=0}^{N-1-|k|} (X_{n+|k|} - \overline{X}_N)(X_n - \overline{X}_N), \quad |k| \le N-1$$

und bestimmen Sie für große N einen Ausdruck für $\mathrm{E}\hat{c}_{XX}^N(k)$ unter Weglassung von Termen der Größenordnung N^{-2}. Ist $\frac{N}{N-|k|}\hat{c}_{XX}(k)$ ein erwartungstreuer Schätzer für $c_{XX}(k)$, so wie es die empirische Kovarianzfunktion für stationäre Prozesse ohne Gleichanteil ist ?

4) Berechnen Sie einen (3.3–10) entsprechenden, exakten Ausdruck für die Kovarianzen der empirischen Kovarianzen für stationäre Gaußprozesse ohne Gleichanteil und bestimmen Sie die Größenordnung des Approximationsfehlers in (3.3–10).

Ü3.3-2 Empirische Kovarianzfunktion und Periodogramm

1) Zeigen Sie, daß das Periodogramm $I_{XX}^N(\omega)$ des Modells $X_0, \dots, X_{N-1}$ der Beobachtungen eines stationären Prozesses X_n ohne Gleichanteil die Fourier-Transformierte der empirischen Kovarianzfunktion ist.
2) Welche Aussagen gelten, wenn ein nichtverschwindender Gleichanteil mitgeschätzt werden muß ?
3) Welchen Wert besitzt das Periodogramm der auf den Mittelwert bezogenen Daten an der Stelle $\omega = 0$?
4) Begründen Sie die folgende Aussage: Obwohl die empirische Kovarianzfunktion ein brauchbarer Schätzer für die Kovarianzfunktion ist, gilt dies nicht für das Periodogramm hinsichtlich des Spektrums.

Ü3.3-3 Schätzung des Spektrums eines AR(2)-Prozesses

Gegeben seien die folgenden Beobachtungen eines AR(2)-Prozesses X_n.

n	1	2	3	4	5	6
x_n	1,0	0,0	-0,5	-1,0	0,0	0,5

Schätzen Sie das Spektrum von X_n über die Schätzung der Parameter

1) mit der Methode der kleinsten Quadrate,
2) durch Lösen der empirischen Yule-Walker Gleichungen.
3) Versuchen Sie die Varianzen der geschätzten Parameter zu bestimmen.

Ü3.3-4 Autoregressiver Prozeß mit Gleichanteil

Gegeben seien die Beobachtungen $x_1, \dots, x_N$ eines autoregressiven Prozesses erster Ordnung mit Gleichanteil der durch die Differenzengleichung

$$X_n - \mu_X + a_1(X_{n-1} - \mu_X) = Z_n$$

beschrieben wird, wobei Z_n diskretes weißes Rauschen mit der Leistung σ_Z^2 ist.

1) Unter welcher Bedingung ist X_n ein stationärer Prozeß ?

2) Schätzen Sie mit der Methode der kleinsten Quadrate die Parameter μ_X und a_1, indem Sie die Summe der Quadrate minimieren, obwohl kein lineares Modell vorliegt.
3) Geben Sie Approximationen für die Kleinsten-Quadrate-Schätzungen $\hat{\mu}_x$ und $\hat{a}_1$ unter Verwendung des Mittelwertes $\overline{x}$ und der empirischen Kovarianzfunktion $\hat{c}_{xx}(k)$ an.
4) Wie könnte man über empirische Yule-Walker-Gleichungen a_1 und σ_Z^2 schätzen ?

Ü3.3-5 Wilson–Iterationen zum Schätzen der Parameter eines MA(q)–Prozesses

Die normierten Parameter $\gamma_0 = \sigma_Z$, $\gamma_l = \sigma_Z b_l \quad (l = 1, \ldots, q)$ eines MA(q)–Prozesses genügen dem nichtlinearen Gleichungssystem

$$c_{XX}(k) = \sum_{l=0}^{q-k} \gamma_{l+k}\gamma_l \quad (k = 0, 1, \ldots, q).$$

Sind Schätzungen $\hat{c}_{XX}(k)$ von $c_{XX}(k) \quad (k = 0, 1, \ldots, q)$ und gewisse Schätzungen $\tilde{\gamma}_l$ für $\gamma_l \quad (l = 0, 1, \ldots q)$ bekannt, so sei $\overline{\gamma}_l = \tilde{\gamma}_l + \Delta_l$ eine verbesserte Schätzung, wenn möglichst genau

$$\hat{c}_{XX}(k) = \sum_{l=0}^{q-k} \overline{\gamma}_{l+k}\overline{\gamma}_l \quad (k = 0, 1, \ldots q)$$

erfüllt ist.

1) Leiten Sie ein lineares Gleichungssystem für die $\Delta_l \quad (l = 0, 1, \ldots, q)$ ab, wenn vorausgesetzt wird, daß diese klein sind.
2) Beschreiben Sie ein Iterationsverfahren zum Schätzen von $\gamma_l \quad (l = 0, 1, \ldots, q)$, wenn z.B. von den Anfangswerten $\gamma_0^0 = \sqrt{\hat{c}_{XX}(0)}$, $\gamma_l^0 = 0 \quad (l = 0, 1, \ldots, q)$ ausgegangen wird.
3) Für eine MA(2)–Prozeß möge die empirische Kovarianzfunktion durch $\hat{c}_{XX}(0) = 2,25$, $\hat{c}_{XX}(1) = -1,5$, $\hat{c}_{XX}(2) = 0,5$ gegeben sein. Bestimmen Sie Werte für $\gamma_0, \gamma_1, \gamma_2$ mit dem in 2) gefundenen Iterationsverfahren. Vergleichen Sie diese Werte mit denjenigen der minimalphasigen Lösungen aus (3.3–41). Man findet letztere schnell, wenn man weiß, daß $(1 \pm j)$ zwei Lösungen von $z^2 C(z) = 0$ sind.

Ü3.3-6 RLS-Algorithmus

Die Summe der Quadrate

$$S_{N-1}(\underline{\vartheta}) = \sum_{n=r}^{N-1} (y_n - \underline{x}_n'\underline{\vartheta})^2$$

wird durch

$$\underline{\vartheta}_{N-1} = \mathbf{Q}_{N-1}^{-1} \sum_{n=r}^{N-1} \underline{x}_n y_n, \text{ falls } \mathbf{Q}_{N-1} = \sum_{n=r}^{N-1} \underline{x}_n \underline{x}_n' \text{ nichtsingulär ist,}$$

minimiert. Zeigen Sie, daß nach Hinzufügen der Daten y_N und $\underline{x}_N$ durch die Rekursionsformeln

$$\underline{k}_N = (1 + \underline{x}_N'\mathbf{Q}_{N-1}^{-1}\underline{x}_N)^{-1}\mathbf{Q}_{N-1}^{-1}\underline{x}_N,$$
$$\underline{\vartheta}_N = \underline{\vartheta}_{N-1} + \underline{k}_N(y_n - \underline{x}_N'\underline{\vartheta}_{N-1})$$
$$\mathbf{Q}_N^{-1} = \mathbf{Q}_{N-1}^{-1} - \underline{k}_N\underline{x}_N'\mathbf{Q}_{N-1}^{-1}$$

der Vektor $\underline{\vartheta}_N$ bestimmt ist, der $S_N(\underline{\vartheta})$ minimiert. Gehen Sie hierbei von (3.3–69) aus und wenden Sie das Matrixinversionslemma auf $\mathbf{Q}_N^{-1} = (\mathbf{Q}_{N-1} + \underline{x}_N\underline{x}_N')^{-1}$ an.

Ü3.3-7 Schätzung des Spektrums für eine feste Frequenz durch Leistungsmessung

Mit der folgenden Schaltung soll der Wert $C_{XX}(\omega_0)$ des Spektrums eines stationären stochastischen Signals $X(t)$ mit kontinuierlichem Zeitparameter geschätzt werden.

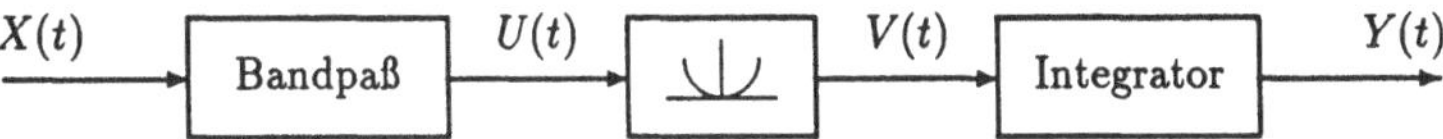

Der Bandpaß und der Integrator mögen die Übertragungsfunktionen $H_{BP}(\omega) = \gamma$ für $|\omega \pm \omega_0| \leq B/2$ und $= 0$ sonst mit $0 < B < \omega_0$ sowie $H_I(\omega) = 1$ für $|\omega| \leq \frac{\pi}{T}$ und $= 0$ sonst besitzen. Der Gleichrichter habe die Kennlinie $g(x) = x^2$. Das Spektrum $C_{XX}(\omega)$ verlaufe in der Umgebung von ω_0 ungefähr linear. Weiter wird $B \ll \omega_0$ angenommen.

1) Berechnen Sie $\mathrm{E}U(t)$, $C_{UU}(\omega)$ und $\mathrm{E}U(t)^2$.
2) Berechnen Sie $\mathrm{E}Y(t)$.
3) Wie muß die Verstärkung γ des Bandpasses gewählt werden, damit der Gleichanteil von $Y(t)$ der gewünschte Wert $C_{XX}(\omega_0)$ wird ?
4) $X(t)$ sei ein Gaußprozeß. Berechnen Sie die Varianz von $Y(t)$.
5) Interpretieren Sie die Rolle des Zeit-Bandbreiteprodukts $\frac{BT}{2\pi}$ der Schaltung.

Ü3.3-8 Bias des Spektralschätzers, der das Periodogramm glättet

Von einem stationären stochastischen Signal X_n mit dem Spektrum $C_{XX}(\omega)$ sei $X_0, \ldots, X_{N-1}$ Modell einer Beobachtung. Wenn $2\pi(k + k(\omega_0))/N$ ($|k| = 0, 1, \ldots, m$) diskrete Frequenzen in der Nachbarschaft einer Frequenz ω_0 sind, so ist

$$\hat{C}_{XX}(\omega_0) = \frac{1}{2m+1} \sum_{k=-m}^{m} I_{XX}^N\left(\frac{2\pi(k+k(\omega_0))}{N}\right) \text{ mit } I_{XX}^N(\omega) = \frac{1}{N}\left|\sum_{n=0}^{N-1} X_n \mathrm{e}^{-j\omega n}\right|^2$$

ein Schätzer von $C_{XX}(\omega)$, der das Periodogramm in der Umgebung von ω_0 glättet.

1) Berechnen Sie den Erwartungswert des Schätzers. Benutzen Sie hierbei die Formel
$$\Delta^N(\omega) = \sum_{n=0}^{N-1} \mathrm{e}^{-j\omega n} = \mathrm{e}^{-j\omega(N-1)/2} \frac{\sin(\omega N/2)}{\sin(\omega/2)}.$$
2) Erläutern Sie Bedingungen, unter denen der Schätzer erwartungstreu wird.
3) Zeigen Sie, daß seine Varianz ungefähr $C_{XX}(\omega_0)^2/(2m + 1)$ ist.

Ü3.3-9 Schätzung des Log-Spektrums

Für einen stationären Prozeß mit dem Spektrum $C_{XX}(\omega) > 0$ sei $\hat{C}_{XX}(\omega)$ ein Schätzer, der die Eigenschaften $\mathrm{E}\hat{C}_{XX}(\omega) \approx C_{XX}(\omega)$ und $\mathrm{Var}\hat{C}_{XX}(\omega) \approx \frac{1}{L}C_{XX}(\omega)^2$ besitzt. Mit $10 \lg \hat{C}_{XX}(\omega)$ soll das log-Spektrum $10 \lg C_{XX}(\omega)$ geschätzt werden.

1) Sei $g(y)$ eine differenzierbare Funktion und Y eine Zufallsvariable, für die $\mathrm{E}Y^2$ und $\mathrm{E}(g(Y))^2$ existieren. Approximieren Sie $\mathrm{E}g(Y)$ und $\mathrm{Var}g(Y)$, indem Sie die Taylorreihe von $g(Y)$ um $\mathrm{E}Y$ nach der ersten Potenz abbrechen.
2) Wenden Sie das Resultat auf die approximative Berechnung des Erwartungswerts und der Varianz von $10 \lg \hat{C}_{XX}(\omega)$ an.
3) Bestimmen Sie approximativ den Erwartungswert und die Varianz von $10 \lg \hat{C}_{XX}(\omega) - 10 \lg \hat{C}_{XX}(\omega_0)$.

Ü3.3-10 Testen der Konstanz des Spektrums

Es soll ein einfach durchzuführender, graphischer Test konstruiert werden, mit dem anhand der Werte des Periodogramms $I_{XX}^N(\frac{2\pi l}{N})$, $l = 1, \ldots, M$, $M = [\frac{N-1}{2}]$ eines stationären Prozesses X_n getestet wird, ob das Spektrum $C_{XX}(\omega) = \sigma^2$, d.h. konstant ist. Wir gehen davon aus, daß die Zufallsvariablen $Y_l = I_{XX}^N(\frac{2\pi l}{N})$ $l = 1, \ldots, M$ (zumindest in guter Näherung) stochastisch unabhängig und unter der Hypothese identisch bis auf den Faktor $\frac{\sigma^2}{2}$ χ_2^2-verteilt, also mit dem Parameter $\alpha = \sigma^2$ exponentialverteilt sind.

1) Zeigen Sie, daß die gemeinsame Dichte von

$$V_k = \sum_{l=1}^{k} Y_l \quad (k = 1, \ldots, M)$$

$$f_{V_1,\ldots,V_M}(v_1, \ldots, v_M) = \begin{cases} \alpha^{-M} e^{-\frac{v_M}{\alpha}} & , \text{ wenn } 0 \leq v_1 \leq \cdots \leq v_M \\ 0 & , \text{ sonst} \end{cases} \quad \text{ist.}$$

2) Zeigen Sie, daß die gemeinsame Dichte von $S_k = V_k / V_M \quad (k = 1, \ldots, M-1)$

$$f_{S_1,\ldots,S_{M-1}}(s_1, \ldots, s_{M-1}) = \begin{cases} (M-1)! & , \text{ wenn } 0 \leq s_1 \leq \cdots \leq s_{M-1} \leq 1 \\ 0 & , \text{ sonst,} \end{cases}$$

also unabhängig von α ist.

3) Versuchen Sie zumindest für $M = 2$ und $M = 3$ die Wahrscheinlichkeit $\mathrm{P}\{R \leq v\}$ von

$$R = \max_{k=1,\ldots,M-1} |S_k - \frac{k}{M}|$$

zu bestimmen.

4) Aus der Literatur [2] ist bekannt, daß die Lösung von $\mathrm{P}\{R \leq r_{M,\alpha}\} = 1 - \alpha$ nach $r_{M,\alpha}$ für $M \geq 6$ und $\alpha \leq 0,62$ bis auf 2 Dezimalen genau durch folgenden Ausdruck gegeben ist:

$$r_{M,\alpha} = \frac{\sqrt{-\frac{1}{2}\ln\frac{\alpha}{2}}}{\sqrt{M-1} + 0,2 + \frac{0,68}{\sqrt{M-1}}} - \frac{0,4}{M-1}.$$

Die aus den Daten berechneten Periodogrammwerte y_k liefern Zahlen s_k, die als Punkte $(\frac{k}{M}, s_k)$ ins Einheitsquadrat eingetragen werden. Wie kann man nun graphisch überprüfen, ob die Hypothese der Konstanz des Spektrums anhand der Daten mit dem Niveau α abzulehnen ist oder nicht ?

Ü3.3-11 Kreuzspektrum und Kreuzperiodogramm

Die stationären stochastischen Signale X_n und Y_n mögen die Spektren $C_{XX}(\omega)$, $C_{YY}(\omega)$ und das Kreuzspektrum $C_{YX}(\omega)$ besitzen.

1) Zeigen Sie die Ungleichung

$$|C_{YX}(\omega)|^2 \leq C_{XX}(\omega) C_{YY}(\omega)$$

[2] Steffens, M.A. (1970): Use of the Kolmogorov–Smirnov, Cramer–von Mises and related statistics without extensive tables. J.R. Statist. Soc. B 32, 115–122

Untersuchen Sie hierzu das Spektrum von

$$V_n = \sum_m h_m X_{n-m} + \sum_m g_m Y_{n-m},$$

wobei h_m und g_m die Impulsantworten beliebiger linearer konstanter Systeme sind, soweit die Faltungen i.q.M. konvergieren.

$X^N(\omega)$ und $Y^N(\omega)$ seien die endlichen Fourier-Transformierten von X_n und Y_n für $n = 0, 1, \ldots, N-1$. Wir nehmen an, daß für große N der Vektor $\underline{V} = (\mathrm{Re}\, X^N(\omega), \mathrm{Re}\, Y^N(\omega), \mathrm{Im}\, X^N(\omega), \mathrm{Im} Y^N(\omega))'$ normalverteilt ist mit dem Erwartungsvektor $\underline{0}$ und der Kovarianzmatrix (3.3–106). Zeigen Sie für das Kreuzperiodogramm $I^N_{YX}(\omega) = \frac{1}{N} Y^N(\omega) X^N(\omega)^*$ und das Periodogramm $I^N_{XX}(\omega)\frac{1}{N}|X^N(\omega)|^2$:

2) $\mathrm{Var} I^N_{YX}(\omega) = \mathrm{E} I^N_{YX}(\omega) I^N_{YX}(\omega)^* - C_{YX}(\omega) C_{YX}(\omega)^* = C_{YY}(\omega) C_{XX}(\omega)$

3) $\mathrm{Cov}(I^N_{YX}(\omega) I^N_{XX}(\omega)) = \mathrm{E} I^N_{YX}(\omega) I^N_{XX}(\omega) - C_{YX}(\omega) C_{XX}(\omega) = C_{YX}(\omega) C_{XX}(\omega)$

Wenden Sie dabei (3.2-30) auf die Komponenten von $\underline{V}$ an.

Lösungshinweise

Es ist nicht beabsichtigt, dem Leser vollständige Lösungen der Übungsaufgaben zu liefern. Er soll ja selbst versuchen, sie zu finden. Da die Aufgaben jedoch unterschiedlich schwierig sind, werden im folgenden mehr oder weniger detailliert Lösungswege skizziert. Sind Unteraufgaben elementar oder lassen sich analog zu anderen, schon behandelten lösen, so verzichten wir auf Hinweise.

Ü2.1-1

2) Ist $|A|$ die Anzahl der Elemente einer Menge A, so

$\sum_{l=3}^{a} |\{(i,j,k) : i,j,k \in \{1,\ldots,6\},\ i+j+k=l\}| =$

$\sum_{l=a+1}^{18} |\{(i,j,k) : i,j,k \in \{1,\ldots,6\},\ i+j+k=l\}|$, was nur für $a = 10$ gilt.

Ü2.1-2

1) $(A \cup B) \cap (A \cup \overline{B}) = A$.

4) Vollständige Induktion:

$n = 2, \quad \overline{A_1 \cap A_2} = \overline{A}_1 \cup \overline{A}_2;$

$n = k, \quad \text{es gelte } \overline{\bigcap_{i=1}^{k} A_i} = \bigcup_{i=1}^{k} \overline{A}_i;$

$n = k+1, \quad \overline{\bigcap_{i=1}^{k+1} A_i} = \overline{(\bigcap_{i=1}^{k} A_i) \cap A_{k+1}} = \overline{(\bigcap_{i=1}^{k} A_i)} \cup \overline{A}_{k+1} = \bigcup_{i=1}^{k} \overline{A}_i \cup \overline{A}_{k+1} = \bigcup_{i=1}^{k+1} \overline{A}_i.$

8) $(A \cap \overline{B} \cap \overline{C}) \cup (\overline{A} \cap B \cap \overline{C}) \cup (\overline{A} \cap \overline{B} \cap C) \cup (\overline{A} \cap \overline{B} \cap \overline{C}) = (A \cap \overline{B} \cap \overline{C}) \cup (\overline{A} \cap B \cap \overline{C}) \cup (\overline{A} \cap \overline{B})$.

Ü2.1-3

3) $1_{A \cup B}(\xi) = 1$, gdw. $\xi \in A \cup B$, gdw. $\xi \in A$ oder $\xi \in B$, gdw. $1_A(\xi) = 1$ oder $1_B(\xi) = 1$, gdw. $\max\{1_A(\xi), 1_B(\xi)\} = 1$.

Ü2.1-4

1) $X^{-1}(A \cap B) = \{\xi : X(\xi) \in A \cap B\} = \{\xi : X(\xi) \in A,\ X(\xi) \in B\} =$
$\{\xi : X(\xi) \in A\} \cap \{\xi : X(\xi) \in B\} = X^{-1}(A) \cap X^{-1}(B)$.

8) $A \in \mathcal{A}, x \in \mathbf{R}, 1_A^{-1}((-\infty, x]) = \{\xi : 1_A(\xi) \le x\} = \begin{cases} A & , \quad x \ge 1 \\ \overline{A} & , \quad x < 1 \end{cases}$, also $\in \mathcal{A}$.

Ü2.1-5

2) $\xi \in \Omega = \{1,2,3,4,5,6\}$, $\mathrm{P}\{\xi = i\} = \frac{1}{6} \quad (i = 1,\ldots,6)$, $A = \{1,3,5\}$,
$\mathrm{P}(A) = \mathrm{P}\{\xi = 1\} + \mathrm{P}\{\xi = 3\} + \mathrm{P}\{\xi = 5\} = \frac{3}{6} = \frac{1}{2}$.

6) $(\xi_1, \xi_2) \in \Omega \times \Omega$, $\mathrm{P}\{(\xi_1, \xi_2) = (i,k)\} = \mathrm{P}\{\xi_1 = i\}\mathrm{P}\{\xi_2 = k\} \quad (i,k = 1,\ldots,6)$ wegen der unabhängigen Kopplung, $A = \{(6,6)\}$, $\mathrm{P}(A) = \frac{1}{36}$.

Ü2.1-6

1) „Kombinationen ohne Wiederholung von n Elementen zu je k", 2 Karten für den Skat: $\binom{32}{2}$ Möglichkeiten, verbleiben 30 Karten, 10 Karten für den 1. Spieler: $\binom{30}{10}$ Möglichkeiten, verbleiben 20 Karten, 10 Karten für den 2. Spieler: $\binom{20}{10}$ Möglichkeiten,

verbleiben 10 Karten für den 3. Spieler, insgesamt $\binom{32}{2}\binom{30}{10}\binom{20}{10} = \frac{32!}{2!30!}\frac{30!}{10!20!}\frac{20!}{10!10!} = \frac{32!}{2!(10!)^3} \approx 2,75 \cdot 10^{15}$ Möglichkeiten.

3) Gleichverteilung: $P(A) = \frac{|A|}{|\Omega|} = \frac{\text{Anzahl der für } A \text{ günstigen Fälle}}{\text{Anzahl der möglichen Fälle}}$,
$A = \{$der 1. Spieler erhält alle Buben$\}$;
wenn der erste Spieler alle Buben bekommt, verbleiben 28 Karten, von denen er noch 6 bekommt: $\binom{28}{6}$ Möglichkeiten, 10 Karten für den 2. Spieler: $\binom{22}{10}$ Möglichkeiten, 10 Karten für den 3. Spieler: $\binom{12}{10}$ Möglichkeiten, Restkarten für den Skat, insgesamt $\frac{28!}{6!22!}\frac{22!}{10!12!}\frac{12!}{10!2!} = \frac{28!}{2!6!(10!)^2}$ für A günstige Fälle; mit 1):
$P(A) = \frac{28!}{2!6!(10!)^2} / \frac{32!}{2(10!)^3} = \frac{28!}{32!}\frac{10!}{6!} \approx 0,006$.

Ü2.1-7

1) Vollständige Induktion:
$n = 2, \quad P(A_1 \cup A_2) = P(A_1) + P(A_2) - P(A_1 \cap A_2)$;
$n = k, \quad$ es gelte $P(\bigcup_{i=1}^{k} A_i) = \sum_{I_k}(-1)^{|I_k|-1} P(\bigcap_{i\in I_k} A_i)$, alle $I_k \subset \{1, \ldots, k\}$;
$n = k+1, \quad P(\bigcup_{i=1}^{k+1} A_i) = P(\bigcup_{i=1}^{k} A_i \cup A_{k+1}) = P(\bigcup_{i=1}^{k} A_i) + P(A_{k+1}) - P(\bigcup_{i=1}^{k} A_i \cap A_{k+1})$; da $\bigcup_{i=1}^{k} A_i \cap A_{k+1} = \bigcup_{i=1}^{k} (A_i \cap A_{k+1})$, folgt
$P(\bigcup_{i=1}^{k+1} A_i) = \sum_{I_k}(-1)^{|I_k|-1} P(\bigcap_{i\in I_k} A_i) + P(A_{k+1}) - \sum_{I_k}(-1)^{|I_k|-1} P(\bigcap_{i\in I_k} (A_i \cap A_{k+1})) = \sum_{I_{k+1}} (-1)^{|I_{k+1}|-1} P(\bigcap_{i\in I_{k+1}} A_i)$.

2) Vollständige Induktion:
$n = 3$, die Siebformel liefert
$P(\bigcup_{i=1}^{3} A_i) = \sum_{i=1}^{3} P(A_i) - \sum_{1\le i<k\le 3} P(A_i \cap A_k) + P(\bigcup_{i=1}^{3} A_i) \ge \sum_{i=1}^{3} P(A_i) - \sum_{1\le i<k\le 3} P(A_i \cap A_k)$,
$P(\bigcup_{i=1}^{3} A_i) = P(A_1 \cup (A_2 \cup A_3)) = P(A_1) + P(A_2 \cup A_3) - P(A_1 \cap (A_2 \cup A_3)) = \sum_{i=1}^{3} P(A_i) - P(A_2 \cap A_3) - P(A_1 \cap (A_2 \cup A_3)) \le \sum_{i=1}^{3} P(A_i)$;
ähnlich wird der Induktionsschritt behandelt.

Ü2.1-8

Wenn $\alpha_n = np \underset{n\to\infty}{\longrightarrow} \alpha$, muß $(1 - \frac{\alpha_n}{n})^n \underset{n\to\infty}{\longrightarrow} e^{-\alpha}$;
$b(k, n, p) = \binom{n}{k} p^k (1-p)^{n-k} = \frac{\alpha_n^k}{k!}\frac{n}{n}\frac{n-1}{n}\cdots\frac{n-k+1}{n}(1 - \frac{\alpha_n}{n})^n (1 - \frac{\alpha_n}{n})^{-k} \underset{n\to\infty}{\longrightarrow} \frac{\alpha^k}{k!} e^{-\alpha}$.

Ü2.1-9

1)(a) $(A \times B) \cap (B \times D) = \{(x, y) : x \in A, y \in B\} \cap \{(x, y) : x \in B, y \in D\} = \{(x, y) : x \in A, x \in B, y \in B, y \in D\} = (A \cap B) \times (B \cap D)$.
2) $(A_1 \times A_2) \cup (\overline{A}_1 \times \overline{A}_2) \notin \mathcal{A}_1 \times \mathcal{A}_2$.

Ü2.1-10

P{Er hat mindestens 3 Prüfungen bestanden} =

$p^4 + p^3(1-p) + p^2(1-p)q + p(1-p)qp + (1-p)qp^2.$

Ü2.1-11

$X_l = 1$, wenn beim l–ten Einschalten des Teilsystems ein Fehler auftritt, und $= 0$ sonst, $\underline{X}' = (X_1, \ldots, X_n)$ Versuchsergebnis des Teilsystems, unabhängige Koppelung, $\mathrm{P}(\{\underline{X}\}) = p_i^{S_n(\underline{X})}(1-p_i)^{n-S_n(\underline{X})}$ für das i–te Teilsystem,
$S_n(\underline{X}) = \sum_{l=1}^{n} X_l$ = Anzahl der Fehler des Teilsystems nach n–maligem Einschalten;
$\mathrm{P}(\{\underline{X} : S_n(\underline{X}) = k\}) = \binom{n}{k} p_i^k (1-p_i)^k$ Wahrscheinlichkeit dafür, daß im i–ten Teilsystem k Fehler nach n–maligem Einschalten aufgetreten sind;
P({Gerät funktioniert noch nach n–maligem Einschalten}) =
$\mathrm{P}(\bigcap_{i=1}^{3}$ {im i–ten Teilsystem ist höchstens ein Fehler aufgetreten}) =
$\prod_{i=1}^{3} [(1-p_i)^n + np_i(1-p_i)^{n-1}].$

Ü2.1-12

1) $|\Omega| = 1000$, $|\overline{A}| = 30$, $|\overline{B}| = 50$, $|\overline{A} \cap \overline{B}| = 10$,
$|A \cap B| = |\overline{\overline{A} \cup \overline{B}}| = |\Omega| - (|\overline{A}| + |\overline{B}| - |\overline{A} \cap \overline{B}|) = 930.$
2) $\mathrm{P}(A|B) = \mathrm{P}(A \cap B)/\mathrm{P}(B)$, $\mathrm{P}(B) = |B|/|\Omega|$, $\mathrm{P}(A \cap B) = |A \cap B|/|\Omega|$,
$\mathrm{P}(A|B) = |A \cap B|/|B| = 930/950.$

Ü2.1-13

$A = \{k$ Vermittlungswünsche in $[0, T']\}$, $B = \{l$ Vermittlungswünsche in $[0, T]\}$,
$C = \{l - k$ Vermittlungswünsche in $(T', T]\}$; seien $l \geq k$ und $0 < T' < T$,
$\mathrm{P}(A \cap B) = \mathrm{P}(A \cap C) = \mathrm{P}(A)\mathrm{P}(C)$, $\mathrm{P}(A) = \frac{(\lambda T')^k}{k!} e^{-\lambda T'}$ usw.,
$\mathrm{P}(A|B) = \mathrm{P}(A \cap B)/\mathrm{P}(B) = \binom{l}{k} (\frac{T'}{T})^k (1 - \frac{T'}{T})^{l-k}$;
$\mathrm{P}(A|B) = 0$ für $l < k$.

Ü2.1-14

$\mathcal{B}$ ist Ereignisalgebra und enthält $(a, b]$ für alle $-\infty < a < b < \infty$, dann muß $\mathcal{B}$ auch $[a, b] = \bigcap_{n=1}^{\infty} (a - \frac{1}{n}, b]$ enthalten usw.

Ü2.1-15

1) C ist $\mathrm{N}(\mu, \sigma^2)$–verteilt, dann ist $(X - \mu)/\sigma$ $\mathrm{N}(0,1)$–verteilt,
$\mu = 10$, $\sigma = 0{,}02$; $\mathrm{P}\{\text{Ausschuß}\} = \mathrm{P}\{C \leq 9{,}97\} = \mathrm{P}\{X \leq \frac{9{,}97-10}{0{,}02}\} \approx 0{,}067$, d.h. $6{,}7\%$.

Ü2.1-16

$A = \{x < X \leq x + \Delta x\}$, $A_1 = \{X > x\}$, $A_2 = \{X \leq x + \Delta x\}$;
$\mathrm{P}(A) = \mathrm{P}(A_1 \cap A_2) = \mathrm{P}(A_1)\mathrm{P}(A_2|A_1) = F_X(x + \Delta x) - F_X(x)$,
$\mathrm{P}(A_1) = 1 - F_X(x), \mathrm{P}(A_2|A_1) = \alpha \Delta x + o(\Delta x)$;
$F_X(x + \Delta x) - F_X(x) = (1 - F_X(x))(\alpha \Delta x + o(\Delta x))$, $\Delta x \to +0$,
$\frac{\mathrm{d}F_X(x)}{\mathrm{d}x} = \alpha(1 - F_X(x))$ (rechtsseitige Ableitung) mit $F_X(x) = 0$ für $x \leq 0$;

die Lösung dieser Differentialgleichung ist $F_X(x) = (1 - e^{-\alpha x})1_{[0,\infty)}(x)$, also ist X exponentialverteilt.

Ü2.1-17

(2.1–80) ist nicht ≥ 0 für $b_2 = b > 0$, $a_2 = -b$, $0 \leq a_1 < a_2$.

Ü2.1-18

1) $f_{X_1}(x_1) = \int\limits_{-\infty}^{\infty} f_{X_1X_2}(x_1, x_2)\mathrm{d}x_2$

$= \int\limits_{-\infty}^{\infty} \frac{1}{2\pi\sigma_1\sigma_2\sqrt{1-\rho^2}} \exp(-\frac{1}{2(1-\rho^2)}[(\frac{x_1-\mu_1}{\sigma_1})^2 - 2\rho\frac{(x_1-\mu_1)(x_2-\mu_2)}{\sigma_1\sigma_2} + (\frac{x_2-\mu_2}{\sigma_2})^2])\mathrm{d}x_2$,

Substitution: $z = \frac{1}{\sqrt{1-\rho^2}}(\frac{x_2-\mu_2}{\sigma_2} - \rho\frac{x_1-\mu_1}{\sigma_1})$,

$f_{X_1}(x_1) = \frac{1}{\sqrt{2\pi}\sigma_1} \exp(-\frac{1}{2}(\frac{x_1-\mu_1}{\sigma_1})^2) \int\limits_{-\infty}^{\infty} \frac{1}{\sqrt{2\pi}} \exp(-\frac{1}{2}z^2)\mathrm{d}z$, also ist X_1 $\mathrm{N}(\mu_1, \sigma_1^2)$-verteilt; entsprechend für X_2.

2), 3) $f_{X_2}(x_2|x_1) = f_{X_1X_2}(x_1, x_2)/f_{X_1}(x_1) =$

$\frac{1}{\sqrt{2\pi}\sigma_2\sqrt{1-\rho^2}} \exp(-\frac{1}{2(1-\rho^2)}[(\frac{x_2-\mu_2}{\sigma_2})^2 - 2\rho(\frac{x_2-\mu_2}{\sigma_2})(\frac{x_1-\mu_1}{\sigma_1}) + \rho^2(\frac{x_1-\mu_1}{\sigma_1})^2])$

ist die Dichte von $\mathrm{N}(\mu_2 + \rho\frac{\sigma_2}{\sigma_1}(x_1 - \mu_1), \sigma_2^2(1 - \rho^2))$, die $\mathrm{N}(\mu_2, \sigma_2^2)$ ist, gdw. $\rho = 0$.

Ü2.1-19

2) $Y = g(X) = X\,1_{[0,\infty)}(X) = Xu(X)$,

$F_Y(y) = \mathrm{P}\{Y \leq y\} = \mathrm{P}\{Xu(X) \leq y\} = F_X(y)u(y)$; falls $f_X(x)$ existiert,

$f_Y(y) = F_X(0)\delta(y) + f_X(y)u(y)$.

3) $Y = g(X) = F_X(X)$, $\mathrm{P}\{Y \leq y\} = 0$ für $y < 0$, $= 1$ für $y \geq 1$ und $= \mathrm{P}\{F_X(X) \leq y\} = \mathrm{P}\{X \leq F_X^{-1}(y)\} = F_X(F_X^{-1}(y)) = y$ für $0 \leq y < 1$, falls $F_X(x)$ eindeutig umkehrbar; also ist Y gleichverteilt auf $[0, 1]$.

Ü2.1-20

1) $z = x + y$, $w = x - y$ ist eindeutig umkehrbar, $x = \frac{1}{2}(z + w)$, $y = \frac{1}{2}(z - w)$, und differenzierbar, so $\mathbf{J} = \begin{pmatrix} \partial z/\partial x & \partial z/\partial y \\ \partial w/\partial x & \partial w/\partial y \end{pmatrix} = \begin{pmatrix} 1 & 1 \\ 1 & -1 \end{pmatrix}$, $\frac{1}{|\det \mathbf{J}|} = \frac{1}{2}$,

$f_{ZW}(z, w) = \frac{1}{2}f_{XY}(\frac{1}{2}(z + w), \frac{1}{2}(z - w))$.

4), 5) $z = \sqrt{x^2 + y^2}$, $w = \arctan(y/x)$, $F_{ZW}(z, w) = 0$ für $z < 0$ oder $w < -\pi/2$,

$F_{ZW}(z, w) = F_Z(z)$ für $w > \pi/2$,

$F_{Z,W}(z, w) = \mathrm{P}\{Z \leq z, W \leq w\} = \mathrm{P}\{\sqrt{X^2 + Y^2} \leq z, Y \leq X \tan w, X \geq 0\} + \mathrm{P}\{\sqrt{X^2 + Y^2} \leq z, Y \geq X \tan w, X < 0\}$ sonst;

da X, Y unabhängig und identisch $\mathrm{N}(0, \sigma^2)$-verteilt sind, folgt aus der Rotationssymmetrie von $f_{XY}(x, y)$ um den Nullpunkt, daß $F_{ZW}(z, w) = F_Z(z)\frac{2w+\pi}{2\pi}$ für $z > 0$ und $|w| \leq \frac{\pi}{2}$, W und Z sind dann unabhängig, W ist gleichverteilt auf $[-\frac{\pi}{2}, \frac{\pi}{2}]$;

$F_Z(z) = \iint_{\sqrt{x^2+y^2}\leq z} \frac{1}{2\pi\sigma^2}e^{-\frac{x^2+y^2}{2\sigma^2}}\mathrm{d}x\,\mathrm{d}y = u(z) \int\limits_{-\pi}^{\pi} \int\limits_{0}^{z} \frac{1}{2\pi\sigma^2}e^{-\frac{r^2}{2\sigma^2}}r\,\mathrm{d}r\,\mathrm{d}\varphi = u(z)(1 - e^{-\frac{z^2}{2\sigma^2}})$,

$f_Z(z) = u(z)\frac{z}{\sigma^2}e^{-\frac{z^2}{2\sigma^2}}$.

Ü2.1-21

1) K Stellenzahl, $X = X_K + 10^{-K}\varepsilon$, X_K auf K Stellen gerundete Variable, $10^{-K}\varepsilon$

Rundungsfehler, ε gleichverteilt auf $[-0,5,\ 0,5)$,
$\mathrm{E}10^{-K}\varepsilon = 0$, $\mathrm{Var}10^{-K}\varepsilon = 10^{-2K}\mathrm{Var}\varepsilon = 10^{-2K}\frac{1}{12}$.

Ü2.1-22
1) $G = \sum_{m=1}^{M} G_{Bm} + G_K$; $\mathrm{P}\{M = 50\} = \frac{2}{3}$, $\mathrm{P}\{M = 51\} = \frac{1}{3}$,
G_{Bm} ist N(1; 0,01)-verteilt, G_K ist N(100; 1)-verteilt, alle Zufallsvariablen sind voneinander unabhängig;
unter der Bedingung $M = L$ ist G $\mathrm{N}(L \cdot 1 + 100,\ L \cdot 0,01 + 1)$-verteilt;
$\mathrm{P}\{G \le g\} = \mathrm{P}\{G \le g|M = 50\}\mathrm{P}\{M = 50\} + \mathrm{P}\{G \le g|M = 51\}\mathrm{P}\{M = 51\}$,
$f_G(g) = \frac{1}{\sqrt{2\pi 1,5}}\mathrm{e}^{-\frac{(g-150)^2}{2\cdot 1,5}}\frac{2}{3} + \frac{1}{\sqrt{2\pi 1,51}}\mathrm{e}^{-\frac{(g-151)^2}{2\cdot 1,51}}\frac{1}{3}$.

Ü2.1-23
1) $W = \frac{1}{2}m|\underline{V}|^2 = \frac{1}{2}m(V_x^2 + V_y^2 + V_z^2)$; V_x, V_y, V_z sind unabhängig und identisch $\mathrm{N}(0, \sigma^2)$-verteilt mit $\sigma^2 = kT/m$; W ist bis auf den Faktor $\frac{1}{2}kT$ χ_3^2-verteilt.

Ü2.1-24
1), 2) X_A Lebensdauer des Bauteils A, $f_{X_A}(x) = u(x)\alpha_A \mathrm{e}^{-\alpha_A x}$,
$\mathrm{E}X_A = \int_0^\infty x\alpha_A \mathrm{e}^{-\alpha_A x}\,\mathrm{d}x = \frac{1}{\alpha_A}$ mit partieller Integration; $X_G = X_A + X_B$ Lebensdauer des Geräts, X_A und X_B unabhängig,
$f_{X_G}(x) = \int_{-\infty}^{\infty} f_{X_A}(x-y) f_{X_B}(y)\,\mathrm{d}y = u(x)\alpha_A\alpha_B \int_0^\infty u(x-y)\mathrm{e}^{-\alpha_A(x-y)}\mathrm{e}^{-\alpha_B y}\,\mathrm{d}y$
$= u(x)\frac{\alpha_A\alpha_B}{\alpha_B - \alpha_A}(\mathrm{e}^{-\alpha_A x} - \mathrm{e}^{-\alpha_B x})$.

Ü2.1-25
$0 \le \mathrm{E}(|X|^{\frac{k-1}{2}} + t|X|^{\frac{k+1}{2}})^2 = \mathrm{E}|X|^{k-1} + 2t\mathrm{E}|X|^k + t^2\mathrm{E}|X|^{k+1}$; demnach gilt für die Diskriminante $(\frac{\mathrm{E}|X|^k}{\mathrm{E}|X|^{k+1}})^2 - \frac{\mathrm{E}|X|^{k-1}}{\mathrm{E}|X|^{k+1}} \le 0$, d.h. $(\mathrm{E}|X|^k)^2 \le \mathrm{E}|X|^{k-1}\mathrm{E}|X|^{k+1}$;
vollständige Induktion: $k = 1$, $(\mathrm{E}|X|^1)^2 \le (\mathrm{E}|X|^2)^1$;
gelte $(\mathrm{E}|X|^{k-1})^k \le (\mathrm{E}|X|^k)^{k-1}$ für ein $k \ge 1$,
dann ist mit dem Gezeigten, $(\mathrm{E}|X|^k)^{2k} \le (\mathrm{E}|X|^{k-1})^k(\mathrm{E}|X|^{k+1})^k$
$\le (\mathrm{E}|X|^k)^{k-1}(\mathrm{E}|X|^{k+1})^k$, also $(\mathrm{E}|X|^k)^{k+1} \le (\mathrm{E}|X|^{k+1})^k$.

Ü2.1-26
Mit $x < y$ und $0 \le \lambda \le 1$ gelte $g((1-\lambda)x + \lambda y) \le (1-\lambda)g(x) + \lambda g(y)$; falls $x_0 < x_1 < x_2$ und $\lambda = \frac{x_1 - x_0}{x_2 - x_0}$, folgen $g(x_1) \le \frac{x_2 - x_1}{x_2 - x_0}g(x_0) + \frac{x_1 - x_0}{x_2 - x_0}g(x_2)$, $(x_2 - x_0)g(x_1) \le (x_2 - x_1)g(x_0) + (x_1 - x_0)g(x_2)$ und damit $\frac{g(x_0) - g(x_1)}{x_0 - x_1} \le \frac{g(x_2) - g(x_0)}{x_2 - x_0} \le \frac{g(x_2) - g(x_1)}{x_2 - x_1}$; demnach $\binom{\text{fällt}}{\text{steigt}}\frac{g(x) - g(x_1)}{x - x_1}$ für $\binom{x \to x_1 + 0}{x \to x_1 - 0}$ und ist nach $\binom{\text{unten}}{\text{oben}}$ beschränkt, so daß die rechtsseitige Ableitung $g'_+(x_1)$ und die linksseitige Ableitung $g'_-(x_1)$ existieren, für die $g'_-(x_1) \le g'_+(x_1)$; wenn K $g'_-(x_1) \le K \le g'_+(x_1)$ erfüllt, so gilt für $x\binom{>}{<}x_1$ $\frac{g(x) - g(x_1)}{x - x_1}\binom{\ge}{\le}K$ und dann für alle x $g(x) \ge g(x_1) + K(x - x_1)$; bei einer Zufallsvariablen X, für die $\mathrm{E}X = x_1$ und $\mathrm{E}g(X)$ existieren, ergibt sich $g(X) \ge g(\mathrm{E}X) + K(X - \mathrm{E}X)$ und $\mathrm{E}g(X) \ge g(\mathrm{E}X)$.

Ü2.1-27

Mit den Bezeichnungen aus Ü2.1-18 ist $\rho(X_1X_2) = \mathrm{Cov}(X_1, X_2)/\sqrt{\sigma_1^2\sigma_2^2}$, wobei $\mathrm{Cov}(X_1, X_2) = \mathrm{E}X_1X_2 - \mu_1\mu_2$ und $\mathrm{E}X_1X_2 = \int\limits_{-\infty}^{\infty}\int\limits_{-\infty}^{\infty} x_1x_2f_{X_1X_2}(x_1, x_2)\,\mathrm{d}x_1\mathrm{d}x_2$
$= \int\limits_{-\infty}^{\infty} x_1\left(\int\limits_{-\infty}^{\infty} x_2f_{X_2}(x_2|x_1)\mathrm{d}x_2\right) f_{X_1}(x_1)\mathrm{d}x_1 = \int\limits_{-\infty}^{\infty} x_1(\mu_2 + \rho\frac{\sigma_2}{\sigma_1}(x_1 - \mu_1))f_{X_1}(x_1)\mathrm{d}x_1$
$= \mu_1\mu_2 + \rho\sigma_1\sigma_2$; also $\rho(X_1, X_2) = \rho$.

Ü2.1-28

1), 2) $\varphi_X(s) = \mathrm{E}e^{jsX} = \sum\limits_{k=0}^{1} p^k(1-p)^{1-k}e^{jsk} = (1-p) + pe^{js}$,
$\varphi_{X_n}(s) = \sum\limits_{k=0}^{n} \binom{n}{k}p^k(1-p)^{n-k}e^{jsk} = [pe^{js} + (1-p)]^n$.
3), 4) $\mathrm{E}X_n = \frac{1}{j}\frac{\mathrm{d}\varphi_{X_n}}{\mathrm{d}s}|_{s=0} = \frac{1}{j}jpe^{js}n[\ldots]^{n-1}|_{s=0} = np$,
$\mathrm{E}X_n^2 = \frac{1}{j^2}\frac{\mathrm{d}^2\varphi_{X_n}}{\mathrm{d}s^2}|_{s=0} = \frac{1}{j^2}(j^2pe^{js}n[\ldots]^{n-1} + j^2p^2e^{2js}n(n-1)[\ldots]^{n-2})|_{s=0}$
$= pn + p^2n(n-1)$, $\mathrm{Var}X_n = \mathrm{E}X_n^2 - (\mathrm{E}X_n)^2 = np(1-p)$;
$Y_n = (X_n - np)/\sqrt{np(1-p)}$, $\varphi_{Y_n}(s) = \mathrm{E}\exp[js(\sqrt{\frac{np}{1-p}} - \frac{X_n}{\sqrt{np(1-p)}})]$
$= \exp(js\sqrt{\frac{np}{1-p}})\varphi_{X_n}(\frac{s}{\sqrt{np(1-p)}}) = [p\exp(js\sqrt{\frac{1-p}{np}}) + (1-p)\exp(-js\sqrt{\frac{p}{n(1-p)}})]^n$.

Ü2.1-29

1), 2) $f_{X_1}(x) = \frac{1}{2}(u(x+1) - u(x-1)), \varphi_{X_1}(s) = \mathrm{E}e^{jsX_1} = \frac{\sin s}{s} = \mathrm{si}(s)$;
$\overline{X}_n = \frac{1}{n}\sum\limits_{i=1}^{n} X_i$, $\varphi_{\overline{X}_n}(s) = [\mathrm{si}(\frac{s}{n})]^n$.
3) $\varphi_{\overline{X}_2}(s) = [\mathrm{si}(\frac{s}{2})]^2$, $f_{\overline{X}_2}(x) = \frac{1}{1/2}[f_{X_1} * f_{X_1}](\frac{x}{1/2})$, $[f_{X_1} * f_{X_1}](x) =$
$\frac{1}{4}[u(x+2)(x+2) + u(x-2)(x-2) - 2u(x)x] = \frac{1}{2}[u(x+2) - u(x-2)](1 - \frac{|x|}{2})$,
$f_{\overline{X}_2}(x) = [u(x+1) - u(x-1)](1 - |x|)$; $f_{\overline{X}_3}(x) = \frac{1}{1/3}[f_{X_1} * f_{X_1} * f_{X_1}](\frac{x}{1/3})$,
$[f_{X_1} * f_{X_1} * f_{X_1}](x) = \frac{1}{16}[u(x+3)(x+3)^2 - u(x-3)(x-3)^2 - 3u(x+1)(x+1)^2 +$
$3u(x-1)(x-1)^2]$,
$f_{\overline{X}_3}(x) = \frac{9}{8}(1 - 3x^2)$ für $|x| \le \frac{1}{3}$, $= \frac{27}{16}(1 - |x|)^2$ für $\frac{1}{3} < |x| \le 1$ und $= 0$ sonst;
Vermutung: $\lim\limits_{n\to\infty} f_{X_n}(x) = \delta(x)$, da $\varphi_{\overline{X}_n}(s) = 1 - \frac{s^2}{3!n} + O(n^{-2}) \underset{n\to\infty}{\longrightarrow} 1$.
4) $\mathrm{E}X_i = 0$, $\mathrm{Var}X_i = \frac{1}{3}$, $\mathrm{Cov}(X_i, X_n) = 0$ $(i \neq k)$, $\mathrm{E}\overline{X}_n = 0$, $\mathrm{Var}\overline{X}_n = \frac{1}{n^2}\sum\limits_{i=1}^{n}\mathrm{Var}X_i$
$= \frac{1}{3n}$, $c = \sqrt{3n}$; dann $Y_n = cX_n$ mit $\mathrm{E}Y_n = 0$, $\mathrm{Var}Y_n = 1$.

Ü2.1-30

$\underline{X}$ sei $\mathrm{N}(\underline{\mu}, \mathbf{K})$-verteilt und $\mathbf{K}$ nichtsingulär; dann gibt es eine nichtsinguläre, quadratische Matrix $\mathbf{A}$ mit $\mathbf{K} = \mathbf{A}'\mathbf{A}$; $\mathbf{Y} = \mathbf{A}^{-1}(\underline{X} - \underline{\mu})$ ist wegen $\mathbf{A}^{-1}\mathbf{K}\mathbf{A}'^{-1} = \mathbf{I}$ $\mathrm{N}(\underline{0}, \mathbf{I})$-verteilt, da $\mathbf{D}\underline{X} + \underline{b}$ $\mathrm{N}(\mathbf{D}\underline{\mu} + \underline{b}, \mathbf{DKD}')$-verteilt ist.

Ü2.1-31

1) $\underline{X}' = (X_1, X_2, X_3, X_4)$ sei $\mathrm{N}_4(\underline{\mu}, \mathbf{K})$-verteilt, $\varphi_{\underline{X}}(\underline{s}) = e^{j\underline{s}'\underline{\mu} - \frac{1}{2}\underline{s}'\mathbf{K}\underline{s}}$ mit $\underline{\mu}' = (\mu_1, \mu_2, \mu_3, \mu_4)$, $\mathbf{K} = (\underline{k}_1, \underline{k}_2, \underline{k}_3, \underline{k}_4)$ und $\underline{k}_i' = (k_{i1}, k_{i2}, k_{i3}, k_{i4})$; Rechenregeln:

$\frac{\partial}{\partial s_i}(\underline{s}'\underline{\mu}) = \mu_i$, $\frac{\partial}{\partial s_i}(\underline{s}'\mathbf{K}\underline{s}) = 2\underline{s}'\underline{k}_i$; dann $\mathrm{E}X_1X_2X_3X_4 = \frac{1}{j^4}\frac{\partial^4\varphi_{\underline{X}}}{\partial s_1\partial s_2\partial s_3\partial s_4}|_{\underline{s}=0}$;
$\frac{\partial\varphi_{\underline{X}}}{\partial s_1} = (j\mu_1 - 2\underline{s}'\underline{k}_1)\varphi_{\underline{X}}(\underline{s})$, $\frac{\partial\varphi_{\underline{X}}}{\partial s_1\partial s_2} = -2k_{12}\varphi_{\underline{X}}(\underline{s}) + (j\mu_1 - 2\underline{s}'\underline{k}_1)(j\mu_2 - 2\underline{s}'\underline{k}_2)\varphi_{\underline{X}}(\underline{s})$
usw. liefert
$\mathrm{E}X_1X_2X_3X_4 = k_{12}k_{34}+k_{13}k_{24}+k_{14}k_{23}+\mu_1\mu_2k_{34}+\mu_1\mu_3k_{24}+\mu_1\mu_4k_{23}+\mu_2\mu_3k_{14}+\mu_2\mu_4k_{13}+\mu_3\mu_4k_{12} + \mu_1\mu_2\mu_3\mu_4 = r_{12}r_{34} + r_{13}r_{24} + r_{14}r_{23} - 2\mu_1\mu_2\mu_3\mu_4$, wobei $r_{il} = k_{il} + \mu_i\mu_l$;
3), 4) Mit $X_1 = X_2 = X_3 = X_4$ und $r_{il} = \mathrm{E}X_1^2$ ist $\mathrm{E}X_1^4 = 3\mathrm{E}X_1^2 - 2(\mathrm{E}X_1)^4$; entsprechend $\mathrm{E}X_1^2X_2^2 = r_{11}r_{22} + 2r_{12}^2 - 2\mu_1^2\mu_2^2$; $\mathrm{Cov}(X_1X_2, X_3X_4) = \mathrm{E}X_1X_2X_3X_4 - \mathrm{E}X_1X_2\,\mathrm{E}X_3X_4 = r_{13}r_{24} + r_{14}r_{23} - 2\mu_1\mu_2\mu_3\mu_3\mu_4$.

Ü2.1-32

1) $\underline{X}_n = \binom{\underline{X}_{n-1}}{X_n}$ sei $N(0,\mathbf{K})$-verteilt mit $\mathbf{K}_n = \begin{pmatrix} \mathbf{K}_{n-1} & \underline{k}_n \\ \underline{k}_n & \sigma_n^2 \end{pmatrix}$,
$f_{\underline{X}_n}(\underline{x}_n) = \frac{1}{(2\pi)^{n/2}|\det \mathbf{K}_n|^{1/2}}\exp(-\frac{1}{2}\underline{x}_n'\mathbf{K}_n^{-1}\underline{x}_n)$;
$f_{X_n}(x_n|x_1,\ldots,x_{n-1}) = f_{\underline{X}_n}(\underline{x}_n)/f_{\underline{X}_{n-1}}(\underline{x}_{n-1})$
$= \frac{(2\pi)^{(n-1)/2}|\det \mathbf{K}_{n-1}|^{1/2}}{(2\pi)^{n/2}|\det \mathbf{K}_n|^{1/2}}\exp(-\frac{1}{2}\underline{x}_n'\mathbf{K}_n^{-1}\underline{x}_n) + \frac{1}{2}\underline{x}_{n-1}'\mathbf{K}_{n-1}^{-1}\underline{x}_{n-1})$; wegen $\underline{x}_n'\mathbf{K}_n^{-1}\underline{x}_n$
$= \underline{x}_{n-1}'\mathbf{K}_{n-1}^{-1}\underline{x}_{n-1} + (\underline{x}_{n-1}'\mathbf{K}_{n-1}^{-1}\underline{k}_n)^2/\tilde{\sigma}_n^2 - 2(\underline{x}_{n-1}'\mathbf{K}_{n-1}^{-1}\underline{k}_n)x_n/\tilde{\sigma}_n^2 + x_n^2/\tilde{\sigma}_n^2$ folgt
$f_{X_n}(x_n|x_1,\ldots,x_{n-1}) = \frac{1}{\sqrt{2\pi\tilde{\sigma}_n^2}}\exp[-\frac{1}{2\tilde{\sigma}_n^2}(x_n - \underline{k}_n'\mathbf{K}_{n-1}^{-1}\underline{x}_{n-1})^2]$.
2), 3) $\hat{x}_n = \mathrm{E}(X_n|\underline{X}_{n-1} = \underline{x}_{n-1}) = \underline{k}_n'\mathbf{K}_{n-1}^{-1}\underline{x}_{n-1}$ in beiden Fällen.

Ü2.1-33

1) Sei $\varepsilon > 0$, dann $0 \le \mathrm{P}\{|X_n - X| \ge \varepsilon\} \le \frac{\mathrm{E}(X_n - X)^2}{\varepsilon^2}$ nach der Tschebyschew-Ungleichung.
2) Für alle $\varepsilon > 0$ gelte $\lim_{N\to\infty} \mathrm{P}\{\sup_{n\ge N}|X_n - X| \ge \varepsilon\} = 0$;
da $\{|X_N - X| \ge \varepsilon\} \subset \{\sup_{n>N}|X_n - X| \ge \varepsilon\}$, folgt
$\mathrm{P}\{|X_N - X| \ge \varepsilon\} \le \mathrm{P}\{\sup_{n\ge N}|X_n - X| \ge \varepsilon\}$ und $\lim_{N\to\infty} \mathrm{P}\{|X_N - X| \ge \varepsilon\} = 0$.
3) Sei $\varepsilon > 0$, dann $\mathrm{P}\{|X_n|\} \ge \varepsilon\} = \mathrm{P}\{X_n = 1\} = 1 - \mathrm{e}^{-1/n} \underset{n\to\infty}{\longrightarrow} 0$,
also $X_n \underset{n\to\infty}{\longrightarrow} 0$ in Wk; wir zeigen, daß sogar $\mathrm{P}\{X_n \underset{n\to\infty}{\longrightarrow} 0\} = 0$ gilt:
$\mathrm{P}\{\sup_{n\ge N}|X_n| \ge \varepsilon\} = \mathrm{P}(\bigcup_{n\ge N}\{|X_n| \ge \varepsilon\}) = 1 - \mathrm{P}(\bigcap_{n\ge N}\{|X_n| < \varepsilon\}) = 1 - \prod_{n\ge N}\mathrm{P}\{|X_n| < \varepsilon\}$
$= 1 - \prod_{n\ge N}\mathrm{P}\{X_n = 0\} = 1 - \prod_{n\ge N}\mathrm{e}^{-1/n} = 1 - \mathrm{e}^{-\sum_{n\ge N} 1/n} \underset{n\to\infty}{\longrightarrow} 1$,
da die X_n unabhängig sind und $\sum_n 1/n$ divergiert.
4) Sei $\sum_n |h_n| < \infty$ und $\mathrm{E}|X_n| \le M < \infty$ für alle n;
für $V_m = h_{n-m}X_m$ gilt dann $\mathrm{E}|V_m| = |h_{n-m}|\,\mathrm{E}|X_m|$ und
$\sum_m \mathrm{E}|V_m| = \sum_m |h_{n-m}|\,\mathrm{E}|X_m| \le M\sum_m |h_{n-m}| = M\sum_l |h_l| < \infty$;
dann folgt, daß $\sum_m V_m = \sum_m h_{n-m}X_m$ mit Wk1 für alle n konvergiert und
$\mathrm{E}\sum_m V_m = \mathrm{E}\sum_m h_{n-m}X_m = \sum_m \mathrm{E}V_m = \sum_m h_{n-m}\,\mathrm{E}X_m$.

Ü2.1-34

$E(\overline{X}_n-\mu)^2 = E(\frac{1}{n}\sum_{i=1}^{n} X_i-\mu)^2 = E[(\frac{1}{n}\sum_{i=1}^{n}(X_i-\mu_i)+\frac{1}{n}\sum_{i=1}^{n}\mu_i-\mu]^2 = \frac{1}{n^2}\sum_{i=1}^{n}E(X_i-\mu_i)^2 +$
$(\frac{1}{n}\sum_{i=1}^{n}\mu_i-\mu)^2 = \frac{1}{n^2}\sum_{i=1}^{n}\sigma_i^2+(\bar{\mu}_n-\mu)^2 \underset{n\to\infty}{\longrightarrow} 0.$

Ü2.1-35

1) S^2 ist bis auf dem Faktor $\frac{\sigma^2}{n-1}$ χ^2_{n-1}–verteilt, also asymptotisch für große n $N(\sigma^2, \frac{2\sigma^4}{n-1})$–verteilt.

2) $\varphi_{Y_n}(s) = [p\exp(js\sqrt{\frac{1-p}{np}})+(1-p)\exp(-js\sqrt{\frac{p}{n(1-p)}})]^n$
$= [p\{1+js\sqrt{\frac{1-p}{np}}-\frac{s^2}{2}\frac{1-p}{np}+o(\frac{s^2}{n})\}+(1-p)\{1-js\sqrt{\frac{p}{n(1-p)}}-\frac{s^2}{2}\frac{p}{n(1-p)}+o(\frac{s^2}{n})\}]^n,$
$\ln\varphi_{Y_n}(s) = n\,\ln(1-\frac{s^2}{2n}+o(\frac{s^2}{n})) = n(-\frac{s^2}{2n}+o(\frac{s^2}{n}))$ für große n,
$\ln\varphi_{Y_n}(s) = -\frac{s^2}{2}+n\,o(\frac{s^2}{n}) \underset{n\to\infty}{\longrightarrow} -\frac{s^2}{2}$, also $\lim_{n\to\infty}\varphi_{Y_n}(s) = \exp(-\frac{s^2}{2})$.

Ü2.1-36

1) $R_1,\ldots,R_5$ unabhängig und identisch gleichverteilt auf $[900, 1100]$;
$R = R_1+\ldots+R_5$, $ER = 5\cdot 1000$, $\mathrm{Var}R = 5\cdot 10000/3$.

2), 3) Approximativ ist R $N(5000, 50000/3)$-verteilt, $P\{4900 \le R \le 5100\} = \{-\sqrt{\frac{5}{3}} \le \frac{R-5000}{\sqrt{50000/3}} \le \sqrt{\frac{5}{3}}\} \approx 0,56$; $P\{4900 \le R \le 5100\} = P\{|R-5000| \le 100\} =$

$1-P\{|R-5000| \ge 100\} \ge 1-\frac{E(R-5000)^2}{100^2} = -\frac{2}{3}$ unbrauchbar, da negativ.

Ü2.1-37

1) $\overline{P}\{S_n=i,\, R_n=j\} = P_i\{R_n=j\}P\{S_n=i\} \quad (i,j=0,1)$,
$\overline{P}\{S_n \ne R_n\} = p\varepsilon+(1-p)\varepsilon = \varepsilon, \overline{P}\{S_n=R_n\} = 1-\varepsilon$, da
$P_0\{R_n=0\} = P_1\{R_n=1\} = 1-\varepsilon, P\{S_n=1\} = 1-p$.

2), 3) $(S_1,R_1),\ldots,(S_N,R_N)$ sind stochastisch unabhängig; $X = \sum_{n=1}^{N}(S_n+R_n-2S_nR_n)$ zählt die Ereignisse $\{S_n \ne P_n\}$, deren Wahrscheinlichkeit ε ist, ist also binomialverteilt, $P\{X=k\} = \binom{N}{k}\varepsilon^k(1-\varepsilon)^{n-k}$; $EX = \varepsilon N$, ε ist dann die Fehlerrate.

4) $P_i\{R_1=j_1,\ldots,R_N=j_N\} = \prod_{n=1}^{N} P_i\{R_N=j_N\} \quad (i=0,1)$,

Entscheidungsregel: $\hat{S} = u(\sum_{n=1}^{N} R_n - N/2) = 1$, wenn $\sum_{n=1}^{N} R_n \ge N/2$ und $=0$ sonst;

Verteilung von $\sum_{n=1}^{N} R_n$ unter der Bedingung, daß das Sendesymbol i ist,

$P_0\{\sum_{n=1}^{N} R_n = k\} = \binom{N}{k}\varepsilon^k(1-\varepsilon)^{n-k} = b(k,N,\varepsilon)$,

$P_1\{\sum_{n=1}^{N} R_n = k\} = \binom{N}{k}(1-\varepsilon)^k\varepsilon^{N-k} = \binom{N}{N-k}\varepsilon^{N-k}(1-\varepsilon)^k = b(N-k,N,\varepsilon)$,

Wahrscheinlichkeiten einer Fehlentscheidung,

$P_0\{\hat{S}=1\} = P_0\{\sum_{n=1}^{N} R_n \ge N/2\} = \sum_{k\ge N/2} b(k,N,\varepsilon)$,

$P_1\{\hat{S}=0\} = P_0\{\sum_{n=1}^{N} R_n < N/2\} = \sum_{l<N/2} b(N-l,N,\varepsilon) = \sum_{k>N/2} b(k,N,\varepsilon)$;

wenn für das N-fach wiederholte Sendesymbol $P\{S=0\}=p=1-P\{S=1\}$, so $P\{\hat{S}\neq S\}=P\{S=0\}P_0\{\hat{S}=1\}+P\{S=1\}P_1\{\hat{S}=0\}$
$=\sum_{k>N/2} b(k,N,\varepsilon)+[pb(N/2,N,\varepsilon)]_{N\,gerade}$.

5) Für große N, $P\{\hat{S}\neq S\}\approx\sum_{k>N/2} b(k,N,\varepsilon)=1-\sum_{k\leq N/2} b(k,N,\varepsilon)$
$\approx 1-\Phi(\frac{N/2-N\varepsilon}{\sqrt{N\varepsilon(1-\varepsilon)}})$; $P\{\hat{S}\neq S\}\leq 0{,}01\approx 1-\Phi(\sqrt{N}\frac{1/2-0{,}1}{\sqrt{0{,}1\cdot 0{,}9}})$, also $N\approx(\frac{0{,}3\cdot 2{,}342}{0{,}4})^2$.

Ü2.2-1

1), 2) $\quad S(\vartheta_1,\vartheta_2,\vartheta_3)=\sum_{i=1}^{n}(y_i-\vartheta_1-\vartheta_2 x-\vartheta_3 x^2)^2=\min_{\vartheta_1,\vartheta_2,\vartheta_3}$;
$\frac{\partial S}{\partial\vartheta_i}|_{\hat{\vartheta}_1,\hat{\vartheta}_2,\hat{\vartheta}_3}=0 \quad (i=1,2,3)$ liefert $\hat{\vartheta}_1\approx 10{,}64, \hat{\vartheta}_2\approx 6{,}95, \hat{\vartheta}_3\approx 0{,}64$,
$s^2=S(\hat{\vartheta}_1,\hat{\vartheta}_2,\hat{\vartheta}_3)/(10-3)\approx 8{,}06$.
4), 5) $\quad \underline{\hat{\Theta}}=(\mathbf{X'X})^{-1}\mathbf{X'}\underline{Y}$, $E\underline{\hat{\Theta}}=\underline{\vartheta}$, $\mathbf{K}_{\underline{\hat{\Theta}}}=\sigma^2(\mathbf{X'X})^{-1}$, $\hat{\mathbf{K}}_{\underline{\hat{\Theta}}}=s^2(\mathbf{X'X})^{-1}$,
$\hat{\sigma}^2_{\hat{\Theta}_1}\approx 1{,}58$, $\hat{\sigma}^2_{\hat{\Theta}_2}\approx 0{,}24$, $\hat{\sigma}^2_{\hat{\Theta}_3}\approx 0{,}02$, S^2 ist bis auf den Faktor $\frac{\sigma_Z^2}{7}$ χ^2_7–verteilt,
$\sigma^2_{S^2}=\frac{2}{7}\sigma^4_Z$, $\hat{\sigma}^2_{S^2}=\frac{2}{7}s^4\approx 18{,}54$.

Ü2.2-2

1), 2), 3) $\quad y_i=\vartheta_1\cos\omega\Delta i+\vartheta_2\sin\omega\Delta i+z_i \quad (i=1,\ldots,n)$;
$\vartheta_1=\eta\cos\varphi$, $\vartheta_2=-\eta\sin\varphi$, $\hat{\vartheta}_1\approx\frac{2}{n}\sum_{i=1}^{n} y_i\cos\omega\Delta i$, $\hat{\vartheta}_2\approx\frac{2}{n}\sum_{i=1}^{n} y_i\sin\omega\Delta i$,
$\hat{\varphi}=-\arctan(\hat{\vartheta}_2/\hat{\vartheta}_1)$, $\hat{\eta}=\hat{\vartheta}_1/\cos\hat{\varphi}$ für $|\hat{\varphi}|<\pi/2$, $\quad\hat{\eta}=\hat{\vartheta}_2/\sin\hat{\varphi}$ für $|\hat{\varphi}|=\pi/2$.

Ü2.2-3

1) $\quad S^2=S(\underline{\hat{\Theta}})/(n-k)$ ist bis auf den Faktor $\frac{\sigma_Z^2}{n-k}$ χ^2_{n-k}-verteilt; wenn $\chi^2_{l,\beta}$ diejenige Zahl ist, die von einer χ^2_l-verteilten Zufallsvariablen mit der Wk β überschritten wird, so ist $P\{\chi^2_{n-k,1-\alpha/2}\leq\frac{n-k}{\sigma_Z^2}S^2\leq\chi^2_{n-k,\alpha/2}\}=1-\alpha$ und $K(\underline{y})=K(s^2)$
$=\{\sigma_z^2:\frac{(n-k)s^2}{\chi^2_{n-k,\alpha/2}}\leq\sigma_z^2\leq\frac{(n-k)s^2}{\chi^2_{n-k,1-\alpha/2}}\}$ Vertrauensintervall für σ_Z^2 zum Niveau $1-\alpha$.
2) $\quad\ln S^2$ ist für große n approximativ normalverteilt mit $\quad E\ln S^2\approx\ln ES^2=\ln\sigma_Z^2$ und $\operatorname{Var}\ln S^2\approx(ES^2)^{-2}\operatorname{Var}S^2=\frac{2}{n-k}$;
$K(\underline{y})=\{\ln\sigma_Z^2:\ \ln S^2-\sqrt{\frac{2}{n-k}}N_{\alpha/2}\leq\ln\sigma_Z^2\leq\ln S^2+\sqrt{\frac{2}{n-k}}N_{\alpha/2}\}$ besitzt approximativ das Niveau $1-\alpha$.

Ü2.2-4

1) $\quad Y_i=\sum_{l=1}^{2}\vartheta_{1l}\cos\omega_l i+\vartheta_{2l}\sin\omega_l i)+Z_i \quad (i=1,\ldots,n)$;
$\hat{\Theta}_{1l}\approx\frac{2}{n}\sum_{i=1}^{n}Y_i\cos\omega_l i$, $\hat{\Theta}_{2l}\approx\frac{2}{n}\sum_{i=1}^{n}Y_i\sin\omega_l i$, $\quad(l=1,2)$,
$S^2=\frac{1}{n-4}[|\underline{Y}|^2-S_R(\underline{Y})]$, $S_R(\underline{Y})\approx S_{R1}(\underline{Y})+S_{R2}(\underline{Y})$,
da $\frac{1}{n}\sum_{i=1}^{n}\binom{\sin}{\cos}\omega_1 i\binom{\sin}{\cos}\omega_2 i\approx 0$, $S_{Rl}(\underline{Y})=\frac{2}{n}[(\sum_{i=1}^{n}Y_i\cos\omega_l i)^2+(\sum_{i=1}^{n}Y_i\sin\omega_l i)^2]$.
2) $\quad\underline{\vartheta}'=(\underline{\vartheta}_1',\underline{\vartheta}_2')$, $\underline{\vartheta}_m'=(\vartheta_{1m},\vartheta_{2m})$;
a) $H_0:\underline{\vartheta}=0$, $\psi_0(\underline{y})=\begin{cases}1, & \text{wenn } v(\underline{y})\geq F_{4,n-4,\alpha}\\ 0, & \text{sonst}\end{cases}$, $v(\underline{y})=\frac{n-4}{4}\frac{S_R(\underline{y})}{|\underline{y}|^2-S_R(\underline{y})}$;
b) Wenn $\underline{\vartheta}=\underline{0}$ in a) abgelehnt wird, $H_0:\underline{\vartheta}_2=0$ und $\underline{\vartheta}_1$ beliebig,

$\psi_2(\underline{y}) = \begin{cases} 1, & \text{wenn } v_2(\underline{y}) \geq F_{2,n-4,\alpha} \\ 0, & \text{sonst} \end{cases}$, $v_2(\underline{y}) = \frac{n-4}{2} \frac{S_R(\underline{y})-S_{R1}(\underline{y})}{|\underline{y}|^2 - S_R(\underline{y})} \approx \frac{n-4}{2} \frac{S_{R2}(\underline{y})}{|\underline{y}|^2 - S_R(\underline{y})}$;

c) Wenn $\underline{\vartheta} = \underline{0}$ und $\underline{\vartheta}_2 = \underline{0}$ bei beliebigem $\underline{\vartheta}_1$ abgelehnt werden, so kann $\underline{\vartheta}_1 \neq 0$ und $\underline{\vartheta}_2 \neq 0$ oder $\underline{\vartheta}_1 = 0$ und $\underline{\vartheta}_2 \neq 0$ gelten, $H_0 : \underline{\vartheta}_1 = 0$ bei beliebigem $\underline{\vartheta}_2$, Test wie in b) mit Vertauschung der Indizes 1 und 2.

3) $\mathbf{G} = \mathbf{A}\mathbf{A}'$, $\widetilde{\underline{Y}} = \mathbf{A}^{-1}(\underline{Y} - \underline{\mu})$ ist $N_n(\widetilde{\mathbf{X}}\underline{\vartheta}, \sigma^2\mathbf{I})$-verteilt,
wenn $\mathbf{A}^{-1} = (h_{im})$, so $\widetilde{\mathbf{X}}\underline{\vartheta} = \widetilde{\mathbf{X}}_1\underline{\vartheta}_1 + \widetilde{\mathbf{X}}_2\underline{\vartheta}_2$ mit
$\widetilde{\mathbf{X}}_l\underline{\vartheta}_l = (\sum_{m=1}^{n} h_{im}\cos\omega_l m \;\; \sum_{m=1}^{n} h_{im}\sin\omega_l m)_{i=1,\ldots,n}\binom{\vartheta_{1l}}{\vartheta_{2l}}$ $(l = 1,2)$, die Spalten von $\widetilde{\mathbf{X}}$ sind i.a. nicht orthogonal.

4) b) H_0 : $\widetilde{\mathbf{X}}\underline{\vartheta}_2$ besitzt keine Anteile orthogonal zu den Spalten von $\widetilde{\mathbf{X}}_1$, Test wie in 2)b) ohne die Näherung.

Ü2.2-5

1) $Y_i = \mu + \sum_{l=-m}^{m} [\vartheta_{1l}\cos(2\pi\frac{k+l}{n}i) + \vartheta_{2l}\sin(2\pi\frac{k+l}{n}i)] + Z_i \quad (i = 1,\ldots,n)$;
mit $\underline{1} = (1,1,\ldots,1)'$ und der $n \times (2(2m+1))$ – Matrix
$\mathbf{X} = (\cos(2\pi\frac{k-m}{n}i)\ \sin(2\pi\frac{k-m}{n}i)\ldots\cos(2\pi\frac{k+m}{n}i)\ \sin(2\pi\frac{k+m}{n}i))_{i=1,\ldots,n}$ und dem $2(2m+1)$–dimensionalen Vektor $\underline{\vartheta} = (\vartheta_{1,-m},\ \vartheta_{2,-m},\ldots,\vartheta_{1,0},\ \vartheta_{2,0},\ldots,\vartheta_{1,m},\ \vartheta_{2,m})'$
ist $\underline{Y} = \underline{1}\mu + \mathbf{X}\underline{\vartheta} + \underline{Z} = (\underline{1}\mathbf{X})\binom{\mu}{\underline{\vartheta}} + \underline{Z}$.

2) $[(\underline{1}\mathbf{X})'(\underline{1}\mathbf{X})]^{-1} = \frac{1}{n}\begin{pmatrix} 1 & 0 & \ldots & 0 \\ 0 & 2 & \ldots & 0 \\ \ldots & \ldots & \ldots & \ldots \\ 0 & 0 & \ldots & 2 \end{pmatrix}$, mit $\binom{\hat{\mu}}{\hat{\underline{\vartheta}}} = [(\underline{1}\mathbf{X})'(\underline{1}\mathbf{X})]^{-1}(\underline{1}\mathbf{X})'\underline{y}$ ist

$\hat{\mu} = \frac{1}{n}\sum_{i=1}^{n} y_i = \overline{y}$ und $\binom{\hat{\vartheta}_{1,l}}{\hat{\vartheta}_{2,l}} = \frac{2}{n}\sum_{i=1}^{n} y_i\binom{\cos(2\pi\frac{k+l}{n}i)}{\sin(2\pi\frac{k+l}{n}i)}$, $S^2 = \frac{1}{n-2(2m+1)-1}(|\underline{y}|^2 - S_R(\underline{y}))$,

$\hat{\vartheta}_{1,l} + j\hat{\vartheta}_{2,l} = \frac{2}{n}\sum_{i=1}^{n} y_i\exp(j2\pi\frac{k+l}{n}i)$, $\quad S_R(\underline{y}) = S_{R1}(\underline{y}) + S_{R2}(\underline{y})$, $\quad S_{R1}(\underline{y}) = n\overline{y}^2$,

$S_{R2}(\underline{y}) = \frac{2}{n}\sum_{l=-m}^{m} |\sum_{i=1}^{n} y_i\exp(j2\pi\frac{k+l}{n}i)|^2 = 2\sum_{l=-m}^{m} I_{yy}(2\pi\frac{k+l}{n})$.

3), 4) $\psi_1(\underline{y}) = \begin{cases} 1, & \text{wenn } v_1(\underline{y}) > F_{1,n-1,\alpha} \\ 0, & \text{sonst} \end{cases}$, $v_1(\underline{y}) = \frac{(n-1)n\overline{y}^2}{|\underline{y}|^2 - n\overline{y}^2}$;

$\psi_2(\underline{y}) = \begin{cases} 1, & \text{wenn } v_2(\underline{y}) > F_{2(2m+1),n-2(2m+1)-1,\alpha} \\ 0, & \text{sonst} \end{cases}$,

$$v_2(\underline{y}) = \frac{n-2(2m+1)-1}{2(2m+1)} \frac{2\sum_{l=-m}^{m} I_{yy}(2\pi\frac{k+l}{n})}{|\underline{y}|^2 - n\overline{y}^2 - 2\sum_{l=-m}^{m} I_{yy}(2\pi\frac{k+l}{n})};$$

der Detektor vergleicht das Verhältnis der geschätzten Leistung im Band zu der außerhalb des Bandes, also bis auf den Faktor $2m+1$ den geschätzten Signal-zu-Störabstand, mit einer modellparameterunabhängigen Schwelle.

Ü2.2-6

1) $\ln f(\underline{y};\eta,\tau,\sigma^2) = -\frac{n}{2}\ln(2\pi) - \frac{n}{2}\ln\sigma^2 - \frac{1}{2\sigma^2}\sum_{i=1}^{n}(y_i - \eta s(i\Delta - \tau))^2$;

$\frac{\partial \ln f(\underline{y};\eta,\tau,\sigma^2)}{\partial\eta}\Big|_{\eta=\hat{\eta}} = 0$ liefert $\hat{\eta} = \sum_{i=1}^{n} y_i s(i\Delta - \tau) / \sum_{k=1}^{n} s(k\Delta)^2$,

$\frac{\partial \ln f(y;\hat\eta,\tau,\sigma^2)}{\partial\sigma^2}\Big|_{\sigma^2=\hat{\sigma^2}} = 0$ liefert $\hat{\sigma^2} = \frac{1}{n}[\sum_{i=1}^n y_i^2 - \sum_{i=1}^n y_i s(i\Delta-\tau)/\sum_{k=1}^n s(k\Delta)^2]$, falls > 0;
$\max_\tau \ln f(\underline{y};\hat\eta,\tau,\hat{\sigma^2}) = \text{const} - \min_\tau \frac{n}{2}\ln\hat{\sigma^2}$

$= \text{const} - \frac{n}{2}\ln\sum_{i=1}^n y_i^2 - \frac{n}{2}\ln\{1-\max_\tau \frac{[\sum_{i=1}^n y_i s(i\Delta-\tau)]^2}{\sum_{i=1}^n y_i^2 \sum_{k=1}^n s(k\Delta)^2}\}$, $\hat\tau$ maximiert also den quadrierten empirischen Korrelationskoeffizienten zwischen dem Beobachtungsvektor $\underline{y}$ und dem Signalvektor, dessen Komponenten die verzögerten Signalabtastwerte $s(i\Delta-\tau)$ sind.
2), 3) $t(\underline{y}) = \max_{\eta,\tau,\sigma^2} f(\underline{y};\eta,\tau,\sigma^2)/\max_{\sigma^2,\tau} f(\underline{y};0,\tau,\sigma^2)$;

$-2\ln t(\underline{y}) = -n\ln\{1-\max_\tau \frac{[\sum_{i=1}^n y_i s(i\Delta-\tau')]^2}{\sum_{i=1}^n y_i^2 \sum_{k=1}^n s(k\Delta)^2}\}$,

$H_0:\eta=0$, $\psi(\underline{y}) = 1$, wenn $2\ln t(\underline{y}) > k_\alpha$, und $=0$ sonst; für große n ist

$2\ln t(\underline{Y}) \approx \frac{[\sum_{i=1}^n Y_i s(i\Delta-\hat\tau)]^2}{\sigma^2\sum_{k=1}^n s(k\Delta)^2}$ und unter H_0 approximativ χ_1^2–verteilt, da

$\sum_{i=1}^n Y_i s(i\Delta-\hat\tau)$ approximativ $N(0,\sigma^2\sum_{k=1}^n s(k\Delta)^2)$–verteilt ist, also $k_\alpha \approx \chi^2_{1,\alpha}$.
4) Mit den partiellen Ableitungen von $\ln f(\underline{y};\eta,\tau,\sigma^2)$ nach η,σ^2 und
$\partial\ln f/\partial\tau = \frac{\eta}{\sigma^2}\sum_{i=1}^n s'(i\Delta-\tau)(y_i - s(i\Delta-\tau))$, $s'(x) = \mathrm{d}s/\mathrm{d}x$, ergibt sich
$\mathrm{E}(\frac{\partial\ln f(\underline{Y};\eta,\tau,\sigma^2)}{\partial\eta})^2 = \frac{1}{\sigma^2}\sum_{i=1}^n s(i\Delta-\tau)^2$, $\mathrm{E}(\frac{\partial\ln f}{\partial\tau})^2 = \frac{\eta^2}{\sigma^2}\sum_{i=1}^n s'(i\Delta-\tau)^2$, $\mathrm{E}(\frac{\partial\ln f}{\partial\sigma^2})^2 = \frac{n}{2\sigma^4}$,
$\mathrm{E}(\frac{\partial\ln f}{\partial\eta\partial\tau}) = \frac{\eta}{\sigma^4}\sum_{i=1}^n s(i\Delta-\tau)s'(i\Delta-\tau) \approx 0$; da $\sum_{i=1}^n s(i\Delta-\tau)^2 \approx \sum_{i=1}^n s(i\Delta)^2$ und
$\mathrm{E}(\frac{\partial\ln f}{\partial\eta}\frac{\partial\ln f}{\partial\sigma^2}) = \mathrm{E}(\frac{\partial\ln f}{\partial\tau}\frac{\partial\ln f}{\partial\sigma^2}) = 0$, folgt für die Fischer-Informationsmatrix

$$\mathcal{J}(\eta,\tau,\sigma) = [\mathrm{E}\underline{\nabla}\ln f][\underline{\nabla}\ln f]' \approx \begin{pmatrix} \frac{1}{\sigma^2}\sum_{i=1}^n s(i\Delta)^2 & 0 & 0 \\ 0 & \frac{\eta^2}{\sigma^2}\sum_{i=1}^n s'(i\Delta)^2 & 0 \\ 0 & 0 & \frac{n}{2\sigma^4}\end{pmatrix},$$

wobei auch $\sum_{i=1}^n s'(i\Delta-\tau)^2 \approx \sum_{i=1}^n s'(i\Delta)^2$ angenommen wurde;
falls $\lim_{n\to\infty}\frac{1}{n}\sum_{i=1}^n s(i\Delta)^2 = l_s$ und $\lim_{n\to\infty}\frac{1}{n}\sum_{i=1}^n s'(i\Delta)^2 = l_{s'}$ konvergieren, existiert

$$\Gamma(\eta,\tau,\sigma^2) = \lim_{n\to\infty}\frac{1}{n}\mathcal{J}(\eta,\tau,\sigma^2) = \frac{1}{\sigma^2}\begin{pmatrix} l_s & 0 & 0 \\ 0 & \eta^2 l_{s'} & 0 \\ 0 & 0 & \frac{1}{2\sigma^2}\end{pmatrix}$$

, und die Cramer-Rao-Schranke für einen erwartungstreuen Schätzer $\hat{\underline{\Theta}}$ für $\underline{\vartheta} = (\eta,\tau,\sigma^2)'$ ist

$$\mathbf{K}_{\hat\Theta} \geq \mathcal{J}(\eta,\tau,\sigma)^{-1} \approx \frac{1}{n}\Gamma(\eta,\tau,\sigma^2)^{-1} = \frac{1}{n}\begin{pmatrix} \sigma^2/l_s & 0 & 0 \\ 0 & \sigma^2/(\eta^2 l_{s'}) & 0 \\ 0 & 0 & 2\sigma^4\end{pmatrix}.$$

Ü3.1-1

1), 2) $p_1(t) = P\{X(t)=1\} = P\{X(t)=-1\} = p_{-1}(t) = \frac{1}{2}$; $\mathrm{E}X(t) = 1p_1(t) + (-1)p_{-1}(t) = 0$; $p_{ik}(t_1,t_2) = P\{X(t_1)=i, X(t_2)=k\}$ $(i,k\in\{-1,1\})$;

wenn $(n-1)T \le t_1, t_2 < nT$ für ein n, so $p_{ii}(t_1,t_2) = \frac{1}{2}$ und $p_{i,-i}(t_1,t_2) = 0$, sonst $p_{ik}(t_1,t_2) = p_i(t_1)p_k(t_2)$, also

$$c_{XX}(t_1,t_2) = \sum_{i,k\in\{-1,1\}} ikp_{ik}(t_1,t_2) = \begin{cases} 1, & \text{wenn } (n-1)T \le t_1, t_2 \le nT \text{ für ein } n \\ 0, & \text{sonst.} \end{cases}$$

3), 4) $\mathrm{E}Y(t) = \mathrm{E}X(t-V) = \int_0^T \frac{1}{T} \sum_{i\in\{-1,1\}} ip_i(t-V)\mathrm{d}v = 0;$

$c_{YY}(t_1,t_2) = \mathrm{E}X(t_1-V)X(t_2-V) = \int_0^T \frac{1}{T} \sum_{i,k\in\{-1,1\}} ikp_{ik}(t_1-V)(t_2-V)\mathrm{d}v$

$= 1 - \frac{|t_1-t_2|}{T}$, wenn $|t_1-t_2| < T$, und $= 0$ sonst.

6) $\mathrm{E}W(t) = \sum_n \mathrm{E}h_{S_n}(t-nT) = \sum_n \sum_{i\in\{-1,1\}} h_i(t-nT)P\{S_n = i\}$

$= \sum_n \frac{1}{2}(h_1(t-nT) + h_{-1}(t-nT))$ usw.

Ü3.1-2

1), 2) $\mathrm{E}Y_n = \sum_{m=1}^{n} \mathrm{E}Z_m = n\mu_Z;$

$c_{YY}(k,l) = \sum_{m=1}^{k}\sum_{n=1}^{l} \mathrm{Cov}(Z_m,Z_k) = \sum_{m=1}^{\min\{k,l\}} \mathrm{Var}Z_m = \sigma_Z^2 \min\{k,l\}.$

Ü3.2-1

1), 2) V_n ist ein stationärer Gaußprozeß ohne Gleichanteil mit dem Spektrum $C_{VV}(\omega) = \pi\sigma^2[(\delta(\omega+\omega_0) + (\delta(\omega-\omega_0))]$.

3), 4) $c_{XX}(k) = \sigma^2\cos\omega_0 k + \sigma_z^2\delta_k$, $\mathrm{E}Y_n = \sigma^2 + \sigma_z^2$, $c_{YY}(k) = 2c_{XX}(k)^2$,

$C_{YY}(\omega) = 2\sum_{k=-\infty}^{\infty}(\sigma^2\cos\omega_0 k + \sigma_z^2\delta_k)^2 \mathrm{e}^{-j\omega k}$

$= 2\sigma_z^2(\sigma_z^2 + 2\sigma^2) + \pi\sigma^4[(2\eta(\omega) + \eta(\omega+2\omega_0) + \eta(\omega-2\omega_0))].$

Ü3.2-2

1) $X(t)$ ist Summe aus einem Gleichanteil $\mathrm{E}X(t) = 1$ und rekursiv gefiltertem weißem Rauschen mit dem Parameter $\sigma_z^2 = \frac{2}{\alpha}$, wobei $a_1 = \tau = \frac{1}{\alpha} > 0$ der Parameter des rekursiven Filters erster Ordnung ist.

2) $H_{UX}(\omega) = \frac{1}{j\omega C}/(\frac{1}{j\omega C} + j\omega L + R) = 1/(1-\omega^2 LC + j\omega RC)$,

$R_{UU}(\omega) = |H_{UX}(\omega)|^2 R_{XX}(\omega) = \mu_U^2 2\pi\delta(\omega) + C_{UU}(\omega)$

$= 2\pi\delta(\omega) + \frac{2\alpha}{[(1-\omega^2LC)^2 + (\omega RC)^2](\alpha^2+\omega^2)}$; $H_{IX}(\omega) = \frac{j\omega C}{(1-\omega^2LC)^2 + j\omega RC}$,

$R_{II}(\omega) = |H_{IX}(\omega)|^2 R_{XX}(\omega) = \frac{2\alpha}{[(1-\omega^2LC)^2+(\omega RC)^2](\alpha^2+\omega^2)}$,

$R_{UI}(\omega) = H_{UI}(\omega)R_{II}(\omega) = -\frac{j2\alpha\omega C}{[(1-\omega^2LC)^2+(\omega RC)^2](\alpha^2+\omega^2)}$.

Ü3.2-3

1) $Y_n = X(n\Delta)$, $\mathrm{E}Y_n = 0$, $c_{YY}(k) = c_{XX}(k\Delta) = \mathrm{e}^{-|k|\Delta/\tau}\cos\omega\Delta k = 0$ für $\omega\Delta k = (2l+1)\frac{\pi}{2}$ und ganze l; Δ läßt sich nicht so wählen, daß die Gleichung für alle ganzen $k \ne 0$ gilt.

2) $c_{YY}(k) = \frac{\sin\pi B\Delta k}{\pi\Delta k} = 0$ für $\pi B\Delta k = \pi l$ und ganze $l \ne 0$; wenn $\Delta = \frac{m}{B}$ und $m \ne 0$ natürlich, ist $Y_n = Z_n$.

Ü3.2-4

1) Wegen $EX_n = 0$, $\sum_k |c_{XX}(k)| < \infty$ und $\sum_n |h_n|^2 = M < \infty$ wird abgeschätzt:
$\sum_m \sum_l |h_m h_l c_{XX}(l-m)| = \sum_r \sum_m |h_m h_{m+r}||c_{XX}(r)| \le \sum_r [\sum_m h_m^2 \sum_n h_{r+n}^2]^{1/2} |c_{XX}(r)|$
$= M \sum_r |c_{XX}(r)| < \infty$, woraus die i.q.M-Konvergenz von $\sum_m h_m X_{n-m}$ folgt.
2) $|C_{XX}(\omega+\delta) - C_{XX}(\omega)| = |\sum_k c_{XX}(k)(e^{j(\omega+\delta)k} - e^{j\omega k})| \le \sum_k |c_{XX}(k) 2 \sin \frac{\delta k}{2}|$
$\le 2 \sum_{|k|>k_0} |c_{XX}(k)| + |\delta| \sum_{|k|\le k_0} |k c_{XX}(k)|$;
wenn k_0 groß genug, so ist der erste Summand $< \varepsilon/2$, wenn $|\delta|$ klein genug, ist der zweite Summand $< \varepsilon/2$; das Parseval-Theorem liefert $\int_{-\pi}^{\pi} |H(\omega)|^2 \frac{d\omega}{2\pi} = \sum_n h_n^2 < \infty$.
3) Idealer Tiefpaß:
$$h_n = \int_{-B/2}^{B/2} e^{j\omega n} \frac{d\omega}{2\pi} = \begin{cases} B/(2\pi), & n = 0 \\ \frac{\sin Bn/2}{\pi n}, & |n| = 1, 2, \ldots \end{cases},$$
$\sum_{n=-\infty}^{\infty} h_n^2 \le 1 + \sum_{n=1}^{\infty} \frac{1}{n^2} < \infty$, $\sum_{n=-\infty}^{\infty} |h_n| = \frac{B}{2\pi} + \frac{2}{\pi} \sum_{n=1}^{\infty} \frac{|\sin Bn/2|}{n}$ divergiert z.B. für $B = \pi$; also nur schwache Stabilität.
4) EY_n existiert, da $|EY_n| \le E|Y_n| \le 1 + EY_n^2 = 1 + \sum_m \sum_l h_m h_l c_{XX}(l-m) < \infty$ wegen der i.q.M. Konvergenz der Faltung;
$EY_n = E \sum_{|m|\le N} h_m X_{n-m} + E \sum_{|m|>N} h_m X_{n-m}$, die endliche Summe ist 0, da $EX_{n-m} = 0$; wegen der Cauchy-Schwarz-Ungleichung ist
$(E \sum_{|m|>N} h_m X_{n-m})^2 \le E1^2 E(\sum_{|m|>N} h_m X_{n-m})^2 = E(Y_n - \sum_{|m|\le N} h_m X_{n-m})^2 \le \varepsilon$
für hinreichend Großes N wegen der i.q.M.–Konvergenz der Faltung, also $EY_n = 0$;
$EY_{n+k}Y_n$ existiert, da $(EY_{n+k}Y_n)^2 \le EY_{n+k}^2 EY_n^2 = [(\sum_m \sum_l h_m h_l c_{XX}(m-l))]^2 < \infty$,
$EY_{n+k}Y_n = \frac{1}{4}[E(Y_{n+k} + Y_n)^2 - E(Y_{n+k} - Y_n)^2]$,
da $E(Y_{n+k} \pm Y_n)^2 = \sum_m \sum_l h_m h_l [2c_{XX}(l-m) \pm 2c_{XX}(k+l-m)]$ konvergieren, also
$EY_{n+k}Y_n = \sum_m \sum_l h_m h_l c_{XX}(k+l-m) = c_{YY}(k)$, und Y_n ist i.w.S. stationär.

Ü3.2-5

1) Die Wurzeln der charakteristischen Gleichung $z^2 + a_1 z + a_2 = 0$,
$z_i = -\frac{1}{2}(a_1 + (-1)^i \sqrt{a_1^2 - 4a_2})$ $(i = 1, 2)$, erfüllen $|z_i|^2 \le 1$; z.B. für $a_1^2 \le 4a_2$ ist $|z_i|^2 = a_2$, so daß $0 \le a_2 \le 1$; für $a_1^2 \ge 4a_2$ geht man ähnlich vor.
2) Mit $z = e^{j\omega}$, $z_1 \ne z_2$, $|z_i| < 1$ ist $H(\omega) = \frac{1}{1 + a_1 z^{-1} + a_2 z^{-2}} = \frac{z^2}{z^2 + a_1 z + a_2}$
$= \frac{z^2}{(z-z_1)(z-z_2)} = \frac{z}{z_1 - z_2}\left(\frac{1}{1 - z_1/z} - \frac{1}{1 - z_2/z}\right) = \sum_{l=1}^{\infty} \frac{z}{z_1 - z_2}[(\frac{z_1}{z})^l - (\frac{z_2}{z})^l] = \sum_{l=1}^{\infty} \frac{z_1^l - z_2^l}{z_1 - z_2} z^{1-l}$
$= \sum_{l=0}^{\infty} h_n z^{-n}$, also $h_n = \frac{z_1^{n+1} - z_2^{n+1}}{z_1 - z_2}$ $(n = 0, 1, \ldots)$; für $z_1 = z_2$ und
$|z_1| < 1$ ist $H(\omega) = \frac{1}{(1 - z_1/z)^2} = [\sum_{l=1}^{\infty} (\frac{z_1}{z})^l]^2 = \sum_l \sum_m (\frac{z_1}{z})^{l+m} = \sum_{n=0}^{\infty} (n+1) z_1^n z^{-n}$, also $h_n = (n+1) z_1^n$ $(n = 0, 1, \ldots)$.
3) $c_{XX}(k) = \sigma_Z^2 \sum_{n=0}^{\infty} h_n h_{n+|k|} = \sigma_Z^2 \sum_{n=0}^{\infty} \frac{1}{(z_1 - z_2)^2} (z_1^{n+1} - z_2^{n+1})(z_1^{n+1+|k|} - z_2^{n+1+|k|})$
$= \frac{\sigma_Z^2}{(z_1 - z_2)^2}\left[\frac{z_1^{|k|+2}}{1 - z_1^2} - \frac{z_1^{|k|+1} z_2}{1 - z_1 z_2} - \frac{z_1 z_2^{|k|+1}}{1 - z_1 z_2} + \frac{z_2^{|k|+2}}{1 - z_2^2}\right] = \frac{\sigma_Z^2}{(z_1 - z_2)(1 - z_1 z_2)}\left[\frac{z_1}{1 - z_1^2} z_1^{|k|} - \frac{z_2}{1 - z_1^2} z_2^{|k|}\right]$

für $z_1 \neq z_2$; für $z_1 = z_2$ ist
$c_{XX}(k) = \sigma_Z^2 \sum_{n=0}^{\infty} (n+|k|+1) z_1^{n+|k|} (n+1) z_1^n$
$= \sigma_Z^2 z_1^{|k|} \sum_{n=0}^{\infty} [(n+2)(n+1) z_1^{2n} + (|k|-1)(n+1) z_1^{2n}] = \sigma_Z^2 z_1^{|k|} [\frac{2}{(1-z_1^2)^3} + \frac{|k|-1}{(1-z_1^2)^2}]$
$= \sigma_Z^2 \frac{1+z_1^2+(1-z_1^2)|k|}{(1-z_1^2)^3} z_1^{|k|}$.

4) $c_{XX}(k) + a_1 c_{XX}(k-1) + a_2 c_{XX}(k-2) = \begin{cases} \sigma_Z^2, & k=0 \\ 0, & k>0 \end{cases}$ Yule-Walker-Gleichungen;

Lösungsansatz: $c_{XX}(k) = A_1 z_1^{|k|} + A_2 z_2^{|k|}$ für $z_1 \neq z_2$; Koeffizientenvergleich:
$k=0$: $A_1 + A_2 + a_1(A_1 z_1 + A_2 z_2) + a_2(A_1 z_1^2 + A_2 z_2^2) = \sigma_Z^2$,
$k=1$: $A_1 z_1 + A_2 z_2 + a_1(A_1 z_1^2 + A_2 z_2^2) + a_2(A_1 z_1^3 + A_2 z_2^3) = 0$,
unter Berücksichtigung von $a_1 = -(z_1 + z_2)$, $a_2 = z_1 z_2$ löst man nach A_1 und A_2 auf; für $z_1 = z_2$ setzt man $c_{XX}(k) = (A_1 + A_2|k|) z_1^{|k|}$ an.

Ü3.2-6

1) Z_n ist stationär, der Gleichrichter ein nichtreaktives und das transversale Filter ein lineares konstantes System, so sind V_n und Y_n stationär.
2) Z_n ist $N(0,\sigma_Z^2)$-verteilt und $V_n = \gamma u(Z_n) Z_n$; dann $\mathrm{E}\, V_n = \mathrm{E}\, \gamma u(Z_n) Z_n$
$= \gamma \int_0^{\infty} z \frac{1}{\sqrt{2\pi\sigma_Z^2}} \mathrm{e}^{-z^2/(2\sigma_Z^2)}\, dz = \gamma \sqrt{\frac{\sigma_Z^2}{2\pi}} \int_0^{\infty} \mathrm{e}^{-s}\, ds = \gamma \sqrt{\frac{\sigma_Z^2}{2\pi}}$ mit $s = \frac{z^2}{2\sigma_Z^2}$;
$Y_n = \frac{1}{N} \sum_{k=0}^{N-1} V_{n-k}$ und $\mathrm{E}\, Y_n = \mathrm{E}\, V_n$; wenn $\mathrm{E}\, Y_n = \sqrt{\sigma_Z^2}$, muß $\gamma = \sqrt{2\pi}$ sein.
3) V_n und V_{n+k} sind für $k \neq 0$ unabhängig, da Z_n und Z_{n+k} unabhängig, also für $\gamma = \sqrt{2\pi}$: $c_{VV}(k) = \delta_k \sigma_V^2 = \delta_k (\mathrm{E}\, V_n^2 - \sigma_Z^2)$, $\mathrm{E}\, V_n^2 = 2\pi \int_0^{\infty} z^2 \frac{1}{\sqrt{2\pi\sigma_Z^2}} \mathrm{e}^{-z^2/(2\sigma_Z^2)}\, dz$
$= -\sqrt{2\pi\sigma_Z^2} \int_0^{\infty} z(-\frac{z}{\sigma_Z^2} \mathrm{e}^{-z^2/(2\sigma_Z^2)})\, dz = \sqrt{2\pi\sigma_Z^2} \int_0^{\infty} \mathrm{e}^{-z^2/(2\sigma_Z^2)})\, dz = \pi\sigma_Z^2$,
$\sigma_V^2 = (\pi-1)\sigma_Z^2$; $C_{VV}(\omega) = \sigma_V^2$; $c_{YY}(k) = \sigma_V^2 \sum_{n=0}^{\infty} h_n h_{n+|k|} = \sigma_V^2 \sum_{n=0}^{N-1-|k|} \frac{1}{N^2}$
$= \sigma_V^2 \frac{1}{N}(1 - \frac{|k|}{N})$ für $|k| < N$ und $= 0$ sonst;
$C_{YY}(\omega) = \sigma_V^2 |\frac{1}{N} \sum_{n=0}^{N-1} \mathrm{e}^{-j\omega n}|^2 = \sigma_V^2 |\frac{\sin \omega N/2}{N \sin \omega/2}|^2$.
4) Gefordert wird $\sqrt{\mathrm{Var}\, Y_n}/\sqrt{\mathrm{E}\, Z_n^2} \leq 0,1$, also $\mathrm{Var}\, Y_n = \frac{\sigma_V^2}{N} \leq 0,01\sigma_Z^2$,
$N \geq 100 \frac{\sigma_V^2}{\sigma_Z^2} = 100(\pi - 1) \approx 214$.

Ü3.2-7

1) $q = \mathrm{E}\,(X_n - \sum_{i=1}^{m} h_i X_{n-i})^2 = \min_{h_1,\ldots,h_m}$;
$\frac{\partial q}{\partial h_k}|_{\hat{h}_i} = 2\, \mathrm{E}\, X_{n-k}\, (X_n - \sum_{i=1}^{m} \hat{h}_i X_{n-i}) = 0$ $(k = 1, \ldots, m)$.
2) Da X_n ein AR(p)-Prozeß, müssen Yule-Walker-Gleichungen gelten:
$c_{XX}(k) + \sum_{i=1}^{p} a_l c_{XX}(k-l) = \sigma_Z^2$ für $k=0$ und $=0$ für $k>0$;
für $m \geq p$ erfüllen also $\hat{h}_i = -a_i$ $(i = 1, \ldots, p)$ und $\hat{h}_i = 0$ $(i = p+1, \ldots, m)$ die notwendigen Bedingungen aus 1).
3) $\min q = \mathrm{E}\,(X_n - \sum_{i=1}^{m} \hat{h}_i X_{n-i})^2 = c_{XX}(0) + \sum_{i=1}^{p} a_l c_{XX}(l) = \sigma_Z^2$ für $m \geq p$.

Ü3.2-8

1) $Y_n = s_n + V_n$, $\hat{Y}_n = \sum\limits_{m\in M} h_{n,m} X_{n-m}$ erfülle das Orthogonalitätprinzip, also $\mathrm{E}(Y_n - \hat{Y}_n)X_{n-k} = 0 \quad (k \in M)$, d.h. $\mathrm{E}[s_n - \sum\limits_{m\in M} \hat{h}_{n,m}(s_{n-m} + V_{n-m})](s_{n-k} + V_{n-k})$ $= 0 \quad (k \in M)$, mit $\mu_V(n) = \mathrm{E}V_n$ und $r_{VV}(n,m) = \mathrm{E}V_n V_m$ also
$\sum\limits_{m\in M} \hat{h}_{n,m}[r_{VV}(n-m, n-k) + \mu_V(n-m)s_{n-k} + s_{n-m}\mu_V(n-k) + s_{n-m}s_{n-k}]$
$= s_n[s_{n-k} + \mu_V(n-k)] \quad (k \in M)$.

2) Mit $\mu_V(n) = 0$, $r_{VV}(n,m) = c_{VV}(n-m)$ und $M = \mathbb{Z}$ gilt
$\sum\limits_{m=-\infty}^{\infty} \hat{h}_{n,m}[c_{VV}(k-m) + s_{n-m}s_{n-k}] = s_n s_{n-k} \ (k \in \mathbb{Z})$, bzw. mit
$\beta_n = s_n - \sum\limits_m \hat{h}_{n,m}s_{n-m}$ dann $\sum\limits_m \hat{h}_{n,m}c_{VV}(k-m) = \beta_n s_{n-k} \ (k \in \mathbb{Z})$;
Fourier-Transformation über k, $\widehat{H}_n(\omega) = \sum\limits_m \hat{h}_{n,m}\mathrm{e}^{-j\omega n}$ und $S(\omega) = \sum\limits_n s_n \mathrm{e}^{-j\omega n}$
liefern $\widehat{H}_n(\omega)C_{VV}(\omega) = \beta_n \mathrm{e}^{-j\omega n}S(\omega)^*$; falls $C_{VV}(\omega) > 0$, folgen
$\widehat{H}_n(\omega) = \beta_n \mathrm{e}^{-j\omega n}\frac{S(\omega)^*}{C_{VV}(\omega)}$ und $\beta_n = s_n - \int\limits_{-\pi}^{\pi} \beta_n \mathrm{e}^{-j\omega n}\frac{S(\omega)^*}{C_{VV}(\omega)} S(\omega)\mathrm{e}^{j\omega n}\frac{d\omega}{2\pi}$
$= s_n - \beta_n \int\limits_{-\pi}^{\pi} \frac{|S(\omega)|^2}{C_{VV}(\omega)}\frac{d\omega}{2\pi}$, also $\beta_n = \frac{s_n}{1+\delta^2}$ mit
$\delta^2 = \int\limits_{-\pi}^{\pi} \frac{|S(\omega)|^2}{C_{VV}(\omega)}\frac{d\omega}{2\pi}$ dem Signal-zu-Störabstand im beobachteten Signal.

3) Wenn $V_n = Z_n$ weiß, liefert $r_{VV}(n,m) = \sigma_Z^2\delta_{n-m}$ die Wiener-Hopf-Gleichungen
$\sum\limits_m \hat{h}_{n,m}(\sigma_Z^2\delta_{k-m} + s_{n-m}s_{n-k}) = s_n s_{n-k} \ (k \in M)$; mit β_n aus 2) folgen
$\sum\limits_m \hat{h}_{n,m}\sigma_Z^2\delta_{k-m} = \hat{h}_{n,k}\sigma_Z^2 = \beta_n s_{n-k} \ (k \in M)$, $\hat{h}_{n,k} = \frac{\beta_n}{\sigma_Z^2}s_{n-k}$ und
$\beta_n = s_n - \sum\limits_m \frac{\beta_n}{\sigma_Z^2}s_{n-m}s_{n-m} = \frac{s_n}{1+\delta_n^2}$ mit $\delta_n^2 = \frac{1}{\sigma_Z^2}\sum\limits_{m\in M} s_{n-m}^2$.

4) $\gamma_n^2 = \frac{(\sum\limits_{m\in M} h_m s_{n-m})^2}{\mathrm{E}(\sum\limits_{m\in M} h_m V_{n-m})^2} = \frac{(\sum\limits_{m\in M} h_m s_{n-m})^2}{\sigma_Z^2 \sum\limits_{m\in M} h_m^2} \le \frac{\sum\limits_l h_l^2 \sum\limits_m s_{n-m}^2}{\sigma_Z^2 \sum\limits_m h_m^2} = \frac{\sum\limits_{m\in M} s_{n-m}^2}{\sigma_Z^2} = \delta_n^2$,
die obere Schranke ist also der Signal-zu-Störabstand; in der Cauchy-Schwarz-Ungleichung gilt „=" genau dann, wenn $h_m = \alpha s_{n-m}$, also auch für
$h_m = \hat{h}_{n,m} = \beta_n s_{n-m}$.

5) $H(\omega) = \beta_n \mathrm{e}^{-j\omega n}\frac{S(\omega)}{C_{VV}(\omega)} = \widetilde{H}(\omega)G(\omega)$ mit $G(\omega) = C_{VV}(\omega)^{-1/2}$, d.h.
$\widetilde{H}(\omega) = \beta_n \mathrm{e}^{-j\omega n}\widetilde{S}(\omega)^*$, $\tilde{h}_{n,m} = \beta_n \tilde{s}_{n-m}$,
$\widetilde{S}(\omega) = S(\omega)G(\omega) = \sum\limits_n \tilde{s}_n \mathrm{e}^{-j\omega n}$, $\tilde{s}_n = \sum\limits_m g_m s_{n-m}$;
$\widetilde{Z}_n = \sum\limits_m g_m V_{n-m}$ mit $C_{\tilde{Z}\tilde{Z}}(\omega) = 1 = \sigma_{\tilde{Z}}^2$, also weiß,
$\tilde{\gamma}_n^2 = \frac{(\sum\limits_m \tilde{h}_m \tilde{s}_{n-m})^2}{\sigma_{\tilde{Z}}^2 \sum\limits_m \tilde{h}_m^2} \le \frac{\sum\limits_l \tilde{h}_l^2 \sum\limits_m \tilde{s}_{n-m}^2}{\sum\limits_m \tilde{h}_m^2} = \sum\limits_m \tilde{s}_{n-m}^2 = \delta^2 = \frac{(\sum\limits_m \tilde{h}_{n,m}\tilde{s}_{n-m})^2}{\sum\limits_m \tilde{h}_{n,m}^2}$;
mit $\overline{H}(\omega) = H(\omega)C_{VV}(\omega)^{1/2}$, $\widetilde{S}(\omega) = S(\omega)C_{VV}(\omega)^{-1/2}$ ist

$$\tilde{\gamma}_n^2 = \frac{(\int\limits_{-\pi}^{\pi} \overline{H}(\omega)\widetilde{S}(\omega)\mathrm{e}^{-j\omega n}\frac{d\omega}{2\pi})^2}{\int\limits_{-\pi}^{\pi} |\overline{H}(\omega)|^2 \frac{d\omega}{2\pi}} = \frac{(\int\limits_{-\pi}^{\pi} H(\omega)S(\omega)\mathrm{e}^{-j\omega n}\frac{d\omega}{2\pi})^2}{\int\limits_{-\pi}^{\pi} |H(\omega)|^2 C_{VV}(\omega)\frac{d\omega}{2\pi}} = \gamma_n^2.$$

Ü3.2-9

1) $r_{XX}(u) = r_{XX}(u+T) = \sum_{n=-\infty}^{\infty} r_n e^{j2\pi nu/T}$ mit $r_n = \frac{1}{T}\int_0^T r_{XX}(u)\, e^{j2\pi nu/T}\,du$;
$R_{XX}(\omega) = \int_{-\infty}^{\infty} r_{XX}(u)\,e^{-j\omega u}\,du = \int_{-\infty}^{\infty}\sum_{n=-\infty}^{\infty} r_n\, e^{j(2\pi n/T-\omega)u}\,du$
$= \sum_{n=-\infty}^{\infty} r_n \int_{-\infty}^{\infty} e^{j(2\pi n/T-\omega)u}\,du = \sum_{n=-\infty}^{\infty} r_n\, 2\pi\delta(\omega - \frac{2\pi n}{T})$, also $r_n \geq 0$ für alle n.
2) Wenn $\frac{1}{T^2}\int_0^T\int_0^T |r_{XX}(t_1-t_2)|dt_1dt_2 = \frac{1}{T}\int_{-T}^{T}(1-\frac{|u|}{T})\,|r_{XX}(u)|\,du$
$\leq \frac{2}{T}\int_0^T |r_{XX}(u)|\,du < \infty$, existiert i.q.M. $A_n = \frac{1}{T}\int_0^T X(t)\,e^{-j2\pi nt/T}\,dt = A^*_{-n}$.
3) $\mathrm{E}\,A_n = \frac{1}{T}\int_0^T \mathrm{E}\,X(t)\,e^{-j2\pi nt/T}\,dt = \frac{1}{T}\int_0^T \mu\,e^{-j2\pi nt/T}\,dt = \delta_n\mu_X$,
$\mathrm{E}\,A_nA_m^* = \frac{1}{T^2}\int_0^T\int_0^T \mathrm{E}\,X(t_1)X(t_2)\,e^{-j2\pi(nt_1-mt_2)}\,dt_1dt_2$
$= \frac{1}{T^2}\int_0^T\int_0^T r_{XX}(t_1-t_2)\,e^{-j2\pi(nt_1-mt_2)}\,dt_1dt_2 = \frac{1}{T^2}\int_0^T\int_0^T\sum_{l=-\infty}^{\infty} r_l\,e^{j2\pi(lt_1-lt_2-nt_1+mt_2)}\,dt_1dt_2$
$= \sum_{l=-\infty}^{\infty} r_l \frac{1}{T}\int_0^T e^{j2\pi(l-n)t_1}\,dt_1\,\frac{1}{T}\int_0^T e^{j2\pi(m-l)t_2}\,dt_2 = \delta_{n-m}r_n$.
4) $\mathrm{E}|\sum_{|n|>N} A_n\,e^{j2\pi nt/T}|^2 = \sum_{|n|>N}\sum_{|m|>N}\mathrm{E}\,A_nA_m^*\,e^{j2\pi(n-m)t/T} = \sum_{|n|>N} r_n \to 0$
für $N\to\infty$, da $\sum_n r_n = r_{XX}(0)$ konvergent; aus
$\mathrm{E}\,X(t)A_n^* = \frac{1}{T}\int_0^T r_{XX}(t-t')\,e^{j2\pi nt'/T}\,dt' = \frac{1}{T}\int_0^T\sum_{l=-\infty}^{\infty} r_l\,e^{j2\pi l(t-t')/T}\,e^{j2\pi nt'/T}\,dt'$
$= \sum_{l=-\infty}^{\infty} r_l\,e^{j2\pi lt/T}\frac{1}{T}\int_0^T e^{-j2\pi(l-n)t'/T}\,dt' = r_n e^{j2\pi nt/T}$ folgt
$\mathrm{E}|X(t) - \sum_{|n|\leq N} A_n\,e^{j2\pi nt/T}|^2 = r_{XX}(0) - \sum_{|n|\leq N}(r_n + r_{-n} - r_n) = \sum_{|n|>N} r_n \to 0$
für $N\to\infty$, also stellt die Fourier-Reihe $X(t)$ i.q.M. dar.
5) $(\mathrm{Re}\,A_n^N, \mathrm{Im}\,A_n^N, \mathrm{Re}\,A_m^N, \mathrm{Im}A_m^N)' = \frac{1}{T}\frac{T}{N}\sum_{l=1}^{N} X(\frac{lT}{N})(\cos\frac{2\pi ln}{N}, \sin\frac{2\pi ln}{N}, \cos\frac{2\pi lm}{N}, \sin\frac{2\pi lm}{N})'$
ist Riemann-Summe der entsprechenden Integrale für $(\mathrm{Re}\,A_n, \mathrm{Im}\,A_n, \mathrm{Re}\,A_m, \mathrm{Im}A_m)'$, der Vektor ist normalverteilt, da er lineare Transformation des normalverteilen Vektors $(X(\frac{T}{N}), X(\frac{2T}{N}), \ldots, X(T))'$ ist; aus der i.q.M.-Konvergenz folgt die in Verteilung, falls $r_n > 0$ und $r_m > 0$, also ist $(\mathrm{Re}\,A_n, \mathrm{Im}\,A_n, \mathrm{Re}\,A_m, \mathrm{Im}A_m)'$ normalverteilt mit verschwindendem Erwartungsvektor für $1\leq n\leq m$ und einer Kovarianzmatrix, die wegen $\mathrm{E}A_nA_m^* = \delta_{n-m}r_n$ diagonal ist mit der Diagonalen $(r_n/2, r_n/2, r_m/2, r_m/2)$.
6) $Y(t) = \int_{-\infty}^{\infty} h(t-t')X(t')\,dt'$ i.q.M., $r_{YY}(u) = \int_{-\infty}^{\infty} |H(\omega)|^2 R_{XX}(\omega)\,e^{j\omega u}\,\frac{d\omega}{2\pi}$
$= \sum_{n=-\infty}^{\infty} |H(\frac{2\pi n}{T})|^2 r_n\,e^{j\omega nu/T}$; $B_n = \frac{1}{T}\int_0^T Y(t)\,e^{-j2\pi nt/T}\,dt = H(\frac{2\pi n}{T})A_n$ i.q.M.;
$Y(t) = \sum_{n=-\infty}^{\infty} B_n e^{j2\pi nt/T}$ i.q.M.

Ü3.3-1

1) $S_N = \sum_{n=0}^{N-1}(1-\frac{n}{N})a_n = \frac{1}{N}\sum_{m=0}^{N-1}\sum_{n=0}^{m} a_n$; dann

$|S_N - S| = |\frac{1}{N}\sum_{m=0}^{N-1}\sum_{n=0}^{m} a_n - S| \leq \frac{1}{N}\sum_{m=0}^{N-1}|\sum_{n=0}^{m} a_n - S|$; falls $0 < N_0 < N$, ist

$|S_N - S| \leq \frac{1}{N}\sum_{m=0}^{N_0-1}|\sum_{n=0}^{m} a_n - S| + \max_{N_0\leq m\leq N-1}|\sum_{n=0}^{m} a_n - S|$;

für ein $\varepsilon > 0$ kann der erste Summand $< \varepsilon/2$ werden, wenn N hinreichend groß gegenüber N_0 ist, da die Summe über m endlich ist und $\sum_n a_n$ konvergiert, und der zweite Summand entsprechend für hinreichend großes N_0.

2) $N\mathrm{Var}\overline{X}_N = \sum_{k=-N+1}^{N-1} c_{XX}(k)(1-\frac{|k|}{N}) = 2\sum_{k=0}^{N-1} c_{XX}(k)(1-\frac{k}{N}) - c_{XX}(0)$

$\underset{N\to\infty}{\longrightarrow} 2\sum_{k=0}^{\infty} c_{XX}(k) - c_{XX}(0) = \sum_{k=-\infty}^{\infty} c_{XX}(k) = C_{XX}(0).$

3) $\mathrm{E}\hat{c}_{XX}(k) = \frac{1}{N}\sum_{n=0}^{N-1-|k|} \mathrm{E}(X_{n+|k|} - \overline{X}_N)(X_n - \overline{X}_N)$

$= \frac{1}{N}\sum_{n=0}^{N-1-|k|} \mathrm{E}[(X_{n+|k|} - \mu_X) - (\overline{X}_N - \mu_X)][(X_n - \mu_X) - (\overline{X}_N - \mu_X)]$

$= \frac{1}{N}\sum_{n=0}^{N-1-|k|}(c_{XX}(k) + \mathrm{Var}\overline{X}_N) - \mathrm{E}(\overline{X}_N - \mu_X)\frac{1}{N}\sum_{n=0}^{N-1-|k|}[(X_{n+|k|} - \mu_X) + (X_n - \mu_X)]$

$= (1-\frac{|k|}{N})c_{XX}(k) + (1-\frac{|k|}{N})\mathrm{Var}\overline{X}_N - \mathrm{Cov}(\overline{X}_N, 2\overline{X}_N - \frac{1}{N}\sum_{n=0}^{k-1} X_n - \frac{1}{N}\sum_{n=N-k}^{N-1} X_n)$

$= (1-\frac{|k|}{N})c_{XX}(k) - (1+\frac{|k|}{N})\mathrm{Var}\overline{X}_N + \frac{1}{N^2}\sum_{l=0}^{N-1}(\sum_{n=0}^{k-1} + \sum_{n=N-k}^{N-1})c_{XX}(n-l)$

$\approx (1-\frac{|k|}{N})c_{XX}(k) - \frac{1}{N}C_{XX}(0)$

unter Vernachlässigung von Termen der Größenordnung N^{-2};

$\mathrm{E}\frac{N}{N-|k|}\hat{c}_{XX}(k) \approx c_{XX}(k) - \frac{1}{N-|k|}C_{XX}(0) \neq c_{XX}(k)$, falls $C_{XX}(0) > 0$.

4) Für $0 \leq k_1 \leq k_2 \leq N-1$ ist $c(k_1,k_2) = \mathrm{Cov}(\hat{c}_{XX}(k_1), \hat{c}_{XX}(k_2))$

$= \sum_{n=0}^{N-1-k_1}\sum_{m=0}^{N-1-k_2}\frac{1}{N^2}\mathrm{Cov}(X_{n+k_1}X_n, X_{m+k_2}X_m)$

$= \frac{1}{N^2}\sum_{n=0}^{N-1-k_1}\sum_{m=0}^{N-1-k_2}[c_{XX}(n+k_1-m-k_2)c_{XX}(n-m)$

$+ c_{XX}(n-m+k_1)c_{XX}(n-m-k_2)]$;

Substitution: $l = n-m, k = m$, statt über Zeilen m und Spalten n wird längs der Diagonalen $m = n-l$ und über die Diagonalnummern l summiert ; mit $\mathrm{M}(l,k_1,k_2) = N-k_2+l$ für $l \leq 0$, $= N-k_2$ für $0 < l \leq k_2-k_1$ und $= N-k_1-l$ für $k_2-k_1 \leq l$ gilt

$c(k_1,k_2) = \frac{1}{N^2}\sum_{l=-N+1+k_2}^{N-1-k_1}\mathrm{M}(l,k_1,k_2)[c_{XX}(l+k_2-k_1)c_{XX}(l) + c_{XX}(l+k_1)c_{XX}(l-k_2)]$;

berechnet man die Summe von $l = -N+1$ bis $l = N-1$, so ist der Fehler eine Summe aus $k_1 + k_2$ Summanden der Größenordnung N^{-2}, also der gleichen Größenordnung; approximiert man $\mathrm{M}(l,k_1,k_2)/N^2$ durch $(N-|l|)/N^2$, entsteht wieder ein Fehler der Größenordnung N^{-2}, somit ist der Approximationsfehler von (3.3–10) von der Größenordnung N^{-2}.

Ü3.3-2

1) $I_{XX}^N(\omega) = \frac{1}{N}|\sum_{n=0}^{N-1} X_n e^{-j\omega n}|^2 = \frac{1}{N}\sum_{n=0}^{N-1}\sum_{m=0}^{N-1} X_n X_m e^{-j\omega(n-m)}$

$= \frac{1}{N}\sum_{k=-N+1}^{N-1}\sum_{l=0}^{N-1-|k|} X_l X_{l+|k|} e^{-j\omega k} = \sum_{k=-N+1}^{N-1}\hat{c}_{XX}(k)e^{-j\omega k}$ mit

$\hat{c}_{XX}(k) = \frac{1}{N}\sum_{l=0}^{N-1-|k|} X_l X_{l+|k|}$ für $|k| < N$,
wobei $k = n - m$ und $l = m$ substituiert wurde.
2), 3) $I^N_{X-\overline{X},X-\overline{X}}(\omega) = \frac{1}{N}|\sum_{n=0}^{N-1}(X_n - \overline{X})e^{-j\omega n}|^2$ ist Fourier-Transformierte der empirischen Kovarianzfunktion in allgemeiner Form mit $I^N_{X-\overline{X},X-\overline{X}}(0) = 0$.
4) Unter gewissen Bedingungen gilt $\hat{c}_{XX}(k) \underset{N\to\infty}{\longrightarrow} c_{XX}(k)$ mit Wk1, das Periodogramm ist Fourier-Transformierte der empirischen Kovarianzfunktion; das Spektrum $C_{XX}(\omega)$ ist Fourier-Transformierte der Kovarianzfunktion, trotzdem konvergiert das Periodogramm nicht gegen das Spektrum, sondern unter gewissen Bedingungen nur in Verteilung gegen eine Zufallsvariable, die bis den Faktor $\frac{1}{2}C_{XX}(\omega)$ χ^2_2–verteilt ist.

Ü3.3-3

1) $S(a_1, a_2) = \sum_{n=3}^{6}(x_n + a_1 x_{n-1} + a_2 x_{n-2})^2$ ist zu minimieren ;
$\frac{\partial S}{\partial a_i}|_{\tilde{a}_k} = 0$ $(i = 1, 2)$ liefert $\tilde{a}_1 \approx -0,63, \tilde{a}_2 \approx 0,59; \tilde{\sigma}^2_Z = \frac{S(\tilde{a}_1,\tilde{a}_2)}{6-2-2} \approx 0,298;$
$\tilde{C}_{XX}(\omega) = \frac{\tilde{\sigma}^2_Z}{|1+\tilde{a}_1 e^{-j\omega}+\tilde{a}_2 e^{-j2\omega}|^2}$.
2) $\hat{c}_{XX}(k) + \hat{a}_1\hat{c}_{XX}(k-1) + \hat{a}_2\hat{c}_{XX}(k-2) = \hat{\sigma}^2_Z$ für $k = 0$ und $= 0$ für $k = 1, 2$
liefert mit $\hat{c}_{XX}(k) = \frac{1}{6}\sum_{n=1}^{6-k} x_n x_{n+k} = \hat{c}_{XX}(-k)$ $(k = 0, 1, 2)$
$\hat{a}_1 \approx -0,29, \hat{a}_2 \approx 0,46, \hat{\sigma}^2_Z \approx 0,364.$
3) Die Ergebnisse aus (2.2–34) können nicht benutzt werden, da die Matrix $\mathbf{X}$ im vorliegenden Fall datenabhängig ist; auch asymptotische Resultate wie (2.2–118) sollten nicht verwandt werden, da nur $n = 6$ Daten zur Verfügung stehen.

Ü3.3-4

1) X_n ist stationär , wenn $X_n - \mu_X$ stabil gefiltertes weißes Rausch ist , also $|a_1| < 1$ gilt.
2) $S(a_1, \mu_X) = \sum_{n=2}^{N}(x_n - \mu_X + a_1(x_{n-1} - \mu_X))^2$ ist zu minimieren;

$$\frac{\partial S}{\partial \mu}|_{\tilde{a}_1,\tilde{\mu}_X} = \frac{\partial S}{\partial a_1}|_{\tilde{a}_1,\tilde{\mu}} = 0 \text{ liefert } \tilde{\mu}_X = \frac{\sum_{n=2}^{n} x_n + \tilde{a}_1\sum_{n=2}^{n} x_{n-1}}{(N-1)(1+\tilde{a}_1)},\ \tilde{a}_1 = -\frac{\sum_{n=2}^{N}(x_n-\tilde{\mu})(x_{n-1}-\tilde{\mu})}{\sum_{n=2}^{N}(x_{n-1}-\tilde{\mu}_X)^2}.$$

3) $$\tilde{\mu}_X \approx \frac{\sum_{n=1}^{N} x_n + \tilde{a}_1\sum_{n=1}^{N} x_n}{N(1+\tilde{a}_1)} = \frac{1}{N}\sum_{n=1}^{N} x_n = \overline{x},\ \tilde{a}_1 \approx \frac{-\frac{1}{N}\sum_{n=2}(x_n-\overline{x})(x_{n-1}-\overline{x})}{\frac{1}{N}\sum_{n=1}^{N}(x_n-\overline{x})^2} = -\frac{\hat{c}_{XX}(1)}{\hat{c}_{XX}(\nu)} = \hat{a}_1.$$

4) $X_n - \mu_X$ ist ein AR(1)-Prozeß, so daß $c_{XX}(k) + a_1 c_{XX}(k-1) = \sigma^2_Z$ für $k = 0$ und $= 0$ für $k = 1$ gilt; ersetzt man $c_{XX}(k)$ durch $\hat{c}_{XX}(k)$, ergeben sich empirische Yule-Walker-Gleichungen, deren Lösungen $\hat{a}_1$ und $\hat{\sigma}^2_Z = \hat{c}^N_{XX}(0) + \hat{a}_1\hat{c}^N_{XX}(0)$ sind.

Ü3.3-5

1) $\overline{\gamma}_l = \tilde{\gamma}_l + \Delta_l \; (l = 0,\ldots,q)$ erfülle möglichst genau

$$\hat{c}_{XX}(k) = \sum_{l=0}^{q-k} \overline{\gamma}_l \overline{\gamma}_{l+k} = \sum_{l=0}^{q-k} (\tilde{\gamma}_l \tilde{\gamma}_{l+k} + \tilde{\gamma}_l \Delta_{l+k} + \Delta_l \tilde{\gamma}_{l+k} + \Delta_l \Delta_{l+k})$$

$$\approx \sum_{l=0}^{q-k} \tilde{\gamma}_l \tilde{\gamma}_{l+k} + \sum_{m=0}^{q} [\tilde{\gamma}_{m-k} u(m-k) + \tilde{\gamma}_{m+k} u(q-k-m))]\Delta_m \quad (k = 0,1,\ldots,q)$$

für kleine Δ_m mit $u(x) = 1$ für $x \geq 0$ und $= 0$ sonst, d.h. $\Delta_m (m = 0,1,\ldots,q)$ ist approximativ Lösung von

$$(*) \; \sum_{m=0}^{q} [\tilde{\gamma}_{m-k} u(m-k) + \tilde{\gamma}_{m+k} u(q-k-m)]\Delta_m = \hat{c}_{XX}(k) - \sum_{l=0}^{q-k} \tilde{\gamma}_l \gamma_{l+m} \; (k = 0,1,\ldots,q).$$

2) $\gamma_0^{(0)} = \sqrt{\hat{c}_{XX}(0)}$; $\gamma_k^{(0)} = 0 \quad (k = 1,\ldots,q)$;
iteriere $(i = 0,1,2,\ldots)$ bis Konvergenz oder $i = i_0$
löse $(*)$ für $\tilde{\gamma}_m = \gamma_m^{(i)}$ nach $\Delta_m = \Delta_m^{(i)} \; (m = 0,1,\ldots,q)$;
$\gamma_m^{(i+1)} = \gamma_m^{(i)} + \Delta_m^{(i)} \; (m = 0,1,\ldots,q)$.

3) Für $q = 2$ ist $(*)$

$$\begin{pmatrix} 2\tilde{\gamma}_0 & 2\tilde{\gamma}_1 & 2\tilde{\gamma}_2 \\ \tilde{\gamma}_1 & \tilde{\gamma}_0 + \tilde{\gamma}_2 & \tilde{\gamma}_0 \\ \tilde{\gamma}_2 & 0 & \tilde{\gamma}_0 \end{pmatrix} \begin{pmatrix} \Delta_0 \\ \Delta_1 \\ \Delta_2 \end{pmatrix} = \begin{pmatrix} \hat{c}_{XX}(0) - \tilde{\gamma}_0^2 - \tilde{\gamma}_1^2 - \tilde{\gamma}_2^2 \\ \hat{c}_{XX}(1) - \tilde{\gamma}_1 \tilde{\gamma}_0 - \tilde{\gamma}_2 \tilde{\gamma}_1 \\ \hat{c}_{XX}(2) - \tilde{\gamma}_2 \tilde{\gamma}_0 \end{pmatrix};$$

mit $\hat{c}_{XX}(0) = 2{,}25$, $\hat{c}_{XX}(1) = -1{,}5$, $\hat{c}_{XX}(2) = 0{,}5$ liefert der Algorithmus aus 2)
$\gamma_0^{(4)} = 1{,}00058$, $\gamma_1^{(4)} = -0{,}9999$, $\gamma_2^{(4)} = 0{,}4994$;
$z^2 c(z) = z^2 \sum_{k=-2}^{2} \hat{c}_{XX}(k) z^{-k} = \frac{1}{2} - \frac{3}{2}z + 2{,}25z^2 - \frac{3}{2}z^3 + \frac{1}{2}z^4 = 0$
hat die Nullstellen $z_{1,2} = \frac{1}{2}(1 \pm j)$, $z_{3,4} = 1 \pm j$; $|z_{1,2}|^2 = \frac{1}{2}$;
so $\Gamma(z)/\hat{\gamma}_0 = (z - z_1)(z - z_2) = z^2 - z + \frac{1}{2}$, also $\hat{b}_0 = 1$, $\hat{b}_1 = -1$, $\hat{b}_2 = \frac{1}{2}$,
$\hat{\gamma}_0^2 = \hat{c}_{XX}(0)/(1 + \hat{b}_1^2 + \hat{b}_2^2) = 1 = \hat{\sigma}_Z^2$, $\hat{\gamma}_0 = 1$, $\hat{\gamma}_1 = \hat{b}_1/\hat{\gamma}_0 = -1$, $\hat{\gamma}_2 = \hat{b}_2/\hat{\gamma}_1 = \frac{1}{2}$,
also konvergiert die Wilson-Iterierte in diesem Falle zur minimalphasigen Lösung.

Ü3.3-6

$\underline{\vartheta}_N = \mathbf{Q}_N^{-1} \sum_{n=r}^{N} \underline{x}_n y_n$ mit $\mathbf{Q}_N = \sum_{n=r}^{N} \underline{x}_n \underline{x}_n'$ minimiere $S_N(\underline{\vartheta})$ über $\underline{\vartheta}$;

$\underline{\vartheta}_N = \mathbf{Q}_N^{-1} (\sum_{n=r}^{N-1} \underline{x}_n y_n + \underline{x}_N y_N)$
$= \underline{\vartheta}_{N-1} + (\mathbf{Q}_N^{-1}\mathbf{Q}_{N-1} - \mathbf{Q}_N^{-1}\mathbf{Q}_N)\underline{\vartheta}_{N-1} + \mathbf{Q}_N^{-1} \underline{x}_N y_n$
$= \underline{\vartheta}_{N-1} + \mathbf{Q}_N^{-1} \underline{x}_n (y_N - \underline{x}_N' \underline{\vartheta}_{N-1})$;
sei $\underline{k}_N = \mathbf{Q}_N^{-1} \underline{x}_N$, dann liefert das Matrixinversionslemma
$\mathbf{Q}_N^{-1} = (\mathbf{Q}_{N-1} + \underline{x}_n \underline{x}_N')^{-1} = \mathbf{Q}_{N-1}^{-1} - (1 + \underline{x}_N' \mathbf{Q}_{N-1}^{-1} \underline{x}_n)^{-1} \mathbf{Q}_{N-1}^{-1} \underline{x}_n \underline{x}_N' \mathbf{Q}_{N-1}^{-1}$,
$\underline{k}_N = \mathbf{Q}_{N-1}^{-1} \underline{x}_N - (1 + \underline{x}_N' \mathbf{Q}_{N-1}^{-1} \underline{x}_n)^{-1} \mathbf{Q}_{N-1}^{-1} \underline{x}_N \underline{x}_N' \mathbf{Q}_{N-1}' \underline{x}_N$, also
$\underline{k}_N = (1 + \underline{x}_N' \mathbf{Q}_{N-1}^{-1} \underline{x}_N)^{-1} \mathbf{Q}_{N-1}^{-1} \underline{x}_N$,
$\underline{\vartheta}_N = \underline{\vartheta}_{N-1} + \underline{k}_N (y_N - \underline{x}_N' \underline{\vartheta}_{N-1})$,
$\mathbf{Q}_N^{-1} = \mathbf{Q}_{N-1}^{-1} - \underline{k}_N \underline{x}_N' \mathbf{Q}_{N-1}^{-1}$.

Ü3.3-7

1) Mit $X(t)$ sind $U(t), V(t)$ und $Y(t)$ stationär;
wenn $\mathrm{E}X(t) = \mu_X$, so $\mathrm{E}U(t) = \mu_X H_{BP}(0) = 0$, $C_{UU}(\omega) = |H_{BP}(\omega)|^2 C_{XX}(\omega)$,

$\mathrm{E}U(t)^2 = c_{UU}(0) = \int_{-\pi}^{\pi} C_{UU}(\omega)\frac{\mathrm{d}\omega}{2\pi} = 2\gamma^2 \int_{\omega_0-B/2}^{\omega_0+B/2} C_{XX}(\omega)\frac{\mathrm{d}\omega}{2\pi} \approx 2\gamma^2\frac{B}{2\pi}C_{XX}(\omega_0).$

2), 3) $V(t) = U(t)^2, \mu_V = \mathrm{E}V(t) = \mathrm{E}U(t)^2,$
$\mu_Y = \mathrm{E}Y(t) = \mu_V H_I(0) = c_{UU}(0) \approx \gamma^2\frac{B}{\pi}C_{XX}(\omega_0),\ \gamma^2 = \frac{\pi}{B}.$

4), 5) $\mathrm{Var}Y(t) = c_{YY}(0) = \int_{-\pi}^{\pi} C_{YY}(\omega)\frac{\mathrm{d}\omega}{2\pi} = \int_{-\pi}^{\pi} |H_I(\omega)|^2 C_{VV}(\omega)\frac{\mathrm{d}\omega}{2\pi} = 2\int_0^{\pi/T} C_{VV}(\omega)\frac{\mathrm{d}\omega}{2\pi},$

$C_{VV}(\omega) = \frac{1}{\pi}\int_{-\infty}^{\infty} C_{UU}(\omega-\nu)C_{UU}(\nu)\mathrm{d}\nu,$ also

$\mathrm{Var}Y(t) = \frac{1}{\pi^2}\int_0^{\pi/T}\int_{-\infty}^{\infty} C_{UU}(\omega-\nu)C_{UU}(\nu)\mathrm{d}\nu\mathrm{d}\omega \approx \frac{1}{\pi T}\int_{-\infty}^{\infty} C_{UU}(\omega)^2\mathrm{d}\omega$

$= \frac{1}{\pi t}\int_{-\infty}^{\infty} |H_{BP}(\omega)|^4 C_{XX}(\omega)^2\mathrm{d}\omega \approx \frac{2}{\pi T}\gamma^4 BC_{XX}(\omega_0)^2 = \frac{2\pi}{BT}C_{XX}(\omega_0)^2;$

die Rauschleistung am Ausgang der Schaltung ist umgekehrt proportional zum Zeit-Bandbreiteprodukt $BT/(2\pi)$.

Ü3.3-8

1) $\mathrm{E}\hat{C}_{XX}(\omega_0) = \frac{1}{2m+1}\sum_{k=-m}^{m} \mathrm{E}I_{XX}^N\left(\frac{2\pi(k+k(\omega_0))}{N}\right)$

$= \frac{1}{2m+1}\sum_{k=-m}^{m} \frac{1}{2\pi}\int_{-\pi}^{\pi} C_{XX}(\nu)\frac{1}{N}|\Delta^N(\frac{2\pi(k+k(\omega_0))}{N} - \nu)|^2\mathrm{d}\nu,$ also

$\mathrm{E}\hat{C}_{XX}(\omega_0) = \frac{1}{2\pi}\int_{-\pi}^{\pi} C_{XX}(\nu)\frac{1}{N(2m+1)}\sum_{k=-m}^{m} |\Delta^N(\frac{2\pi(k+k(\omega_0))}{N} - \nu)|^2\mathrm{d}\nu.$

2) Beispielsweise müssen $C_{XX}(\omega)$ in einer Umgebung von ω_0 ungefähr linear verlaufen, und $2\pi k(\omega_0)/N \to \omega_0$ sowie $m/N \to 0$ für $N \to \infty$ gelten.

3) Wenn $C_{XX}(\omega)$ in einer Umgebung von ω_0 mit $0 < \omega_0 < \pi$ ungefähr konstant verläuft, sind $I_{XX}^N(\frac{2\pi(k+k(\omega_0))}{N})$ $(|k| = 0, 1, \ldots, m)$ asymptotisch für große N stochastisch unabhängig und identisch, bis auf den Faktor $\frac{1}{2}C_{XX}(\omega_0)$ χ_2^2–verteilt.

Ü3.3-9

1) Sei $g(y)$ differenzierbar mit der Ableitung $g'(y)$, dann $g(y) \approx g(y_0) + g'(y_0)(y - y_0)$; sei Y eine Zufallsvariable, für die $\mathrm{E}Y^2$ und $\mathrm{E}(g(Y))^2$ und damit auch $\mathrm{E}Y, \mathrm{E}g(Y), \mathrm{Var}Y$ und $\mathrm{Var}g(Y)$ existieren; dann
$\mathrm{E}g(Y) \approx g(\mathrm{E}Y) + g'(\mathrm{E}Y)(\mathrm{E}Y - \mathrm{E}Y) = g(\mathrm{E}Y)$ und
$\mathrm{Var}g(Y) = \mathrm{E}(g(Y) - \mathrm{E}g(Y))^2 \approx \mathrm{E}(g(Y) - g(\mathrm{E}Y))^2$
$\approx g'(\mathrm{E}Y)^2\mathrm{E}(Y - \mathrm{E}Y)^2 = g'(\mathrm{E}Y)^2\mathrm{Var}Y.$

2) Wenn $C_{XX}(\omega) > 0$, ist $\hat{C}_{XX}(\omega) > 0$ mit großer Wahrscheinlichkeit; mit $Y = \hat{C}_{XX}(\omega)$, $g(y) = 10\lg y$ und $g'(y) = \frac{10\lg \mathrm{e}}{y}$ ist
$\mathrm{E}10\lg\hat{C}_{XX}(\omega) \approx 10\lg C_{XX}(\omega)$ und
$\mathrm{Var}10\lg\hat{C}_{XX}(\omega) \approx \frac{(10\lg \mathrm{e})^2}{(\mathrm{E}\hat{C}_{XX}(\omega))^2}\mathrm{Var}\hat{C}_{XX}(\omega) \approx \frac{1}{L}(10\lg \mathrm{e})^2,$
z.B. bei Mittelung von Periodogrammen L aufeinanderfolgender Datenstücke.

3) Für $|\omega| \neq |\omega_0|$ sind $10\log\hat{C}_{XX}(\omega)$ und $10\lg\hat{C}_{XX}(\omega_0)$ approximativ stochastisch unabhängig; dann
$\mathrm{E}\,(10\lg\hat{C}_{XX}(\omega) - 10\lg\hat{C}_{XX}(\omega_0)) \approx 10\lg C_{XX}(\omega) - 10\lg C_{XX}(\omega_0),$
$\mathrm{Var}\,(10\lg\hat{C}_{XX}(\omega) - 10\lg\hat{C}_{XX}(\omega_0)) \approx \mathrm{Var}\,10\lg\hat{C}_{XX}(\omega) + \mathrm{Var}\,10\lg\hat{C}_{XX}(\omega_0)$

$\approx \frac{2}{L}(10\lg e)^2.$

Ü3.3-10

1) Die gemeinsame Dichte von $Y_1, \ldots, Y_M$ ist
$f_{Y_1,\ldots,Y_M}(y_1,\ldots,y_M) = \prod_{k=1}^{M} \frac{1}{\alpha} e^{-y_k/\alpha} = \alpha^{-M} \exp(-\frac{1}{\alpha}\sum_{k=1}^{M} y_k)$ für $y_k \geq 0 \quad (k=1,\ldots,M)$
und $=0$ sonst; die eineindeutige Transformation $v_k = \sum_{l=1}^{k} y_l \quad (k=1,\ldots,M)$
hat die Jacobi-Determinante $|\det(\frac{\partial \underline{v}}{\partial \underline{y}})| = 1$, also
$f_{V_1,\ldots,V_M}(v_1,\ldots,v_M) = f_{Y_1,\ldots,Y_M}(v_1, v_2 - v_1, \ldots, v_M - v_{M-1}) = \alpha^{-M} e^{-v_M/\alpha}$
für $0 \leq v_1 \leq v_2 \leq \ldots \leq v_M$ und $=0$ sonst.
2) Die Transformation $s_k = v_k/v_M \ (k=1,\ldots,M-1)$ und $s_M = v_M$
besitzt die Jacobi-Determinante $|\det(\frac{\partial \underline{s}}{\partial \underline{v}})| = v_M^{1-M} = s_M^{1-M}$, also
$f_{S_1,\ldots,S_M}(s_1,\ldots,s_M) = \alpha^{-M} e^{-s_M/\alpha} s_M^{M-1}$ für $0 \leq s_1 \leq \ldots \leq s_{M-1} \leq 1$ sowie $s_M > 0$
und $=0$ sonst; integriert man über s_M, so
$f_{S_1,\ldots,S_{M-1}}(s_1,\ldots,s_{M-1}) = (M-1)!$ für $0 \leq s_1 \leq \ldots \leq s_{M-1} \leq 1$ und $=0$ sonst .
3) $R = \max_{k=1,\ldots,M-1} |s_k - \frac{k}{M}|$; $P\{R \leq r\} = (M-1)!\ \text{Volumen}\{(s_1,\ldots,s_{M-1}):$
$0 \leq s_1 \leq \ldots \leq s_{M-1} \leq 1,\ \frac{k}{M} - r \leq s_k \leq \frac{k}{M} + r\ (k=1,\ldots,M-1)\}$; $\quad M=2:$
$\nu_2 = \text{Volumen}\{s_1 : 0 \leq s_1 \leq 1,\ \frac{1}{2} - r \leq s_1 \leq \frac{1}{2} + r\} = 2r$
für $0 \leq r \leq \frac{1}{2}$ und $=1$ für $r > 1/2$, $P\{R \leq r\} = \nu_2$;
$M=3:\ \nu_3 = \text{Volumen}\{(s_1,s_2) : 0 \leq s_1 \leq \ldots \leq s_{M-1} \leq 1,$
$\frac{1}{3} - r \leq s_1 \leq \frac{1}{3} + r,\ \frac{2}{3} - r \leq s_2 \leq \frac{2}{3} + r\} = 4r^2$ für $0 \leq r \leq \frac{1}{6}$,
$= 4r^2 - \frac{1}{2}[(\frac{1}{3}+r) - (\frac{2}{3}-r)]^2$ für $\frac{1}{6} < r \leq \frac{1}{3}$,
$= (\frac{1}{3}+r)^2 - \frac{1}{2}[(\frac{1}{3}+r) - (\frac{2}{3}-r)]^2$ für $\frac{1}{3} < r \leq \frac{2}{3}$ und
$= \frac{1}{2}$ für $r > \frac{2}{3}$, $\quad P\{R \leq r\} = 2\nu_3$.
4) Man zeichnet die Geraden $y = x \pm r_{\alpha,M}$ ins Einheitsquadrat; wenn alle Punkte $(\frac{k}{M}, s_n)$ $(k=1,\ldots,M-1)$ innerhalb des durch die Geraden definierten Streifens liegen, akzeptiert man die Hypothese der Konstanz des Spektrums mit der Irrtumswahrscheinlichkeit α, anderenfalls verwerfe man die Hypothese.

Ü3.3-11

1) $v_n = \sum_m h_m X_{n-m} + \sum_m g_m Y_{n-m}$ ist stationär i.w.S., also $c_{VV}(k) = \text{Cov}(V_{n+k}, V_n) =$
$\sum_{m,l}[h_m h_l c_{XX}(k-m+l) + g_m g_l c_{YY}(k-m+l) + h_m g_l c_{XY}(k-m+l) + g_m h_l c_{YX}(k-m+l)]$ und
das Spektrum $C_{VV}(\omega) = C_{VV} = |H|^2 C_{XX} + |G|^2 C_{YY} + HG^* C_{XY} + GH^* C_{YX}$, wobei H und G die Übertragungsfunktionen sind, d.h.

$$0 \leq C_{VV} = (H^* G^*) \begin{pmatrix} C_{XX} & C_{XY} \\ C_{YX} & C_{YY} \end{pmatrix} \begin{pmatrix} H \\ G \end{pmatrix};$$

die komplexwertige (2×2)–Matrix ist wegen $C_{XY} = C_{YX}^*$ hermitesch und damit nichtnegativ definit; die Determinante einer nichtnegativ definiten Matrix ist nichtnegativ: $C_{XX}C_{YY} - |C_{YX}|^2 \geq 0$; dies kann man auch mit dem reellen Vektor $(\text{Re}H, \text{Re}G, \text{Im}H, \text{Im}G)'$ und einer entsprechend aufgebauten, reellen (4×4)–Matrix nachweisen.

2) $\mathrm{Var} I_{YX}^N(\omega) = \mathrm{E}|I_{YX} - \mathrm{E}I_{YX}|^2 = \mathrm{E}|I_{YX}|^2 - |C_{YX}|^2$
$= \frac{1}{N^2}\mathrm{E}|(\mathrm{Re}Y + j\mathrm{Im}Y)(\mathrm{Re}X - i\mathrm{Im}X)|^2 - |C_{YX}|^2$
$= \frac{1}{N^2}\mathrm{E}[(\mathrm{Re}Y)^2 + (\mathrm{Im}Y)^2][(\mathrm{Re}X)^2 + (\mathrm{Im}X)^2] - (\mathrm{Re}C_{YX})^2 - (\mathrm{Im}C_{YX})^2$
$= \frac{1}{4}[2(C_{YY}C_{XX} + 2(\mathrm{Re}C_{YX})^2) + 2(C_{YY}C_{XX} + 2(\mathrm{Im}C_{YX})^2)] - (\mathrm{Re}C_{YX})^2 - \mathrm{Im}C_{YX})^2$
$= C_{YY}C_{XX}$.
3) $\mathrm{Cov}[(I_{YX}^N(\omega), I_{XX}^N(\omega)] = \mathrm{E}I_{YX}I_{XX} - C_{YX}C_{XX}$
$= \frac{1}{N^2}\mathrm{E}(\mathrm{Re}Y + j\mathrm{Im}Y)(\mathrm{Re}X - j\mathrm{Im}X)(\mathrm{Re}X + j\mathrm{Im}X)(\mathrm{Re}X - j\mathrm{Im}X) - C_{YX}C_{XX}$
$= \frac{1}{4}[2(3\mathrm{Re}C_{YX} + \mathrm{Re}C_{YX}C_{XX} + 2\mathrm{Im}C_{YX}C_{XX}) + j2(3\mathrm{Im}\ C_{YX}C_{XX} + \mathrm{Im}C_{YX}C_{XX})]$
$- \mathrm{Re}C_{YX}C_{XX} - j\mathrm{Im}C_{YX}C_{XX} = C_{YX}C_{XX}$.

Literatur

Behnen K. und Neuhaus, G. (1984): Grundkurs Stochastik. Teubner, Stuttgart

Bendat, J.S. and Piersol, A.G. (1971): Random Data: Analysis and Measurement Procedures. J. Wiley, New York

Blackman, R.B. and Tukey. J.W. (1958): The Measurement of Power Spectra. Dover Publ., New York

Brillinger, D.R. (1981): Time Series: Data Analysis and Theory. Holden-Day, San Francisco

Davenport, W.B. and Root, W.L. (1958): An Introduction to the Theory of Random Signals and Noise. McGraw-Hill, New York

Fahrmeir, L. u.a. (1981): Stochastische Prozesse: Eine Einführung in Theorie und Anwendungen. Hanser, Wien

Fettweis, A. (1990): Elemente nachrichtentechnischer Systeme. Teubner, Stuttgart

Fisz, M. (1989): Wahrscheinlichkeitsrechnung und mathematische Statistik. Deutscher Verlag der Wissenschaft, Berlin

Hänsler, E. (1991): Statistische Signale. Springer, Berlin

Heinhold, J. und Gaede, K.W. (1979): Ingenieur-Statistik. Oldenbourg, München

Heinhold, J. und Gaede, K.W. (1973): Aufgaben und Lösungen zu Ingenieur-Statistik. Oldenbourg, München

Hannan, E. (1970): Multiple Time Series. J. Wiley, New York

Hartung, J. u.a. (1982): Statistik: Lehr- und Handbuch der angewandten Statistik. Oldenbourg, München

Haykin, S. (1991): Adaptive Filter Theory. Prentice Hall, Englewood Cliffs/N.J.

Jenkins, G.M. and Watts, D.G. (1968): Spectral Analysis and its Applications. Holden-Day, San Francisco

Kroschel, K. (1986): Statistische Nachrichtentheorie, Teil 1 und 2. Springer, Berlin

Ljung, L. and Söderström, T. (1983): Theory and Practice of Recursive Identification. MIT Press, Cambridge/Mass.

Müller, P.H. (Hrsg.) (1983): Lexikon der Stochastik. Akademie Verlag, Berlin

Oppenheim, A.V. and Schafer, R.W. (1975): Digital Signal Processing. Prentice Hall, Englewood Cliffs/N.J.

Papoulis, A. (1965): Probability, Random Variables, and Stochastic Processes. McGraw-Hill, Kogakusha, Tokyo

Rao, R.C. (1973): Linear Statistical Inference and its Application. J. Wiley, New York

Scharf, L.L. (1990): Statistical Signal Processing: Detection, Estimation and Time Series Analysis. Addison-Wesley, Reading/Mass.

Schlittgen, R. und Streitberg, B. (1989): Zeitreihenanalyse. Oldenbourg, München

Schneeweiss, W.G. (1974): Zufallsprozesse in dynamischen Systemen. Springer, Berlin

Schüßler, H.W. (1984): Netzwerke, Signale und Systeme, Bd. 2: Theorie kontinuierlicher und diskreter Systeme. Springer, Berlin

Shanmugan, K.S and Breipohl, A. (1988): Random Signals: Detection, Estimation, and Data Analysis. J. Wiley, New York

Therrien, C.W. (1992): Discrete Random Signals and Statistical Signal Processing. Prentice Hall, Englewood Cliffs/N.J.

Thomas, J.B. (1969): An Introduction to Statistical Communication Theory. J. Wiley, New York

Unbehauen, H. (1985): Regelungstechnik III. Vieweg, Braunschweig

Unbehauen, R. (1990): Systemtheorie, Grundlagen für Ingenieure. Oldenbourg, München

Van Trees, H.L. (1968): Detection, Estimation, and Modulation Theory, Vol. I,II,III. J. Wiley, New York

Winkler, G. (1977): Stochastische Systeme. Akademische Verlagsgesellschaft, Wiesbaden

Witting, H. und Nölle, G. (1970): Angewandte Mathematische Statistik. Teubner, Stuttgart

Stichwortverzeichnis

Informationstechnik

N. Fliege

Systemtheorie

B.G. Teubner Stuttgart

Fliege

Systemtheorie

Grundlagen der analogen und digitalen Signalverarbeitung

Die Systemtheorie muß sich heute, herausgefordert durch die Realisierungsformen der modernen Informationstechnik, den zeitkontinuierlichen und zeitdiskreten Systemen gleichermaßen widmen. Im vorliegenden Band werden die Gemeinsamkeiten beider Systemklassen herausgestellt und die Zusammenhänge zwischen der Fourier-Transformation, der Laplace-Transformation, der zeitdiskreten Fourier-Transformation und der z-Transformation aufgezeigt.
Der Band stellt die Grundlage für die analoge und digitale Signalverarbeitung dar, insbesondere für Themen wie Filtertechnik, Spektralschätzung, Nachrichtenübertragung, Schätztheorie und stochastische Nachrichtentheorie. Er ist weiterhin grundlegend für die Meß-, Steuer- und Regelungstechnik sowie für die Sprach- und Bildverarbeitung.
Bei der Stoffdarstellung wird einerseits auf eine präzise mathematische Behandlung geachtet und andererseits auf eine leicht verständliche, plausible Erklärung der häufig recht komplexen Zusammenhänge.
Das Buch wendet sich an Studenten und Dozenten der Elektrotechnik und verwandter Gebiete sowie an Ingenieure, Informatiker und Physiker, die im Bereich der Informationstechnik tätig sind.

Von Prof. Dr.-Ing.
Norbert Fliege
Technische Universität
Hamburg-Harburg

1991. XV, 403 Seiten
mit 135 Bildern.
16,2 × 22,9 cm.
Geb. DM 56,–
ISBN 3-519-06140-6

Fliege, Informationstechnik

Preisänderungen vorbehalten

Aus dem Inhalt
Signale und Systeme – Fourier-Transformation – Laplace Transformation – lineare kontinuierliche Systeme – Diskrete Fourier-Transformationen – Z-Transformation – Signalabtastung und -rekonstruktion – lineare diskrete Systeme

B. G. Teubner Stuttgart

Kammeyer

Nachrichten-übertragung

Neuentwicklungen auf dem Gebiet der Kommunikationstechnik richten sich fast ausnahmslos auf die Einführung digitaler Übertragungsverfahren. Dabei darf jedoch nicht übersehen werden, daß nach wie vor in weiten Bereichen der Nachrichtentechnik analoge Modulationssysteme vorhanden sind.

Im vorliegenden Lehrbuch werden beide Möglichkeiten der Nachrichtenübertragung in einer kompakten systemtheoretischen Beschreibung vereint. Dabei wird besonderer Wert auf die konsequente Anwendung einer komplexen Formulierung von Modulationssignalen in der äquivalenten Basisbandebene gelegt. Zu den verschiedenen Modulationsprinzipien werden typische Systembeispiele ausgiebig diskutiert.

Das Buch gliedert sich in vier Teile:
Teil I: Komplexe Signale und Systeme – Eigenschaften von Übertragungskanälen – Mobilfunkkanäle;
Teil II: Analoge Basisbandübertragung – Diskretisierung analoger Quellensignale – PCM/DPCM – Nyquist-Bedingungen – Partial-response Codierung – adaptive Entzerrung – Zeitmultiplex;
Teil III: Analoge Modulationsformen – Spektraleigenschaften – Demodulation – Einflüsse linearer Verzerrungen – Rauscheinfluß – informationstheoretischer Vergleich;
Teil IV: Digitale Modulationsformen – Spektraleigenschaften – Maximum Likelihood Schätzung unter Rauscheinfluß – Lineare Verzerrungen – Viterbi-Entzerrung – Multiträger-Systeme

Von Prof. Dr.-Ing.
Karl Dirk Kammeyer
Technische Universität
Hamburg-Harburg

1992. XVI, 678 Seiten.
mit 363 Bildern
und 18 Tabellen.
16,2 x 22,9 cm.
Geb. 79,–
ISBN 3-519-06142-2

Fliege, Informationstechnik

Preisänderungen vorbehalten

Teubner Studienbücher zur Elektrotechnik

Beth: **Verfahren der schnellen Fourier-Transformation**
Böhme: **Stochastische Signale**
Börner/Müller/Schiek/Trommer: **Elemente der integrierten Optik**
Büttgenbach: **Mikromechanik**
Eckhardt: **Grundzüge der elektrischen Maschinen**
Fettweis: **Elemente nachrichtentechnischer Systeme**
Gasch: **Windkraftanlagen**
Goetzberger/Wittwer: **Sonnenenergie**
Heinlein: **Grundlagen der faseroptischen Übertragungstechnik**
Heinloth: **Energie**
Hess: **Digitale Filter**
Heumann: **Grundlagen der Leistungselektronik**
Hügel: **Strahlwerkzeug Laser**
Jondral: **Funksignalanalyse**
Kammeyer/Kroschel: **Digitale Signalverarbeitung**
Klein/Dullenkopf/Glasmachers: **Elektronische Meßtechnik**
Kneubühl: **Repetitorium der Physik**
Kneubühl/Sigrist: **Laser**
Lautz: **Elektromagnetische Felder**
Leonhard: **Digitale Signalverarbeitung in der Meß- und Regelungstechnik**
Leonhard: **Regelung in der elektrischen Antriebstechnik**
Leonhard: **Statistische Analyse linearer Regelsysteme**
Michel: **Zweitor-Analyse mit Leistungswellen**
Pfeiffer/Reithmeier: **Roboterdynamik**
Profos: **Einführung in die Systemdynamik**
Profos: **Meßfehler**
Rohe/Kamke: **Digitalelektronik**
Schaufelberger/Sprecher/Wegmann: **Echtzeit-Programmierung bei Automatisierungssystemen**
Stölting/Beisse: **Elektrische Kleinmaschinen**
Walcher: **Praktikum der Physik**
Warnecke: **Einführung in die Fertigungstechnik**

B. G. Teubner Stuttgart